Die fabelhafte Welt der Mathematik

Manon Bischoff

Die fabelhafte Welt der Mathematik

Von fallenden Katzen über optimales
Einparken bis zu Zeitreisen

 Springer

Manon Bischoff
Spektrum der Wissenschaft
Heidelberg, Deutschland

ISBN 978-3-662-68431-3   ISBN 978-3-662-68432-0 (eBook)
https://doi.org/10.1007/978-3-662-68432-0

Die Deutsche Nationalbibliothek verzeichnet diese Publikation in der Deutschen Nationalbibliografie;
detaillierte bibliografische Daten sind im Internet über https://portal.dnb.de abrufbar.

Die in diesem Sammelband zusammengefassten Beiträge sind ursprünglich erschienen auf Spektrum.de.

Einbandabbildung: © Mickael / stock.adobe.com / Generated with AI

Planung/Lektorat: Andreas Rüdinger
Springer ist ein Imprint der eingetragenen Gesellschaft Springer-Verlag GmbH, DE und ist ein Teil von
Springer Nature.
Die Anschrift der Gesellschaft ist: Heidelberger Platz 3, 14197 Berlin, Germany

Das Papier dieses Produkts ist recycelbar.

Vorwort

Die Mathematik gehört vermutlich zu den Wissenschaften, die am häufigsten missverstanden werden. Wir alle lernen in der Schule das Rechnen – und wenn wir Pech haben, bekommen wir es auf eine Weise beigebracht, die zu einer lebenslangen Abneigung führt. Mathematik ist aber so viel mehr als nur Rechnen; so viel mehr als nur Zahlen. Die Mathematik ist eine Sprache. Und wie hinter jeder Sprache steckt auch hier eine ganze Welt, die man entdecken kann. Sich nur mit den Zahlen, Symbolen und Rechenregeln zu beschäftigen, wäre so, als würde man zum Beispiel Französisch ausschließlich anhand von Grammatikbüchern und Vokabellisten lernen und die komplette französische Kultur dabei ignorieren.

Die Welt der Mathematik ist die Welt, in der wir leben. Wenn wir sie grundlegend verstehen wollen, dann müssen wir die Sprache beherrschen, in der sich uns die Phänomene der Physik, Astronomie und anderer Naturwissenschaften erschließen. Im Gegensatz zu diesen Naturwissenschaften ist die Mathematik aber nicht auf die Natur beschränkt. Sie erschafft sich auch ihre eigenen Welten, die weit über das hinausgehen, was wir uns vorstellen können. Die Mathematik kann die Grenzen unserer Anschauung sprengen, weil sie in der Lage ist, die Dinge auf ihre grundlegendsten abstrakten Eigenschaften zu reduzieren. Genau das, was die Mathematik für viele so unverständlich macht – ihre auf den ersten Blick kaum durchdringbare, abstrakte Symbolwelt – macht sie gleichzeitig so mächtig. Nur weil man sich unter vielen ihrer Formeln und Aussagen buchstäblich nichts vorstellen kann, lassen sich damit Phänomene beschreiben, die sich unserer Vorstellungskraft komplett entziehen. Niemand kann zum Beispiel anschaulich verstehen, welche Form unser vierdimensionales Universum hat oder wie die Bausteine der Materie gleichzeitig Wellen- und Teilchencharakter haben können. Aber für die Mathematik ist es überhaupt kein Problem, all das zu beschreiben. Es ist nicht immer leicht, diese Sprache zu erlernen, doch wer es geschafft hat, gewinnt dadurch einen einzigartigen Blick auf die Welt.

Es ist nicht zwingend notwendig, die Mathematik in ihrer Gesamtheit zu verstehen, um Freude an dem zu haben, was sie uns über die Welt mitteilen kann. Eben weil sie das beste Instrument ist, um die Welt zu verstehen, gibt es kaum einen Bereich unseres Lebens, in dem sie keine Rolle spielt. Die schönsten Geschichten, die uns die Mathematik erzählen kann, sind in diesem Buch gesammelt. Man muss keine Formeln studieren, um eine Pizza zu backen, aber es kann uns dabei helfen, diesen alltäglichen Vorgang in einem völlig neuen Licht zu sehen. Man muss keine Ahnung haben, was „Quaternionen" sind, um ein Computerspiel zu spielen, nichts von Geometrie verstehen, um ein Auto einzuparken und es braucht keine Zahlentheorie, um eine Folge von „Die Simpsons" zu schauen. Aber die Welt wird definitiv ein wenig bunter und spannender, wenn man mit Hilfe der Mathematik ein bisschen unter ihre Oberfläche blickt.

Wir können die Mathematik überall finden – aber gerade weil sie überall ist, ist es leicht, sie zu übersehen. Das ist schade. Die meisten Menschen wissen nicht, dass sie sich für Mathematik interessieren. Wir sind daran gewöhnt zu glauben, dass Mathematik nur etwas für Freaks sei und zu kompliziert und langweilig für „normale" Menschen. Dass das kaum weiter von der Wahrheit entfernt sein kann, beweist dieses Buch. Kapitel für Kapitel zeigt es uns, wo die Mathematik nicht nur Teil unseres Lebens ist, sondern eröffnet auch Blicke in eine Welt, die uns ansonsten verborgen geblieben wäre.

Wer sich bis jetzt noch nicht an die Mathematik heran getraut hat: Herzlichen Glückwunsch! Sie halten genau das richtige Buch für den ersten Kontakt mit dieser faszinierenden Welt in den Händen. Nach der Lektüre werden Sie verstehen, warum sich die Menschheit schon seit Jahrtausenden damit beschäftigt und warum wir auch niemals aufhören können, Mathematik zu betreiben.

Baden, Österreich   Florian Freistetter

10 Die Kreiszahl Pi 225
    10.1 Stöße beim Billard 225
    10.2 Der Hintern des Apfelmännchens 231
    10.3 Was ist Leben? 236
    10.4 Das Basler Problem 239
    10.5 Das Collatz-Problem 244
    10.6 Das buffonsche Nadelproblem 246
    10.7 Die Leibniz-Formel 249
    10.8 Die geheimnisvollen Fünfen 256
    10.9 Feiert den Feigenbaum-Tag 258
    Literaturverzeichnis 263

Flauschige Mathematik

Manchen Menschen jagt Mathematik Angst ein – oder führt zumindest zu Unbehagen. Mit diesem Buch würde ich gerne zeigen, dass das völlig unnötig ist. Um uns also langsam an das Fach heranzutasten, beginnen wir mit etwas Flauschigem. Denn wie sich zeigt, findet sich im Tierreich und in der Natur jede Menge Mathematik.

So kommt man nicht umhin, Differenzialgleichungen zu lösen, wenn man herausfinden möchte, aus welcher Höhe Katzen einen Sturz überstehen können. Und wie sich herausstellt, hilft der berühmte Satz des Pythagoras dabei, riesige Meeressäuger wie Wale zu schützen. Schleimpilze hingegen, die gigantische Einzeller sind, scheinen bestimmte mathematische Probleme besser meistern zu können als viele Menschen. Die Überlebenschance von Katzen oder Walen zu berechnen, gehört aber leider nicht dazu.

1.1 Katzen als Überlebenskünstler

In New York City ist Medienberichten zufolge im Jahr 2018 eine Katze aus dem Fenster einer Wohnung im 32-ten Stockwerk auf harten Asphalt gefallen – und hat überlebt. Nach einem zweitägigen Aufenthalt beim Tierarzt, der die kollabierte Lunge und abgebrochene Zähne behandelte, konnte der Vierbeiner wieder nach Hause. Wahrscheinlich haben weitere ähnliche Situationen das Sprichwort hervorgebracht, Katzen hätten sieben Leben. Seit Jahrzehnten versuchen Forscherinnen und Forscher verschiedenster Disziplinen die erstaunlichen Überlebenskünste zu verstehen.

Allerdings waren es nicht die Stürze aus Schwindel erregenden Höhen, die Physikerinnen und Physikern Ende des 19. Jahrhunderts Rätsel aufgaben. Vielmehr stutze die Fachwelt, als sie Aufnahmen von Katzen sah (siehe Abb. 1.1), die sich während des Fallens um ihre eigene Achse drehten und auf den Pfoten landeten. Die Fotografien zeigen eine Person, die eine Katze so an ihren Beinen festhält, dass der

M. Bischoff, *Die fabelhafte Welt der Mathematik*, https://doi.org/10.1007/978-3-662-68432-0_1

FIG. 1.—Side view of a falling cat.   (The series runs from right to left.)

FIG. 2.—End view of a falling cat.   (The series runs from right to left.)

Abb. 1.1 Die 1894 aufgenommene Fotoserie gab Physikerinnen und Physikern jahrzehntelang Rätsel auf. (Copyright: Étienne-Jules Marey, public domain)

Rücken zum Boden zeigt. Dann wird sie losgelassen. Zunächst schwebt die Katze weiterhin falsch herum in der Luft, mit dem Rücken zum Boden zeigend. Doch in den nächsten Aufnahmen geschieht etwas, das die Gesetze der Physik eigentlich verbieten: Das Tier dreht sich und landet auf den Pfoten.

Natürlich wusste man auch damals schon aus alltäglichen Beobachtungen, dass die Vierbeiner sich in der Luft drehen können. Doch man war davon ausgegangen, dass sie den dafür nötigen Schwung erhalten, indem sie sich von der Oberfläche abstoßen, von der sie fallen. Denn gemäß der Drehimpulserhaltung kann ein Objekt, das sich nicht dreht, ohne äußeren Einfluss unmöglich plötzlich rotieren. Doch auf den Aufnahmen ist genau das klar zu sehen: Anfangs fällt die Katze gerade herunter – und dann gelingt es ihr trotzdem, sich um ihre Achse zu drehen. Wie ist das möglich?

Dieses Phänomen beschäftigte zahlreiche Wissenschaftlerinnen und Wissenschaftler, darunter James Clerk Maxwell, den Entdecker der Elektrodynamik. Er führte mehrere Experimente durch, in denen er Katzen aus verschiedenen Höhen auf Betten und Tische sowie aus Fenstern fallen ließ. Doch erst im Jahr 1969 konnte das „Problem fallender Katzen" gelöst werden. Wie sich herausstellte, hatte man den Körper der Katze während des Falls nicht genau genug untersucht. Denn dabei handelt es sich nicht einfach um ein zylinderförmiges Objekt, das auf magische Weise beginnt, sich zu drehen. Wenn man genau hinsieht, lässt sich erkennen, dass sich der Ober- und der Unterkörper in entgegengesetzte Richtungen drehen. Damit ist die Drehimpulserhaltung gerettet: Wenn das Tier wie eine Pfeffermühle in zwei unterschiedliche Richtungen rotiert, ist die Änderung des Drehimpulses null.

Wie aber schafft die Katze es, am Ende noch auf den Pfoten zu landen? Dafür nutzt sie die physikalischen Gesetze der klassischen Mechanik aus: Indem sie die Vorderpfoten nah an den Körper anlegt, verringert sie ihr Trägheitsmoment – und rotiert wie eine Eiskunstläuferin schnell um die eigene Achse. Mit den Hinterläufen macht das Tier genau das Gegenteil und streckt die Beine aus, um ein möglichst großes Trägheitsmoment zu erzeugen. In der Folge rotiert der Oberkörper um einen großen Winkel, während die Beine sich in entgegengesetzter Richtung weniger stark drehen. Die extrem biegsame Wirbelsäule der Tiere ermöglicht diese Bewegung. Ist der Oberkörper nun in der richtigen Position (also der Kopf aufrecht über dem Boden ausgerichtet), kann die Katze ihre Vorderpfoten ausstrecken, die Hinterläufe anziehen und die Pfeffermühlen-Bewegung in umgekehrter Richtung ausführen, damit auch die Hinterpfoten über dem Boden ausgerichtet sind. So gelingt es den Tieren, stets auf allen vieren zu landen – und dabei alle physikalischen Gesetzmäßigkeiten zu befolgen.

Die Gesetze der Physik besagen aber auch, dass der Aufprall umso stärker ist, je höher der Fall. Doch eine Studie aus den 1980er-Jahren zeichnet ein anderes Bild. Zwei Tierärzte aus New York City beschrieben darin insgesamt 132 Fälle zwischen Juni und November 1984, in denen Katzen aus Hochhäusern gestürzt waren – von der zweiten bis hin zur 32-ten Etage. Insgesamt hatten 90 Prozent der Katzen überlebt und die Tiermediziner hatten die Verletzungen dokumentiert. Dabei ergab sich eine erstaunliche Beobachtung: Während die Schwere der Verletzungen der Tiere bis zu einer Höhe von etwa sieben Stockwerken zunahm, schien sie danach wieder abzunehmen. Das heißt, ein Sturz aus der elften Etage kann für eine Katze glimpflicher ausgehen als einer aus dem sechsten Stock.

Wieder schienen die Vierbeiner die Gesetze der Physik zu brechen. Je höher das Stockwerk, aus dem eine Katze stürzt, desto länger wird sie von der Erde beschleunigt. Damit wächst ihre Geschwindigkeit immer weiter an, mit der sie am Ende schließlich den Boden erreicht. Durch den abrupten Aufprall wandelt sich die Bewegungsenergie des Tiers schließlich in andere Formen um, was zu Knochenbrüchen, Lungenkollaps und Schlimmerem führen kann. Damit sollte der Sturz aus hohen Stockwerken unangenehmere Konsequenzen haben als aus niedrigen. In dieser Betrachtung haben wir allerdings den Luftwiderstand außer Acht gelassen. Die Katzen fallen schließlich nicht in einem Vakuum zu Boden, sondern bewegen sich durch Luft, die den Sturz abbremst.

Damit wirken während des Falls zwei entgegengesetzte Kräfte auf die Katze: die Erdanziehungskraft F_g und die Reibungskraft F_R, die sie abbremst. Während F_g eine denkbar einfache Form hat und sich bloß aus dem Produkt der Masse m der Katze und der Erdbeschleunigung g ergibt, hängt der Luftwiderstand von der Querschnittsfläche A, dem Strömungswiderstandskoeffizienten c_W, der Luftdichte ρ und der Geschwindigkeit v des fallenden Objekts ab: $F_R = \frac{1}{2} \cdot \rho \cdot A \cdot c_W \cdot v^2$. Am Anfang des Sturzes hat die Katze eine Geschwindigkeit von null, daher wirkt nur die Erdbeschleunigung auf sie, doch mit wachsendem v macht sich dann auch die entgegengesetzte Reibungskraft bemerkbar. Um die konkrete Bewegung des Tiers zu bestimmen, muss man also die Gesamtkraft ($F_g - F_R$) berechnen. Diese legt dann fest, welche Beschleunigung a auf eine Katze bestimmten Gewichts m wirkt: $m \cdot a = F_g - F_R$.

Die Beschleunigung entspricht der Geschwindigkeitsänderung – mathematisch lässt sich das durch eine Ableitung ausdrücken, $a = \frac{dv}{dt}$. Möchte man also die Geschwindigkeit der Katze zu einem bestimmten Zeitpunkt berechnen, muss man ein kompliziertes Gleichungssystem lösen, das sowohl die Geschwindigkeit selbst als auch deren Ableitung (Beschleunigung) enthält: $m \cdot \frac{dv}{dt} = m \cdot g - \frac{1}{2} \cdot \rho \cdot A \cdot c_W \cdot v^2$. Für solche „Differenzialgleichungen" gibt es oft keine exakte Lösung. In diesem konkreten Fall lässt sich aber eine Lösung für die Geschwindigkeit berechnen, die einem „Tangens hyperbolicus" entspricht. Je nach Querschnitt und Gewicht der Katze erhält man am Ende eine Kurve, die anfangs schnell anwächst und dann abflacht und auf einen konstanten Wert zuläuft: Die Katze gewinnt zu Beginn des Sturzes schnell an Geschwindigkeit, bevor der Luftwiderstand irgendwann so stark wird, dass sie nicht mehr schneller wird.

Wie hoch diese Endgeschwindigkeit ist, lässt sich recht einfach bestimmen: Diese ergibt sich nämlich, wenn die Reibungskraft genau so groß ist wie die Erdanziehungskraft – in diesem Fall heben sich die beiden Kräfte auf und ein fallendes Objekt stürzt mit gleich bleibender Schnelligkeit dem Boden entgegen. Man muss also bloß die Gleichung $m \cdot g = \frac{1}{2} \cdot \rho \cdot A \cdot c_W \cdot v^2$ nach v auflösen und erhält: $v = \sqrt{\frac{2mg}{\rho A c_W}}$.

Um einen konkreten Wert für die Endgeschwindigkeit einer Katze anzugeben, muss man für die Variablen nur noch Zahlenwerte einsetzen. Während man das Gewicht und die Querschnittsfläche einer Katze schätzen kann, ist der Strömungswiderstandskoeffizient schwieriger zu bestimmen. Angenommen, eine Katze wiegt 4 Kilogramm, ist 50 Zentimeter lang und 15 Zentimeter breit (Querschnittsfläche $A = 0,075$ Quadratmeter) und hat den Strömungswiderstandskoeffizienten eines

Zylinders ($c_W = 0,8$). Dann ist die Endgeschwindigkeit des Tiers: $v = 32,68$ Meter pro Sekunde, was knapp 120 Kilometern pro Stunde entspricht.

Um herauszufinden, ab welcher Höhe eine Katze diese Endgeschwindigkeit erreicht, kann man die Differenzialgleichung lösen und so die Geschwindigkeit zum Zeitpunkt des Aufpralls in Abhängigkeit von der Fallhöhe berechnen. Wie sich herausstellt, erreichen Katzen bei einer Fallhöhe von 100 Metern bereits eine Geschwindigkeit von 30 Metern pro Sekunde. Da schon Katzen beobachtet wurden, die Stürze von höheren Gebäuden (etwa aus der 32-ten Etage) überlebt haben, bedeutet das, dass Katzen theoretisch einen Aufprall mit der größtmöglichen Endgeschwindigkeit von 120 Kilometern pro Stunde überstehen können – folglich müssten die Tiere einen Fall aus jeder erdenklichen Höhe überleben.

Das erklärt aber nicht die Beobachtungen der New Yorker Tierärzte: Warum scheinen Katzen einen Sturz aus der siebten Etage oder höher besser zu überstehen als aus niedrigeren Stockwerken? Dafür könnte die Haltung der Tiere verantwortlich sein.

Wenn eine Katze aus niedriger Höhe stürzt, ist sie für kurze Zeit schwerelos. Instinktiv wird sie daher ihre Beine unter sich ausstrecken, um auf allen vieren zu landen. Bei großen Fallhöhen ist das aber keine gute Strategie: Die ausgerichteten Beine können zu schweren Verletzungen führen, da das Gewicht des Tiers ungünstig verteilt ist. Das kann erklären, warum die Überlebensrate mit zunehmender Höhe abnimmt – zumindest bis zum siebten Stock. Bei größerer Fallhöhe macht sich während des Sturzes jedoch irgendwann die Reibungskraft bemerkbar. Deswegen, so mutmaßen die Tiermediziner, habe die Katze nicht mehr das Gefühl zu fallen. Somit können sich die Tiere offenbar entspannen und strecken ihre Beine nicht mehr aus. Das führe dazu, dass sie durch eine gleichmäßigere Gewichtsverteilung etwas sanfter landen und daher bessere Überlebenschancen haben.

Es gibt aber auch noch eine einfachere Erklärung für die Beobachtung: den so genannten Survivorship Bias. Falls eine Katze aus einem hohen Stockwerk fällt und sofort stirbt, macht sich der Besitzer wahrscheinlich nicht die Mühe, in einer Tierklinik vorbeizuschauen. Daher ist die Dunkelziffer der verstorbenen Tiere wahrscheinlich höher als die von den Medizinern aufgezeichnete.

1.2 Schleimpilze lösen Netzwerkprobleme

Stellen Sie sich vor, Ihnen kommt die verantwortungsvolle Aufgabe zu, ein neues U-Bahn-Netz für Ihre Stadt zu bauen. Die Punkte, die das Schienennetz miteinander verbinden soll, sind natürlicherweise vorgegeben: Wichtige Orte der Innenstadt sollen eine Haltestelle erhalten, ebenso wie Bahnhöfe, Flughäfen, Universitäten oder kulturelle Einrichtungen wie Museen und Parks. Gleichzeitig verfügen Sie über ein begrenztes Budget. Das System sollte also möglichst effizient sein: Jeder Ort muss erreichbar sein, wobei die gesamte Tunnellänge aber möglichst klein ausfallen sollte. Wie lösen Sie diese Aufgabe?

Wie sich herausstellt, sind solche so genannten Steinerbaum-Probleme gar nicht so einfach zu lösen. Erstmals tauchte die Frage nach optimalen Netzwerken im frühen 19. Jahrhundert auf. Zwar sind die Aufgaben nach dem Schweizer Mathematiker Jakob Steiner benannt, der auch tatsächlich daran arbeitete. Doch untersucht hatte sie bereits 1811 der französische Gelehrte Joseph Diez Gergonne. Sie müssen aber nicht verzweifeln, wenn Sie nicht auf Anhieb eine gute Lösungsstrategie finden. Denn nach etwas mehr als 150 Jahren wurde klar, dass Steinerbaum-Probleme zu den komplexesten Aufgaben der Mathematik gehören. Es stellt sich jedoch heraus, dass es Lebewesen gibt, die sich mit dieser Art der optimalen Netzwerkplanung sehr leicht tun: Schleimpilze.

Der begabte Stadtplaner, *Physarum polycephalum*, ist ein Einzeller – allerdings kann diese eine Zelle mehrere Quadratmeter groß werden. Die Organismen besitzen weder ein komplexes Nervensystem noch ein Gehirn. Und trotzdem sind sie in der Lage, die erstaunlichsten Aufgaben zu meistern, mit denen sich teilweise manche Säugetiere oder sogar Menschen schwertun: Sie finden die kürzesten Routen innerhalb von Labyrinthen, scheinen eine Art Kurzzeitgedächtnis zu besitzen und können die Verbindungen des Schienennetzes in der Metropolregion von Tokio nachbauen.

Um den Schleimpilz bei der Planung eines optimalen Schienennetzes zu beobachten, muss man ihn mit Futter locken. Seine Leibspeise: Haferflocken. Im Jahr 2010 haben Forscherinnen und Forscher der Universität Hokkaido in Japan in einem Experiment das Getreide so verteilt, dass es Tokio und 36 umliegende Städte der Metropolregion darstellte. Dann platzierten sie *Physarum polycephalum* auf der Tokio-Haferflocke. Pro Stunde wächst der Schleimpilz um etwa einen Zentimeter an. Daher filmten die Fachleute den Organismus 26 Stunden lang. Der Einzeller fing an, sich in alle Richtungen flach auszubreiten, um nach Haferflocken zu suchen. Um auf Dauer Ressourcen zu sparen und die endlichen Futtermittel möglichst effizient zu verwerten, zog sich der Schleimpilz dann wieder zusammen. Damit umspannte er am Ende die verschiedenen Futterquellen nur noch mit einem Netzwerk aus hauchdünnen Fäden. Wie die Forscher und Forscherinnen erkannten, ähnelte das sich ergebende Muster dem Schienennetz der Metropolregion von Tokio. Laut den Fachleuten hat das vom Schleimpilz entwickelte Netzwerk eine „ähnliche Effizienz, Fehlertoleranz und Netzwerklänge", was – wie man zugeben muss – für einen Einzeller eine durchaus beachtliche Leistung ist.

Denn die Planung eines Schienennetzes kann in manchen Fällen selbst für Computer eine schwierige Aufgabe darstellen. Angenommen, man möchte ein Streckennetz zwischen drei Städten entwerfen, die in einem gleichseitigen Dreieck angeordnet sind. Man könnte ganz einfach Schienen von einer Stadt zur anderen legen und somit den Umfang des Dreiecks nachzeichnen. Wie sich aber herausstellt, gibt es eine bessere Lösung (siehe Abb. 1.2): Indem man eine vierte Haltestelle im Mittelpunkt des Dreiecks platziert und drei Schienen zu diesem Mittelpunkt führt. Dass der zweite Entwurf weniger Material für Schienen erfordert, lässt sich schnell überprüfen: Wenn die drei Städte jeweils einen Abstand von l haben, beträgt der Umfang des Dreiecks $3l$. Im zweiten Szenario führt man die Schienen aber entlang der Winkelhalbierenden bis zum Mittelpunkt des Dreiecks. Diese Strecken haben eine Länge von jeweils $\frac{\sqrt{3}}{3}l$. Damit hätte das Schienensystem im zweiten Fall eine

Abb. 1.2 Möchte man die
drei Punkte A, B und C
verbinden, ist es günstiger,
einen vierten „Steiner-Punkt"
S einzuführen und die Punkte
entlang der lila Strecken zu
verbinden, als die Punkte
direkt zu verbinden (blau).
(Copyright: Manon Bischoff)

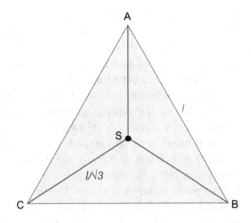

Gesamtlänge von $\sqrt{3}l$: Das entspricht nur etwa 57 Prozent der Gesamtlänge im ersten Szenario.

Wenn man also zulässt, beim Bau der Haltestellen flexibel zu sein, kann man die Gesamtlänge der Netzwerkverbindungen deutlich reduzieren. Bei drei Punkten im Raum findet sich der entsprechende „Steinerbaum" schnell. Aber je größer das zu Grunde liegende Problem ist, das heißt, je mehr Punkte man miteinander verbinden möchte, desto komplexer wird die Aufgabe. Tatsächlich lässt sich die Schwierigkeit, das Problem zu bewältigen, wissenschaftlich untersuchen.

Das ermöglicht die Komplexitätstheorie, ein Teilbereich der theoretischen Informatik, bei dem es darum geht, Probleme in unterschiedliche Klassen einzuteilen: Dafür zieht man Algorithmen heran und ermittelt, wie die Anzahl der Rechenschritte mit der Größe der Aufgabe zusammenhängt. Während es zum Beispiel extrem schwer ist, eine große Zahl in ihre Primfaktoren zu zerlegen, ist es für Computer ein Leichtes, zu prüfen, ob eine Zahl eine Primzahl ist. Letzteres fällt nämlich in die Komplexitätsklasse von Problemen, die von theoretischen Informatikern mit „P" bezeichnet wird. Anschaulich ausgedrückt umfasst P all jene Probleme, die mit wachsender Größe immer noch effizient lösbar sind – die Anzahl der Rechenschritte wächst zwar mit der Größe der Aufgabe an, explodiert aber nicht. Etwas genauer: Die Rechendauer steigt bloß polynomiell mit der Größe n der zu prüfenden Zahl an, zum Beispiel mit n^5. Solche Probleme sind von Computern in der Regel bewältigbar.

Bei einigen Problemen wächst die Rechendauer hingegen exponentiell an. Zwar kann jeder Computer sehr schnell die Zahl 15 in ihre Primfaktoren 3 und 5 zerlegen. Doch wenn Sie dem Rechner eine 150-stellige Zahl liefern, wird er vermutlich kapitulieren. Für Zahlentheoretiker ist das natürlich ärgerlich, für Kryptografen hingegen ein Segen: Denn anhand solcher komplexer Probleme können sie Verschlüsselungsverfahren entwerfen. Für diese Art von Aufgaben gibt es die Komplexitätsklasse „NP". Vereinfacht ausgedrückt enthält sie alle Probleme, deren Lösung sich leicht (das heißt in polynomieller Zeit) überprüfen lässt. Das ist zum Beispiel bei der Primfaktorzerlegung der Fall: Es ist zwar extrem schwer, die

Primfaktoren großer Zahlen zu berechnen, doch wenn man eine Lösung vorgesetzt bekommt, muss man sie nur miteinander multiplizieren, um das Ergebnis zu überprüfen. Die NP-Klasse enthält also alle Aufgaben aus P (da sie leicht zu lösen sind, ist ihre Lösung auch leicht prüfbar), aber darüber hinaus auch einige Probleme, die sich nur schwer berechnen lassen.

Aber wie bestimmt man überhaupt, wie komplex ein Problem ist? Entscheidend ist dabei die Idee, Probleme aufeinander zu reduzieren. Sprich: Wenn jeder Algorithmus, der Aufgabe A löst, auch B lösen kann, dann ist B auf A reduzierbar. A ist damit mindestens so komplex wie B. Die Informatiker Stephen A. Cook und Leonid Levin konnten Anfang der 1970er-Jahre zeigen, dass es ein bestimmtes Problem in NP gibt, das so genannte „SAT"-Problem, auf das sich alle anderen NP-Aufgaben reduzieren lassen. Damit wäre SAT das schwerste Problem von NP. Wie sich allerdings herausstellte, ist es nicht das einzige. Es gibt weitere Aufgaben, auf die alle anderen NP-Probleme reduzierbar sind (darunter auch SAT). Man nennt solche Probleme NP-vollständig. 1972 hat der Informatiker Richard Karp 21 Aufgaben identifiziert, die NP-vollständig sind – darunter eine vereinfachte Variante des Steiner-Problems.

Damit ist die Planung eines Schienennetzes mindestens (da Karp eine vereinfachte Variante des Steinerbaum-Problems untersucht hatte) so schwer wie ein NP-vollständiges Problem. Wenn man also viele Stationen miteinander verbinden möchte, kann die optimale Lösung sehr viel Rechenleistung erfordern. Glücklicherweise gibt es Näherungsverfahren, die uns einer optimalen Lösung zumindest nahe bringen. Tatsächlich können die besten Computerprogramme inzwischen Steinerbaum-Probleme mit über einer Million Städten in wenigen Minuten in der Praxis lösen. Außerdem kann man das Problem in der Praxis vereinfachen, indem man beispielsweise die Anzahl der zusätzlich hinzugefügten Stationen (Steiner-Punkte) einschränkt. Schließlich möchte man bei einem Schienennetz, das 30 Städte verbinden soll, keine 60 zusätzlichen Umsteige-Bahnhöfe bauen.

Dennoch erfordert selbst die Planung eines vereinfachten Schienennetzes einiges an Rechenleistung und Zeit. Informatikerinnen und Informatiker mussten erst ausgeklügelte Algorithmen entwickeln und leistungsfähige Hardware bauen, um solche Aufgaben zu bewältigen. Umso erstaunlicher, dass der Schleimpilz *Physarum polycephalum* das Problem innerhalb weniger Stunden löst.

1.3   Fleißige Biber

Ironischerweise hören sich einige der hartnäckigsten mathematischen Probleme unserer Zeit erstaunlich einfach an. Ein Beispiel dafür ist die goldbachsche Vermutung, die der Mathematiker Christian Goldbach 1742 in einem Brief an Leonhard Euler erwähnte. Sie lautet: Jede gerade Zahl, die größer ist als zwei, lässt sich als Summe zweier Primzahlen darstellen. Überprüfen Sie es ruhig: $4 = 2 + 2$, $6 = 3 + 3$, $8 = 5 + 3$, $10 = 5 + 5$ und so weiter. Tatsächlich wurde die Vermutung für mehr als 10^{17} gerade Zahlen getestet – und kein Gegenbeispiel entdeckt. Auch die berühmte

Collatz-Vermutung, die aus zwei einfachen Berechnungen besteht, ist seit fast 100 Jahren unbewiesen: Man nehme eine Zahl, teile sie durch zwei, falls sie gerade ist; sonst multipliziert man sie mit drei und addiert eins hinzu. Das Ganze wiederholt man für das Ergebnis immer und immer wieder, wodurch eine Zahlenfolge entsteht, die schließlich bei dem Wert 1 endet. Zum Beispiel: 10, 5, 16, 8, 4, 2, 1. Die Collatz-Vermutung besagt, dass jeder Startwert irgendwann zur 1 führt.

Für beide Vermutungen gab es schon etliche Beweisversuche. Doch alle führten bisher in eine Sackgasse. Einen spannenden Ansatz bietet ein Konzept, das auf die Grundlagen der Informatik zurückgeht.

Für die goldbachsche Vermutung wäre der Ansatz folgender: Man schreibt ein Computerprogramm, das für gerade Zahlen prüft, ob sie sich als Summe zweier Primzahlen schreiben lassen. Falls es möglich ist, nimmt sich der Algorithmus die nächstgrößere gerade Zahl vor; falls nicht, hält er an. Das Programm hält also an, sobald es auf ein Gegenbeispiel zur goldbachschen Vermutung stößt, sonst läuft es bis in alle Ewigkeit weiter. Um herauszufinden, ob die Vermutung wahr ist, muss man also bloß überprüfen, ob das entsprechende Computerprogramm irgendwann anhält.

Das klingt zwar einfach, aber die Aufgabe stößt an die Grenzen der Wissenschaft. Denn tatsächlich gibt es nachweislich keine Möglichkeit, für alle Algorithmen zu prüfen, ob ein sie ausführender Computer irgendwann zum Halten kommt. Das heißt, es wird immer Programme geben, die bis in alle Ewigkeit laufen und von denen man niemals erfahren wird, ob sie nicht irgendwann doch ein Ergebnis ausspucken. Wie sich das Programm zur goldbachschen Vermutung verhalten wird, weiß man bisher nicht. Klar ist: Da bisher 10^{17} Beispiele überprüft wurden, läuft der Algorithmus zumindest sehr, sehr lange. Um allerdings nicht bis in die Unendlichkeit auf eine Lösung warten zu müssen, könnten „fleißige Biber" behilflich sein: Hat man eine bestimmte Schwelle an Wartezeit überschritten, kann man sicher sein, dass der Algorithmus nicht mehr halten wird – so zumindest die Theorie. In der Praxis gestaltet sich das jedoch schwierig.

Der Grund, warum man nicht einfach vorhersagen kann, ob gewisse Computerprogramme zu einem Ende kommen, ist das so genannte Halteproblem. Dieses untersuchte erstmals der Mathematiker Alan Turing Ende der 1930er-Jahre. Anlass dazu gaben die Arbeiten von Kurt Gödel, dessen „Unvollständigkeitssätze" die Mathematik erschütterten (siehe Abschn. 3.4): Diese besagen, dass es innerhalb eines mathematischen Systems immer Aussagen geben wird, die sich weder beweisen noch widerlegen lassen. Anfangs hofften Fachleute noch, dass das ein abstraktes Ergebnis ohne bedeutsame Anwendungsfälle sei. Doch sie lagen falsch.

Inzwischen sind etliche Probleme bekannt, die sich nachweislich weder beweisen noch widerlegen lassen. Eines der frühesten Beispiele dafür war besagtes Halteproblem, das sich mit der Ausführung von Algorithmen beschäftigt. Natürlich gab es in den 1930er-Jahren, als Turing sich dem Problem widmete, noch keine Computer. Der Mathematiker befasste sich damals mit dem theoretischen Modell eines solchen, der nach ihm benannten Turingmaschine. Diese besteht aus einem unendlich langen Band, das mit Nullen und Einsen beschriftet ist, und einem Kopf, der das Band ausliest, beschreibt und nach rechts und links verschiebt. Eine solche Maschine kann theoretisch jede Art von Berechnung durchführen – ebenso wie ein Computer.

Angenommen, man möchte eine Turingmaschine programmieren, damit sie zwei Zahlen dividiert. Die Nullen und Einsen auf dem Band entsprechen dann den beiden Werten, die man dividieren möchte. Vor der Berechnung muss man eine bestimmte Anzahl an Zuständen definieren, in denen sich die Maschine befinden kann, etwa A, B, C und D sowie HALT. Diese entscheiden darüber, wie die Turingmaschine agiert. Zum Beispiel: Falls die Maschine im Zustand A eine 1 auf dem Band einliest, überschreibt sie diese durch eine 0, schiebt das Band nach links und wechselt in Zustand C. Für jeden der Zustände A bis D braucht man also je zwei Anweisungen – je nachdem, ob die Maschine eine 1 oder eine 0 auf dem Band vorfindet. Unter bestimmten Umständen (etwa Zustand B beim Einlesen einer 1) kann die Maschine in den Zustand HALT wechseln. In diesem Fall hält die Turingmaschine an, die Berechnung ist zu Ende. Das Ergebnis sind dann die Zahlen auf dem Band.

Wie Sie sich wahrscheinlich vorstellen können, erfordert das Programmieren einer Turingmaschine etwas mehr Aufwand als ein Python-Programmcode. Und wie Turing herausfand, gibt es keine Turingmaschine, die für alle möglichen Konfigurationen von Turingmaschinen (also alle Algorithmen) bestimmen kann, ob sie irgendwann anhalten werden. Damit scheint dieser Ansatz bei der Lösung der goldbachschen Vermutung nicht allzu hilfreich.

Aber Vorsicht! Das Halteproblem besagt zwar, dass es keine allgemeine Möglichkeit gibt, das Halten eines Programms vorherzusagen. Über einzelne Algorithmen lassen sich jedoch durchaus solche Aussagen treffen. Zum Beispiel kann man bei einem einfachen Programmcode (etwa der Addition zweier Zahlen) sofort beurteilen, dass er halten wird. Zugegeben, bei der goldbachschen Vermutung wird das vermutlich nicht ganz so einfach. Aber es gibt einen Hoffnungsschimmer am Horizont: die bereits erwähnten fleißigen Biber.

Mit diesem Konzept kam der Mathematiker Tibor Radó 1962 um die Ecke. Damals suchte er nach der „fleißigsten" Turingmaschine einer bestimmten Größe: Wie viele Rechenschritte kann eine Turingmaschine mit n Zuständen, die irgendwann zum Halten kommt, maximal durchführen? Im Gegensatz zum eigentlichen Bemühen von Informatikern, die nach möglichst effizienten Algorithmen mit möglichst wenigen Rechenschritten suchen, richtete Radó seine Aufmerksamkeit auf das ineffizienteste Modell.

Um die Frage allgemein zu beantworten, müsste man das Halteproblem lösen. Um den fleißigsten Biber zu finden, muss man schließlich wissen, welche Turingmaschinen halten und welche nicht. Damit ist die Fleißiger-Biber-Funktion $BB(n)$, die die maximale Anzahl an Rechenschritten angibt, im Allgemeinen nicht berechenbar. Doch Radó gelang es, die ersten drei Werte der Funktion zu bestimmen. Und tatsächlich bringt die Kenntnis von $BB(n)$ enorme Vorteile mit sich: Schafft man es, ein mathematisches Problem durch eine Turingmaschine mit n Zuständen zu codieren, kann man sie einfach laufen lassen. Wenn die Maschine nach $BB(n)$ Berechnungen noch nicht gehalten hat, dann weiß man: Sie wird niemals halten.

Und tatsächlich ist es schon gelungen, die goldbachsche Vermutung durch eine Turingmaschine auszudrücken: 2016 wurde eine solche mit lediglich 27 Zuständen beschrieben. Das sind gute Nachrichten! Theoretisch kann man den Programmcode also einfach laufen lassen; falls er nach $BB(27)$ Rechenschritten noch weiterläuft, dann wissen wir: Der Algorithmus wird für immer weiterlaufen, ohne dass jemals ein Gegenbeispiel zur goldbachschen Vermutung gefunden wird. Die Vermutung wäre demnach wahr.

Also, nichts wie los: Man muss nur noch versuchen, $BB(27)$ zu berechnen. Dafür ist es hilfreich, zunächst einmal herauszufinden, wie viele unterschiedliche Turingmaschinen es für eine bestimmte Anzahl von n Zuständen gibt. Für jeden der zwei Eingabewerte 0 oder 1 führt die Turingmaschine in einem bestimmten Zustand drei verschiedene Operationen aus:

1. Sie ersetzt die Eingabe durch eine Ausgabe (0 oder 1).
2. Sie schiebt das Band nach rechts oder links.
3. Sie wechselt in einen der n Zustände oder in den Haltezustand.

Damit gibt es für jeden Eingabewert und jeden der n Zustände $2 \cdot 2 \cdot (n+1)$ mögliche Operationen. Das heißt, es gibt für n Zustände insgesamt $(4n+4)^{2n}$ unterschiedliche Turingmaschinen.

Betrachtet man zum Beispiel Maschinen mit nur einem Zustand, findet man bereits 64 verschiedene Turingmaschinen. Davon werden nur jene halten, die nach dem ersten Rechenschritt in den Zustand HALT wechseln. Über einen Rechenschritt kommt also keine dieser Turingmaschinen hinaus, daher ist $BB(1) = 1$.

Etwas komplizierter wird es, wenn man zwei Zustände zulässt. In diesem Fall gibt es bereits 20.736 Turingmaschinen, die man untersuchen muss. Nur so kommt man voran: Da es keine allgemein gültige Methode gibt, um zu untersuchen, welche Turingmaschinen irgendwann halten, muss man sie von Einzelfall zu Einzelfall identifizieren. Wie Radó herausfand, kann das längste Programm aus zwei Zuständen – der fleißigste Biber – sechs Rechenschritte durchführen. Alle Zwei-Zustand-Turingmaschinen, die länger laufen, werden also niemals anhalten.

Auch den Fall von drei Zuständen konnten Radó und sein damaliger Doktorand Shen Lin 1965 klären: Unter den 16.777.216 Turingmaschinen können jene, die irgendwann halten, höchstens 21 Rechenschritte durchführen. Damit wirken die ersten drei Glieder der Fleißiger-Biber-Folge nicht besonders beeindruckend: 1, 6, 21. Aber wie geht die Folge weiter?

1963 beschrieb Radó den Versuch, $BB(4)$ zu berechnen, als hoffnungslos. Damit irrte er sich. Denn 20 Jahre später gelang es Alan Brady, $BB(4)$ zu bestimmen: Die höchste Anzahl an Rechenschritten beträgt 107. Falls eine Vier-Zustand-Turingmaschine länger läuft, dann wird sie mit Sicherheit endlos weiterlaufen. Bisher ist das der letzte Wert der Fleißiger-Biber-Funktion, der sich exakt bestimmen ließ.

Für eine Turingmaschine mit fünf Zuständen ist der fleißigste Biber noch nicht bekannt. Die Mathematiker Heiner Marxen und Jürgen Buntrock haben 1989 einen vorläufigen Champion gekürt, der 47.176.870 Berechnungen ausführt, bevor er hält. Offenbar gibt es nur noch 43 Fünf-Zustand-Turingmaschinen, von denen man nicht weiß, ob sie ewig weiterlaufen oder doch irgendwann halten. Daher ist $BB(5) \geq 47.176.870$. Der Rekordhalter für Turingmaschinen mit sechs Zuständen führt bereits so viele Rechenschritte durch, dass man eine neue Rechenoperation braucht, um die Zahl in kompakter Weise aufschreiben zu können. Damit sind wir noch sehr weit von einer Lösung von $BB(27)$ entfernt – falls sie überhaupt existiert.

Selbst wenn man $BB(27)$ theoretisch berechnen könnte, ist die Zahl höchstwahrscheinlich so groß, dass kein Computer jemals in absehbarer Zeit so viele Rechenschritte ausführen kann. Der Grund für die unvorstellbare Größe von $BB(27)$ besteht darin, dass die Fleißiger-Biber-Folge $BB(n)$ nachweislich schneller wächst als jede berechenbare Folge. Wenn man also eine Rechenvorschrift für eine möglichst schnell wachsende Folge angibt – möge sie noch so verrückt sein -, gibt es immer ein n, ab dem der fleißige Biber diese überholt. Damit wird die goldbachsche Vermutung auf diese Weise wohl nicht gelöst.

Erstaunlicherweise ergibt sich allerdings ein Ansatzpunkt, um die Collatz-Vermutung anzugehen. Dazu muss man sich ansehen, was die fleißigsten Biber überhaupt berechnen. Wie sich herausstellt, entsprechen die dazugehörigen Algorithmen rekursiven Funktionen, die der Collatz-Vermutung ähneln. Zum Beispiel berechnet der aktuelle Rekordhalter von $BB(5)$ für eine Eingabe x den Wert $\frac{5x+18}{3}$, falls x durch drei teilbar ist; $\frac{5x+22}{3}$, falls x durch drei geteilt einen Rest von 1 ergibt; und falls x durch drei geteilt einen Rest von 2 hat, hält das Programm an. Überraschenderweise hat auch der aktuelle $BB(6)$-Champion eine ähnliche Form. Da beide Programme halten, bedeutet es, dass alle natürlichen Zahlen die angegebenen Funktionen nur endlich viele Male durchlaufen und stets beim selben Punkt enden. Deswegen erhoffen sich Fachleute, durch Untersuchung weiterer fleißiger Biber eine Lösung des Collatz-Problems zu finden.

Wenn wir uns aber an das Halteproblem zurückerinnern, dann wird klar: Es gibt zwangsweise Werte n, für die $BB(n)$ nicht berechenbar ist. Damit stellt sich die Frage, was die größte Anzahl an Zuständen ist, für die man noch beurteilen kann, ob die dazugehörigen Turingmaschinen anhalten werden. Sprich: Was ist das größte n, für das man $BB(n)$ berechnen kann? Um das herauszufinden, haben Wissenschaftler versucht, eine unentscheidbare Aussage durch eine möglichst kleine Turingmaschine zu codieren.

Dafür kehrten sie zu den Anfängen der Logik und Gödels Arbeiten zurück. Mit seinen Unvollständigkeitssätzen hat Gödel nämlich nicht nur gezeigt, dass es zwangsweise unentscheidbare Aussagen gibt. Er hat auch bewiesen, dass ein mathematisches System niemals in der Lage ist, mit den eigens zur Verfügung gestellten Werkzeugen zu belegen, dass es niemals zu Widersprüchen führen wird. Das heißt: Die Axiome, die unsere Mathematik aufbauen, reichen nicht aus, um zu zeigen, dass sie widerspruchsfrei sind.

2016 ist es dem Informatiker Scott Aaronson gemeinsam mit seinem Doktoranden Adam Yedidia gelungen, diese Erkenntnis zu nutzen, um die Grenze der berechenbaren Fleißiger-Biber-Funktionen zu finden. Sie haben dazu eine

Turingmaschine mit 7910 Zuständen definiert, die genau dann hält, wenn das Grundgerüst der Mathematik widersprüchlich ist. Da sich diese Tatsache weder beweisen noch widerlegen lässt, wird man niemals herausfinden können, ob die entsprechende Turingmaschine jemals halten wird oder nicht. Damit ist $BB(7910)$ nicht berechenbar.

Nun stellt sich die Frage, ob es auch kleine Turingmaschinen gibt, auf die das zutrifft. Und tatsächlich wurde inzwischen eine etwa zehnmal kleinere Maschine mit bloß 748 Zuständen gefunden, die die gödelsche Unvollständigkeit enthält. Viele Fachleute gehen aber davon aus, dass $BB(n)$ bereits für deutlich kleinere Werte von n nicht berechenbar ist. Aaronson vermutet zum Beispiel, dass schon $BB(20)$ nicht berechenbar ist.

Wenn er damit richtigliegt, könnte auch die goldbachsche Vermutung zu den unentscheidbaren Problemen zählen. In diesem Fall würden unsere mathematischen Werkzeuge nicht ausreichen, um sie zu beweisen oder zu widerlegen. So oder so: Der Ansatz mit den fleißigen Bibern ist nicht der vielversprechendste, um die goldbachsche Vermutung zu lösen. In jüngster Zeit haben sich immer mehr Verbindungen zwischen der Zahlentheorie und anderen Bereichen der Mathematik offenbart. Vielleicht helfen diese Brücken, die so einfach erscheinenden Probleme anzugehen. Denn die fleißigen Biber sind einfach viel zu fleißig.

1.4   Walrettung, Pythagoras und Einstein

In den Weltmeeren tummeln sich mehr als 80 verschiedene Walarten – von denen inzwischen jede vierte gefährdet ist. Eine der größten Gefahren für die Meeressäuger sind Zusammenstöße mit Schiffen, die für die Tiere oft tödlich enden. Um Kollisionen zu vermeiden, suchen Schiffe das umgebende Wasser nach größeren Lebewesen ab. Sonar-Messtechniken senden aber Schallwellen aus, was Wale, die über ein empfindliches Gehör verfügen, extrem stören kann und teilweise dazu führt, dass sie stranden. Deshalb hat sich inzwischen eine umgekehrte Taktik etabliert: Man horcht die Umgebung nach Walgesängen ab, um die Tiere zu orten und ihnen auszuweichen. Hierbei kommt der Satz des Pythagoras ins Spiel.

Die klangvollen Walgesänge breiten sich mit einer festen Geschwindigkeit durch das Wasser aus. Bis zu Tiefen von etwa 2000 Metern beträgt die Schallgeschwindigkeit in Meerwasser etwa 1500 Meter pro Sekunde – Geräusche werden also knapp fünfmal so schnell übertragen wie in der Luft. Das liegt daran, dass die Moleküle im Wasser dichter beieinanderliegen und sich die Wellen deshalb schneller ausbreiten können. Wenn sich ein Wal also in 500 Meter Entfernung zu einem Schiff befindet, erreicht sein Gesang nach einer Drittelsekunde die Detektoren. Doch das allein genügt nicht, um die Entfernung des Wals zu bestimmen – schließlich weiß man nicht, wie lange das Signal im Wasser unterwegs war. Wenn man den Ton eines Wals aufnimmt, könnte das Tier also genauso gut 150 Meter oder fünf Kilometer entfernt sein.

Glücklicherweise nehmen die Detektoren aber nicht nur dieses Signal auf. Die Schallwellen des Wals bewegen sich nicht wie ein präzise gerichteter Strahl direkt auf das Schiff zu. Stattdessen breiten sich die Wellen kugelförmig aus, einige werden am Meeresboden reflektiert und dringen verzögert als Echo in die Detektoren des Schiffs ein. Jeder Ton eines Wals erzeugt also mindestens zwei Signale: ein direktes und ein verzögertes. Über den zeitlichen Versatz zwischen den beiden Ereignissen kann man berechnen, wie weit das Tier entfernt ist.

Hierfür braucht man etwas Schulgeometrie sowie Wellenphysik. Bei dem Problem sind die beteiligten Objekte folgendermaßen angeordnet: Ein Schiff empfängt an der Wasseroberfläche ein Signal, das von einem Wal stammt, und kurz darauf detektiert es auch das Echo, das durch die Reflexion am Meeresboden entsteht. Je näher der Wal dem Meeresboden ist, desto kürzer ist der Abstand zwischen den beiden empfangenen Signalen. Gleiches gilt für die Entfernung des Wals vom Schiff: je näher das Tier, desto kleiner der Zeitversatz. Um also den empfohlenen Mindestabstand von etwa 500 Metern einzuhalten, ist es sinnvoll, den größtmöglichen Zeitunterschied zu bestimmen, den ein Tier in dieser Entfernung durch seinen Gesang erzeugen kann. Das entspricht der Situation, in der ein Wal an der Meeresoberfläche schwimmt. Tatsächlich ist das auch die gefährlichste Lage der Meeressäuger, da ein Schiff sie so direkt rammen könnte.

Um also aus einer Zeitdifferenz Δt zweier Signale eines Wals eine Distanz zu berechnen, muss man zunächst wissen, wie tief das Meer am Standort des Schiffs ist. Das kann die Crew mit einem Echolot ermitteln, indem es ein Signal in die Tiefe schickt und wartet, bis es wieder reflektiert wird. Die Wartezeit entspricht der doppelten Distanz zum Boden, geteilt durch die Schallgeschwindigkeit. Kennt man die Tiefe h, lässt sich anschließend mit Hilfe von Δt berechnen, wie weit der Wal mindestens entfernt ist.

Der Teil der Schallwellen des Wals, der am Meeresboden reflektiert wird, erreicht das Schiff über einen Umweg. Hierbei greift das snelliussche Brechungsgesetz: Der Winkel, den die einfallenden Wellen mit dem Boden einschließen, ist genauso groß wie der Ausgangswinkel, mit dem die Wellen reflektiert werden. Verfolgt man also die zwei verschiedenen Wege der Schallwellen, die das Schiff erreichen, ergibt sich ein gleichschenkliges Dreieck. Um die Distanz zwischen Wal und Schiff zu berechnen, hilft es, dieses Dreieck in der Mitte zu teilen: Dort, wo die Schallwellen auf den Meeresboden treffen, ist eine senkrechte Linie zu ziehen. Nun muss man nur noch die Längen der rechtwinkligen Dreiecke berechnen, wie in Abb. 1.3 gezeigt.

Das ist der Punkt, an dem Pythagoras ins Spiel kommt – zumindest der Satz, der nach dem griechischen Gelehrten Pythagoras von Samos benannt ist, der um das Jahr 500 vor unserer Zeitrechnung lebte. Unter Wissenschaftshistorikern wird debattiert, ob Pythagoras wirklich als Entdecker des Satzes gelten darf. Denn schon auf babylonischen Tontafeln, die mehr als 1000 Jahre vor Pythagoras' Lebzeiten entstanden, sind „pythagoreische Tripel" zu finden. Als solche bezeichnet man Mengen dreier ganzer Zahlen a, b, c, die den Seitenlängen eines rechtwinkligen Dreiecks entsprechen – und damit die berühmte Formel $a^2 + b^2 = c^2$ erfüllen.

Abb. 1.3 Indem man die Zeitdifferenz zwischen dem Eintreffen des Walgesangs und des Echos misst, kann man die Distanz zu einem Wal bestimmen. (Copyright: Switchkun, Getty Images, iStock; Bearbeitung: Manon Bischoff)

Leider sind pythagoreische Tripel nicht allzu häufig vertreten, wenn man den Satz des Pythagoras in der Praxis anwendet – meist ist man daher auf Taschenrechner angewiesen, um die entstehenden Wurzelausdrücke zu berechnen. Ist ein solcher zur Hand, steht nichts mehr im Weg, um die Wal-Aufgabe zu lösen. Die gemessene Zeitdifferenz Δt zwischen dem direkt verzeichneten Signal und dem Echo entspricht dem Längenunterschied Δs der beiden Strecken, die die Schallwellen zurücklegen, dividiert durch die Schallgeschwindigkeit c im Wasser, also: $\Delta t = \frac{\Delta s}{c}$. Die einzige Unbekannte in der Gleichung ist der Streckenunterschied Δs, der sich durch den Satz des Pythagoras berechnen lässt. Denn die halbe Strecke zum Wal und die Tiefe des Meers h schließen einen rechten Winkel ein, so dass man den Weg s, den die Schallwelle bis zum Meeresboden durchläuft, einfach bestimmen kann: $s^2 = h^2 + (\frac{d}{2})^2$.

Setzt man das Ergebnis in die ursprüngliche Formel mit der Zeitdifferenz ein, erhält man: $\Delta t \cdot c = 2 \cdot \sqrt{h^2 + \frac{d^2}{4}} - d$. Diese Gleichung muss man nach d auflösen, um die Entfernung zwischen Wal und Schiff in Abhängigkeit der gemessenen Zeitdifferenz zu berechnen. Nach einigen Umstellungen erhält man schließlich die Gleichung: $d = \frac{2h^2}{\Delta t \cdot c} - \frac{\Delta t \cdot c}{2}$.

Der Satz des Pythagoras kann also aktiv beim Schutz von Walen helfen, wie der Mathematiker Chris Budd von der University of Bath gerne erklärt. Um den Satz verwenden zu dürfen, muss man sich allerdings sicher sein, dass er auch wirklich stimmt. Inzwischen sind zirka 400 unterschiedliche Beweise des berühmten Theorems bekannt – unter anderem ein Beweis von Leonardo da Vinci oder von dem ehemaligen US-Präsidenten James A. Garfield. Besonders interessant ist aber die Geschichte hinter einem Beweis, den der berühmte Physiker Albert Einstein als Zwölfjähriger geführt hat.

Lange Zeit war dieser Beweis Einsteins verschollen. Denn er hatte sich nämlich nicht die Mühe gemacht, seine Arbeit aufzubewahren. Der einzige Hinweis darauf war eine Aussage des Physikers in einer 1949 erschienenen Ausgabe der Zeitschrift „Saturday Review", wonach er den Satz des Pythagoras anhand der Ähnlichkeiten von Dreiecken bewiesen habe. Viele Fachleute gingen davon aus, der damals Zwölfjährige habe eine bekannte Beweisskizze aufgeschnappt und diese bloß wiederholt.

Doch 1991 präsentierte der Physiker Manfred Schroeder in seinem Buch „Fractals, Chaos, Power Laws" einen erstaunlich einfachen Beweis, der in der Fachwelt noch nicht etabliert war. Schroeder gab an, den Beweis von seinem Kollegen Shneior Lifson erfahren zu haben, der ihn vom Physiker Ernst Straus aufgegriffen hatte, einem ehemaligen Assistenten Einsteins, der wiederum den Beweis von Einstein selbst hatte. Auch wenn sich somit die Herkunft des Beweises nur über viele Ecken verfolgen lässt, erklärte der Mathematiker Steven Strogatz, die Methode trüge unbestreitbar die Handschrift des berühmten Physikers.

Die Idee besteht darin, ein rechtwinkliges Dreieck mit Seitenlängen a, b und c zu teilen, indem man senkrecht zur Hypotenuse eine Linie zieht. Auf diese Weise erhält man drei Dreiecke mit den Hypotenusenlängen a, b und c, die einander „ähnlich" sind. Das bedeutet, ihre Seitenverhältnisse und eingeschlossenen Winkel sind jeweils gleich. Außerdem addieren sich die Fläche des kleinen und des mittleren Dreiecks zur Fläche des großen (ursprünglichen) Dreiecks. Mit diesen Feststellungen war Einstein schon fast fertig.

Weil die drei Dreiecke ähnlich sind, hängen ihre Flächen auf gleiche Weise mit den Hypotenusenquadraten zusammen: Die Fläche des kleinen Dreiecks ist $q \cdot a^2$, die des mittleren Dreiecks $q \cdot b^2$ und die des großen $q \cdot c^2$. Wie groß der Faktor q ist, spielt keine Rolle. Es ist nur klar, dass er kleiner als eins ist, da die Dreiecksfläche stets kleiner ist als die Fläche des Hypotenusenquadrats. Nun kann man ausnutzen, dass sich die beiden kleinen Dreiecksflächen zur großen addieren, also: $q \cdot a^2 + q \cdot b^2 = q \cdot c^2$, wie in Abb. 1.4 gezeigt. Indem man q auf beiden Seiten der Gleichung kürzt, erhält man den Satz des Pythagoras: $a^2 + b^2 = c^2$.

Um den Satz des Pythagoras anzuwenden (und damit vielleicht einige Wale zu retten), muss man den Beweis nicht zwingend kennen. Generell kann man sich fragen, ob die Welt wirklich um die 400 verschiedenen Beweise zu einem seit Tausenden von Jahren bekannten Theorem braucht. Wirklich nötig sind sie wahrscheinlich nicht, doch über sie lässt sich eine Menge lernen – und sei es nur die Tatsache, dass Einstein als Zwölfjähriger eine überaus elegante Beweismethode entwickelt hat.

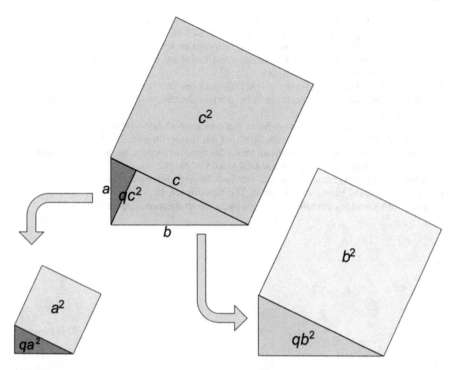

Abb. 1.4 Als Zwölfjähriger fand Albert Einstein einen Beweis zum Satz des Pythagoras, der sich auf die Ähnlichkeit von Dreiecken stützt. (Copyright: Manon Bischoff)

Literaturverzeichnis

1. Marey M (1894) Photographs of a tumbling cat. Nature 51:80–81
2. Kane TR, Scher MP (1969) A dynamical explanation of the falling cat phenomenon. Int J Solids Struct 5(7):663–670
3. Essen H, Nordmark A (2018) A simple model for the falling cat problem. Eur J Phys 39(3):035004
4. Diamond J (1988) Why cats have nine lives. Nature 332:586–587
5. Whitney WO, Mehlhaff CJ (1987) High-rise syndrome in cats. J Am Vet Med Assoc 191: 1399–1403
6. Brazil M, Graham RL, Thomas DA et al (2014) On the history of the Euclidean Steiner tree problem. Arch Hist Exact Sci 68:327–354
7. Tero A et al (2010) Rules for biologically inspired adaptive network design. Science 327: 439–442
8. Cook SA (1971) The complexity of theorem-proving procedures. In: Proceedings of the third annual ACM symposium on theory of computing (STOC'71). Association for Computing Machinery, Shaker Heights Ohio USA, S 151–158
9. Karp RM (1972) Reducibility among combinatorial problems. In: Miller RE, Thatcher JW, Bohlinger JD (eds) Complexity of computer computations. Springer, Boston, S 85–103
10. Lin S, Rado T (1965) Computer studies of Turing machine problems. J ACM 12(2):196–212

11. Brady AH (1983) The determination of the value of Rado's noncomputable function $\sum(k)$ for four-state Turing machines. Math Comput 40(162):647–665
12. Aaronson S (2020) The busy beaver frontier. https://www.scottaaronson.com/papers/bb.pdf
13. Yedidia A, Aaronson S (2016) A relatively small Turing machine whose behavior is independent of set theory. ArXiv: 1605.04343
14. Riebel J (2023) The undecidability of BB(748). Bachelor Thesis, Universität Augsburg. https://www.ingo-blechschmidt.eu/assets/bachelor-thesis-undecidability-bb748.pdf. Zugegriffen am 27.02.2024
15. Budd C (2020) Can maths save whales and cure cancer? https://www.gresham.ac.uk/sites/default/files/2020-01-07_ChrisBudd_Whales-T.pdf. Zugegriffen am 27.02.2024
16. Ratner B (2009) Pythagoras: everyone knows his famous theorem, but not who discovered it 1000 years before him. J Target Meas Anal Mark 17:229–242
17. Schroeder M (1991) Fractals, chaos, power laws. Dover Publications, New York
18. Strogatz S (2015) Einstein's first proof. The New Yorker. https://www.newyorker.com/tech/annals-of-technology/einsteins-first-proof-pythagorean-theorem. Zugegriffen am 27.02.2024

Ein mathematischer Ratgeber

„Das brauche ich doch sowieso nie wieder!" Das ist eines der Klischees, das ich oft über Mathematik zu hören bekomme. Und tatsächlich werden die meisten Menschen außerhalb der Schule nie wieder eine Funktion integrieren oder eine Kurvendiskussion durchführen. Doch Mathematik begegnet uns ständig – wenn auch meist indirekt. So führen wir im Alltag immer wieder einfache Berechnungen durch, wie das Zusammenrechnen unterschiedlicher Preise im Supermarkt, oder machen Abschätzungen, wenn wir während eines Urlaubs den Wert einer fremden Währung umrechnen.

Geht man über die simplen Grundrechenarten hinaus und wagt sich etwas tiefer in die Mathematik vor, kann sich das Fach in allerlei weiteren Lebenssituationen als hilfreich erweisen: zum Beispiel bei der Partnerwahl, der Suche nach einem Parkplatz und sogar beim Einparken selbst. Besitzt man die nötige mathematische Kenntnis, lassen sich diese Probleme systematisch und einfach angehen. Mathematik kann uns das Leben also nicht nur schwer machen, sondern auch deutlich erleichtern.

2.1 Zeitersparnis bei Bewerbungsgesprächen

Wenn Sie in einer größeren Stadt wohnen, kennen Sie das Problem der Wohnungssuche sicherlich. Sobald Wohnraum für einen fairen Preis angeboten wird, gibt es meist etliche Bewerberinnen und Bewerber. Nun versetzen Sie sich in die Lage eines Eigentümers, der vor kurzem eine Annonce für ein günstiges Mietobjekt inseriert hat und nach einem passenden Mieter sucht. Da Sie es bevorzugen, sich von Angesicht zu Angesicht zu unterhalten und nicht über E-Mail oder Telefon, beschließen Sie, einen offenen Besichtigungstermin anzubieten, den alle Interessenten wahrnehmen können. An besagtem Tag fahren Sie zur Wohnung und stellen mit Erschrecken fest, dass eine riesige Menschenmenge aufgetaucht ist.

© Der/die Autor(en), exklusiv lizenziert an Springer-Verlag GmbH, DE,
ein Teil von Springer Nature 2024
M. Bischoff, *Die fabelhafte Welt der Mathematik*,
https://doi.org/10.1007/978-3-662-68432-0_2

Ihnen wird sofort klar: Mit allen ein persönliches Gespräch zu führen, würde Stunden – wenn nicht Tage – in Anspruch nehmen. Um Zeit und Aufwand zu begrenzen, möchten Sie den Bewerberinnen und Bewerbern direkt nach einer kurzen Unterhaltung eine Zu- oder Absage erteilen. Allerdings sind Sie, was die Auswahl des künftigen Mieters angeht, recht anspruchsvoll. Daher suchen Sie nach einer effektiven und zeitsparenden Strategie: Ohne mit jeder Person einzeln sprechen zu müssen, würden Sie gerne einen möglichst geeigneten Kandidaten auswählen. Wie könnte eine passende Vorgehensweise aussehen?

Glücklicherweise fand der Statistiker Dennis Victor Lindley 1961 heraus, dass das Problem eine optimale Lösung besitzt: Sie sollten mit den ersten 37 Prozent der Bewerberinnen und Bewerber sprechen – und sie allesamt ablehnen, egal wie geeignet sie erscheinen. Dann führen Sie die Gespräche fort und wählen die erste Person, die besser passt als die bisher abgelehnten (siehe Abb. 2.1). Die Wahrscheinlichkeit, so die beste Kandidatin oder den besten Kandidaten zu finden, liegt dann bei 37 Prozent.

Der Nachteil: Die Strategie sagt nicht voraus, wie viele Gespräche Sie insgesamt führen werden. Wenn sich der ideale Mieter zum Beispiel unter den ersten 37 Prozent der Befragten befand, müssen Sie sich mit jeder Person unterhalten – und schließlich den letzten Kandidaten auswählen, da Sie allen anderen in diesem Szenario bereits abgesagt haben. Ist der ideale Mieter hingegen unter den verbliebenen 63 Prozent, dann wählen Sie zwangsläufig jemanden aus, der nach Ihrer Vorstellung besser für die Wohnung geeignet ist als die ersten 37 Prozent. Ihre Wahl kann in diesem Fall auf den am besten passenden Kandidaten fallen – aber auch auf einen der nächstbesten, der noch nicht im ersten Block der Abgelehnten enthalten war.

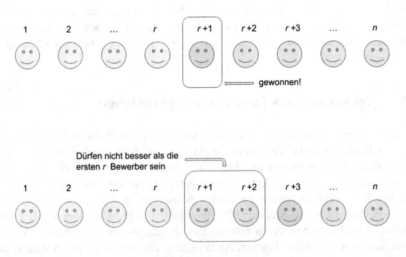

Abb. 2.1 Wenn man mit den ersten r Bewerberinnen und Bewerbern spricht und der $r + 1$-te erscheint geeigneter, hört man auf, zu suchen. Falls die geeignetste Person an der $r + 3$-ten Stelle ist, wählt man sie nur dann aus, wenn die $r + 1$-sten und $r + 2$-ten Bewerber weniger geeignet waren als die vorangegangenen. (Copyright: Manon Bischoff)

In der Literatur ist die Aufgabe häufig unter der – etwas angestaubten – Bezeichnung des Sekretärinnenproblems anzutreffen: Eine Firma möchte eine vakante Assistentenstelle besetzen und muss unter den (natürlich ausnahmslos weiblichen) Bewerberinnen die am besten geeignete auswählen. Eine andere Variante ist das Heiratsproblem, bei dem eine Person nach einem passenden Partner sucht. Ebenso kann man die Aufgabe auf alltagsnahe Situationen beziehen, etwa wenn man auf einer langen Autobahnfahrt nach einer günstigen Tankstelle sucht oder sich in der privilegierten Lage befindet, unter einer Vielzahl von Jobangeboten zu wählen.

Es war der Wissenschaftsjournalist Martin Gardner, der das Problem 1960 in seiner monatlichen Kolumne „Mathematical Games" des US-amerikanischen Magazins „Scientific American" populär machte. Er präsentierte es jedoch in einem ganz anderem Gewand, indem er ein Spiel zwischen zwei Personen beschrieb: Die erste notiert irgendwelche Zahlen beliebiger Größe auf Papierschnipseln und legt sie verdeckt auf einen Tisch. Der zweite Spieler dreht nacheinander die Zettel um – und soll dann stoppen, wenn er glaubt, dass die gezeigte Zahl die größte ist, die im gesamten Spiel auftaucht.

Auch hier empfiehlt es sich, die ersten 37 Prozent der Zettel aufzudecken und dann die erste Zahl auszuwählen, die größer als alle vorherigen ist. Um zu verstehen, wie diese Strategie zu Stande kommt, muss man das Spiel in eine mathematische Aufgabe übersetzen. Angenommen, es gibt n Zettel mit verschiedenen Zahlen. Erst wenn man eine repräsentative Auswahl gesehen hat, lässt sich mit einer gewissen Wahrscheinlichkeit beurteilen, ob ein Wert der größten Zahl des Spiels entsprechen könnte. Das heißt, man muss zwangsläufig r Karten umdrehen, um sich einen Eindruck zu verschaffen. Dann wählt man jenen Wert unter den verbleibenden $n - r$ Zettel als Sieger aus, der alle bisherigen übersteigt. Die mathematische Frage lautet: Welches r maximiert die Wahrscheinlichkeit, die richtige Wahl zu treffen?

Dafür kann man alle Situationen durchgehen, in denen man gewinnen würde – und die dazugehörigen Wahrscheinlichkeiten summieren. So gelangt man zu einer Gesamtwahrscheinlichkeit für den Sieg in Abhängigkeit von r. Die größte Zahl darf sich nicht unter den ersten r Zahlen befinden, sonst hat man zwangsläufig verloren. Man gewinnt hingegen automatisch, wenn sie an der $r + 1$-ten Stelle auftritt. Die Wahrscheinlichkeit für diesen Fall beträgt $\frac{1}{n}$.

Befindet sich der größte Wert hingegen an der $r + 2$-ten Stelle (wieder eine Wahrscheinlichkeit von $\frac{1}{n}$), gewinnt man nur, falls die $r + 1$-te Zahl kleiner als die vorangehenden r Karten ist. Das bedeutet, der beste der bisher aufgedeckten Kandidaten muss sich im Bereich der ersten r Zahlen befinden. Die Chancen dafür betragen $\frac{r}{r+1}$. Um die Gewinnwahrscheinlichkeit für diese Situation zu berechnen, muss man die zwei Wahrscheinlichkeiten (höchste Zahl an $r + 2$-te Stelle und bisher höchste Karte innerhalb der ersten r Karten) also multiplizieren: $\frac{1}{n} \cdot \frac{r}{r+1}$.

So kann man sich durch alle Stellen weiter durcharbeiten. Liegt die höchste Zahl an der $r + 3$-ten Stelle, darf sich der nächstgrößere Wert wieder nur unter den ersten r Aufdeckungen befinden, so dass man eine Gewinnchance von $\frac{1}{n} \cdot \frac{r}{r+2}$ erhält. Die $r + 3$-te Platzierung berechnet sich entsprechend zu $\frac{1}{n} \cdot \frac{r}{r+3}$ und so weiter.

Die Gesamtwahrscheinlichkeit P für einen Gewinn ergibt sich daher über die Summe $P = \sum_{k=r+1}^{n} \frac{1}{n} \cdot \frac{r}{k-1}$. Diesen Ausdruck kann man umschreiben, um ihn später weiter zu vereinfachen. Dazu verschiebt man den Start- und Endpunkt der Summe und gleicht dafür die zu addierenden Terme an, damit sich das Ergebnis nicht ändert: $P = \frac{r}{n} \cdot \sum_{k=r}^{n-1} \frac{1}{k}$. Liegen nur wenige Karten auf dem Tisch (das heißt, n ist klein), kann man die Summe schnell ausrechnen. Das Ergebnis hängt von r ab – man muss nur noch herausfinden, für welches r die Gewinnwahrscheinlichkeit am größten ist.

Wenn es hingegen hunderte oder gar tausende Papierschnipsel gibt, wird es unübersichtlich. Fachleute aus der Statistik greifen dann zu einem beliebten Trick: Sie nähern die Summe durch ein Integral, das sich einfacher auswerten lässt.

$$P = \frac{r}{n} \cdot \sum_{k=r}^{n-1} \frac{1}{k} \approx \frac{r}{n} \cdot \int_{r}^{n} \frac{1}{k} dk$$

Für dieses lässt sich die Stammfunktion bestimmen und die Integrationsgrenzen einsetzen:

$$P \approx \frac{r}{n} \cdot \int_{r}^{n} \frac{1}{k} dk = -\frac{r}{n} \ln \frac{r}{n}$$

Nun hat man also eine gute Näherung für die Wahrscheinlichkeit, dass man die richtige Entscheidung trifft, wenn man die ersten r Zettel verwirft und auf den nachfolgenden größten Wert setzt. Die Frage ist: Wie viele Papierschnipsel r sollte man beiseitelegen, um die Gewinnchance P möglichst groß zu gestalten? In mathematische Sprache übersetzt: Für welches r wird P maximal? Wenn Sie sich an ihre Schulzeit erinnern, dann wissen Sie, dass man dafür eine Kurvendiskussion machen muss. Das heißt, man leitet die Funktion P nach r ab und bestimmt die Nullstellen. Dort findet sich dann ein Extremwert. Die erste Ableitung der Gewinnfunktion lautet: $P'(r) \approx -\frac{1}{n} \left(\ln \frac{r}{n} + 1 \right)$. Dieser Ausdruck wird null, wenn das Innere der Klammer verschwindet, also: $\ln \frac{r}{n} = -1$. Das ist der Fall, wenn $r = \frac{n}{e}$ – das sind zirka 37 Prozent von n.

Setzt man $r = \frac{n}{e}$ in die ursprüngliche Gleichung für die Gewinnwahrscheinlichkeit ein, erhält man das Ergebnis: $P = \frac{1}{e} \approx 0{,}37\ldots$ Damit beträgt die Wahrscheinlichkeit, mit besagter Strategie auf Anhieb die größte Zahl auszuwählen, etwa 37 Prozent. Wie sich allerdings in mehreren psychologischen Studien herausgestellt hat, sind die meisten Menschen zu ungeduldig: Personen, die ähnlichen Problemen ausgesetzt sind, neigen dazu, viel zu schnell eine Entscheidung zu treffen – und nicht erst 37 Prozent der Möglichkeiten abzulehnen. Auf diese Weise erzielt man in der Regel allerdings ein schlechteres Ergebnis. Es empfiehlt sich, geduldig zu sein.

2.2 Wie findet man den besten Parkplatz?

In großen Städten gibt es nicht nur Schwierigkeiten bei der Wohnungssuche, sondern auch beim Finden eines Parkplatzes. Fahrerinnen und Fahrer in europäischen Metropolregionen verbringen laut einer 2017 durchgeführten Studie jährlich zwischen 35 und 107 Stunden mit der Parkplatzsuche. Das stellt nicht nur eine enorme Verschwendung von Lebenszeit dar, sondern auch einen verzichtbaren Treibhausgasausstoß. In Stuttgart bestehen gut 15 Prozent des Stadtverkehrs aus unnötig umherkreisenden Fahrzeugen, die auf der Suche nach einem Parkplatz sind. Glücklicherweise kann die Mathematik Fahrerinnen und Fahrern dabei helfen, eine Strategie zu entwickeln, um möglichst schnell einen guten Parkplatz zu finden und damit unnötige Touren durch die Stadt zu vermeiden.

Das optimale Vorgehen haben die Physiker Paul Krapivsky und Sidney Redner vom Sante Fe Institute in New Mexico im Jahr 2019 systematisch analysiert. Angenommen, Sie fahren auf einer geraden Straße auf Ihr Ziel zu, zum Beispiel ein Kino. Rechts und links entlang der Straße verstreut stehen geparkte Autos. Nun müssen Sie abwägen: Nehmen Sie die erstbeste Parklücke oder fahren Sie möglichst nah an Ihr Ziel heran, mit dem Risiko, keinen freien Parkplatz mehr zu finden und umkehren zu müssen?

Krapivsky und Redner unterscheiden drei verschiedene Strategien, die ein Fahrer bei der Parkplatzsuche wählen kann (siehe Abb. 2.2):

1. Auf Nummer sicher gehen: Sobald man sich auf der Straße zum Kino befindet, parkt man direkt hinter dem ersten Auto, das man erblickt.

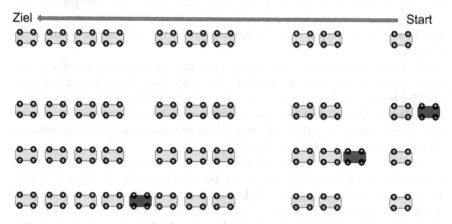

Abb. 2.2 Die obere Reihe zeigt die Anordnung der Parkplätze. Darunter ist gezeigt, welchen Parkplatz Sie mit dem roten Auto ergattern, wenn Sie die drei unterschiedlichen Parkstrategien befolgen (oben Strategie 1, Mitte Strategie 2, unten Strategie 3). (Copyright: Manon Bischoff)

2. Vorsichtig sein: Man fährt am ersten geparkten Auto vorbei und schnappt sich dann die erste darauffolgende Lücke, die sich ergibt. Im schlimmsten Fall gibt es keine Lücke und Sie müssen vom Kino aus den ganzen Weg zurückfahren und wie bei der ersten Strategie hinter dem letzten Fahrzeug parken.
3. Das volle Risiko eingehen: Sie fahren die gesamte Straße bis zum Kino durch, kehren dann um und schnappen sich den nächstgelegenen Parkplatz.

Welche Strategie bevorzugen Sie im Alltag? Das Ziel besteht letztlich darin, möglichst wenig Zeit zu verschwenden – also einerseits nicht allzu lange herumzufahren, andererseits aber auch nicht zu lange vom Stellplatz zum Zielort laufen zu müssen. Um zu untersuchen, welche Strategie am besten ist, haben Redner und Krapivsky die verschiedenen Situationen modelliert: Sie nahmen an, dass geparkte Fahrzeuge gemäß einer Poisson-Verteilung auf der geraden Straße verteilt sind. Für jede Einparkstrategie berechneten die Physiker zunächst, welche durchschnittliche Distanz ein geparktes Auto vom Ziel hat.

Falls die meisten Autofahrer kein Risiko eingehen und lieber auf Nummer sicher gehen (1), ergibt sich eine lange Kette mit lauter ungenutzten Parklücken. Die durchschnittliche Distanz zwischen einem Stellplatz und dem Zielort wächst exponentiell mit der Anzahl geparkter Fahrzeuge. Diese Strategie erweist sich also als „ineffizient, weil viele gute Parkplätze unbesetzt sind und die meisten Autos weit entfernt vom Ziel parken", schreiben die Autoren in ihrer Studie.

Allerdings ist es recht unwahrscheinlich, dass sich alle Autofahrer für dieselbe Strategie entscheiden. Falls die meisten Fahrerinnen und Fahrer also stattdessen die vorsichtige (2) oder die riskante Strategie (3) bevorzugen und es nur wenige Personen gibt, die wirklich auf Nummer sicher gehen (1), ergibt sich ein anderes Bild: In diesem Fall wächst die durchschnittliche Distanz zum Ziel proportional mit der Anzahl der geparkten Autos. Das ist zwar schon besser; dennoch ist es, wie Redner und Krapivsky entdeckten, lohnenswerter, eine andere Strategie zu verfolgen.

Um herauszufinden, ob sich nun der vorsichtige oder der riskante Ansatz eher anbietet, haben die beiden Physiker die Zeit berechnet, die man insgesamt bis ans Ziel braucht. Dafür nahmen sie an, dass sich ein Fahrzeug auf Parkplatzsuche mit Schrittgeschwindigkeit fortbewegt. Die Forscher haben also berechnet, welche Strecke ein Auto bis zur Parklücke zurücklegt, und anschließend die Distanz zum Zielort addiert, wie in Abb. 2.3 dargestellt.

Die Erkenntnis der beiden Physiker: Die optimale Strategie hängt von der vorherrschenden Parksituation ab. Mal ist die vorsichtige, mal die riskante besser. Doch wie sich herausstellt, lohnt sich die vorsichtige Strategie öfter. „Auch wenn die vorsichtige Strategie es nicht erlaubt, viele der erstklassigen Parkplätze in der Nähe des Ziels zu bekommen, überwiegt typischerweise der Nutzen, nicht zwangsweise umkehren zu müssen", schreiben Redner und Krapivsky.

In einer weiteren Veröffentlichung aus dem Jahr 2020 verfeinerten Redner und Krapivsky ihr Ergebnis, indem sie die vorsichtige Strategie weniger einschränkten: Anstatt in die erste Lücke zu fahren, die sich nach dem ersten Auto in der geraden Straße ergibt, zeigt man sich etwas mutiger und wagt sich näher ans Ziel heran.

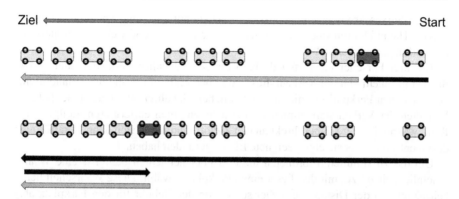

Abb. 2.3 Die Pfeile geben an, welche Strecke ein Fahrer im Auto (schwarz) und zu Fuß (grün) auf sich nehmen muss, je nachdem, ob er Strategie 2 (oben) oder 3 (unten) wählt. (Copyright: Manon Bischoff)

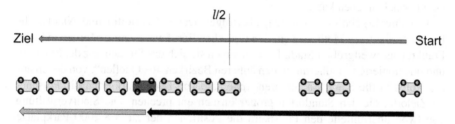

Abb. 2.4 Die beste einen Parkplatz zu bekommen, besteht darin, sich dem Ziel ein wenig zu nähern und dann den erstbesten Platz zu nehmen. (Copyright: Manon Bischoff)

Die Physiker stellten sich die Frage, ab welcher Entfernung vom Ziel man einen Parkplatz nehmen sollte, um die Chance auf einen optimalen Stellplatz zu maximieren. Falls alle Autofahrer dieselbe Strategie verfolgen, lautet das optimale Ergebnis: Wenn das erste geparkte Auto eine Distanz l vom Zielort hat, sollte man sich dem Ziel noch um $\frac{l}{2}$ nähern und sich ab diesem Ort die nächste freie Parklücke schnappen. Das heißt: Falls Sie in einer Entfernung von 250 Metern vom Kino ein geparktes Auto erblicken, sollten Sie noch 125 Meter weiterfahren und erst dann nach eine Lücke Ausschau halten. Wie die Physiker berechneten, erwischt man auf diese Weise mit einer Wahrscheinlichkeit von 25 Prozent sogar die dem Zielort am nächsten gelegene freie Parklücke (siehe Abb. 2.4).

Bei der Parkplatzsuche sollte man also weder zu vorsichtig noch zu risikoreich agieren. Allerdings ist das Modell, das Redner und Krapivsky untersucht haben, stark vereinfacht. In der Realität führt meist nicht nur eine Straße zum Ziel, sondern es gibt ein ganzes Netz aus Zufahrten. Zudem unterscheidet sich die Beliebtheit der Parkplätze: Einige mögen zwar sehr nah am Zielort sein, sind dafür aber teurer. „Trotz der enormen Bedeutung ist das Thema der Parkplatzsuche wissenschaftlich kaum beleuchtet", schreiben die Physiker Nilankur Dutta, Thibault Charlottin und Alexandre Nicolas in einer Veröffentlichung, die 2022 auf dem

Preprint-Server ArXiv erschienen ist. „Wir haben nur eine vage Vorstellung davon, was die Hauptfaktoren sind, die den Verkehr beeinflussen, und welche quantitativen Auswirkungen sie haben."

Die drei Forscher entwarfen deshalb ein realitätsnahes Verkehrsmodell einer Stadt: mit einem starken Verkehrsfluss von außerhalb zu den Industriestandorten, verschiedenen Parkplätzen mit unterschiedlichen Gebühren und unterschiedlichem Verhalten der Verkehrsteilnehmer. Einige nehmen einen entfernteren Stellplatz in Kauf, während andere lieber direkt an den Zielort fahren und sich dann spiralförmig davon entfernen, bis sie eine geeignete Lücke gefunden haben.

Um das zu simulieren, ordneten die drei Forscher jedem Fahrer α eine Wahrscheinlichkeit p_i^α zu, mit der dieser einen Parkplatz i wählt. Diese Wahrscheinlichkeit hängt von der Distanz zum Ziel sowie von der Gebühr für den Parkplatz ab. Daraus konnten die Physiker zwei Modelle für die durchschnittliche Dauer einer Parkplatzsuche entwickeln: ein Modell, das sich am Computer simulieren lässt, sowie ein weiteres, das sich analytisch exakt berechnen lässt – für das man also eine Formel angeben kann.

Um ihre Ergebnisse zu testen, übertrugen Dutta, Charlottin und Nicolas die beiden erarbeiteten Methoden auf den typischen Berufsverkehr am Morgen in Lyon, Frankreichs zweitgrößter Stadt. Dafür nahmen sie sich das Straßennetz der Stadt vor und positionierten rundherum in den äußeren Bezirken 46 „Quellen", von denen aus die Autos in die Stadt hineinfahren. Innerhalb von Lyon markierten die Forscher 36 Zielorte, die den Standorten großer Firmen entsprechen. Die Stadtverwaltung von Lyon übermittelte den Physikern die Positionen der zirka 84.000 Parkplätze innerhalb der Stadt sowie deren durchschnittliche Belegung und die Parkgebühren. Insgesamt konnten sie so untersuchen, wie lange 10.000 Fahrzeuge im Schnitt brauchen, bis sie in der Stadt einen geeigneten Parkplatz finden.

Je nach Verkehrsdichte und Stadtteil variierte die Dauer zwischen wenigen Sekunden und etwa fünf Minuten – das ergaben sowohl die Computersimulationen als auch die Formel. Dieses Resultat verglichen Dutta, Charlottin und Nicolas mit den Ergebnissen einer umfangreichen Befragung im Jahr 2015 in Lyon. Damals gaben die meisten Befragten an, zwischen zwei und drei Minuten nach einem Parkplatz zu suchen. Insgesamt beträgt die Reisedauer eines Pendlers am Tag durchschnittlich 70 Minuten – was sich gut mit den Ergebnissen der drei Forscher deckt.

Den Vorteil ihrer Arbeit sehen Dutta, Charlottin und Nicolas vor allem in der griffigen Formel, die sie herleiten konnten. „Stadtplanung erfordert in der Regel zahlreiche Computersimulationen, die man sich durch unseren Ansatz sparen kann", schreiben die Autoren. Viele Städte sind bemüht, Menschen dazu zu motivieren, das Auto stehen zu lassen und auf den öffentlichen Nahverkehr umzusteigen. Indem sie die Gebühren für das Parken erhöhen und die Anzahl der Parkplätze reduzieren, soll es zunehmend unattraktiv werden, sich auf die lästige Stellplatzsuche zu begeben. Das muss eine Stadt allerdings genau planen – denn das Vorhaben könnte auch nach hinten losgehen: Verzichten die Fahrerinnen und Fahrer doch nicht auf ihr Auto, riskiert man verstopfte Straßen, jede Menge Abgase und verärgerte Bürger und Bürgerinnen.

2.3   Rückwärts Einparken leicht gemacht

Hat man einen geeignete Parklücke gefunden, steht aber noch eine Herausforderung bevor: das Einparken. Oft wirken die Lücken viel zu klein für das eigene Auto. Aber stimmt das überhaupt? Wie groß muss eine Parklücke mindestens sein, damit man hineinpasst? Die Mathematik liefert eine Antwort auf diese Frage: Solange die Lücke nur ein klitzekleines bisschen länger ist als das eigene Fahrzeug, kann man sich durch geschicktes Vor- und Zurückfahren hineinmanövrieren. Das kann unter Umständen allerdings mit viel Mühe.

Häufig fehlt mir die Geduld, den Wagen in eine winzige Lücke hineinzuzwängen und dabei immer wieder vor- und zurückjuckeln zu müssen, bis ich gut genug stehe. Am liebsten würde ich elegant in einem Zug einparken: Rückwärtsgang rein, in einer schönen Kurve in die Lücke fahren und dann noch kurz ein Stück gerade nach vorne rücken, damit der Wagen mittig platziert ist. In diesem Fall muss die Parklücke natürlich ein ganzes Stück länger sein als das eigene Auto. Aber wie groß muss sie für ein solches Manöver mindestens sein? Erstaunlicherweise hängt die minimale Distanz nicht von der Breite des eigenen Fahrzeugs ab – auch wenn sicherlich jeder das Gefühl kennt, mit einem breiteren Auto weniger leicht einparken zu können.

Das Problem der kleinstmöglichen Parklücke für ein perfektes Manöver lässt sich mit ein wenig einfacher Geometrie lösen. Am besten ist es dafür, am Endpunkt zu starten und den Ablauf rückwärts zu betrachten: Angenommen, man hat bereits perfekt zwischen zwei Autos eingeparkt und möchte aus der Lücke herausfahren. Dafür setzt man zuerst den Rückwärtsgang und fährt in gerader Linie bis an das hintere Fahrzeug heran. Dann schaltet man in den ersten Gang, schlägt das Lenkrad vollständig nach links ein und verlässt die Lücke. Im extremsten Fall würde man das vordere Fahrzeug dabei gerade so nicht streifen.

Damit ist man mit einem geometrischen Problem konfrontiert: Man möchte die pinke Strecke c in Abb. 2.5 berechnen. Dafür muss man zunächst den Spurkreis

Abb. 2.5 Um herauszufinden, wie groß eine Parklücke mindestens sein muss, damit man in einem Zug aus- oder einparken kann, muss man den Radius des Spurkreises r seines Fahrzeugs kennen, ebenso wie den Radstand l. (Copyright: Manon Bischoff)

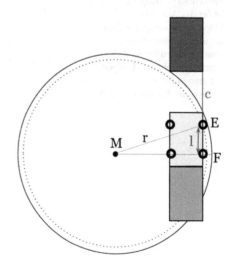

seines Fahrzeugs kennen (hier gestrichelt eingezeichnet). Dessen Radius r entspricht der Distanz zwischen dem Mittelpunkt M des Kreises und dem rechten Vorderreifen E. Auch der Radstand l (Abstand zwischen Vorder- und Hinterachse) unseres Fahrzeugs spielt dabei eine Rolle. Damit lässt sich der Satz des Pythagoras nutzen, um daraus die Distanz zwischen dem Mittelpunkt M des Spurkreises und dem rechten Hinterrad F zu berechnen: $MF = \sqrt{r^2 - l^2}$.

Hiermit lässt sich nun – ebenfalls mit dem Satz des Pythagoras – der Abstand (grüne Linie) zwischen dem Mittelpunkt M und dem rechten oberen Ende des Autos A berechnen, wie in Abb. 2.6 dargestellt. Dafür muss man den vorderen Überhang k (Abstand zwischen Vorderrad und vorderem Ende der Karosserie) des Fahrzeugs kennen. Dann ergibt sich:

$$MA = \sqrt{MF^2 + (k+l)^2} = \sqrt{r^2 - l^2 + (k+l)^2}$$

Diese Länge MA entspricht dem Radius des durchgezogenen Kreises und damit auch der Distanz von der äußersten hinteren Ecke G des vor uns befindlichen Autos zum Mittelpunkt M. Nun sind wir nur noch zwei Schritte davon entfernt, die gesuchte Länge c zu bestimmen. Zuerst muss man von G aus eine parallel zum Bordstein verlaufende Linie bis MF ziehen. Den Schnittpunkt zwischen beiden Geraden nennen wir K.

Da das obere Auto nicht unbedingt so breit ist wie unseres, muss K nicht notwendigerweise mit unserem linken Hinterrad zusammentreffen. Wenn man nun die Länge GK berechnet, lässt sich daraus mit allen Größen, die wir bereits kennen, die kleinstmögliche Distanz c berechnen. $GK = \sqrt{MG^2 - MK^2} = \sqrt{MA^2 - MK^2}$. Nun ist MK gerade die Distanz MF abzüglich der Breite b des

Abb. 2.6 Nicht nur der Spurkreis (gestrichelte Linie) ist für das Aus- und Einparken wichtig, sondern der äußere Wendekreis, der vom äußersten Punkt A des Fahrzeugs abhängt (Endpunkt der grünen Linie). (Copyright: Manon Bischoff)

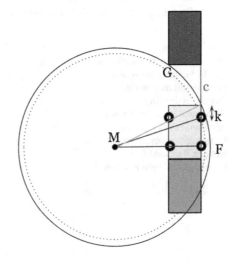

vor uns befindlichen Wagens: $MK = MF - b$. Setzt man alle bereits bekannten Größen ein, ergibt sich folgende Formel:

$$GK = \sqrt{r^2 - l^2 + (k + l)^2 - (\sqrt{r^2 - l^2} - b)^2}$$

Wenn man von dieser l und k abzieht, erhält man die gesuchte Länge c:

$$c = \sqrt{(r^2 - l^2) + (k + l)^2 - (\sqrt{r^2 - l^2} - b)^2} - l - k$$

Jetzt haben wir eine griffige Gleichung, um die kleinstmögliche Parklücke aufzuspüren, in die man in einem Zug einparken kann (siehe Abb. 2.7). Alles, was man dafür braucht, sind ein paar Kenngrößen des eigenen Fahrzeugs sowie die Breite des Autos, hinter dem man parken möchte. Wenn ich zum Beispiel mit meinem ersten eigenen Wagen, einem VW Golf II Baujahr 1990, hinter einem anderen 2er-Golf parken möchte, brauche ich folgende Angaben: Der Spurkreisdurchmesser beträgt etwa 10,5 Meter, damit ist $r = 5{,}25$ Meter. Der Radstand l beträgt etwa 2,5 Meter, der vordere Überhang k zirka 0,88 Meter, die Breite b ungefähr 1,68 Meter und die Gesamtlänge des Wagens rund 4 Meter. Setzt man diese Zahlen in die Formel ein, ergibt das $c = 1{,}53$ Meter – die Lücke muss also gut eineinhalb Meter größer sein als das eigene Fahrzeug. Damit muss der Abstand zwischen zwei Wagen mindestens 5,53 Meter betragen, damit ein 2er-Golf hineinpasst. Möchte man hingegen hinter einem Hummer H1 mit einer Breite von 2,2 Metern parken, braucht es schon eine zirka 30 Zentimeter größere Lücke.

Nun haben einige Personen aber Spaß an der Herausforderung: Sie wollen nicht elegant in einem Zug einparken, sondern sich in eine möglichst kleine Parklücke zwängen. Auch hierfür bietet die Mathematik eine Lösung. Es lässt sich sogar

Abb. 2.7 Um die gesuchte Größe c zu berechnen, muss man den Abstand zwischen G und K bestimmen. (Copyright: Manon Bischoff)

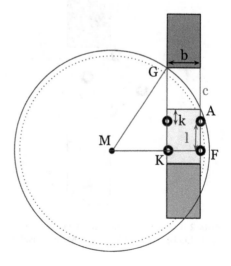

formal beweisen, dass man (zumindest rein theoretisch) in jede noch so kleine Lücke einparken kann, solange sie länger ist als das eigene Fahrzeug – unabhängig davon, wie viel länger sie ist: Es können 30 Zentimeter sein oder bloß ein Nanometer. Grundvoraussetzung ist dabei nur, dass man das Auto beliebig genau steuern kann.

Wie schafft man es, mit möglichst wenigen Wendemanövern in eine Parklücke bestimmter Länge hereinzukommen? Um dieses Problem zu lösen, kann man zunächst das vorherige Ergebnis heranziehen. Denn im ersten Schritt kann man gleich vorgehen: möglichst nah an dem vorderen Fahrzeug vorbeiziehen, um so weit wie möglich in die Lücke vorzudringen. Dafür kann man die zuvor hergeleitete Formel nutzen – anstatt aber die Lückengröße c auszurechnen, löst man nun die Gleichung nach b auf. b entspricht in diesem Fall nicht mehr der Breite des vorderen Fahrzeugs, sondern der maximalen Distanz, mit der man sich durch ein solches Manöver nach rechts bewegen kann, wie in Abb. 2.8 gezeigt.

Wenn das geschafft ist, befindet man sich schon mal in der Lücke, wenn auch nicht optimal platziert: Man ist zwar parallel zu den anderen Wagen ausgerichtet, ragt aber links noch etwas heraus. Also heißt es: korrigieren. Dafür schlägt man das Lenkrad nach rechts ein, fährt in einem kreisförmigen Bogen bis zur Mitte der Lücke und schlägt dann nach links ein, um sich wieder gerade zu positionieren (siehe Abb. 2.9). Nun ist die Frage, welche Distanz w man durch diese Manöver nach rechts zurücklegt.

Dafür kann man den Mittelpunkt der hinteren Fahrzeugachse verfolgen: Deren Wendekreisradius r' lässt sich aus dem des Spurkreises berechnen: $r' = \sqrt{r^2 - l^2} - \frac{n}{2}$, wobei n die hintere Spurweite ist, also der Abstand der beiden Hinterräder. Mit r' und der Distanz c kann man die Strecke w mit Hilfe des Satzes von Pythagoras berechnen $\frac{w}{2} = r' - \sqrt{r'^2 - \frac{c^2}{4}}$.

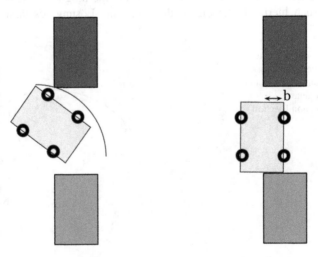

Abb. 2.8 Indem man möglichst nah am vorderen Auto vorbei zieht, rückt man ein kleines Stück in die Lücke hinein. (Copyright: Manon Bischoff)

Abb. 2.9 Mit jedem
Manöver rückt man um die
Distanz w in die Parklücke
herein. (Copyright: Manon
Bischoff)

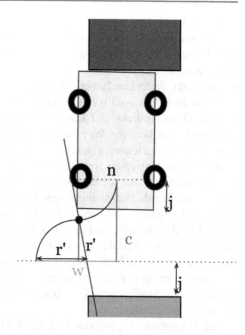

Auch in diesem Fall können wir konkrete Zahlen einsetzen, um ein Gespür für die Größen von Parklücken zu erhalten. Wenn ich mit meinem VW Golf II (Spurweite $n = 1{,}44$ Meter, wodurch sich $r' = 3{,}9$ Meter ergibt) in eine Lücke einparken möchte, die lediglich 40 Zentimeter länger ist als mein Auto, kann das ganz schön aufwändig werden: Im ersten Manöver kann ich mich maximal 32 Zentimeter nach rechts bewegen. Innerhalb der Lücke habe ich jedoch weniger Bewegungsfreiheit – gemäß der obigen Formel für w kann ich pro Manöver höchstens einen Zentimeter nach rechts gelangen. Wenn vor mir also ein anderer VW Golf mit einer Breite von zirka 1,7 Meter parkt, muss ich 138-mal vor- und zurückfahren!

Bei einer etwas größeren Parklücke, die meine Autolänge um 80 Zentimeter überragt, sieht das schon etwas besser aus: Im ersten Manöver mache ich maximal 71 Zentimeter gut. Jede weitere Korrektur bringt danach 4 Zentimeter – in diesem Fall sind also „nur" 25 Manöver nötig.

Ich glaube, ich halte dann doch lieber nach größeren Parklücken Ausschau, in die ich elegant mit einem Zug kommen könnte.

2.4   Die optimale Partnerwahl

2022 hat die Dating-App „Tinder" ihr zehnjähriges Bestehen gefeiert. Mit mehr als 70 Millionen Nutzerinnen und Nutzern gehört sie zu den weltweit erfolgreichsten Singlebörsen. Das ist nicht allzu überraschend, denn das Problem der Partnerwahl begleitet die Menschheit schon seit Jahrtausenden. Auch die Mathematik hat sich damit beschäftigt – und sogar eine optimale Lösung gefunden. Allerdings gehen dabei nicht alle als Sieger heraus.

Wie so häufig in der Mathematik beschreibt die optimale Partnerwahl, auch Heiratsproblem genannt, kein besonders realistisches Szenario. Angenommen, in einem Dorf leben gleich viele alleinstehende Männer und Frauen, die alle heterosexuell sind. Aufgabe ist es nun, alle so miteinander zu verkuppeln, dass das Ergebnis stabil ist. Das heißt: Wenn Lisa lieber mit Andreas statt ihrem aktuellen Partner zusammen wäre und auch Andreas Lisa seiner aktuell Angetrauten vorzieht, ist die Zuordnung instabil. Denn Andreas und Lisa könnten ihre jeweiligen Partner verlassen und zusammen durchbrennen. Wenn hingegen mindestens eine von beiden Personen mit ihrer aktuellen Beziehung glücklicher ist, gilt die Zuordnung als stabil.

Beim mathematischen Heiratsproblem geht es nicht darum, für alle Bewohner des fiktiven Dorfs die perfekte Wahl zu treffen. In den allermeisten Fällen ist es nicht möglich, jede Person mit ihrem Traumpartner zu verkuppeln. Aber wie sich herausstellt, lässt sich stets eine stabile Verteilung erzeugen. Und wie die Spieltheoretiker Lloyd S. Shapley und David Gale im Jahr 1962 herausfanden, gibt es sogar ein recht einfaches Verfahren – einen Algorithmus – der zu einem stabilen Ergebnis führt. Auch wenn das Verkuppeln von Dorfbewohnern kein besonders realistisches Szenario ist, findet der Gale-Shapley-Algorithmus zahlreiche Anwendungen, etwa um angehende Mediziner auf die gewünschten Krankenhäuser oder Internetnutzer auf Server zu verteilen.

Der Algorithmus beginnt damit, dass alle Beteiligten zunächst eine Rangliste mit ihren Präferenzen erstellen. So notieren beispielsweise die vier Dorfbewohnerinnen Anna, Bianca, Clara und Doris, welche alleinstehenden Männer (Julian, Klaus, Laurin und Mehmet) sie am sympathischsten finden – und umgekehrt genauso.

Die Liste der Frauen könnte beispielsweise so aussehen:

Anna	Bianca	Clara	Doris
Julian	Mehmet	Julian	Julian
Klaus	Klaus	Mehmet	Mehmet
Laurin	Julian	Klaus	Klaus
Mehmet	Laurin	Laurin	Laurin

Und die Auswahl der Männer folgendermaßen:

Julian	Laurin	Klaus	Mehmet
Clara	Clara	Bianca	Doris
Bianca	Bianca	Clara	Clara
Doris	Doris	Anna	Bianca
Anna	Anna	Doris	Anna

Der Algorithmus beginnt damit, dass jede Frau ihren Favoriten fragt, ob er sie heiraten möchte (ja, das Dorf ist progressiv und dort machen Frauen den ersten Schritt):

Anna → Julian

Bianca → Mehmet

Clara → Julian

Doris → Julian

Zunächst werden also nur Julian und Mehmet Anträge gemacht. Da Letzterer nur von Bianca gefragt wurde, nimmt er den Vorschlag an. Julian kann hingegen zwischen Anna, Clara und Doris wählen. Weil Clara ohnehin seine Favoritin ist, verlobt er sich mit ihr. Es gehen also folgende Partnerschaften hervor:

Julian ∞ Clara

Mehmet ∞ Bianca

Damit herrscht nun folgende Situation bei den Frauen (lila kennzeichnet die Anträge, durchgestrichene Namen stehen für Ablehnungen):

Anna	Bianca	Clara	Doris
~~Julian~~	Mehmet	Julian	~~Julian~~
Klaus	Klaus	Mehmet	Mehmet
Laurin	Julian	Klaus	Klaus
Mehmet	Laurin	Laurin	Laurin

Und auch für die Männer lässt sich die gegenwärtige Situation in einer Tabelle festhalten, um den Überblick zu behalten.

Julian	Laurin	Klaus	Mehmet
Clara	Clara	Bianca	Doris
Bianca	Bianca	Clara	Clara
~~Doris~~	Doris	Anna	Bianca
~~Anna~~	Anna	Doris	Anna

Da Anna und Doris noch allein sind, wagen sie einen erneuten Versuch. Sie weinen Julian nicht lange nach, sondern gehen zu ihrer zweiten Wahl über:

Anna → Klaus

Doris → Mehmet

Da Klaus ebenfalls alleinstehend ist, nimmt er Annas Antrag an. Mehmet steht nun vor der Wahl, ob er mit Bianca zusammen bleiben oder stattdessen mit Doris durchbrennen soll. Da Doris seine Favoritin ist, löst er seine Verlobung mit Bianca auf. Dadurch sind nun folgende Paare entstanden:

Julian ∞ Clara

Mehmet ∞ Doris

Klaus ∞ Anna

Und wieder kann man in den Tabellen vermerken, was sich in der zweiten Runde verändert hat:

Anna	Bianca	Clara	Doris
~~Julian~~	~~Mehmet~~	Julian	~~Julian~~
Klaus	Klaus	Mehmet	Mehmet
Laurin	Julian	Klaus	Klaus
Mehmet	Laurin	Laurin	Laurin

Die Tabelle mit der Auswahl der Männer hat dann folgende Form:

Julian	Laurin	Klaus	Mehmet
Clara	Clara	Bianca	Doris
Bianca	Bianca	Clara	Clara
~~Doris~~	Doris	Anna	~~Bianca~~
~~Anna~~	Anna	Doris	Anna

Da Bianca wieder alleinstehend ist, geht sie zu Klaus, ihrer zweiten Wahl, und versucht ihn von sich zu überzeugen. Dieser freut sich, denn Bianca war von Anfang an seine Favoritin. Er trennt sich daher von Anna, wodurch nun folgende Verlobungen bestehen:

Julian ∞ Clara

Mehmet ∞ Doris

Klaus ∞ Bianca

Weil Anna wieder ledig ist, wendet sie sich zu ihrer dritten Wahl, Laurin.

Anna	Bianca	Clara	Doris
~~Julian~~	~~Mehmet~~	Julian	~~Julian~~
~~Klaus~~	Klaus	Mehmet	Mehmet
Laurin	Julian	Klaus	Klaus
Mehmet	Laurin	Laurin	Laurin

Bei den Männern hat sich die Situation folgendermaßen verändert:

Julian	Laurin	Klaus	Mehmet
Clara	Clara	Bianca	Doris
Bianca	Bianca	Clara	Clara
~~Doris~~	Doris	~~Anna~~	~~Bianca~~
~~Anna~~	Anna	Doris	Anna

Laurin hat keine Wahl: Es ist der erste Antrag, den er bekommt. Auch wenn er alle anderen Dorfbewohnerinnen Anna vorgezogen hätte, verlobt er sich mit ihr (ledig bleiben ist in dieser fiktiven Welt keine Option). Damit haben nun alle Personen einen Partner gefunden – wenn auch nicht ihren Favoriten:

Julian ∞ Clara

Mehmet ∞ Doris

Klaus ∞ Bianca

Laurin ∞ Anna

Dennoch ist die Situation stabil: Es gibt keine zwei Personen, die lieber miteinander zusammen wären und durchbrennen würden.

Der Gale-Shapley-Algorithmus besteht also darin, eine Gruppe im ersten Schritt mit ihren Favoriten zu verbinden. Die zweite Gruppe entscheidet dann nach ihrer eigenen Präferenz, welche Verbindungen sie tatsächlich eingeht. Die ungepaarten Elemente der ersten Gruppe machen anschließend ihrer zweiten Wahl einen Vorschlag, und so weiter. Der Prozess ist beendet, wenn alle Objekte gepaart sind.

Dass der Algorithmus irgendwann zwangsweise endet, sieht man daran, dass keine zwei Elemente ungepaart bleiben können. Würde eine Frau übrig bleiben, macht sie zwangsläufig dem letzten alleinstehenden Mann irgendwann einen Antrag (da sie jede Person auf ihrer Liste nach und nach durchgeht). Damit wäre der Mann zu irgendeinem Zeitpunkt auf jeden Fall verlobt – wenn nicht mit dieser Frau, dann mit einer anderen. Und da es unmöglich ist, dass eine Person allein übrig bleibt (man geht davon aus, dass beide Gruppen immer gleich groß sind), kommt der Algorithmus stets zu einem Ende.

Nun stellt sich die Frage, ob das Ergebnis wirklich immer stabil ist. Angenommen, zwei nicht miteinander liierte Personen, Alice und Bob, wären beide lieber miteinander zusammen als mit ihren aktuellen Partnern. Wenn Alice lieber mit Bob verlobt wäre, dann hat sie ihm zwangsläufig schon einen Antrag gemacht. Falls Bob den Antrag angenommen hat, aber nun eine andere Partnerin hat, dann muss er diese besser gefunden haben. Falls Bob hingegen abgelehnt hat, war er damals schon mit einer Person liiert, die er Alice vorzog. Daher muss am Ende des Gale-Shapley-Algorithmus zwangsläufig eine stabile Situation vorliegen.

Aber nur, weil ein Ergebnis stabil ist, heißt das nicht, dass es optimal ist. Man kann sich fragen, ob die Verteilung am Ende bestmöglich für die Frauen, die Männer oder die allgemeine Gruppe ausfällt. Wie sich herausstellt, liefert der Algorithmus, bei dem Frauen den Männern Heiratsanträge machen, das bestmögliche Ergebnis für alle Frauen, aber das schlechtestmögliche für alle Männer. Es kann also auch andere stabile Zuordnungen geben, aber der Gale-Shapley-Algorithmus führt zu einer Lösung der Extreme. Als Fazit lässt sich festhalten: Die Person, die einen Heiratsantrag macht, ist immer im Vorteil – zumindest im fiktiven Heiratsproblem.

Um zu verstehen, warum das so ist, lässt sich ein so genannter Widerspruchsbeweis führen: Man setzt voraus, eine Frau könnte am Ende des Gale-Shapley-Algorithmus eine bessere Wahl treffen – und zeigt, dass die neue Zuordnung dann zwangsweise zu einem Widerspruch führt. Daraus folgt dann, dass die Annahme (eine Frau könnte eine bessere Wahl treffen) falsch ist und der Algorithmus tatsächlich die bestmögliche Lösung für alle Frauen liefert.

Dafür betrachtet man zunächst folgende Situation: Angenommen, die Frau f bekommt als Erste einen Korb von dem Mann m_{Wunsch}. Der Gale-Shapley-Algorithmus weist ihr daraufhin einen anderen Partner m_{Algo} zu. m_{Wunsch} kann den Antrag von f nur abgelehnt haben, wenn er zuvor von einer anderen Frau f' gefragt wurde, die er f vorzieht. Die Frage ist, ob es eine stabile Verteilung geben könnte, in der f und m_{Wunsch} zusammen sind – und die Frauen damit insgesamt ein besseres Ergebnis erzielen würden als durch den Gale-Shapley-Algorithmus.

Für den Widerspruchsbeweis gehen wir davon aus, dass genau das der Fall ist. Es gäbe demnach also eine stabile Verteilung, in der f mit m_{Wunsch} verlobt ist. Dieser wäre aber eigentlich lieber mit f' zusammen. Weil diese Verteilung stabil ist, muss f' mit jemandem verlobt sein, den sie m_{Wunsch} vorzieht, nämlich m'_{Wunsch}.

Nun kehren wir zur Verteilung des Gale-Shapley-Algorithmus zurück: Wenn f' lieber mit m'_{Wunsch} zusammen wäre, hat sie diesem schon einen Antrag gemacht. Denn Frauen gehen in diesem Szenario die Männer nach ihrer Präferenz durch. Weil f' aber mit m_{Wunsch} zusammen ist, müsste m'_{Wunsch} sie zu Gunsten einer anderen Frau, die ihn vorher gefragt hat, abgelehnt haben. Genau das ist der Widerspruch: Wir haben vorausgesetzt, dass f die erste Frau ist, die einen Korb bekommt. Eine stabile Verteilung, in der f einen besseren Partner hat, kommt allerdings nur zu Stande, wenn eine andere Frau vor ihr bereits von ihrem Wunschpartner abgelehnt wurde. Damit ist klar: Die Frauen werden keine bessere Verteilung finden als durch den Gale-Shapley-Algorithmus. Eine ähnliche Argumentationskette kann man durchführen, um zu zeigen, dass sich damit die schlechteste Verteilung für Männer ergibt.

Wie bereits erwähnt, findet der Algorithmus häufig Anwendung – wenn auch in einem anderen Kontext. Zum Beispiel wird diese Art der Zuordnung in den USA und in Kanada gemacht, um Medizinstudenten für ihre Assistenzzeit auf Krankenhäuser zu verteilen. Nachdem die Studierenden ihre Bewerbungen an die Einrichtungen versendet (und eventuell auch Gespräche geführt) haben, erstellen sowohl die Bewerber als auch die Kliniken eine Rangliste mit ihren Favoriten. Mit Hilfe des Gale-Shapley-Algorithmus werden die freien Plätze schließlich auf die Studierenden verteilt. Früher waren die Verfahren so gestaltet, dass das Ergebnis immer bestmöglich für die Kliniken ausfiel – inzwischen ist man aber dazu übergegangen, den Studierenden den Vorteil einzuräumen.

2.5 Grüppchenbildung auf Partys

Eine Party auszurichten, ist oft sehr aufwändig. Neben den Einkäufen und der Planung muss man auch entscheiden, welche Gäste man einladen möchte. Meist treffen Personen aus verschiedenen Freundeskreisen zusammen und es stellt sich die Frage, wie sich die Personen durchmischen und ob sie miteinander auskommen. Tatsächlich lässt sich das mathematisch vorhersagen – zumindest teilweise.

Stellen Sie sich vor, Sie planen eine kleine Party mit sechs Gästen. Ihnen ist nicht ganz klar, wer sich bereits kennt und wer nicht. Wie sich herausstellt, gibt es zwangsläufig mindestens drei Personen, die sich untereinander völlig fremd sind – oder die bereits miteinander befreundet sind (wir gehen davon aus, dass alle Gäste, die sich kennen, sich auch mögen). Gemäß der Mathematik wird es bei einer Party mit sechs Gästen also stets mindestens ein Dreier-Grüppchen geben, das sich kennt, oder eines, in dem sich alle Personen komplett unbekannt sind. Und tatsächlich sind sechs Personen die kleinste Partygröße, bei der ein solches befreundetes oder fremdes Dreiergespann zwangsläufig auftaucht.

Das mag zunächst vielleicht nicht allzu überraschend klingen, doch je länger man darüber nachdenkt, desto faszinierender wird die Aussage. Sechs Personen haben untereinander 15 Verbindungen (wie steht Person A zu Person B? Wie steht A zu C? Kennt B Person C? und so weiter). Diese Verbindungen können einen von zwei möglichen Werten haben: entweder sie kennen sich und sind Freunde oder sie sind einander unbekannt und damit Fremde. Das heißt, bei bloß sechs Gästen gibt es bereits 2^{15}($= 32.768$) verschiedene Möglichkeiten, wie die Personen zueinander stehen können. Und nun behauptet die Mathematik, dass es in jeder möglichen Konstellation stets ein Trio gibt, das sich untereinander kennt oder vollkommen unbekannt ist. Um das zu überprüfen, müsste man jeden einzelnen der 32.768 Fälle durchgehen und nach einem solchen Trio zu suchen, was ziemlich aufwändig wäre. Glücklicherweise lässt sich die Aufgabe aber einfacher bewältigen.

Das Problem fällt in den Bereich der so genannten Ramseytheorie, benannt nach dem britischen Mathematiker Frank Ramsey (1903–1930). In seiner kurzen Lebenszeit gelang es ihm, einen eigenständigen Zweig der Mathematik zu gründen, in dem es darum geht, eine gewisse Ordnung im Chaos zu finden. Ziel ist es, in unübersichtlichen Anordnungen wiederkehrende Muster zu erkennen. So auch für den Fall der Party; dort lautet die Fragestellung aus mathematischer Sicht: Wie viele Gäste muss man mindestens einladen, damit es stets ein Trio gibt, das untereinander befreundet oder einander vollkommen fremd ist?

Lösen lässt sich das Ganze mit Graphen, das sind Netzwerke aus Punkten (auch Knoten genannt) und Kanten. Jede Person auf der Party wird als ein Knoten dargestellt; die sechs Gäste kann man beispielsweise in einem Kreis anordnen. Nun verbindet man jeden Punkt miteinander. Dadurch entstehen die 15 Kanten. Je nachdem, ob zwei Personen sich kennen oder nicht, färbt man diese rot (sie kennen sich) oder blau (sie sind sich fremd). Nun die Behauptung: Völlig egal, wie man die Kanten koloriert, es wird stets ein einfarbiges Dreieck entstehen. Sie können das ja mal versuchen, Sie werden sehen, ein solches Dreieck taucht immer auf.

Natürlich hat aber niemand Lust, die 32.768 verschiedenen Situationen durchzuspielen – denn so viele Möglichkeiten gibt es, den Graphen einzufärben. Und außerdem beantworten die vielen Zeichnungen auch nicht die Ramsey-Frage, ob sechs Personen die kleinste Anzahl an Gästen ist, bei der zwangsweise ein solches Dreieck entsteht.

Eine einfachere Möglichkeit besteht also darin, sich zunächst mit der Anzahl geladener Personen langsam hochzuarbeiten. Findet man für drei, vier oder fünf Gäste eine Färbung, bei der kein gleichfarbiges Dreieck auftaucht, dann hat man einen Gegenbeweis gefunden: Mit dieser Anzahl von Gästen muss es in diesem Fall nicht zwangsläufig ein Dreiergespann aus Freunden oder Fremden geben.

Starten wir mit einer Party mit bloß drei Gästen. In diesem Fall gibt es bloß drei Verbindungen, wodurch es $2^3 = 8$ verschiedene Bekanntschaftsverältnisse geben kann. Zum Beispiel könnten zwei der Personen befreundet sein, während ihnen der dritte Gast unbekannt ist, wie in Abb. 2.10 dargestellt. In diesem Szenario gibt es also kein Trio, das sich untereinander kennt oder fremd ist.

Bei einer Party mit vier Menschen enthält der entsprechende Graph bereits sechs Kanten und somit $2^6 = 64$ Färbemöglichkeiten. Doch auch hier lassen sich

Abb. 2.10 Ein Beispiel für
eine Gruppe dreier Personen,
von denen sich zwei kennen
(rot), während ihnen die dritte
Person unbekannt ist (blaue
Verbindungen). (Copyright:
Manon Bischoff)

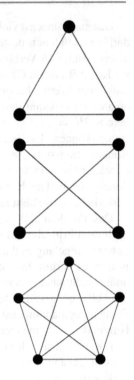

Abb. 2.11 Ein Beispiel für
eine Gruppe von vier
Personen, bei denen sich drei
Paare kennen (durch rote
Kanten markiert) und sich die
übrigen fremd sind (blaue
Verbindungen). (Copyright:
Manon Bischoff)

Abb. 2.12 Ein Beispiel für
eine Gruppe von fünf
Personen, bei denen sich fünf
Paare kennen (durch rote
Kanten markiert) und die
übrigen fremd sind (blaue
Verbindungen). (Copyright:
Manon Bischoff)

schnell Fälle konstruieren, in denen keine Dreier-Gruppe entsteht, die einander
völlig unbekannt oder miteinander befreundet ist, wie Abb. 2.11 zeigt.

Und selbst bei fünf Gästen (zehn Kanten, $2^{10} = 1024$ Färbungen) gibt es
zumindest eine Konfiguration, bei der kein gleichfarbiges Dreieck auftaucht (siehe
Abb. 2.12).

Doch wie ändert sich die Situation mit sechs Personen? Man kann nun erneut
versuchen, die Kanten des entsprechenden Graphen so einzufärben, dass kein
unifarbenes Dreieck entsteht. Um das zu bewerkstelligen, picken wir uns zunächst
eine einzelne Person A heraus und untersuchen, wie ihre Beziehung zu den
übrigen Gästen der Party aussehen kann. Es gibt insgesamt sechs verschiedene
Möglichkeiten, mit wie vielen der Geladenen sie befreundet sein kann und wie viele
ihr fremd sein können:

Freunde	Fremde	Mindestanzahl Freunde	Mindestanzahl Fremde
5	0	3	-
4	1	3	-
3	2	3	-
2	3	-	3
1	4	-	3
0	5	-	3

Abb. 2.13 Person A hat
mindestens 3 gleichfarbige
Verbindungen. (Copyright:
Manon Bischoff)

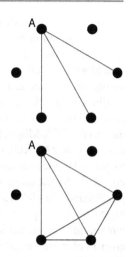

Abb. 2.14 Vermeidet man
ein rotes Dreieck, entsteht
zwangsweise ein blaues
Dreieck. (Copyright: Manon
Bischoff)

Die Person A ist also immer mit mindestens drei Personen befreundet – oder ihr
sind mindestens drei Personen unbekannt. Im Graph macht sich das dadurch bemerkbar, dass von der Person stets mindestens drei gleichfarbige Kanten ausgehen.
Für ein konkretes Beispiel kann man annehmen, ein bestimmter Punkt A habe drei
rote Kanten (sprich: Person A kennt drei andere Gäste), wie in Abb. 2.13 gezeigt.
Nun kann man versuchen, die restlichen Verbindungen so zu färben, damit kein
rotes Dreieck entsteht. Denn wir suchen nach einer Konstellation unter den 32.768
möglichen Färbungen, bei denen kein gleichfarbiges Dreieck entsteht.

Daher muss man sicherstellen, dass jeweils zwei Personen, die A kennt, sich
untereinander nicht kennen und damit ihre Verbindungen blau einfärben. Wenn man
all diese Kanten blau markiert, entsteht aber ein blaues Dreieck (Abb. 2.14)! Das
heißt, es gibt keine Möglichkeit, ein einfarbiges Dreieck in einem Graphen mit sechs
Punkten zu umgehen, wenn alle Knoten miteinander verbunden sein müssen.

Damit findet sich ein solches Dreieck auch in jedem größeren Graphen, bei dem
alle Punkte miteinander verbunden sind. Das heißt: Sobald Sie mehr als fünf Gäste
auf ihre Party einladen, gibt es immer ein Dreiergespann, das sich untereinander
kennt oder völlig fremd ist.

Natürlich geben sich Mathematiker mit diesem Einzelergebnis nicht zufrieden.
Stattdessen versuchen sie, das Problem zu verallgemeinern: Wie viele Personen R
braucht man mindestens, damit stets eine rote m- oder blaue n-Clique entsteht? Eine
n-Clique bezeichnet eine Gruppe von n Punkten, die alle miteinander verbunden
sind. Die sich daraus ergebende Zahl $R(m, n)$ heißt Ramsey-Zahl. Erstaunlicherweise sind bisher nur sehr wenige Ramsey-Zahlen bekannt. Soeben haben wir bewiesen,
dass $R(3,3) = 6$ ist. Es konnte auch gezeigt werden, dass $R(4,4) = 18$. Das heißt,
wenn Sie eine Party mit 18 Gästen schmeißen, findet man immer eine Vierergruppe,
deren Personen sich alle untereinander kennen oder fremd sind.

Seit Jahrzehnten ist hingegen unklar, wie groß $R(5,5)$ ist. Was ist die kleinste
Anzahl an Gästen, die man einladen muss, damit immer ein Fünfergespann von
völlig Fremden oder Bekannten entsteht? Immerhin konnten Fachleute das Ergebnis

eingrenzen; man weiß inzwischen, dass $R(5,5)$ zwischen 43 und 49 liegt. Nun könnte man einfach einen Computer einsetzen, der alle möglichen Färbungen für Graphen mit 43 Knoten durchgeht und prüft, ob es einen gibt, der keine gleichfarbige Fünfergruppe enthält. Aber tatsächlich übersteigt diese Aufgabe jede verfügbare Rechenleistung!

Ein Graph mit 43 Knoten, die alle miteinander verbunden sind, besitzt 903 Kanten. Diese können entweder blau (unbekannt) oder rot (Freunde) gefärbt sein – das ergibt 2^{903} Möglichkeiten, was gerundet etwa 10^{272} entspricht, also eine 1 gefolgt von 272 Nullen. Um zu verstehen, wie groß diese Zahl ist, kann man folgende Überlegung anstellen: Aktuell geht man davon aus, dass unser Universum etwa 10^{82} Atome umfasst. Angenommen, jedes davon sei eine Rechenmaschine, die pro Sekunde so viele Berechnungen durchführen kann, wie der derzeit leistungsfähigste Supercomputer: eine Trillion (10^{18}) Rechenschritte pro Sekunde. Nehmen wir vereinfacht an, jedes Atom könnte in einer Sekunde eine Trillion Graphen nach einer Fünfergruppe durchsuchen – und die Teilchen hätten direkt nach dem Urknall (13,8 Milliarden Jahre in der Vergangenheit) damit begonnen. Dann hätten sie bislang: $13,8 \cdot 10^9 \cdot 365,25 \cdot 24 \cdot 3600 \approx 4,35 \cdot 10^{17}$ Sekunden Zeit dafür gehabt. Das heißt, alle Atome im Universum hätten bis heute etwa $4,35 \cdot 10^{117}$ Graphen geprüft. Das ist allerdings nur ein winziger Bruchteil der 10^{272} Graphen, die insgesamt zu prüfen sind.

Daher suchen Mathematikerinnen und Mathematiker nach einer cleveren Lösung für das Problem. Bislang haben sie jedoch keine gefunden.

Literaturverzeichnis

1. Gardner M (1960) Mathematical games. Sci Am 202(2):150–156
2. Cookson G, Pishue B (2017) The impact of parking pain in the US, UK and Germany. Technical report, INRIX
3. Sytral/Agence d'Urbanisme aire metropolitaine Lyonnaise (2018) Pratiques de déplacements sur les bassins de vie du scot de l'agglomération lyonnaise (2015). Technical report, Sytral/Agence d'Urbanisme aire métropolitaine Lyonnaise
4. Krapivsky PL, Redner S (2019) Simple parking strategies. J Stat Mech Theory Exp 2019:093404
5. Krapivsky PL, Redner S (2020) Where should you park your car? The $\frac{1}{2}$ rule. J Stat Mech Theory Exp 2020:073404
6. Blackburn SR (2009) The geometry of perfect parking. https://personal.rhul.ac.uk/uhah/058/perfect_parking.pdf. Zugegriffen am 27.02.2024
7. Herrmann N (2003) Ein mathematisches Modell zum Parallelparken. https://www.fuerboeck.at/fileadmin/user_upload/20-pdf-fahrpruefung/Parallelparken-mathematisches-Modell.pdf. Zugegriffen am 27.02.2024
8. Ziller W (2012) Parking a car and lie brackets. https://www2.math.upenn.edu/~wziller/Math600F19/parking_a_car.pdf. Zugegriffen am 27.02.2024
9. Dutta N, Charlottin T, Nicolas A (2022) Parking search in the physical world: calculating the search time by leveraging physical and graph theoretical methods. ArXiv: 2202.00258
10. Gale D, Shapley LS (1962) College admissions and the stability of marriage. Am Math Mon 69(1):9–15
11. Lindley DV (1961) Dynamic programming and decision theory. J R Stat Soc Ser C (Appl Stat) 10(1):39–51
12. Ramsey FP (1930) On a problem of formal logic. Proc Lond Math Soc 2–30(1):264–286

Sorry, daran ist die Mathematik schuld

3

Im letzten Kapitel haben wir gesehen, wie hilfreich Mathematik im Alltag sein kann. Doch es gibt auch einige Situationen, in denen uns das Fach das Leben schwer macht. Zum Beispiel lässt sich Mathematik für das schlechte Wetter verantwortlich machen oder dafür, dass die Frisur nie richtig sitzt. Mit einer griffigen Formel lässt sich sogar das Ende der Welt berechnen.

Am überraschendsten ist aber vielleicht, dass sich die Mathematik manchmal selbst im Weg steht. So lässt sich beweisen, dass nicht jede mathematische Aussage beweisbar ist. Wenn Sie sich also mal wieder über Unannehmlichkeiten ärgern, kann es sein, dass weder Sie, noch ihre Umwelt die Schuld trägt – sondern dass es einfach nur an der Mathematik liegt.

3.1 Lange Wartezeiten am Fahrstuhl

Wenn Sie schon einmal längere Zeit in einem hohen Gebäude verbracht haben, dann kennen Sie sicher dieses Gefühl: Die Fahrstühle scheinen sich gegen Sie verschworen zu haben, denn die ankommenden Kabinen fahren immer in die falsche Richtung. Möchten Sie nach unten, kommt ein hinauffahrender Aufzug und umgekehrt. Mit diesem Eindruck sind Sie nicht alleine.

Das Phänomen fiel dem berühmten Physiker George Gamow und seinem Kollegen Marvin Stern Mitte der 1950er-Jahre auf. Gamow, der unter anderem bahnbrechende Arbeiten zur Theorie der Radioaktivität veröffentlicht hat, arbeitete im Sommer des Jahres 1956 als Berater bei der kalifornischen Firma Convair in San Diego. Das Unternehmen erlangte in der Entwicklung und Herstellung von Militärflugzeugen und Weltraumtechnik weltweite Bedeutung.

© Der/die Autor(en), exklusiv lizenziert an Springer-Verlag GmbH, DE,
ein Teil von Springer Nature 2024
M. Bischoff, *Die fabelhafte Welt der Mathematik*,
https://doi.org/10.1007/978-3-662-68432-0_3

Gamow erhielt ein Büro in der ersten Etage des sechsstöckigen Gebäudes der Firma, sein Freund und geschätzter Kollege Stern arbeitete in der fünften Etage. Während sich die zwei Forscher ihren Projekten widmeten, die als geheim klassifiziert waren, tauschten sie sich häufig aus und nutzten daher regelmäßig den Aufzug, um vom Büro des einen in das des anderen zu gelangen.

Irgendwann fiel Gamow auf, dass, wenn er an den Fahrstuhl herantrat und den Knopf drückte, die erste ankommende Kabine in der Regel immer auf dem Weg nach unten war – und er daher erst warten musste, bis sie im Erdgeschoss wieder die Richtung wechselte. Diese Tatsache schien ihn so stark zu beschäftigen, dass er irgendwann begann, darüber Buch zu führen. Wie sich herausstellte, fuhr der Fahrstuhl in fünf von sechs Fällen nach unten, wenn er den Knopf drückte, und nur in einem von sechs Malen in die gewünschte Richtung, nämlich aufwärts.

„Es ist, als würde man auf dem Dach des Gebäudes ständig neue Fahrstühle erzeugen, um sie alle nach unten zu schicken und dort wieder auseinanderzubauen", scherzte Gamow, als er Stern von seiner Beobachtung erzählte. Da Stern durch und durch Wissenschaftler war, begann er ebenfalls aufzuzeichnen, in welche Richtung die Fahrstühle fuhren, wenn er Gamow besuchen wollte. Und auch er musste feststellen, dass die Aufzüge wesentlich häufiger in die „falsche" Richtung unterwegs waren: In fünf von sechs Fällen war die Kabine auf dem Weg nach oben, wenn er nach unten fahren wollte. Stern versicherte daher, es müsse genau andersherum sein: Convair produziere die Fahrstühle im Keller, nur um sie auf dem Dach mit einer ihrer Maschinen wegzufliegen – daher seien alle Kabinen stets nach oben unterwegs.

Nachdem die beiden Physiker den Verdacht ausgeräumt hatten, das Unternehmen würde heimlich Fahrstühle produzieren und wieder entfernen, sahen sie sich die Mathematik des Problems genauer an – und fanden eine einleuchtende Erklärung für das seltsame Phänomen. Entgegen der verbreiteten Meinung handelt es sich hierbei nämlich nicht um „Murphy's Law" (zumindest nicht nur), wonach es einem nur so vorkommt, als fahre der Aufzug immer in die falsche Richtung, weil diese Fälle eher im Gedächtnis bleiben. Nein, es ist tatsächlich so, dass die Fahrstühle häufiger in die entgegengesetzte Richtung fahren, wie Gamows und Sterns Statistiken belegen.

Wenn man sich im obersten Stockwerk eines Gebäudes befindet, dann kommen alle Aufzüge zwangsläufig von unten und fahren daraufhin wieder hinab. Wenn man davon ausgeht, dass die Kabine nicht im obersten Stockwerk verweilt, sondern direkt umkehrt, dann ergibt sich in der vorletzten Etage folgendes Bild: Eine Kabine fährt hoch und kurz darauf wieder hinunter. Das Zeitintervall zwischen einer hinauf- und einer hinabfahrenden Kabine ist also extrem kurz. Wenn man nun zu einem zufälligen Zeitpunkt den Aufzug ruft, ist die Wahrscheinlichkeit höher, zuerst eine aufsteigende Kabine zu erwischen. Wenn man jedoch an dem Aufzug verweilt, ohne einzusteigen, und über Stunden oder womöglich Tage Protokoll über alle Fahrten führt, dann wird man natürlich feststellen, dass im Mittel genauso viele Kabinen nach oben wie nach unten fahren.

Gleiches gilt im umgekehrten Fall für niedrige Stockwerke. Falls ein Gebäude keinen Keller hat, kommt eine Kabine stets von oben im Erdgeschoss an und setzt anschließend ihre Fahrt nach oben fort. Daher ist das Zeitintervall (falls die Kabine nicht im Erdgeschoss verweilt) im ersten Stock zwischen einem hinabfahrenden und einem aufsteigendem Aufzug sehr klein. Aus diesem Grund ist die Wahrscheinlichkeit höher, zuerst einem nach unten fahrenden Aufzug zu begegnen.

Zeitplan Fahrstuhl

Ein fiktiver Fahrplan für einen sehr langsamen Fahrstuhl in einem 30-stöckigen Gebäude. Der Aufzug hält in jeder Etage und braucht für jedes Stockwerk eine Minute.

Etage	Abfahrtszeit hoch	Abfahrtszeit runter	Nächste Abfahrtszeit hoch
EG	8:00	-	9:00
1. Stock	8:01	8:59	9:01
2. Stock	8:02	8:58	9:02
3. Stock	8:03	8:57	9:03
...	...	...	...
29. Stock	8:29	8:31	9:29
30. Stock	-	8:30	-

Tabelle: Manon Bischoff   **Spektrum**.de

Um das Ganze besser zu verstehen, kann man sich ein höheres Gebäude ansehen, als jenes von Convair. Stellen Sie sich vor, Sie arbeiten im WINX-Tower in Frankfurt, einem 30-stöckigen Hochhaus am Ufer des Main. Angenommen, es gäbe dort nur einen extrem langsamen Aufzug, der an jedem Stockwerk hält und eine Minute pro Etage braucht. Damit die Mitarbeiterinnen und Mitarbeiter pünktlich in den jeweiligen Etagen erscheinen, hat man einen Fahrplan erstellt, mit den Abfahrtszeiten in den jeweiligen Richtungen.

Wenn Sie im ersten Stock arbeiten und noch nichts von diesem Fahrplan wissen und deshalb zu einem beliebigen Zeitpunkt an den Fahrstuhl treten, dann wird die erste Kabine, die Ihnen begegnet, nach unten fahren – es sei denn, Sie erscheinen genau zur vollen Stunde oder eine Minute danach am Fahrstuhl. In 29 von 30 Fällen wird der Aufzug also zuerst nach unten fahren. Ähnlich verhält es sich mit Ihren Kollegen im 29-ten Stockwerk.

Möchte man realistischere Szenarien untersuchen – wenn ein Gebäude etwa mehrere Fahrstühle hat oder man berücksichtigt, dass Personen in niedrigen Geschossen vermutlich auch mal die Treppe nehmen und daher Aufzüge in diesen Stockwerken seltener halten –, werden die dazugehörigen Berechnungen deutlich komplizierter. Dennoch lässt sich auch in diesen Fällen die bereits beobachtete Tendenz feststellen: Es scheint, als hätten sich die Fahrstühle gegen uns verschworen und würden stets zuerst in die falsche Richtung fahren. Wenn Sie also wieder einmal vor einem Aufzug stehen und sich darüber ärgern, länger warten zu müssen, wissen Sie wenigstens, dass sich keine höhere Macht dahinter steckt – sondern einfach nur Mathematik.

3.2   Kein Wahlsystem ist perfekt

Politik hat viele Facetten, die über bloße Wahlprogramme und Parteizugehörigkeiten hinausgehen. Vieles hängt auch von den Persönlichkeiten der Politikerinnen und Politiker sowie von nicht vorhersehbaren Ereignissen ab, etwa Umweltkatastrophen oder Kriegen. Beim Urnengang ist mathematische Kenntnis daher nicht wirklich hilfreich. Beim Ausarbeiten eines Wahlsystems, das die individuellen Vorlieben der Bevölkerung möglichst passend in einem Gruppenergebnis wiedergibt, kann Mathematik hingegen helfen. Doch das ist gar nicht so einfach.

Wahlergebnis

55 Wahlberechtigte waren gebeten, eine Rangfolge für die fünf Parteien A, B, C, D und E anzugeben. Insgesamt kamen so sechs verschiedene Ergebnisse zu Stande, auf die sich die 55 Stimmen verteilen.

A	B	C	D	E	Wähler
1	5	4	2	3	18
5	1	4	3	2	12
5	2	1	4	3	10
5	4	2	1	3	9
5	2	4	3	1	4
5	4	2	3	1	2

Tabelle: Spektrum der Wissenschaft · Quelle: Voting and Election Decision Methods / AMS   **Spektrum**.de

Der US-amerikanische Ökonom Kenneth Arrow beschäftigte sich in seiner Doktorarbeit, die 1951 erschien, mit diesem Problem. Anders als wir es bei politischen

Wahlen gewohnt sind, betrachtete er allerdings kein System, bei dem man bloß ein Kästchen ankreuzt, sondern eines, bei dem man eine Rangfolge erstellt: Haben Sie sich nie gewünscht, die Parteien ihrer Präferenz nach zu ordnen? Am liebsten haben Sie Partei B, gleich darauf folgt Partei D – Partei A mögen Sie hingegen gar nicht und schieben sie deshalb auf den letzten Platz. Arrow stellte sich die Frage, wie man aus diesen Informationen eine möglichst geeignete Gruppenauswahl treffen kann. Damit gilt er als einer der Gründer der Sozialwahltheorie, was ihm 1972 den Alfred-Nobel-Gedächtnispreis für Wirtschaftswissenschaften einbrachte.

Um zu verdeutlichen, warum die Aufgabe so schwierig ist, kann man fünf plausible Beispiele heranziehen, um ein und dasselbe Wahlergebnis auszuwerten. Man stelle sich dazu fünf Parteien vor (A, B, C, D und E), die von 55 Personen gewählt werden. Diese geben eine Rangfolge ab und scheinen sich in ihren Vorlieben zunächst recht ähnlich: Obwohl es theoretisch $5! = 120$ Möglichkeiten gibt, die fünf Parteien zu ordnen, verteilen sich die 55 Stimmen in diesem Beispiel auf nur sechs Rangfolgen.

Da man die individuellen Wünsche der einzelnen Bürgerinnen und Bürger kennt, könnte man meinen, dass es einfach ist, eine optimale Rangordnung der Parteien zu finden. Doch wie wir gleich sehen werden, ist das ein Trugschluss. Je nachdem, welches System man zur Auszählung wählt, gehen verschiedene Parteien als Sieger daraus hervor.

Mehrheitswahl

Es werden nur die Stimmen der Erstplatzierten gezählt. In diesem Fall gewinnt die Partei A.

Partei	Stimmen
A	18
B	12
C	10
D	9
E	6

Tabelle: Spektrum der Wissenschaft   **Spektrum**.de

Man kann dazu mit der einfachsten Methode beginnen: Gewonnen hat die Partei, die am häufigsten eine Erstplatzierung erhält. Das wäre in dem genannten Beispiel Partei A, die insgesamt 18-mal auf Platz eins landet. Das entspricht einer Mehrheitsabstimmung – man hätte in diesem Fall gar keine Rangfolge von den

Wahlberechtigten benötigt. Sie hätten auch einfach nur ein Kreuzchen, statt einer 1 setzen und die anderen Felder frei lassen können.

Stichwahl

Wenn man das Wahlergebnis durch eine Stichwahl auswertet, gewinnt die Partei B.

Partei	Stimmen	gesamt	
A	18	18	
B	12 + 10 + 9 + 4 + 2		37

Tabelle: Spektrum der Wissenschaft   **Spektrum**.de

Viele von Ihnen sehen wahrscheinlich bereits das Problem: Auch wenn Partei A die meisten Erstplatzierungen erhält, ist sie nicht bei allen Wählerinnen und Wählern beliebt. In der Wahlverteilung taucht sie bloß an erster oder letzter Stelle auf. Und wenn man die Stimmen zählt, gibt es weitaus mehr Personen, die die Partei A strikt ablehnen, als dass sie sie befürworten.

Etwas gerechter erscheint es daher, eine Stichwahl zwischen den beiden Parteien abzuhalten, welche die meisten Erstplatzierungen erhalten haben. Das sind in diesem Fall Partei A und Partei B. Ein ähnliches System wird beispielsweise bei der Präsidentschaftswahl in Frankreich herangezogen. Eigentlich würde man also zu einem zweiten Urnengang aufrufen, doch da wir die Rangfolge der einzelnen Wähler kennen, kann man darauf verzichten. Man geht davon aus, dass jene Bürger, die A beziehungsweise B an erster Stelle gesetzt hatten, es immer noch tun. Für die übrigen Stimmen (mit einer anderen Partei an erster Stelle) muss man nur noch ermitteln, ob sie A oder B bevorzugen. Weil Partei A bis auf die 18 Erstplatzierungen stets auf dem letzten Platz landet, erntet B alle übrigen Stimmen (37 Stück) und gewinnt daher die Stichwahl. Diese Wahlmethode verhindert also, dass eine allzu polarisierende Partei gewinnt.

Nun kann man einwenden, dass eine Stichwahl zwischen den ersten beiden Erstplatzierten alle anderen Parteien unberücksichtigt lässt. Fairer wäre es daher, zunächst die „unbeliebteste" Partei (jene, mit den wenigsten Erstplatzierungen) zu eliminieren und dann die Stimmen auf die vier übrigen neu zu verteilen. Wenn es danach keine absolute Mehrheit gibt, wiederholt man den Vorgang: Man streicht die Partei mit den wenigsten Erstplatzierungen, wertet die Stimmen neu aus und macht so lange weiter, bis ein eindeutiger Sieger hervorgeht. Diese „integrierte Stichwahl" wird unter anderem bei der Wahl von Abgeordneten in Australien und Irland herangezogen.

In unserem Beispiel eliminiert man also zuerst Partei E. Die Stimmen jener Bürgerinnen und Bürger, die E an erster Stelle gewählt hatten, müssen umverteilt werden. Dazu addiert man ihre Zweitplatzierungen zu den entsprechenden Parteien, die übrig sind (in diesem Fall B und C). Weil danach keine der Parteien über eine absolute Mehrheit verfügt, streicht man die nächste Partei von der Liste: D. Wieder verteilt man die Stimmen um, die Partei C zugutekommen. Schließlich muss B von der Liste, woraufhin Partei C die Wahl gewinnt.

Integrierte Stichwahl

Bei diesem Wahlsystem eliminiert man von hinten nach vorne nach und nach die schwächsten Parteien – also jene, die am wenigsten Erstplatzierungen erhalten haben. Anschließend gewichtet man nach jeder Runde die Stimmen neu, bis eine Partei eine absolute Mehrheit hat. In diesem Fall gewinnt Partei C.

Partei	ohne E	ohne D	ohne B
A	18	18	18
B	16	16	
C	12	21	37
D	5		

Tabelle: Spektrum der Wissenschaft   **Spektrum**.de

Borda-Wahl

Bei der Borda-Wahl verteilt man Punkte für die Platzierung der Parteien. Auf diese Weise erhält Partei D in Summe die meisten Punkte und geht als Sieger hervor.

Partei	Punkte
A	72
B	101
C	107
D	136
E	134

Tabelle: Spektrum der Wissenschaft   **Spektrum**.de

Wem diese Methode kompliziert vorkommt, kann auch auf ein anderes Wahlsystem zurückgreifen, das häufig beim Sport verwendet wird: die so genannte Borda-Methode. Dafür gibt man den Parteien je nach Platzierung eine gewisse Punktzahl und rechnet diese dann zusammen. Auf diese Weise hat man die Rangfolgen aller Bürger berücksichtigt. Eine Erstplatzierung kann in unserem Beispiel vier Punkte liefern, eine Zweitplatzierung drei und so weiter. In diesem Fall geht Partei D als Sieger hervor.

Condorcet-Methode

Man vergleicht alle Parteien paarweise miteinander und zählt, wie häufig welche Partei als Sieger aus den Duellen hervorgeht. In diesem Fall gewinnt Partei E die meisten Zweikämpfe.

Duelle	Ergebnisse	Partei	Siege
A vs. B	18 zu 37	A	0
A vs. C	18 zu 37	B	1
A vs. D	18 zu 37	C	2
A vs. E	18 zu 37	D	3
B vs. C	16 zu 39	E	4
B vs. D	26 zu 29		
B vs. E	22 zu 33		
C vs. D	12 zu 43		
C vs. E	19 zu 36		
D vs. E	27 zu 28		

Tabelle: Spektrum der Wissenschaft   **Spektrum**.de

Tatsächlich gibt es noch zahlreiche weitere Auszählungsformen, von denen ich gerne noch die Condorcet-Methode vorstellen möchte. Hierbei stellt man stets zwei Parteien einander gegenüber und ermittelt, welche bei den Wählerinnen und Wählern beliebter ist. Die Partei, die am meisten Siege bei den Duellen davonträgt, gewinnt die Wahl. Eine abgewandelte Version des Ansatzes nutzt beispielsweise die deutsche Piratenpartei, um ihre Abgeordneten zu wählen. Wendet man dieses Verfahren auf unser Beispiel an, gewinnt Partei E.

Fünf verschiedene Wahlsysteme bringen also fünf unterschiedliche Sieger hervor. Und das Schlimmste: Alle Methoden klingen vernünftig.

3.3 Unklare Grenzen

Die Grenze zwischen Portugal und Spanien ist in vielerlei Hinsicht bemerkenswert: Mit ihrem unveränderten Bestand seit 1297 ist sie die älteste Landesgrenze Europas und damit eine der ältesten auf der Welt. Damals besiegelten der portugiesische König Dionysius und König Ferdinand IV. von Kastilien den Vertrag von Alcañices, der den bis heute geltenden Übergang zwischen den Ländern festlegt. Zudem handelt es sich dabei um die längste durchgängige Landesgrenze der Europäischen Union. Doch wie lang ist sie wirklich? Das lässt sich nicht genau sagen.

Das Problem fiel erstmals auf, als der Mathematiker Lewis Fry Richardson 1951 untersuchte, wie sich die Länge einer Grenze zwischen zwei Staaten auf die Wahrscheinlichkeit eines Krieges zwischen ihnen auswirkt. Der überzeugte Pazifist setzte seine mathematischen Fähigkeiten ein, um verschiedenste Zusammenhänge in anderen Disziplinen zu ergründen, unter anderem in der Kriegsführung. Als er sich bei seinen Studien der Grenze zwischen Portugal und Spanien widmete, fiel ihm etwas Seltsames auf: In portugiesischen Quellen fand er stets eine Angabe von 1214 Kilometern, während spanische Texte von 987 Kilometern Länge sprachen.

Lag da ein Missverständnis vor? Schließlich gab es keine territorialen Streitigkeiten zwischen beiden Staaten. Hatten die Spanier vielleicht einen kleinen Schlenker der Grenze, der mehr als 200 Kilometer ausmacht, übersehen? Als sich Richardson weiter mit dem Thema beschäftigte, fand er noch mehr Besonderheiten. Auch die Grenze zwischen Belgien und den Niederlanden tauchte in der Literatur mit unterschiedlichen Längen auf, mal betrug sie 380, mal 449 Kilometer.

Um diese Unstimmigkeiten aufzuklären, untersuchte der Mathematiker, wie man die Länge einer Grenze überhaupt bestimmt. Damals bestand die Methode darin, eine große Karte oder Aufnahme des Gebiets zu nehmen und mit vielen kleinen Linealen die zu vermessende Grenze nachzuzeichnen. Aus den Linealen lässt sich dann die Gesamtlänge berechnen. Je kleiner man aber diese Lineale wählt, desto größer wird das Ergebnis, fiel Richardson auf. Das erklärte die verschiedenen Angaben: Die Portugiesen hatten einen anderen Maßstab gewählt als die Spanier – Problem gelöst.

Na ja, nicht ganz. Denn die Frage, wie lang die Grenze zwischen Portugal und Spanien wirklich ist, ist mit dieser Erkenntnis nicht beantwortet. Mit Erschrecken stellte Richardson zudem fest, dass die Länge von Grenzen und Küstenlinien in manchen Fällen immer weiter anwächst, wenn man die Maßstäbe verkleinert. Er hatte eigentlich erwartet, dass sich die Längen auf einen endlichen Grenzwert zubewegen, je genauer man hinschaut. Dieser entspräche dann der tatsächlichen Länge. Doch in den allermeisten Fällen ist das nicht so. Inzwischen ist dieses unerwartete Phänomen als Richardson-Effekt bekannt.

Obwohl der Mathematiker seine Arbeit veröffentlichte, nahm die Fachwelt sie kaum wahr. Erst 1967, 14 Jahre nach seinem Tod, griff Benoît Mandelbrot die Erkenntnisse Richardsons wieder auf – und präsentierte eine einleuchtende Erklärung. In seinem Fachaufsatz „How long is the coast of Britain?" untersuchte er die Küstenlinie Großbritanniens, die im Westen besonders zerklüftet ist. Richardson hatte bereits eine Formel für den nach ihm benannten Effekt angegeben: Die Anzahl n der benötigten Lineale ist proportional zu l^{-D}, wobei l die Länge der Maßstäbe und D eine Konstante ist, die von Beispiel zu Beispiel variiert.

Wie Mandelbrot erkannte, ist D nicht nur irgendeine Konstante; vielmehr spielt sie eine wichtige Rolle beim Verständnis des zu Grunde liegenden Problems. Wenn die Grenze, die man untersuchen möchte, beispielsweise eine gerade Linie wäre, dann hätte D den Wert eins. Wenn man die Länge l der Lineale halbiert, mit denen man die Linie abdecken möchte, braucht man doppelt so viele: $n \approx (\frac{1}{2}l)^{-1}$.

Fraktale Dimensionen

Die Längen von »natürlichen« Landesgrenzen und Küstenlinien lassen sich nicht bestimmen. Je genauer man sie vermisst, desto größer wird das Ergebnis. Streng genommen liegt die Dimension dieser Grenzen nicht genau bei eins, sondern zwischen eins und zwei.

Land	Gebiet	Fraktale Dimension
Großbritannien	Westküste	1,25
Deutschland	Landesgrenze	1,15
Portugal	Landesgrenze	1,14
Australien	Küstenlinie	1,13
Südafrika	Küstenlinie	1,02
Norwegen	Südküste	1,52
USA	New Jersey, Küste	1,46
USA	Golf von Kalifornien – Ost	1,02
USA	Golf von Kalifornien – West	1,03
Kroatien	Cres	1,12
China	Landesgrenze	1,16

Tabelle: Manon Bischoff • Quelle: Husain, A. et al.: Fractal dimension of coastline of Australia. Scientific Reports 11, 2021   **Spektrum**.de

Betrachtet man hingegen eine ebene, zweidimensionale Fläche, die mit vier Fliesen der Seitenlänge l bedeckt ist, braucht man 16 Kacheln mit Seitenlänge $\frac{1}{2}l$, um die gleiche Fläche zu füllen. Hier wächst die Anzahl also quadratisch (und nicht linear wie im Fall der Geraden) mit der Länge der Maßstäbe an. Mandelbrot bemerkte, dass D in der Ebene der Zahl zwei entspricht. Das Ganze lässt sich auch in drei Dimensionen durchspielen, wo man $D = 3$ erhält.

Auf diese Weise erkannte er, dass D offenbar der Dimension des zu vermessenden Objekts entspricht. Im Fall von Küstenlinien und Grenzen nimmt die Dimension allerdings gebrochenzahlige Werte an. Solche „fraktale" Dimensionen klingen zunächst ziemlich abwegig. Doch wenn man es genauer durchdenkt, erkennt man, dass die natürlichen Zahlen nicht ausreichen, um jedem Objekt gerecht zu werden. Eine gewöhnliche Kurve würde man wohl ohne zu zögern als eindimensionale Figur kategorisieren. Aber was ist, wenn sie ein Rechteck vollständig ausfüllt? Ist die Kurve dann immer noch eindimensional?

Indem man die Vorstellung rein ganzzahliger Dimensionen aufgibt, kann man mit der von Mandelbrot und Richardson entwickelten Methode die fraktalen Dimensionen verschiedener Küstenlinien und Landesgrenzen bestimmen. Mandelbrot führte diese Größe als eine Art Maß dafür ein, wie komplex ein Muster ist. Dabei prägte er erstmals den mathematischen Begriff des „Fraktals". Diese inzwischen berühmt gewordenen Objekte zeichnen sich durch ihre Selbstähnlichkeit aus: Wenn man weiter hineinzoomt und mehr Details auflöst, erkennt man weitere Muster, die sich wiederholen. Solchen Strukturen kann man allerdings keine genaue Länge oder Flächeninhalt zuordnen, die Begriffe verlieren in dem Kontext an Bedeutung.

Diese als Küstenlinien-Paradoxon bekannte Tatsache macht Kartografen das Leben schwer. Denn in der Praxis ist man darauf angewiesen, einer Küstenlänge einen Wert zuzuordnen. Schließlich ist beispielsweise die Küste von Russland eindeutig länger als die von Deutschland – deshalb braucht man ein Maß. Man darf jedoch nicht vergessen, dass Landesgrenzen und Küstenlinien keine Fraktale im streng mathematischen Sinn sind. Die Grenzen lassen sich nicht unendlich fein auflösen. Möchte man die Längen allerdings möglichst genau vermessen, muss man zuvor einige Standards festlegen: Bestimmt man die Küstenlinie bei Ebbe oder Flut? Welche Auflösung wählt man? Berücksichtigt man große Felsen, die ins Meer hineinragen? Und wenn ja, bis zu welcher Größe? Wenn man eine solche Genauigkeit an den Tag legt, muss man sich zudem darüber im Klaren sein, dass gewisse Faktoren wie Erosion und andere Landbewegungen das Ergebnis künftig verfälschen werden.

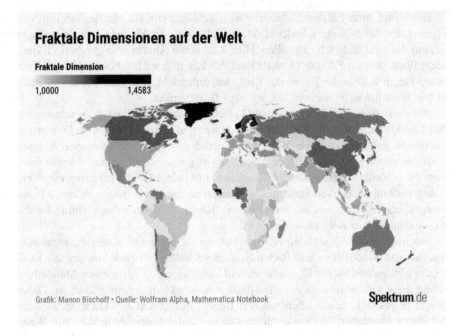

Fraktale Dimensionen auf der Welt

Fraktale Dimension

1,0000   1,4583

Grafik: Manon Bischoff • Quelle: Wolfram Alpha, Mathematica Notebook   Spektrum.de

Bisher gibt es noch keine international einheitliche Standards, um Küstenlinien oder Grenzlängen zu bestimmen. Daher findet man je nach Quelle unterschiedliche Angaben, die sich teilweise erheblich unterscheiden. Berücksichtigt man zum Beispiel bei der Küstenlänge Norwegens die unzähligen Fjorde, erhält man einen Wert von knapp 25.000 Kilometern. Löst man die Fjorde hingegen nicht auf, hat die Küstenlinie bloß eine Länge von zirka 2650 Kilometern. Im US-Bundesstaat Washington hat man sich allerdings Ende der 1990er-Jahre auf eine Methode geeinigt, um das Küstengebiet einheitlich zu vermessen: Helikopter folgten während der Ebbe dem Verlauf der Küste in niedriger Flughöhe. Doch gab es Situationen, in denen die Piloten nicht genau wussten, wie sie verfahren sollten, zum Beispiel wenn sie auf menschengemachte Stege trafen. Von einer einheitlichen Bestimmung von Grenzlängen sind wir also noch immer entfernt.

3.4   Die Mathematik steht sich selbst im Weg

Ich stelle mir die Mathematik gerne als Disziplin vor, die Welten erschafft: Aus wenigen schlüssigen Annahmen, so genannten Axiomen, errichtet man ein Fundament, auf dem nach und nach alles aufbaut. So ergeben sich immer komplexere Zusammenhänge – bis man schließlich bei den hochkomplexen Themen landet, die aktuell erforscht werden. Dabei hangelt man sich von elementaren Mengen hoch zu Zahlen, von dort zu Funktionen, und arbeitet sich schließlich zu Geometrie, Topologie und abstrakteren Gebieten vor. Alle erscheinenden Inhalte, alle Objekte,

Verbindungen und Sätze lassen sich aus den wenigen Grundannahmen, die man anfangs definiert hat, zweifelsfrei herleiten. Doch diese Welten sind nicht perfekt.

Es macht Spaß, sich zu überlegen, wie die Mathematik aussähe, wenn man sich für andere Grundbausteine entschieden hätte. Tatsächlich dauerte es bis zum Anfang des 20. Jahrhunderts, bis man das heutige Axiomensystem, das die Grundfesten des Fachs bildet, gefunden hatte. Denn es gleicht einem Balanceakt: Einerseits möchte man so wenig Annahmen wie möglich treffen, andererseits sollen sie genügend Flexibilität bieten, um die gesamte moderne Mathematik zu erzeugen. Zudem sollen die Axiome intuitiv sein. Zum Beispiel erscheint es plausibel anzunehmen, dass eine leere Menge existiert. Das Grundgerüst, das nach dem Konsens der meisten Fachleute all diesen Anforderungen am besten gerecht wird, ist das so genannte Zermelo-Fraenkel-Axiomensystem mit dem Auswahlaxiom (kurz: ZFC, wobei C für „axiom of choice" steht), das aus insgesamt zehn Grundannahmen besteht.

Im 20. Jahrhundert träumten viele Mathematikerinnen und Mathematiker davon, ein solches Fundament zu finden und zu beweisen, dass es sowohl vollständig (alle mathematischen Wahrheiten lassen sich damit beweisen) als auch konsistent ist, also nicht zu Widersprüchen führt. Doch ein gerade einmal 25-jähriger Logiker, Kurt Gödel, machte die Hoffnungen im Jahr 1931 zunichte: Sein erster Unvollständigkeitssatz besagt, dass es in allen hinreichend starken widerspruchsfreien Systemen zwangsläufig unbeweisbare Aussagen gibt. Und als wäre das nicht genug, legte er einen zweiten Unvollständigkeitssatz nach, wonach hinreichend starke widerspruchsfreie Systeme nicht beweisen können, dass sie widerspruchsfrei sind.

Konkret bedeutet das: Sobald man ein Fundament gefunden hat, das mächtig genug ist, um die bekannten Zusammenhänge der modernen Mathematik zu erzeugen, enthält es zwangsläufig Aussagen, die sich weder beweisen noch widerlegen lassen. Darüber hinaus lässt sich nicht herausfinden, ob das Axiomensystem nicht vielleicht doch irgendwann zu einem Widerspruch führt, etwa einer offensichtlich falschen Aussage wie $2 = 1$.

Wie es sich für einen Beweis aus der Logik gehört, war Gödels Argumentation sehr abstrakt und lief auf hohem Niveau ab. Daher hofften seine Kollegen und Kolleginnen anfangs, der junge Mathematiker habe eine rein akademische Sonderheit gefunden, die keine praktischen Auswirkungen haben würde. Doch sie irrten sich. Inzwischen gibt es zahlreiche Aussagen, von denen bekannt ist, dass sie sich dem ZFC-Axiomensystem entziehen und nicht bewiesen werden können.

Das wohl berühmteste Beispiel ist die so genannte Kontinuumshypothese, die sich mit der Frage beschäftigt, ob es zwischen der Unendlichkeit der natürlichen Zahlen und der nachweislich größeren Unendlichkeit der reellen Zahlen noch eine – oder womöglich mehrere – Unendlichkeiten gibt (siehe Abb. 3.1). Ohne das Fundament der Mathematik zu erweitern, wird man dieser Frage niemals auf den Grund gehen können. In anderen Bereichen wie der Topologie, der Funktionalanalysis und der Zahlentheorie gibt es ebenfalls Aussagen, die das ZFC-System nicht verifizieren kann. Selbst in der Festkörperphysik sind Fragestellungen zu den Zuständen von Atomen aufgetaucht, die in diese Kategorie fallen und sich nicht allgemein beweisen lassen.

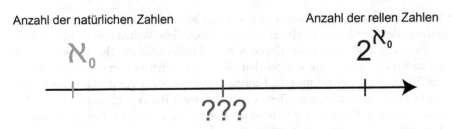

Anzahl der natürlichen Zahlen   Anzahl der rellen Zahlen

$$\aleph_0$$ $$2^{\aleph_0}$$

???

Abb. 3.1 Innerhalb unserer mathematischen Welt lässt sich nicht entscheiden, ob es Mengen gibt, die größer als die natürlichen aber kleiner als die reellen Zahlen sind. (Copyright: Manon Bischoff)

Gödels Unvollständigkeitssätze gehören zu den faszinierendsten Ergebnissen der Mathematik. Sie haben das Fach revolutioniert – und Wissenschaftler desillusioniert. Doch neben den weit reichenden Folgen seiner Resultate faszinierte Gödel seine Kollegen auch damit, dass er etwas über die Fähigkeiten eines mathematischen Systems aussagen konnte, während er sich innerhalb dieses Systems bewegte. Sprich: Er nutzte die Rechenregeln und logischen Schlüsse, die sich aus den ZFC-Axiomen ergeben, um Aussagen über das ZFC-Axiomensystem selbst zu treffen. Das war eine brillante Leistung, die bislang noch niemand erbracht hatte.

Um das zu erreichen, entwickelte er eine Codierung, die mathematischen Aussagen jeweils eine eindeutige Zahl zuordnet. Anstatt etwa zu schreiben „für jede Zahl m gibt es eine weitere Zahl n, die größer ist als m", definierte er eine entsprechende natürliche Zahl (die sehr groß ist), aus der sich die Aussage herleiten lässt. Die Codierung ist gar nicht einmal so kompliziert: Gödel wies den zwölf grundlegenden logischen Operationen wie „Plus" oder dem logischen „ODER" die so genannten Gödel-Zahlen 1 bis 12 zu. Variablen wie m oder n entsprachen Primzahlen, die größer sind als zwölf.

Wenn man nun eine Aussage aus den zwölf Operationen und einigen Variablen bildet, lässt sich die dazugehörige Code-Zahl schnell berechnen, zum Beispiel: Für die Aussage $0 + 0 = 0$ braucht man die Gödel-Zahlen von 0, + und =. Diese lauten: 6, 11, 5. Nun muss es gelingen, die Folge 6, 11, 6, 5, 6 (was für $0 + 0 = 0$ steht) irgendwie in eine Zahl zu verwandeln, von der man eindeutig auf die ursprüngliche Aussage schließen kann. Einfach nur die Ziffern aneinanderzureihen und „611656" zu bilden, funktioniert nicht. Denn die Codierung könnte auch zu den Gödel-Zahlen 6, 1, 1, 6, 5, 6 passen, was der Aussage 0 NICHT NICHT 0 = 0 entspricht.

Gödels Idee war es daher, Primfaktoren als Anhaltspunkt zu wählen, da sich jede Zahl eindeutig in ihre Primfaktoren zerlegen lässt, etwa $12 = 2^2 \cdot 3$. Um eine Aussage aus n Gödelzahlen zu codieren, kann man also die ersten n Primzahlen miteinander multiplizieren und dabei jede Primzahl mit der entsprechenden Gödelzahl potenzieren. Für das Beispiel 6, 11, 6, 5, 6 wäre die dazugehörige Codierung folglich: $2^6 \cdot 3^{11} \cdot 5^6 \cdot 7^5 \cdot 11^6$. Somit kann man für jede Aussage eine Zahl finden, die dieser eindeutig entspricht.

Indem Gödel logische Aussagen, Formeln und sogar Beweise durch Zahlen ausdrückte, konnte er die gewöhnlichen Werkzeuge der Mathematik benutzen, um mit ihnen zu arbeiten. Wenn man beispielsweise die Axiome und eine Aussage codiert, dann kann man durch gewöhnliche arithmetische Rechenoperationen prüfen, ob sich die Aussage mit Hilfe der Axiome beweisen lässt oder nicht.

Damit gelang Gödel der Geniestreich: Er schaffte es, eine Aussage G zu formulieren, die von sich handelte. G lautet: „Die Aussage G lässt sich nicht beweisen." Nun musste Gödel nur noch herausfinden, ob das wahr oder falsch ist. Angenommen, G sei falsch. Dann gilt die Negation der Aussage, nämlich: „Die Aussage G lässt sich beweisen." Wenn das aber der Fall ist, muss G wahr sein. Es gibt demnach einen Widerspruch: Indem man annimmt, G sei falsch, erhält man die Aussage, G sei wahr.

Daher muss G wahr sein. In diesem Fall lässt sich G jedoch nicht beweisen. Wenn man also davon ausgeht, dass ein Axiomensystem widerspruchsfrei ist, dann gibt es zwingend wahre, aber unbeweisbare Aussagen. Damit ist das Fundament der Mathematik zwangsläufig unvollständig. Das bedeutet aber nicht, dass es Probleme gibt, die weder falsch noch richtig sind – sondern nur, dass sie nicht immer beweisbar sind. Und wie Gödel in seiner bahnbrechenden Arbeit ebenfalls zeigen konnte, ist das für alle Axiomensysteme der Fall – nicht nur für ZFC. Damit ist die Mathematik nicht nur schuld an Unannehmlichkeiten des Alltags, etwa eine schlecht sitzende Frisur oder regnerisches Wetter, sondern steht sich auch selbst im Weg.

3.5   Alles einfach, außer vier

„Dies ist entweder Wahnsinn oder die Hölle!" – „Es ist keines von beiden", erwiderte ganz ruhig die Stimme des Kugelförmigen. „Es ist das Wissen, es sind die Drei Dimensionen: Öffnen Sie Ihr Auge erneut und versuchen Sie, ruhig hinzusehen."

Diese Szene stammt aus Edwin Abbott Abbotts Roman „Flächenland" aus dem Jahr 1884. Darin trifft der Protagonist A. Square, der in einer zweidimensionalen Welt lebt, erstmals eine dreidimensionale Kugel. Obwohl es vordergründig eine Satire der viktorianischen Gesellschaft ist, enthält das Werk auch eine mathematische Abhandlung über die vierte Dimension. Was, wenn wir eigentlich in einer vierdimensionalen Welt leben, aber – ähnlich wie A. Square – bisher nur in einer niedrigeren Dimension gefangen waren?

Gedanken über höhere Dimensionen verbinden viele mit Sciencefiction, etwa mit den Büchern von H. P. Lovecraft oder auch Hollywood-Blockbustern wie „Interstellar" von Christopher Nolan. Doch auch die Naturwissenschaften befassen sich seit Jahrhunderten mit dem Studium höherer Dimensionen. Mathematikerinnen und Mathematiker untersuchen beispielsweise, welche geometrischen Objekte in diesen unvorstellbaren Umgebungen existieren könnten, wie sie sich ordnen und vermessen lassen. Und dabei stießen sie auf eine Überraschung: Während sich die niedrigen Dimensionen (eins, zwei und drei) sowie die fünf-, sechs-, sieben- oder noch höherdimensionalen Fälle relativ einfach analysieren lassen, sorgen vier Dimensionen für erstaunlich große Probleme. „Viele Theoreme gelten für alle

Dimensionen n, außer für $n = 4$", erklärt der Mathematiker Ciprian Manolescu von der Stanford University. „Gerade das macht sie so spannend."

Aber weshalb sind gerade vier Dimensionen so besonders? Um das zu verstehen, muss man sich in das abstrakte Gebiet der Topologie vorwagen: eine Art Geometrie, die das Messen verlernt hat. In der Topologie geht es zwar um geometrische Figuren, allerdings spielen dabei „Details" wie Distanzen oder genaue Krümmungen keine Rolle. So ist eine eingedrückte Kugel identisch zu einer gewöhnlichen Kugel. Oder ein Kreis ist dasselbe wie ein Viereck. Anschaulich gesprochen gelten zwei Objekte als topologisch gleich, wenn man sie ineinander verformen kann, ohne Löcher in sie hineinzureißen oder sie an einer Stelle zusammenzukleben.

Auch wenn das kompliziert klingt, benutzen wir in unserem Alltag ständig Topologie, ohne es zu merken. So stellen wir uns unseren Planeten als Kugel vor, auch wenn die Erde streng genommen von einer perfekten runden Form abweicht. Ein anderes Beispiel ist das S-Bahn-Netz des Rhein-Main-Gebiets: Dabei handelt es sich nicht um eine exakte Abbildung des Schienenverkehrs, was sehr kompliziert wäre. Stattdessen genügt es uns zu wissen, in welcher Reihenfolge die Haltestellen auftauchen und wo sich die verschiedenen Linien kreuzen.

In der Topologie ist es genau so: Mathematiker versuchen, Objekte auf ihre wesentlichen Eigenschaften herunterzubrechen. So können sie beispielsweise Aussagen über eine ganze Klasse von Objekten treffen, ohne jedes dafür einzeln untersuchen zu müssen. Ein Beispiel: Man kann jede geschlossene Schleife auf einer Kugeloberfläche zu einem Punkt zusammenziehen. Das gilt für alle zweidimensionalen Flächen, die topologisch gesehen einer Kugeloberfläche entsprechen.

Wenn man hingegen die Oberfläche eines Donuts (ein so genannter Torus) betrachtet, gibt es zwei Arten von Schleifen, die sich nicht zusammenziehen lassen. Einmal jene Kurven, die das Loch umschließen und dann noch jene, die den Donut wie einen Henkel umgeben (siehe Abb. 3.2). Gleiches gilt für alle anderen zweidimensionalen Oberflächen, die ein Loch haben.

Solange man in einer, zwei oder drei Dimensionen bleibt, ist noch alles gut. Doch ab vier Dimensionen beginnen die Probleme. Denn die Verformungen, die man

Abb. 3.2 Auf einem Torus gibt es zwei geschlossene Schleifen, die sich nicht zusammenziehen lassen. (Copyright: Manon Bischoff)

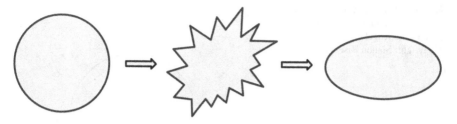

Abb. 3.3 Falls man nur über Ecken und Kanten zwei glatte Figuren ineinander überführen kann, sind sie nicht diffeomorph. (Copyright: Manon Bischoff)

vornehmen kann, um zwei Figuren ineinander umzuwandeln, können in höheren Dimensionen komplizierter ausfallen: Wenn man eine glatte Figur in eine andere glatte Form kneten möchte, können während des Prozesses plötzlich spitze Ecken und Kanten entstehen. In zwei Dimensionen übertragen, würde das anschaulich bedeuten: Wenn man etwa einen Kreis in eine Ellipse überführt, nimmt der Kreis während des Vorgangs zwangsläufig die Form eines Sterns an, wie in Abb. 3.3 dargestellt. In einer, zwei oder drei Dimensionen ist das niemals nötig, in vier Dimensionen lässt sich das in manchen Fällen allerdings nicht umgehen.

Dieses Phänomen hat dazu geführt, dass es zwei Arten von Gleichheit in der Topologie gibt: Einmal sind zwei Objekte allgemein topologisch gleich, wenn man sie ineinander verformen kann – unabhängig davon, wie der Prozess abläuft. Es gibt aber auch eine strengere Form von Gleichheit: Zwei Figuren sind diffeomorph, wenn sie sich auf glatte Weise ineinander verformen lassen, das heißt, ohne dass jemals Ecken und Kanten entstehen. In höheren Dimensionen gibt es also Objekte, die zwar topologisch gesehen gleich sind, aber nicht diffeomorph – sich also nicht auf glatte Weise ineinander umwandeln lassen.

Das ist also eine allgemeine Besonderheit von höheren Dimensionen. Allerdings stellen sich vier Dimensionen als besonders dar: Wenn man einen Raum $\mathbb{R}^n$ betrachtet, der von n reellen Zahlen in jede Dimension aufgespannt wird (also so etwas wie ein n-dimensionales Koordinatensystem), dann ist dieser für alle Dimensionen n außer vier immer einzigartig. Das heißt: Alle Räume, die topologisch gleich zum n-dimensionalen Raum $\mathbb{R}^n$ sind, sind dazu auch diffeomorph. Man wird beim Umformen des einen in den anderen also nicht auf Ecken und Kanten stoßen. 1982 stellte der Mathematiker Michael Freedman fest, dass der vierdimensionale Raum $\mathbb{R}^4$ eine Ausnahme bildet. Tatsächlich gibt es unendlich viele (sogar überabzählbar viele!) vierdimensionale Figuren, die sich auf unterschiedliche Weise in den vierdimensionalen Raum $\mathbb{R}^4$ umformen lassen, ohne diffeomorph zu sein – alle weisen während der Verformung also eine andere Art von Muster aus Ecken und Kanten auf.

Das macht den vierdimensionalen Raum zu einem sehr seltsamen Ort. Ein Beispiel: Während sich kompakte (abgeschlossene und beschränkte) Mengen in allen $\mathbb{R}^n$ immer in einer Kugel einfassen lassen, ist das bei manchen nicht diffeomorphen Kopien von $\mathbb{R}^4$ nicht der Fall (beim „gewöhnlichen" $\mathbb{R}^4$ allerdings schon). Das heißt,

Abb. 3.4 Üblicherweise
lassen sich kompakte Mengen
stets in eine Kugel einfassen.
(Copyright: Manon Bischoff)

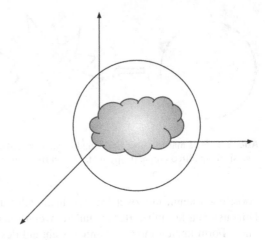

die Gestalt dieser Räume kann so verworren sein, dass selbst kompakte Mengen
davon extrem komplizierte Strukturen annehmen. Diese enthalten so viele Knicke
und Spitzen, dass es unmöglich ist, sie irgendwie zu glätten und somit in einer Kugel
einzufassen (siehe Abb. 3.4). Anders ist es bei zwei Dimensionen: Jedes Polygon
lässt sich zu einem Kreis glätten.

Doch nicht nur der vierdimensionale Raum an sich ist seltsam, sondern auch
vierdimensionale Figuren. Stellen Sie sich vor, Sie würden in einer fünfdimen-
sionalen Welt leben und möchten vierdimensionale Oberflächen sortieren: Welche
sind diffeomorph zueinander? Welche Klassen von Oberflächen gibt es? Um das zu
verstehen, ist es einfacher, zunächst mit unserer vertrauten dreidimensionalen Welt
anzufangen.

Dort können wir zweidimensionale Oberflächen untersuchen, etwa Kugelober-
flächen oder einen Torus. Wie sich herausstellt, lassen sich alle (abgeschlossenen)
2-D-Flächen in nur drei Kategorien einteilen, wie Henri Poincaré bereits 1907
bewies: Entweder sie sind äquivalent (diffeomorph) zu einer Kugeloberfläche, zu
aneinanderhängenden Donuts oder zu aneinanderhängenden projektiven Flächen
(zu denen etwa die Kleinsche Flasche zählt). Das heißt: Egal wie kompliziert
eine zweidimensionale Figur aussehen mag, sie lässt sich immer in eine der drei
Kategorien umformen – und zwar auf glatte Weise.

Würde man in der vierten Dimension leben und dreidimensionale Oberflächen
betrachten, ergeben sich acht verschiedene Kategorien: Man kann jede dreidimensionale Oberfläche auf acht Grundformen reduzieren. Das hatte William Thurston
1982 vermutet, die so genannte „Geometrisierung von 3-Mannigfaltigkeiten" wurde
aber erst 2003 von Grigori Perelman vollendet, der damit ganz nebenbei auch die
Poincaré-Vermutung bewies: Jede dreidimensionale Oberfläche ohne Loch lässt sich
zu einer dreidimensionalen Kugeloberfläche verformen. Das Ergebnis zeigt, dass es
auch für dreidimensionale Oberflächen ein Klassifikationsschema gibt.

Wendet man sich höheren Dimensionen zu und möchte Oberflächen in sechs,
sieben oder höheren Dimensionen untersuchen, wird es schon schwieriger. Wie

kann man solche komplizierten Objekte kategorisieren? Was Mathematiker dafür oft heranziehen, ist die so genannte Whitney-Methode: Man kann sich vorstellen, dass man ein Lasso um eine Figur wirft und anhand des Verhaltens beim Zusammenziehen untersucht, ob die Oberfläche Löcher hat. Wie bereits erwähnt, lässt sich auf diese Weise eine Kugel von einem Torus unterscheiden. Während sich jede geschlossene Schleife auf einer Kugel zu einem Punkt zusammenziehen lässt, ist das beim Torus nicht der Fall. Das funktioniert auch für Oberflächen, die mehr als vier Dimensionen haben, sehr gut. Wenn man ein Lasso zusammenzieht, entsteht eine kreisförmige Fläche, eine Scheibe. Um bestimmen zu können, welche Art von Oberfläche man vor sich hat, muss man alle möglichen Arten von entstehenden Scheiben getrennt voneinander untersuchen. Die Lasso-Flächen können sich aber überlappen – was aus mathematischer Sicht ein Problem darstellt.

Für $n > 4$ kann man die zusätzlichen Dimensionen nutzen, um zwei Scheiben voneinander zu trennen. Das ähnelt dem Vorgang, wenn man zwei sich schneidende Geraden in einer Ebene trennen möchte: Nach links/rechts oder oben/unten ausweichen bringt nichts. Nur durch eine dritte Raumdimension kann man die Geraden über die Tiefe voneinander trennen, wie in Abb. 3.5 gezeigt. Gleiches funktioniert in fünf Dimensionen bei zwei zweidimensionalen Scheiben. Auf diese Weise lässt sich mit der Lasso-Methode bestimmen, welche Oberflächen mit einer Dimension von fünf oder mehr diffeomorph zueinander sind.

Damit lassen sich also alle Kategorien von zwei, drei, fünf und mehrdimensionalen Oberflächen finden. Aber die vierte Dimension bereitet Schwierigkeiten. Denn wie sich herausstellt, ist es unmöglich, diffeomorphe vierdimensionale Objekte zu klassifizieren – in dieser Welt herrscht völliges Chaos!

Die vierdimensionale Welt birgt darüber hinaus ein Geheimnis – laut dem Topologen Manolescu das wohl bedeutendste Problem der Topologie: Lässt sich jede vierdimensionale Oberfläche ohne Loch diffeomorph zu einer vierdimensionalen Kugeloberfläche verformen? Das ist die verallgemeinerte Poincaré-Vermutung.

Die gewöhnliche Poincaré-Vermutung wurde zwar schon für alle Dimensionen n bewiesen, allerdings nur im allgemeinen topologischen Sinn: Dabei sind auch

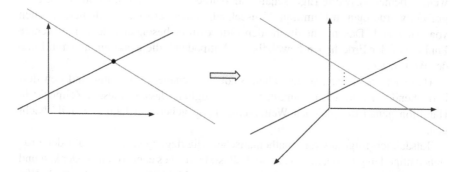

Abb. 3.5 Wenn man zwei Geraden, die sich schneiden, voneinander trennen möchte, braucht man eine dritte Raumdimension. (Copyright: Manon Bischoff)

Verformungen erlaubt, die Ecken und Kanten hervorrufen. Topologen sind deshalb daran interessiert, wie die n-dimensionale Poincaré-Vermutung ausfällt, wenn man nur diffeomorphe Verformungen erlaubt. Inzwischen haben sie eine Antwort für jede Raumdimension gefunden – außer für $n = 4$. In sieben Dimensionen gilt sie zum Beispiel nicht, dort gibt es 28 verschiedene Versionen einer Kugeloberfläche, so genannte exotische Sphären: also 28 unterschiedliche Figuren ohne Loch, die sich nur mit Hilfe von Ecken und Kanten ineinander umformen lassen. Für alle anderen Dimensionen lässt sich die Anzahl der exotischen Sphären ebenfalls berechnen, die teilweise sehr groß ausfallen kann. In vier Dimensionen hat man bisher noch kein Objekt gefunden, das kein Loch besitzt und nicht diffeomorph zur Kugel ist – man konnte aber auch noch nicht beweisen, dass keines existiert.

n	1	2	3	4	5	6	7	8	9	10	11	12
#	1	1	1	?	1	1	28	2	8	6	992	1

Die meisten Mathematiker gehen davon aus, dass es exotische vierdimensionale Sphären gibt. Schließlich existieren bereits unendlich viele unterschiedliche Versionen des vierdimensionalen $\mathbb{R}^4$-Raums. Doch wer weiß, am Ende überrascht uns die vierte Dimension vielleicht auch in diesem Fall. Denn wenn man eines gelernt hat, dann ist es, dass man beim Vierdimensionalen nicht auf sein Bauchgefühl hören sollte. Auch hier steht die Mathematik wieder einmal sich selbst im Weg. Das ist besonders in manchen Bereichen der Physik ärgerlich, bei denen die Zeit als vierte Dimension behandelt wird.

3.6   Das schlechte Wetter

Im Jahr 2021 habe ich einen Zeitraum mit niedrigen Corona-Inzidenzen genutzt, um Urlaub in Andalusien zu machen. Unter anderem hat die Reise nach Córdoba geführt. Während ich dort die maurischen Bauwerke bewunderte, kam mir wieder in den Sinn, dass diese Stadt neben ihren faszinierenden kulturellen Stätten eine weitere bemerkenswerte Eigenschaft hat: Würde man einen Tunnel durch die Erde graben, würde man in Hamilton, Neuseeland, landen, etwa 100 Kilometer südlich von Auckland. Das macht die beiden Orte extrem besonders, denn nur wenige Punkte auf der Erde haben bewohnbare „Antipoden", die exakt am anderen Ende der Welt liegen.

Hätte ich in in der andalusischen Stadt die genaue Temperatur und den dort herrschenden Luftdruck bestimmt, wäre es möglich, dass zu diesem Zeitpunkt in Hamilton genau die gleichen Wetterverhältnisse geherrscht hätten. Zufall? Nicht ganz.

Tatsächlich folgt aus rein mathematischen Überlegungen, dass es auf der Erde stets Antipoden gibt, bei denen das der Fall ist: Dort ist es ebenso warm oder kalt und der Luftdruck ist identisch. Als ich das zum ersten Mal hörte, war ich skeptisch. Wie kann eine Wissenschaft, die sich mit abstrakten Strukturen wie Zahlen, Matrizen oder geometrischen Räumen beschäftigt, etwas über die Wetterlage auf der Erde aussagen? Und doch lässt sich dieser seltsame Umstand zweifelsfrei belegen. Es ist als Spezialfall des Satzes von Borsuk-Ulam bekannt, den Stanisław Ulam Anfang des 20. Jahrhunderts vermutete und den Karol Borsuk 1933 bewies.

Um das Theorem zu verstehen, hilft es, mit einem einfachen Gegenstand anzufangen: Anstatt die Oberfläche einer Kugel zu betrachten, startet man mit einem gewöhnlichen Kreis. Denn der Satz von Borsuk-Ulam ist so allgemein formuliert, dass er sich auf jede beliebige Dimension n verallgemeinern lässt. Für $n = 1$ arbeitet man also mit einer Kreislinie, zum Beispiel dem Äquator der Erde.

Um geometrischen Figuren ihre Geheimnisse zu entlocken, hilft es meist, sie durch Gleichungen darzustellen. Vielleicht erinnern Sie sich ja noch an die Schulzeit, als man dazu den Graph in ein kartesisches Koordinatensystem zeichnete und daraus die zugehörige Gleichung ableitete. Für einen Kreis mit Radius r und dem Mittelpunkt im Ursprung lautet sie $x^2 + y^2 = r^2$.

Nun braucht es noch eine Funktion $f(x, y)$: Das ist einfach eine mathematische Beziehung, die jedem Punkt (x, y) auf dem Kreis (also jedem Paar (x, y), das die Kreisgleichung $x^2 + y^2 = r^2$ erfüllt) eine Zahl zuordnet. Ein Beispiel für eine solche Funktion kann die Temperatur entlang des Äquators sein. Sie ordnet jeder Stelle (x, y) einen festen Wert T (die Temperatur) zu. Diese kann zwar je nach Ort unterschiedlich ausfallen, wird sich aber nicht abrupt von einem Punkt zum nächsten ändern. Eine Funktion mit solchen „sanften" Übergängen bezeichnet man als stetig.

Gemäß dem Satz von Borsuk-Ulam gibt es, sofern die Funktion stetig ist, stets zwei diametral entgegengesetzte Punkte auf einem Kreis, an denen die Funktion f denselben Wert hat. In Formeln ausgedrückt gilt also $f(x, y) = f(-x, -y)$ für ein bestimmtes Paar von Punkten (x, y) auf dem Kreis. Das heißt: Entlang des Äquators gibt es immer zwei Orte, die sich diametral gegenüberliegen, an denen die gleiche Temperatur herrscht.

Beweisen lässt sich das Ganze am einfachsten, wenn man statt f eine andere Funktion definiert: $g(x, y) = f(x, y) - f(-x, -y)$. Diese bestimmt die Temperaturdifferenz zwischen zwei gegenüberliegenden Orten, und wenn beide Orte das gleiche Wetter haben, ist g null. Um den Satz von Borsuk-Ulam in einer Dimension zu beweisen, muss man deswegen nur zeigen, dass unsere neue Funktion $g(x, y)$ mindestens eine Nullstelle hat, denn dann gibt es Antipoden mit gleicher Temperatur.

Dazu betrachtet man die Funktion g am diametral entgegengesetzten Ort $(-x, -y)$: $g(-x, -y) = f(-x, -y) - f(x, y) = -g(x, y)$. Das heißt, wenn $g(x, y)$ den Temperaturunterschied von 3 Grad Celsius verzeichnet, dann beträgt der Temperaturunterschied bei $g(-x, -y)$ minus 3 Grad Celsius. Denn, salopp gesagt, auf der anderen Seite ist der Unterschied ja der gleiche, nur aus der entgegengesetzten Perspektive betrachtet.

Diese Erkenntnis ist der Knackpunkt des Beweises: Die Funktion g nimmt entlang des Kreises zwangsläufig mal einen positiven, mal einen negativen Wert an – oder bleibt immer null. Wenn Letzteres der Fall ist, dann haben alle Orte die gleiche Temperatur. Und weil sich g aus stetigen Funktionen f zusammensetzt, ist sie ebenfalls stetig und besitzt daher zwingend eine Nullstelle.

Zeichnet man ohne abzusetzen – denn das heißt stetig – eine Kurve, die im negativen Bereich startet und im positiven endet, dann durchquert man zwangsläufig die Null. Gleiches gilt für die Temperaturdifferenz g: Entlang des Kreises wird sie irgendwann null. Und da sie den Temperaturunterschied zwischen zwei entgegengesetzten Punkten beschreibt, muss es an dieser Stelle eine Antipode mit gleicher Temperatur geben.

Das Bemerkenswerte an dem Satz von Borsuk-Ulam ist, dass er so allgemein gehalten ist. Der Beweis funktioniert für jede stetige Funktion, also für alle Eigenschaften, die kontinuierlich von Ort zu Ort variieren, sei es die Temperatur, der Luftdruck oder die Luftfeuchtigkeit. Es gibt immer Antipoden auf dem Äquator, die diese Merkmale teilen.

In höheren Dimensionen folgen die Beweise einem ähnlichen Schema. Für den Fall einer Kugeloberfläche ordnet man dieser eine zweidimensionale stetige Funktion zu. Ein Beispiel dafür ergibt sich, wenn man an jedem Ort auf der Erde die Temperatur und den Luftdruck bestimmt: Es gibt stets zwei Orte auf der Erde, die sich diametral gegenüberliegen, an denen diese zwei Wettergrößen gleich sind. Das Ganze lässt sich auch in n Dimensionen durchspielen: Auf jeder n-dimensionalen Sphäre gibt es Antipoden, bei denen eine stetige Funktion den gleichen n-dimensionalen Wert liefert.

Wenn Sie sich also mal über das Wetter ärgern, stellen Sie sich einfach vor, dass am entgegengesetzten Ende der Welt womöglich die gleichen Witterungsbedingungen herrschen – und dass allein die Mathematik daran schuld ist.

3.7   Bad-Hair-Day

Mathematik sagt nicht nur etwas über das Wetter auf der Erde aus, sondern auch über Frisuren: Laut einem Satz aus der Topologie ist es unmöglich, die Haare so zu kämmen, dass kein Wirbel entsteht.

Doch anstatt sich darüber zu ärgern, sollte man lieber bewundern, wie sich extrem abstrakte Ideen auf alltagsnahe Situationen auswirken. Denn wer hätte schon gedacht, dass komplexe topologische Konzepte etwas über unsere Frisur aussagen? Und tatsächlich lassen sich weitere Analogien finden: Aus dem „Satz vom (gekämmten) Igel" folgt nämlich auch, dass es auf der Erde immer einen Ort gibt, an dem es vollkommen windstill ist. Oder dass man für die Kernfusion einen donutförmigen Aufbau braucht. Im Übrigen hat der Satz auf Englisch den amüsanten Namen „hairy ball theorem", was für viele Wortspiele sorgt.

Wer schon einmal etwas von Topologie gehört hat, mag von den vielen soeben genannten Anwendungsfällen überrascht sein. Denn das Gebiet zählt zu den abstraktesten der Mathematik. Die Disziplin ähnelt der Geometrie, nur dass sie alle Details übersieht. Die genaue Gestalt einer Figur spielt in der Topologie keine Rolle; Objekte gelten als gleich, wenn man sie ineinander umformen kann, ohne dass man sie zerreißt oder zusammenklebt. Ein berühmtes Beispiel dafür sind eine Tasse und ein Donut, die für Topologen identisch sind: Beide besitzen exakt ein Loch, weshalb man sie ineinander umformen kann. Anders hingegen ein Brötchen, das man zu einem Ei oder einer Laugenstange formen kann, nicht aber zu einem Bagel oder einer Brezel.

Doch was haben Haare damit zu tun? Wenn jemand kurze, glatte Haare hat, ähnelt die Frisur einem Vektorfeld: An jedem Punkt eines Raums befindet sich ein kleiner Pfeil, der in eine bestimmte Richtung deutet. Ein typisches Beispiel für ein Vektorfeld ist die Windrichtung: An jedem Ort auf unserem Planeten kann man diese bestimmen. Trägt man die Pfeile auf einer Karte auf, ähnelt das Ergebnis einem haarigen Ball, etwa einer Kokosnuss. Nun sagt der Satz vom Igel Folgendes aus: Auf einer Kugel kann es kein stetiges Vektorfeld geben, das nirgendwo null ist. Oder anders ausgedrückt: Jeder stetig gekämmte Mensch hat an mindestens einem Punkt eine Glatze.

Um zu verstehen, wie das Ergebnis zu Stande kommt, ist die Analogie eines windigen Planeten am anschaulichsten. Stellen Sie sich vor, Sie wandern jeweils ostwärts entlang der nördlichen und südlichen Polarkreise, wobei in beiden Regionen ein unveränderlicher Wind weht, der sich nicht von einer Stelle zur anderen abrupt ändern kann. Sie starten am nördlichen Polarkreis und nehmen wahr, dass der Wind zunächst gegen Ihren Rücken weht, anschließend von links kommt, dann von vorne und schließlich von rechts. Wenn Sie an den Startpunkt zurückkehren, bläst er Ihnen wieder in den Rücken. Für Sie hat sich der Wind also während des Wegs gedreht – und zwar im Uhrzeigersinn.

Nun fliegen Sie zum südlichen Polarkreis und umrunden auch da den windigen Planeten. Sie starten wieder mit dem Wind im Rücken, doch dann weht er zunächst von rechts, bevor er Sie von vorne und schließlich von links erreicht. Auch in diesem Fall hat sich die Windrichtung gedreht – allerdings entgegen dem Uhrzeigersinn, wie in Abb. 3.6 gezeigt.

Mit dieser Feststellung ist man schon fast am Ziel! Die Windrichtung kann sich entlang eines Rundwegs nur um ein ganzzahliges Vielfaches von 360 Grad drehen, da der Wind sonst am Start- und Endpunkt (die ja gleich sind) in unterschiedliche Richtungen wehen müsste. Nun muss man sich nur noch vor Augen führen, was es bedeutet, wenn ein Vektorfeld stetig ist: Es darf seine Ausrichtung nicht ruckartig ändern. Dreht sich der Wind also genau einmal, während man einen bestimmten Rundweg geht, dann ist das ebenfalls der Fall, wenn man ein wenig vom abgelaufenen Pfad abweicht. Tatsächlich muss die Anzahl der vollständigen Rotationen des Winds für jeden geschlossenen Weg gleich sein. Wenn das nicht der Fall ist, dann ist entweder das Vektorfeld nicht stetig oder an einer bestimmten Stelle null.

In unserem Beispiel variiert die Windrichtung entlang des nördlichen und südlichen Polarkreises zwar jeweils um den gleichen Wert, allerdings mit unterschiedlichem Vorzeichen: Im ersten Fall dreht sich die Windrichtung mit, im zweiten entgegen dem Uhrzeigersinn. Das heißt, einmal dreht er sich um 360 Grad und einmal um −360 Grad – was einen Winkelunterschied von 720 Grad macht. Wenn das Vektorfeld also stetig sein soll, muss es an mindestens einem Punkt null sein. Eine solche Stelle kommt in einem stetigen Vektorfeld meist einem Wirbel gleich.

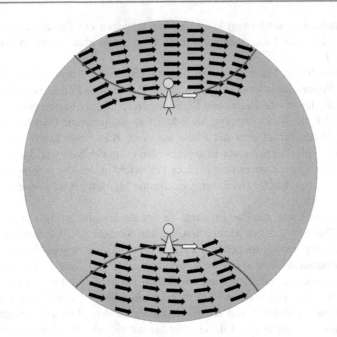

Abb. 3.6 Abhängig davon, ob eine Person entlang der oberen oder unteren Hemisphäre ostwärts läuft, dreht sich aus subjektiver Sicht die Windrichtung mit oder gegen den Uhrzeigersinn. (Copyright: Manon Bischoff)

Meteorologisch gesehen bedeutet das, dass es immer irgendwo auf der Welt einen Wirbelsturm gibt, in dessen Auge es vollkommen windstill ist. Man kann allerdings zeigen, dass das nicht für eine Donutoberfläche gilt. Denn wie bereits erwähnt, unterscheiden sich eine Kugel und ein Torus (so der mathematische Begriff) drastisch voneinander. Wenn es einen torusförmigen Planeten geben sollte, dann könnte dort der Wind überall wehen, ohne dass notwendigerweise an irgendeiner Stelle ein Wirbelsturm entsteht.

Tatsächlich hat der Satz weitere praktische Konsequenzen, die über das Wetter hinausgehen. Für die Kernfusion braucht man beispielsweise starke Kräfte, die dem Druck eines erhitzten Plasmas standhalten. Da es bisher keine geeigneten Materialen dafür gibt, besteht ein Ansatz darin, die Teilchen durch ein starkes Magnetfeld zusammenzuhalten. Ein sphärischer Aufbau wäre zunächst am naheliegendsten, doch wegen des Satzes vom Igel wäre das Magnetfeld an einer Stelle zwingend null – somit könnten die Teilchen dort entweichen. Das ist der Grund, warum die Plasma-Experimente eine donutförmige Struktur haben.

Aber um ganz ehrlich zu sein: Wenn die Haare schlecht liegen, kann man der Mathematik nicht wirklich die Schuld zuschieben. Denn streng genommen erfüllt unser Kopf nicht die nötigen Voraussetzungen für den Satz vom Igel. Zum einen haben wir schlicht zu wenige Haare – in der mathematischen Welt muss jeder Punkt einer Oberfläche von einem Vektor besetzt sein. Zudem ist weder unser Kopf noch der daran hängende Körper eine (topologische) Kugel, da wir Öffnungen wie Mund, Ohren- und Nasenlöcher und so weiter besitzen. Dennoch ist es in meinen Augen eine kreative Entschuldigung, wenn man mal wieder einen „Bad-Hair-Day" hat.

3.8 Das Ende der Welt

Ob Klimakrise, Pandemie oder nuklearer Vernichtungskrieg: Leider erscheinen einige Weltuntergangsszenarien in der letzten Zeit wieder denkbarer als noch vor einigen Jahren. Neben Epidemiologinnen und Klimaaktivisten liefern aber auch manche Mathematikerinnen und Mathematiker Prognosen für das Ende der Menschheit. Das machen sie allerdings, ohne die bedrohlichen Szenarien zu analysieren, sondern stützen ihre Argumente allein auf statistischen Betrachtungen. Auf diese Weise kommen sie zu dem Schluss, dass wir Menschen mit 95-prozentiger Sicherheit höchstens weitere 17.100 Jahre den Planeten bevölkern werden, bevor wir ganz verschwinden – auf welche Weise auch immer.

Das 1983 erstmals von Brandon Carter hervorgebrachte „Doomsday-Argument", das solche Vorhersagen liefert, basiert auf der grundlegenden Vorstellung, dass wir als Beobachter keine ausgezeichnete Stellung einnehmen – sondern einen völlig zufälligen Platz. Das ist als kopernikanisches Prinzip bekannt, benannt nach dem Astronomen Nikolaus Kopernikus, der im 16. Jahrhundert erkannte, dass die Erde nicht das Zentrum des Universums bildet. Diese Idee wird unter anderem häufig in der Kosmologie herangezogen, beispielsweise um zu argumentieren, dass unsere Umgebung (etwa unser Sonnensystem) nichts Besonderes ist, sondern im All häufiger vorkommt.

Diese Überlegung, die durchaus sinnvoll erscheint, lässt sich weiterspinnen: Angenommen, man würde auf einem Zeitstrahl (der sowohl die Vergangenheit als auch die Zukunft umfasst) die Anzahl aller jemals lebenden Menschen aufzeichnen. Wie wir wissen, lebten in der Vergangenheit weitaus weniger Personen als heute; die Bevölkerung wächst immer weiter an. Irgendwann wird die Menschheit jedoch untergehen; sei es, weil wir uns selbst zu Grunde richten (was recht wahrscheinlich erscheint) oder weil die Sonne ihren Brennstoff verbraucht hat und die Erde verschluckt. Aber vielleicht haben wir es ja bis dahin geschafft, fremde Planeten und Galaxien zu bevölkern. Im extremsten Fall könnten wir bis zum Ende des Universums überleben.

Wenn wir der Menschheit zutrauen, das Universum zu erobern – sich also über riesige Distanzen zu verbreiten und extrem lange zu überdauern –, dann wird die Anzahl aller Menschen, die jemals existiert haben, extrem hoch sein. Wenn die Menschheit hingegen in einigen tausend Jahren verschwindet, wird sich die Zahl der Personen, die jemals gelebt haben, vielleicht verdoppeln oder verfünffachen, aber wesentlich kleiner ausfallen als im ersten Szenario. Wie lässt sich aus diesen Informationen eine Vorhersage über den Untergang der Menschheit herleiten?

Angenommen, man sei der x-te Mensch, der jemals geboren wurde. Es erscheint nur logisch, dass die Wahrscheinlichkeit, vor oder nach einer bestimmten Person das Licht der Welt erblickt zu haben, gleich verteilt ist. Nach aktuellen Schätzungen haben bislang etwa 117 Milliarden Menschen auf der Erde gelebt. Dieses Wissen kann man nutzen, um die Gesamtzahl N an Personen abzuschätzen, die irgendwann einmal existiert haben werden.

Stellen Sie sich vor, man zeichnet eine sehr lange, gerade Linie, die von 0 bis N reicht und alle Menschen verzeichnet, die je geboren wurden. Ein Punkt auf der Geraden entspricht also einer Person. Die Wahrscheinlichkeit dafür, dass sich jemand (etwa Sie oder ich) in der ersten Hälfte der Linie befindet, beträgt 50 Prozent. Ebenso hoch ist die Chance, irgendwo in der zweiten Hälfte geboren zu sein. Man kann das betrachtete Intervall vergrößern, um damit auch die Wahrscheinlichkeit zu erhöhen, dass man sich in diesem Bereich befindet: Etwa befinden wir uns mit 95-prozentiger Sicherheit in dem Gebiet, das von $0{,}05 \cdot N$ bis N reicht (siehe Abb. 3.7).

Und nun kommt die verrückte Argumentation: Wenn unsere Position x auf dem Zahlenstrahl mit 95-prozentiger Wahrscheinlichkeit zwischen $0{,}05 \cdot N$ und N liegt und wir den Wert von x kennen (zirka 117 Milliarden), dann kann man daraus auf die Gesamtzahl der jemals lebenden Menschen N schließen. Denn: $x > 0{,}05N$ und daraus folgt $20x > N$ – zumindest mit einer Wahrscheinlichkeit von 95 Prozent. In diesem Fall beträgt die höchstmögliche Gesamtzahl an Menschen, die jemals gelebt haben werden 20.117 Milliarden, also 2340 Milliarden.

Diese Abschätzung erscheint wahrscheinlich etwas wagemutig. Mit einem recht einfachen Gedankenexperiment lässt sich die Idee besser nachvollziehen. Stellen Sie sich zwei identische Kisten vor, mit einer kleinen Öffnung im unteren Bereich. In der einen Box befinden sich zehn Tischtennisbälle, die von eins bis zehn nummeriert sind. In der anderen liegen hingegen 100.000 Bälle, die ebenfalls mit aufsteigenden Zahlen von 1 bis 100.000 beschriftet sind. Sie wissen allerdings nicht, welche Kiste wie viele Bälle enthält. Nun wird aus der Öffnung einer zufällig gewählten Box ein Ball entnommen, der die Nummer 4 trägt. Was denken Sie, aus welcher Kiste er stammt?

Die meisten würden wohl auf die fast leere Kiste tippen: Denn für diese beträgt die Wahrscheinlichkeit, die 4 zu ziehen, immerhin eins zu zehn. In der anderen liegt sie hingegen bei eins zu 100.000. Ebenso verhält es sich mit der Anzahl an Menschen: Jede Person, die jemals gelebt hat, kann als Tischtennisball in einer Kiste gesehen werden. Die nahezu leere Box entspricht dem Szenario, dass es nicht allzu viele Personen geben wird und sich die Menschheit zeitnah zerstört, während die

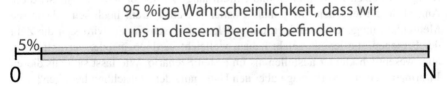

Abb. 3.7 Der Zahlenstrahl zeigt die Anzahl aller Menschen, die je gelebt haben. (Copyright: Manon Bischoff)

volle Kiste dem galaxieerobernden Szenario entspricht. Wenn bereits 117 Milliarden Menschen vor uns gelebt haben, erscheint es wahrscheinlicher, dass künftig ein paar weitere hundert Milliarden geboren werden und die Menschheit sich aus irgendwelchen Gründen vernichtet, als dass noch Trilliarden und Abertrilliarden Personen folgen.

Wenn die maximale Anzahl aller Menschen, die jemals gelebt haben, mit 95-prozentiger Wahrscheinlichkeit 2340 Milliarden Menschen beträgt, kann man anhand der jährlichen Geburten abschätzen, wann unser Ende naht. In den letzten 40 Jahren kamen jedes Jahr etwa 130 Millionen Kinder zur Welt. Die Geburtenrate nimmt zwar ab, gleichzeitig steigt aber die Bevölkerungszahl. Wenn man also annimmt, dass sich die 130 Millionen Geburten nicht ändern werden, würde es noch 17.100 Jahre dauern, bis insgesamt 2340 Milliarden Menschen gelebt hätten. Selbstverständlich kann diese Zahl variieren, wenn man davon ausgeht, dass die Geburtenrate steigt oder sinkt, aber die Größenordnung bleibt in etwa bestehen.

Das Doomsday-Argument ist stark umstritten und wird von vielen Wissenschaftlern abgelehnt. Man könnte beispielsweise für das Weltuntergangsszenario nicht nur Menschen in die Betrachtung miteinbeziehen, sondern Lebewesen im Allgemeinen. Dadurch ist die Anzahl aller Organismen, die bereits gelebt haben, deutlich größer – was die mögliche Apokalypse weiter in die Ferne rückt. Ebenso kann man argumentieren, dass der Gedanke an ein Doomsday-Argument recht früh in der menschlichen Entstehungsgeschichte auftaucht, nämlich sobald wir eine gewisse Wissensschwelle überschritten haben. Damit ist die Wahrscheinlichkeit, dass wir uns erst am Anfang der Entwicklungsgeschichte befinden, höher: Unsere Position im Zahlenstrahl ist also nicht so gleichverteilt, wie im kopernikanischen Prinzip angenommen.

Es gibt unzählige weitere Gründe, warum das Doomsday-Argument wahrscheinlich nicht korrekt ist. Dennoch ist es interessant zu sehen, wie eine solche Logik in der Vergangenheit zu richtigen Schlüssen geführt hat. So zog der theoretische Physiker John Richard Gott III das Argument heran, um auf die Bestandsdauer der Berliner Mauer zu schließen. Bei einem zufälligen Besuch der damals geteilten Stadt im Jahr 1969, als die Mauer bereits acht Jahre alt war, stellte er folgende Überlegung an: Wenn die Mauer über eine Dauer t besteht, dann hat er das Monument mit 50 prozentiger Wahrscheinlichkeit in einem Zeitraum der Länge $\frac{t}{2}$ besucht. Das achtjährige Bestehen könnte beispielsweise gerade einmal ein Viertel der Lebensdauer t der Mauer ausmachen, oder auch Dreiviertel davon. Damit hat man ein Zeitintervall von $\frac{t}{4}$ bis $\frac{3t}{4}$ abgesteckt. Da der Zeitpunkt von Gotts Besuch mit 50-prozentiger Wahrscheinlichkeit in dieses Intervall fiel, würde die Mauer demnach noch zwischen $8 \cdot \frac{1}{3} \approx 2{,}7$ und $8 \cdot 3 = 24$ Jahre stehen, wie in Abb. 3.8 gezeigt. Und damit behielt der Physiker Recht: 20 Jahre nach seinem Besuch fiel die Mauer.

Ob sich die gleiche Argumentation auch für den Zeitpunkt der Apokalypse bewahrheitet, wird sich zeigen. Wirklich weiterhelfen kann uns diese Erkenntnis allerdings nicht.

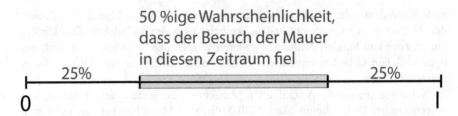

Abb. 3.8 Mit einer analogen Überlegung zum Doomsday-Argument konnte John Richard Gott III im Jahr 1969 abschätzen, wann die Berliner Mauer in etwa fallen würde. (Copyright: Manon Bischoff)

Literaturverzeichnis

1. Gamow G, Stern M (1958) Puzzle math. Viking Press, New York
2. Arrow KJ (1951) Social choice and individual values. Yale University Press, New Haven
3. Richardson LF (1961) The problem of contiguity: an appendix to statistics of deadly quarrels. Gen Syst Yearbook 6:139–187
4. Mandelbrot B (1967) How long is the coast of Britain? Statistical self-similarity and fractional dimension. Sci New Ser 156(3775):636–638
5. Husain A et al (2021) Fractal dimension of coastline of Australia. Sci Rep 11:6304
6. Goedel K (1931) Über formal unentscheidbare Sätze der Principia Mathematica und verwandter Systeme I. Monatshefte für Mathematik und Physik 38:173–198
7. Haran B, Manolescu C (2022) The Puzzling Fourth Dimension (and exotic shapes) – Numberphile. https://www.youtube.com/watch?v=CVOr7f_VALc. Zugegriffen am 27.02.2024
8. Freedman MH (1951) Topology of 4-manifolds. Princeton University Press, Princeton
9. Borsuk K (1933) Drei Sätze über die n-dimensionale euklidische Sphäre. Fundamenta Mathematicae 20:177–190
10. Poincaré H (1885) Sur les courbes définies par les équations différentielles. Journal de Mathématiques Pures et Appliquées 4:167–244
11. Carter B (1983) The anthropic principle and its implications for biological evolution. Philos Trans R Soc Lond Ser A Math Phys Sci 310(1512):347–363
12. Gott RJ III (1993) Implications of the Copernican principle for our future prospects. Nature 363:315–319

Mathematik geht durch den Magen

Ich hoffe, das letzte Kapitel hat Sie nicht zu sehr frustriert. Aber um ehrlich zu sein: So ganz kann man der Mathematik nicht die Schuld in die Schuhe schieben. In den meisten vorgestellten Fällen haben Fachleute einfach nur unausweichliche Dinge in einer wissenschaftlichen Sprache festgehalten – die Unannehmlichkeiten würden auch ohne eine mathematische Beschreibung dessen bestehen.

Um Sie trotzdem mit dem Fach zu versöhnen, komme ich nun auf einen angenehmeren Aspekt zu sprechen: dem Zusammenhang zwischen Mathematik und Essen. So liefert die Geometrie erstaunliche Lösungen, um eine Pizza oder ein Sandwich gerecht aufzuteilen, und das Stapeln von Orangen kann in eine Wurstkatastrophe münden. Doch lassen Sie uns mit meinem Lieblingstheorem beginnen: Der Satz von Banach und Tarski erlaubt es, eine Praline auf magische Weise zu verdoppeln. Wenn das mal nicht den Frust auf Mathematik wieder wettmacht.

4.1 Die magische Verdopplung einer Praline

Ich esse leidenschaftlich gerne Schokolade. Wenn die letzte kleine Praline einer Packung vor mir liegt, wünsche ich mir häufig, man könnte sie einfach verdoppeln – am besten auch noch so, dass keine zusätzlichen Kalorien hinzukommen. Nimmt man den Satz von Banach und Tarski ernst, dann sollte das zumindest aus mathematischer Sicht kein Problem sein.

Doch bevor Sie jetzt in Jubel ausbrechen, muss ich Sie vorwarnen: Ganz so einfach wird es leider nicht. Strengen mathematischen Prinzipien zufolge ist es zwar möglich, eine Kugel in ihre Bestandteile zu zerlegen, in sechs Teile zu sortieren und zu zwei neuen Kugeln zusammenzusetzen, die jeweils das gleiche Volumen haben wie die erste. Aber realistisch umsetzbar ist das Ganze wohl kaum. Dennoch: Das Ergebnis, das die polnischen Mathematiker Stefan Banach und Alfred Tarski 1924 veröffentlicht haben, ist faszinierend und verdient es durchaus, vorgestellt zu werden.

M. Bischoff, *Die fabelhafte Welt der Mathematik*,
https://doi.org/10.1007/978-3-662-68432-0_4

Dass es überhaupt möglich ist, das Volumen einer Kugel zu verdoppeln, verdanken wir dem Konzept der Unendlichkeit. Diese unvorstellbare Größe ist meistens am Werk, wenn scheinbare Paradoxa in der Mathematik auftauchen. Das ist auch nicht weiter verwunderlich, denn das Unermessliche entzieht sich unserer Vorstellungskraft.

Nehmen wir einmal die natürlichen Zahlen: Dass es unendlich viele davon gibt, ist noch recht leicht nachzuvollziehen. Und auch die geraden Zahlen sind unbegrenzt. Doch entgegen der Intuition existieren genau so viele gerade wie natürliche Zahlen; man spricht von einer abzählbaren Unendlichkeit. Grund dafür ist, dass man jeder geraden Zahl g eine natürliche n (und umgekehrt) zuordnen kann, etwa $2 \to 1, 4 \to 2, 6 \to 3, 8 \to 4$ und so weiter (siehe Abb. 4.1). Da diese Abbildung immer aufgeht und niemals ein Wert übrig bleibt, sind die Mengen folglich gleich groß.

Das Umgekehrte gilt allerdings auch: Wenn es keine Eins-zu-Eins-Zuordnung zwischen zwei Mengen gibt, dann sind sie unterschiedlich groß. Das ist zum Beispiel bei den reellen Zahlen (jene, die den Zahlenstrahl aufspannen und irrationale Werte wie π oder $\sqrt{2}$ enthalten) und den natürlichen der Fall: Die Menge der reellen Zahlen übersteigt die der natürlichen.

Tatsächlich sind es ähnliche Überlegungen, die dazu führen, dass sich das Volumen einer Kugel ohne Zauberei durch bloße Umsortierung ihrer Punkte verdoppeln lässt. Dafür startet man zunächst mit der Kugeloberfläche und teilt die Punkte in unendlich viele unendlich große Mengen ein.

Der erste Schritt ist einfach: Man wählt irgendeinen Punkt auf der Kugel aus und ordnet ihn einer Menge M_1 zu. Anschließend legt man zwei irrationale Winkel (die sich also nicht als Bruch darstellen lassen) α und β fest. Ersterer entspricht Drehungen um die Nord-Süd- und Letzterer um die Ost-West-Achse. Dann rotiert man die Kugel entlang einer dieser Achsen um den dazugehörigen Winkel, wie in Abb. 4.2 gezeigt. So landet man bei einem neuen Punkt, den man ebenfalls in

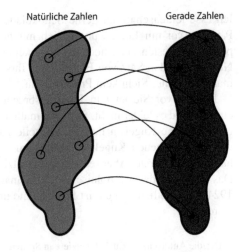

Abb. 4.1 Zwei Mengen sind gleich groß, wenn es eine Eins-zu-eins-Abbildung (Bijektion) zwischen den Elementen der jeweiligen Mengen gibt. (Copyright: Manon Bischoff)

Natürliche Zahlen   Gerade Zahlen

Abb. 4.2 Durch Drehungen um irrationale Winkel erreicht man unendlich viele Punkte auf der Kugel – aber nicht alle. (Copyright: Manon Bischoff)

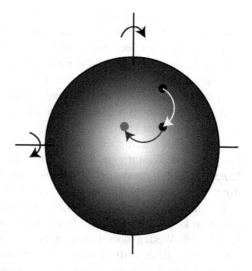

M_1 schreibt. Anschließend macht man weiter, dreht die Kugel immer wieder nach oben, unten, links oder rechts um die entsprechenden Winkel und erzeugt damit eine unendlich große Menge M_1 an Punkten. Die einzige Beschränkung ist, dass man die Kugel nicht vor- und gleich darauf wieder zurückdrehen darf (man darf Rotationen nicht rückgängig machen). Da die Drehwinkel irrational sind, landet man niemals zweimal am selben Ort. Die Menge enthält also nur unterschiedliche Punkte.

Hat man auf diese Weise – wenn man alle möglichen Rotationen durchgeht – jeden Punkt auf der Kugeloberfläche aufgegriffen? Nein. Der Grund dafür ist folgender: All die durchgeführten Drehungen lassen sich nummerieren. Damit existiert eine Abbildung zwischen den natürlichen Zahlen und der Menge M_1, das heißt, sie enthalten gleich viele Elemente, und zwar abzählbar unendlich viele.

Eine Kugeloberfläche umfasst hingegen mehr Punkte; wie bei den reellen Zahlen unterscheidet sich ihre Unendlichkeit von jener der natürlichen Zahlen. Mathematiker sprechen von überabzählbar vielen Elementen. Daher ist es unmöglich, eine Eins-zu-Eins-Abbildung zwischen einer Kugeloberfläche und den natürlichen Zahlen zu erstellen: Würde man versuchen, die Punkte auf einer Kugel aufzulisten (was einer solchen Eins-zu-Eins-Zuordnung gleichkäme), ließen sich stets weitere Punkte finden, welche die Liste noch nicht enthält.

Wenn also die Unendlichkeit der Kugeloberfläche überabzählbar ist und die der Menge M_1 abzählbar, dann kann M_1 nicht alle Punkte umfassen. Daher wiederholt man die oben geschilderte Prozedur der Drehungen mit einem anderen Startpunkt auf der Kugel, der nicht in M_1 enthalten ist. Daraus lässt sich eine neue Menge M_2 konstruieren. Anschließend macht man das Gleiche für jeden weiteren Punkt auf der Kugel, der nicht Teil der vorangehenden Mengen ist. Damit erhält man überabzählbar unendlich viele Mengen M mit je abzählbar unendlich vielen Elementen.

Das klingt wahrscheinlich ziemlich verwirrend. Um das Ganze übersichtlicher zu gestalten, wählt man einzelne Punkte aus den Mengen aus und sortiert sie in sechs Gruppen. Dass dies überhaupt erlaubt ist, ermöglicht das so genannte Auswahlaxiom, ein Grundpfeiler der Mathematik. Dabei handelt es sich um eine unbewiesene Aussage, die man als wahr annimmt, um daraus (zusammen mit anderen Axiomen) alle mathematischen Zusammenhänge herzuleiten. Das Auswahlaxiom besagt, dass man aus einer Sammlung nichtleerer Mengen stets ein Element aus jeder dieser Mengen auswählen kann.

Vier der sechs Gruppen entsprechen den vier Himmelsrichtungen: die Nord-, Ost-, Süd- und Westgruppe. Sie enthalten alle Punkte P_j aus den Mengen M, deren letzte Drehung in die dazugehörige Richtung zu P_j führte. Wenn also eine südliche Rotation P_{345} erzeugt hat, landet P_{345} in der Südgruppe.

Es gibt jedoch Punkte, die durch unterschiedliche vorangehende Rotationen entstehen können, nämlich die Pole. Der Nordpol bleibt bestehen, wenn man die Kugel nach Westen oder Osten dreht – somit könnte er in mehreren Gruppen auftauchen. Daher sortiert man diese Spezialfälle in eine fünfte Kategorie ein. Darüber hinaus bildet man eine sechste Gruppe, die alle Startpunkte enthält.

Bisher hat man die Punkte der Kugeloberfläche bloß umsortiert, aber noch nicht vervielfältigt. Nun kommt der Trick, der dazu führt, dass sich die Elemente verdoppeln: Wenn man eine der vier Himmelsrichtungen-Gruppen (deren Punkte anschaulich gesehen eine Kugel bilden) geschickt dreht, umfasst sie am Ende mehr Elemente als zuvor. Das mag unglaublich erscheinen, ist aber wieder einmal bloß ein ungewohnter Aspekt von Unendlichkeiten.

Um das nachzuvollziehen, kann man mit der Ostgruppe beginnen, die alle Punkte enthält, die durch eine Ostdrehung erzeugt wurden. Anschaulich lassen sich die Punkte durch eine Zeichenfolge codieren, welche die entsprechenden Drehungen aufzählt, die vom Startpunkt bis zu den betrachteten Endpunkten führten (wobei r, l, o, u für rechts, links, oben, unten stehen). Zum Beispiel sind $r, ro, ru, rr, roo, ror, rol, rur, ruu, rul$ und so weiter alle Elemente der Ostgruppe. Man liest die Drehungen von rechts nach links, deshalb enthält die Ostgruppe alle Zeichenfolgen, die mit r beginnen. Die Nordgruppe umfasst hingegen alle mit o startenden Buchstabenfolgen: o, oo, or, ol, oro, oru und so weiter. Dreht man die Ostgruppe nun um β in westliche Richtung, macht man die letzte Drehung der darin enthaltenen Punkte rückgängig. Aus $r, ro, ru, rr, roo, ror, rol, rur, ruu, rul$ wird $lr, lro, lru, lrr, lroo, lror, lrur, lruu, lrul$ und da sich lr-Verbindungen gerade aufheben, entsteht: keine Rotation, $o, u, r, oo, or, ol, ur, uu, ul$ und so weiter. Damit enthält die gedrehte Gruppe jeweils unendlich viele Punkte, die mit einer Nord-, Süd- oder Ostrotation enden. Zudem umfasst sie alle Startpunkte (keine Rotation) auf der Kugel.

Das heißt, die nach Westen rotierte Ostgruppe enthält nun die ursprüngliche Ostgruppe, die Nord- und die Südgruppe sowie die Gruppe der Startpunkte, wie Abb. 4.3 zeigt. Damit hat man insgesamt drei der sechs Gruppen verdoppelt (Nord-, Süd- und Startgruppe). Um die übrigen drei auch zu duplizieren, wiederholt man das Ganze mit der Nordgruppe: Man dreht sie nach Süden und erhält damit die Ost-, West- und die Nordgruppe sowie nochmals die Startpunkte. Letztere taucht also einmal zu viel auf. Um das zu vermeiden, entfernt man aus der ursprünglichen

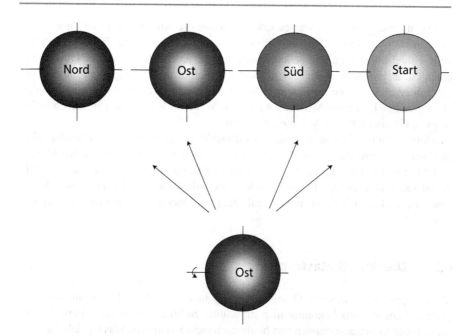

Abb. 4.3 Indem man die einzelnen Punktgruppen dreht, erzeugt man Kopien der ursprünglichen Kugel. (Copyright: Manon Bischoff)

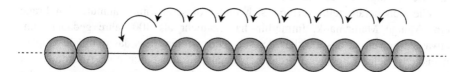

Abb. 4.4 Indem man eine Lücke immer weiter nach rechts verschiebt, landet sie irgendwann in der Unendlichkeit – und ist verschwunden. (Copyright: Manon Bischoff)

Nordgruppe vor der Drehung alle Punkte, die zu den Startpunkten führen würden, und fügt sie zur Südgruppe hinzu. Damit hat man jede Gruppe exakt verdoppelt – bis auf jene mit den Polen.

Hier bedient man sich eines weiteren Tricks, der mit Unendlichkeiten zu tun hat. Stellen Sie sich vor, Sie besitzen eine unendlich lange Perlenkette, doch am Anfang fehlt eine Perle. Dann können Sie die benachbarte Perle auf die Lücke ziehen, ebenso wie die nachfolgende und so weiter. Am Ende haben Sie wieder eine lückenlose Kette – der freie Platz ist nämlich in die Unendlichkeit gerückt (siehe Abb. 4.4). Gleiches lässt sich mit den Fehlstellen an den Polen machen: Man verfrachtet die Lücken in die Unendlichkeit, indem man die Punkte verschiebt und immer neue Punkte nachrücken. Die vorgestellten Methoden mögen unglaublich klingen, doch mathematisch gesehen sind sie alle erlaubt und stellen keine Probleme dar. Damit hat man es also geschafft, die Oberfläche einer Kugel ganz ohne Zauberei zu verdoppeln.

Das ursprüngliche Ziel war es jedoch, eine ganze Kugel – und nicht nur deren Oberfläche – zu vervielfältigen. Glücklicherweise lässt sich das Ergebnis auf die volle Kugel übertragen. Dafür kann man sich zu jedem Punkt auf der Oberfläche einen Strahl vorstellen, der ihn mit dem Mittelpunkt der Kugel verbindet. Die geschilderten Vorgänge wendet man dann auf den gesamten Strahl an – und landet beim gleichen Ergebnis: Aus einer Kugel mit Volumen V entstehen zwei identische Kopien, die ebenfalls das Volumen V haben.

Meine geliebte Praline lässt sich auf diese Weise aber leider nicht verdoppeln: Der Versuch wird daran scheitern, dass sie zwar aus unvorstellbar vielen (Aber- und Abermilliarden) Atomen besteht – aber ihre Bestandteile dennoch endlich sind. Somit kann man die geschickten Tricks leider nicht auf Schokolade anwenden – eine Lücke lässt sich darin nun einmal nicht ins Unendliche verschieben. Schade eigentlich.

4.2   Die Wurstkatastrophe

„Früher gab es bei uns nur Orangen als Geschenk – und wir haben uns darüber gefreut!" Diesen Satz bekommt man manchmal zu hören, wenn eine ältere Person die üppigen Geschenkemassen von heutigen Kindern kritisiert. Was sie dabei selten erwähnen, ist die Geschenkverpackung. Angenommen, Sie wollten fünf Orangen verschenken: Wie würden Sie das Obst anordnen, damit es möglichst wenig Platz und Geschenkpapier verbraucht?

Wie sich herausstellt, verbirgt sich hinter dieser harmlos anmutenden Frage eine Menge Mathematik. Immerhin hat es mehr als 400 Jahre gedauert, um etwas zu beweisen, das Obsthändler seit jeher wissen: dass das optimale Stapeln unendlich vieler Kugeln im dreidimensionalen Raum durch eine Anordnung in Pyramidenform erreicht wird. Diese als „Keplersche Vermutung" bekannte Tatsache wurde erst 1998 gelöst. Ganz anders ist die Lage aber, wenn man nur endlich viele Objekte betrachtet.

Erstaunlicherweise griffen Mathematikerinnen und Mathematiker diese Art von Problem erst Ende des 19. Jahrhunderts auf: Der norwegische Geometer Axel Thue war der Erste, der die optimale Anordnung endlich vieler Kugeln untersuchte. Das war im Jahr 1892. Wichtige Fortschritte in dem Bereich folgten allerdings erst in den kommenden Jahrzehnten, als sich der ungarische Mathematiker László Fejes Tóth mit dem Thema beschäftigte.

Um ein besseres Gespür für das Problem zu bekommen, hilft es, zunächst einen vereinfachten Fall zu betrachten. Dafür begeben wir uns ins Flachland und betrachten Kreise in der Ebene. Oder einfacher ausgedrückt: Wir versuchen, mehrere gleich große Münzen möglichst platzsparend anzuordnen. Dafür umrandet man sie mit einem Stück Schnur, das man fest zusammenzieht, und berechnet die Fläche, die die Schnur einschließt. Für $n = 2$ Münzen ist die optimale Anordnung schnell gefunden. Man legt sie so hin, dass sie sich berühren. Die kürzeste Schnur, die beide Münzen mit Radius r umfasst, hat dann eine Länge von $(4 + 2\pi)r$.

Abb. 4.5 Zwei Münzen lassen sich am dichtesten zusammenpacken, wenn sie sich in einem Punkt berühren. (Copyright: Manon Bischoff)

Abb. 4.6 Möchte man drei Münzen platzsparend anordnen, gibt es zwei Möglichkeiten: die Wurst- (oben) oder die Pizzapackung (unten). (Copyright: Manon Bischoff)

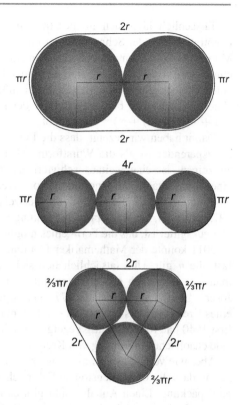

Diese Länge lässt sich am besten abschnittsweise berechnen: Man addiert den geraden Teil der Schnur $(4 \cdot r)$ mit den runden Bereichen, die insgesamt einen Kreis einschließen $(2\pi r)$. Die Schnur umfasst insgesamt eine Fläche von $(4 + \pi)r^2$; auch diese lässt sich abschnittsweise berechnen. Dass es keine andere Möglichkeit gibt, zwei Münzen platzsparender anzuordnen, ist in diesem Fall offensichtlich, wie Abb. 4.5 verdeutlicht.

Hat man hingegen drei Münzen zur Verfügung, gibt es plötzlich zwei verschiedene Anordnungen, die platzsparend erscheinen: Entweder man reiht sie nebeneinander auf oder man platziert sie entlang der Ecken eines gleichseitigen Dreiecks. Im ersten Fall hätte die Schnur eine Wurstform, weshalb man in der Mathematik von einer Wurstpackung spricht. Den zweiten Fall nennen Fachleute eine Pizzapackung. Doch welche Anordnung braucht weniger Fläche: die der Wurst- oder die der Pizzapackung?

Wie sich herausstellt, ist die Pizzapackung besser: Die Länge der umgebenden Schnur beträgt $(6 + 2\pi)r$ und die bedeckte Fläche entsprechend $(6 + \sqrt{3} + \pi)r^2$, während die Schnur der Wurstpackung $(8 + 2\pi)r$ lang ist und eine Fläche von $(8 + \pi)r^2$ eingrenzt. Wenn man genau hinsieht, lässt sich das auch direkt an den Abb. 4.6 erkennen: Die Zwischenräume der Münzen in der Wurstanordnung sind größer als bei der Pizzapackung.

Tatsächlich lässt sich in diesem Fall sogar eine allgemeine Formel für die benötigte Länge der Schnur und der eingegrenzten Fläche angeben. Ordnet man n Münzen in Wurstform an, benötigt man eine Schnur der Länge $4(n - 1 + 2\pi)r$, die eine Fläche von $4(n-1)r^2 + \pi r^2$ umrandet. Legt man die Münzen hingegen entlang eines Dreiecksgitters aus, dessen Form möglichst einem regelmäßigen Sechseck ähnelt, braucht man bloß eine Schnur der Länge $2(n + \pi)r$, die eine Fläche von $(2n + \sqrt{3}(n - 2) + \pi)r^2$ einschließt.

Damit haben wir gezeigt, dass die Pizzapackung für jede Anzahl von n Kreisen platzsparender ist als die Wurstform. Aber ist sie wirklich immer optimal? Das zu zeigen, ist eine weitaus schwierigere Aufgabe. Schließlich könnte es auch eine völlig chaotische Anordnung von Kreisen geben, die noch weniger Fläche einnimmt. Solche Fälle auszuräumen, erweist sich als extrem schwierig. Tóth hatte 1975 vermutet, dass die optimale Packung von n Kreisen eine Anordnung in einem Dreiecksgitter ist, das die Form eines möglichst regelmäßigen Sechsecks bildet.

2011 konnte der Mathematiker Dominik Kenn zeigen, dass die Vermutung für fast alle n gilt. Und tatsächlich ließ sich auch der Grenzfall beweisen, bei dem man eine unendlich große Ebene mit unendlich vielen Münzen bedeckt: Bereits Joseph Louis Lagrange hatte 1773 herausgefunden, dass die Anordnung entlang eines Dreiecksgitters optimal ist – sofern man nur geordnete Packungen betrachtet. Erst 1940 hat Tóth endgültig gezeigt, dass diese Lösung auch platzsparender ist als jede chaotische Anordnung von Kreisen.

Aber wie verhält es sich mit Kugeln, etwa Orangen? Es wird wohl nicht überraschen, dass der dreidimensionale Fall noch mehr Fragen aufwirft als die optimale Kreispackung. Einen Anhaltspunkt gibt es immerhin: Die Keplersche Vermutung besagt, dass unendlich viele identische Kugeln am besten den dreidimensionalen Raum füllen, wenn man sie wie Kanonenkugeln stapelt. In der ersten Ebene ordnet man sie wie die Münzen im zweidimensionalen Fall entlang eines dreieckigen Gitters an und platziert in der zweiten Ebene eine Kugel in jede Lücke. Die dritte Ebene ist dann wieder identisch zur ersten und so weiter.

Wenn man nur endlich viele Kugeln betrachtet, stellt sich die Situation aber ganz anders dar. Wir sind also zurück beim oben genannten Beispiel von den Orangen, die man in Geschenkpapier einpackt. Hat man bloß eine oder zwei Orangen, ist direkt klar, wie man sie optimal anordnet. Bei drei Stück gestaltet sich die Aufgabe hingegen komplizierter. Man könnte sie in einer Reihe anordnen (Wurstpackung) oder wie zuvor ein Dreieck (Pizzapackung) damit bilden. Man befindet sich also in einer ähnlichen Situation wie mit drei Münzen, nur dass man es nun mit Kugeln zu tun hat. Um herauszufinden, welche Packung in diesem Fall am wenigsten Platz verbraucht, kann man die Volumina der beiden Anordnungen miteinander vergleichen.

Dazu hilft es, wieder die Hülle der Kugeln in einzelne geometrische Formen zu zerlegen und deren Volumina zu addieren. Im Fall der Wurstpackung ist das recht einfach: Die Form lässt sich in einen Zylinder und eine Kugel aufteilen, die insgesamt ein Volumen von $\frac{16}{3}\pi r^3 \approx 16{,}76 \cdot r^3$ haben. Die Pizzapackung ist da etwas komplizierter: Man erhält drei halbe Zylinder, ein dreieckiges Prisma und

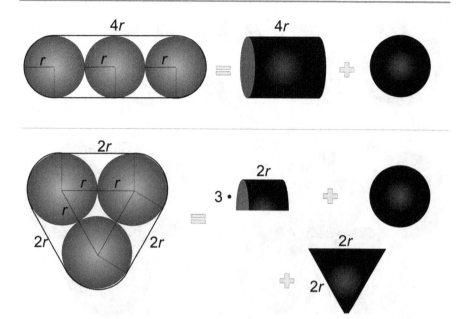

Abb. 4.7 Um herauszufinden, welche Packung platzsparender ist, muss man das jeweils benötigte Volumen berechnen. (Copyright: Manon Bischoff)

eine Kugel, deren Volumen zusammen $\frac{13}{3}\pi r^3 + 2\sqrt{3}r^3 \approx 17{,}08 \cdot r^3$ ergibt (siehe Abb. 4.7). In diesem Fall ist die Wurstpackung also deutlich platzsparender – und wie sich herausstellt, ist sie sogar optimal.

Nimmt man noch eine Kugel mehr hinzu, also $n = 4$, unterscheidet man zwischen drei verschiedenen Anordnungen (siehe Abb. 4.8): Wieder kann man die Kugeln aufreihen (Wurst) oder in der Ebene verteilen (Pizza), man kann aber ebenso alle drei Raumdimensionen ausnutzen und sie stapeln ("Clusterpackung"). Auch für vier Kugeln lässt sich beweisen, dass die Wurstpackung optimal ist; sie benötigt das geringste Volumen.

Mit weiteren Kugeln wird es jedoch komplizierter: Fachleute gehen davon aus, dass die Wurstpackung für bis zu $n = 55$ Kugeln optimal ist. Für 56 Kugeln ist aber nachweislich eine Clusterpackung platzsparender, wie Jörg Wills und Pier Mario Gandini im Jahr 1992 gezeigt haben. Wie dieser Cluster genau aussieht, ist allerdings unklar: Man konnte zwar eine bessere Anordnung für die Kugeln finden als die Wurst, aber nicht zeigen, dass diese optimal ist. Eventuell gibt es eine andere Clusteranordnung, die noch weniger Volumen einnimmt.

Der abrupte Übergang von einer geordneten eindimensionalen Kette bei mutmaßlich 55 Kugeln hin zu einem dreidimensionalen Haufen für 56 Kugeln wird in Fachkreisen als "Wurstkatastrophe" bezeichnet. Wills und Gandini konnten beweisen, dass auch Anordnungen mit 59, 60, 61 und 62 sowie alle Sammlungen mit mindestens 65 Kugeln optimalerweise einen Cluster bilden. Bei allen anderen

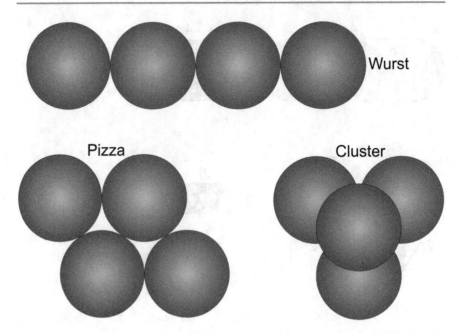

Abb. 4.8 In drei Dimensionen gibt es drei mögliche Kugelpackungen: die Wurst- (oben), Pizza-
(unten links) und Clusterpackung (unten rechts). (Copyright: Manon Bischoff)

Kugelzahlen, also $n < 56$ sowie $n = 57, 58, 63$ und 64 geht man davon aus, dass
die Wurstpackung optimal ist. Das heißt: Bei bis zu 55 Kugeln ist mutmaßlich die
Wurstpackung optimal, bei 56 Kugeln plötzlich eine Clusterpackung und bei 57
und 58 Kugeln wäre wieder eine Wurst am platzsparendsten – um bei 59, 60 und
61 Kugeln wieder vom Cluster abgelöst zu werden. Das erscheint nicht besonders
intuitiv. Und zweifelsfrei beweisen konnte das bisher niemand.

Mathematiker wären nicht Mathematiker, wenn sie bei drei Dimensionen aufhören würden. Schließlich lässt sich das Problem auch auf höhere Dimensionen
verallgemeinern: Wie sieht etwa die optimale Packung von n vierdimensionalen Kugeln im vierdimensionalen Raum aus? Auch in höheren Dimensionen d
unterscheidet man zwischen Wurst- (eine eindimensionale Kette), Cluster- (eine
Häufung der Kugeln im gesamten d-dimensionalen Raum) und einer Pizzapackung.
Letztere stellt eine Art Übergang der beiden anderen Fälle dar: Sie umfasst alle
Situationen, bei denen die Kugeln in mehr als einer und weniger als d Dimensionen
verteilt sind. Wie sich herausstellt, scheint es in vier Dimensionen ebenfalls eine
Wurstkatastrophe zu geben, allerdings tritt sie dort wesentlich später ein als im
dreidimensionalen Fall: Gandini und Andreana Zucco bewiesen 1992, dass die
Clusterpackung in $d = 4$ bei mindestens $n = 375.769$ Kugeln platzsparender ist als
die Wurstpackung. Das heißt, dass spätestens dann die Wurstkatastrophe stattfindet.

Und was ist mit der Pizza? Ulrich Betke, Peter Gritzmann und Jörg M. Wills
zeigten 1982, dass in drei und vier Dimensionen eine Pizza niemals die optimale

Packung ist. Entweder die Kugeln füllen den gesamten Raum aus (Cluster) oder bilden eine Linie (Wurst). Nur diese beiden Extremfälle können eine optimale Packung erzeugen.

Für höhere Dimensionen äußerte Tóth 1975 seine „Wurstvermutung": Demnach sei die Wurstpackung für jede endliche Anzahl von Kugeln in fünf oder mehr Dimensionen optimal. Auch wenn diese Vermutung noch unbewiesen ist, konnten Betke und Martin Henk 1998 zeigen, dass die Wurstvermutung zumindest ab einer Raumdimension von 42 gilt. Würden Sie also 42-dimensionale Orangen zu Weihnachten verschenken, sollten Sie sie am besten hintereinander anordnen – egal wie viel Obst sie verpacken möchten.

4.3   Essen gerecht aufteilen

Eigentlich teile ich mein Essen nicht gerne. Doch manchmal kommt es vor, dass ich trotzdem ein belegtes Brötchen oder eine Pizza halbieren muss. Wenn die andere Person gleichermaßen hungrig ist, wird sie peinlich genau darauf achten, dass die Teilung gerecht verläuft. Dabei sollte alles ausgewogen sein, schließlich möchte niemand eine Brötchenhälfte ohne Belag oder eine karge Pizza haben. Wenn die besagten Speisen nun aber nicht ordentlich belegt wurden, stellt sich die Frage, ob eine faire Aufteilung überhaupt möglich ist.

Mit dieser Frage hat sich eine Gruppe polnischer Mathematiker in den 1930er- und 40er-Jahren beschäftigt. Damals fanden sich die Kollegen regelmäßig im Café „Kawiarnia Szkocka" (Deutsch: Schottisches Café) in Lwiw ein und diskutierten mathematische Probleme. Aufgabe Nummer 123 formulierte Hugo Steinhaus im Jahr 1938: Ist es immer möglich, drei Körper durch eine Ebene zu halbieren? Um die Frage zu veranschaulichen, wählte der Mathematiker eine alltagsnahe Formulierung: Kann man ein Sandwich, bestehend aus zwei Brotscheiben und Schinken, so mit einem Messer zerschneiden, dass alle drei Komponenten genau halbiert werden?

Seine Kollegen kamen ins Grübeln. Die Aufgabe mag auf den ersten Blick einfach wirken, die Lösung erfordert aber etwas Hintergrundwissen in Topologie und den richtigen Ansatz. Steinhaus merkte an, dass das Problem in zwei Dimensionen mit zwei Komponenten bereits gelöst sei: Jede Salamipizza lässt sich mit einem Messer fair halbieren, so dass beide Hälften gleich viel Belag besitzen. Der Mathematiker führte damals den Beweis in dem kleinen Café vor.

Der Einfachheit halber kann man sich zunächst eine runde Pizza vorstellen, die einen perfekten Kreis bildet. Diese ist gleichmäßig mit Käse und Tomatensauce belegt, die Salamischeiben sind hingegen willkürlich darauf verteilt. Nun kann man einen geraden Schnitt ansetzen, der den Teig, die Tomatensauce und den Käse halbiert. Dafür muss man den Pizzaroller zwangsläufig durch den Mittelpunkt führen. Angenommen es befinden sich auf der linken Hälfte 30 Prozent der Salami und auf der rechten 70 Prozent. Diese Teilung wäre nicht gerecht, eine Person hätte mehr Belag als die andere (siehe Abb. 4.9).

Abb. 4.9 Der senkrechte
Schnitt erzeugt zwei Hälften
mit sieben Salamischeiben
auf der linken und zehn auf
der rechten Seite. Rotiert man
die Schnittgerade im
Uhrzeigersinn um 180 Grad,
ergibt sich die umgekehrte
Situation: Die linke Hälfte hat
dann zehn Scheiben, die
rechte sieben. Dazwischen
muss es daher einen Schnitt
geben, der die Pizza fair
aufteilt. (Copyright: Spaxiax,
Getty Images, iStock,
Bearbeitung: Manon
Bischoff)

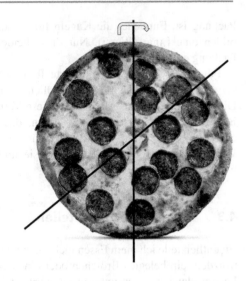

Wenn man die Schnittkante entlang des Mittelpunkts dreht, etwa im Uhrzeigersinn, variiert man das Verhältnis von Salami auf beiden Hälften. Nach einer Rotation von 180 Grad hat sich die Situation gerade umgekehrt: Auf der linken Hälfte (aus Sicht der schneidenden Person) befinden sich 70 Prozent des Belags, auf der rechten bloß 30. Der Salamianteil kann sich während der Drehung nur kontinuierlich ändern. Das heißt, der Anteil auf der linken Seite muss stetig von 30 auf 70 Prozent zugenommen haben – dabei gab es also zwangsläufig einen Punkt, an dem beide Seiten exakt 50 Prozent des Belags besaßen!

Das ist eine Folge des Zwischenwertsatzes: Wenn eine stetige Funktion (also eine, die man mit einem Stift ohne abzusetzen zeichnen kann), beispielsweise die Werte $f(8) = -3$ und $f(15) = +3$ annimmt, muss an irgendeinem Punkt $8 < x < 15$ den Wert $f(x) = 0$ annehmen. Anschaulich ausgedrückt: Wenn die Temperatur um 8 Uhr morgens -3 Grad Celsius beträgt und um 15 Uhr +3 Grad, dann gab es einen Zeitpunkt zwischen 8 und 15 Uhr, an dem es genau 0 Grad kalt war.

Ebenso verhält es sich mit der Pizza und der darauf verteilten Salami. Allerdings ist eine echte Pizza nicht immer kreisrund. Vor allem wenn sie von Hand geformt wurde, kann sie Einbuchtungen aufweisen. In diesem Fall ist es immer noch möglich, sie gerecht aufzuteilen. Das Beweisverfahren ist dabei fast identisch: Man startet mit einem Schnitt, der den Teig, Käse und Tomatensauce halbiert. Dann lässt man das Messer (oder den Pizzaroller) rotieren – allerdings nicht mehr um einen festen Punkt. Dreht man die Schnittlinie ein bisschen, muss man unter Umständen das Messer ein wenig nach oben, unten, rechts oder links verschieben, damit man den Teig weiterhin halbiert. Das Hauptargument bleibt aber gleich: Nachdem die Schnittgerade um 180 Grad rotiert ist, befindet man sich wieder in der Ausgangslage mit umgekehrten Salamianteilen für die linke und die rechte Hälfte. Man kann damit erneut den Zwischenwertsatz heranziehen, um die Vermutung zu beweisen: Ja, jede Salamipizza lässt sich gerecht in zwei Hälften aufteilen.

Wenn man jetzt allerdings noch ein Basilikumblatt auf die Pizza legt, also eine dritte Komponente hinzufügt, ist die gerechte Halbierung im Allgemeinen nicht mehr möglich – zumindest, falls man die gesamte Pizza als flache Ebene ansieht. In zwei Dimensionen kann man also zwei Objekte exakt durch einen geraden Schnitt halbieren. Und so fragte sich Steinhaus, ob sich das auf drei Dimensionen übertragen lässt: Kann man eine Schnittebene finden, um drei Objekte im dreidimensionalen Raum zu halbieren?

Beim dreidimensionalen Fall kommt man mit dem Zwischenwertsatz allein leider nicht weiter. Denn dafür müsste man eine Ausgangsebene definieren, zu der man durch Rotation um eine Achse zurückkehrt. Dabei würde man beweisen, dass an irgendeinem Punkt der Drehung die Objekte halbiert wurden. In drei Dimensionen gibt es jedoch keine eindeutige Drehachse, sondern gleich mehrere, weshalb das Argument nicht ohne Weiteres funktioniert. Doch einer von Steinhaus' Schützlingen, Stefan Banach, fand einen anderen Weg, die Vermutung zu beweisen. Dafür nutzte er den Satz von Borsuk-Ulam (siehe Abschnitt „Das schlechte Wetter").

Dieser besagt unter anderem, dass es immer zwei diametral entgegengesetzte Punkte auf der Erde gibt, an denen die gleiche Temperatur und der gleiche Luftdruck herrschen. Ähnlich wie bei der Halbierung einer Pizza hat dieses Theorem mit stetigen Funktionen (in diesem Fall Temperatur und Luftdruck) und Geometrie (die Erde als Kugel) zu tun. Formaler ausgedrückt besagt der Satz von Borsuk-Ulam: Für jede zweidimensionale stetige Funktion $f(x, y)$ auf einer Kugel gibt es einen Punkt (a, b) auf ihrer Oberfläche, für den gilt $f(a, b) = f(-a, -b)$. Banach erkannte, dass man beim Schinken-Sandwich-Problem ebenfalls eine Kugel heranziehen kann, um die drei Komponenten zu halbieren.

Dafür denkt man sich eine Kugel, die das Sandwich einschließt. Nun pickt man sich eine Komponente, etwa die untere Brotscheibe, und einen Punkt $p = (x, y)$ auf der Oberfläche der Kugel heraus. Anschließend bildet man die Gerade, die p und den Mittelpunkt der Kugel verbindet. Diese ermöglicht es, eine Ebene E_p zu konstruieren, die senkrecht zur Geraden steht und gleichzeitig die untere Brotscheibe halbiert (siehe Abb. 4.10). Tatsächlich ist das für jeden Punkt p auf der Oberfläche der Kugel möglich.

Damit der Satz von Borsuk-Ulam zum Einsatz kommen kann, brauchte Banach noch eine zweidimensionale, stetige Funktion. Die definierte er ganz analog zum Pizza-Fall, indem er das Volumen der beiden übrigen Komponenten, des Schinkens und der oberen Brotscheibe, betrachtete. Die Funktion f ist demnach: $f(p) =$ (Volumen des Schinkens oberhalb der Ebene E_p, Volumen der oberen Brotscheibe oberhalb der Ebene E_p). Nun musste er nur noch den Satz von Borsuk-Ulam anwenden: Demnach gibt es einen Punkt $f(q)$, für den $f(-q)$ (der also diametral gegenüberliegt) genau denselben Wert hat, also $f(q) = f(-q)$. Die Punkte q und $-q$ beschreiben aber die gleiche Ebene E_q, der einzige Unterschied ist die Ausrichtung: Der Anteil des betrachteten Volumens der Komponenten in der Funktion $f(q)$ ist das Umgekehrte von $f(-q)$. Wenn beide gleich sind, müssen die Anteile der Volumina von Schinken und Brotscheibe ober- und unterhalb der Schnittebene genau gleich sein.

Abb. 4.10 Um ein
Schinkenbrötchen gerecht
durch eine Schnittebene E_p
zu teilen, muss man es in eine
Kugel setzen. (Copyright:
Juanmonino, Getty Images,
iStock, Bearbeitung: Manon
Bischoff)

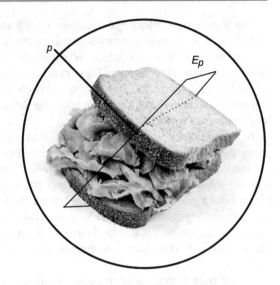

Damit ist man am Ziel angelangt: Denn die Ebene E_q halbiert sowieso immer
die untere Brotscheibe – zudem zerlegt sie auch den Schinken und das obere
Brot in zwei gleiche Teile. Wie die Mathematiker Arthur Harold Stone und John
Tukey im Jahr 1942 bewiesen, lässt sich das Schinken-Sandwich-Theorem auf
beliebige Dimensionen erweitern: Im n-dimensionalen Raum kann man n Objekte
immer durch einen geraden $(n-1)$-dimensionalen Schnitt halbieren. Da in höheren
Dimensionen jedoch die Analogie mit Essen fehlt, hat das Ergebnis den schönen
Namen „Schinken-Sandwich-Theorem" behalten.

Leider ist das Ergebnis sehr theoretisch: Man weiß dadurch, dass eine perfekte
Teilung möglich ist, doch wie man diese findet, erklärt es nicht. Einen Streit beim
Halbieren von dreidimensionalem Essen kann die Mathematik also nicht völlig
verhindern.

4.4   Die erstaunliche Pizza-Teilung

Was glauben Sie, wie die Folge 1, 2, 4, 8, 16, … weitergeht? Auch ohne viel
Ahnung von Mathematik zu haben, würden die meisten wohl auf 32 tippen –
schließlich haben sich alle zuvor aufgelisteten Werte verdoppelt. Nicht so die Folge,
die sich der Zahlentheoretiker Leo Moser im Jahr 1949 ausgedacht hat. Diese
nimmt eine überraschende Wendung: Auf die 16 folgt die 31. Tatsächlich lauten
die ersten Glieder der in der Online-Enzyklopädie der Zahlenfolgen als „A000127"
bezeichneten Sequenz: 1, 2, 4, 8, 16, 31, 57, 99, 163, 256, 386, … Auch wenn sie
also ganz unschuldig mit Zweierpotenzen beginnt, weicht sie ab dem sechsten Glied
plötzlich davon ab. Moser nutzte dieses Beispiel, um davor zu warnen, vorschnelle
Schlüsse aus vermeintlichen Mustern abzuleiten.

Nun gut, irgendeine wirre Zahlenfolge kann sich jeder ausdenken. Allerdings hat die Moser-Folge, auch Mosersches Kreisflächenproblem genannt, nicht umsonst einen Eintrag in der berühmten Zahlenfolgen-Enzyklopädie OEIS: Die Zahlen folgen tatsächlich einem Muster – allerdings einem etwas komplizierteren, als dem von bloßen Zweierpotenzen. Sie lässt sich an einem anschaulichen Beispiel herleiten: dem Teilen einer Pizza.

Angenommen, zwei Personen wollen eine Pizza in viele kleine Stücke schneiden. Die eine Person markiert dafür Punkte am Teigrand, die andere macht dann einen Schnitt zwischen allen eingezeichneten Punkten. Dafür fährt sie mit einem Pizzaschneider von je einem Punkt aus zu jedem anderen am Rand. Die Frage, die Moser sich stellte, war: Wie viele Pizzastücke können dabei maximal entstehen?

Bei nur einem Punkt kann man die Pizza nach den genannten Regeln nicht teilen, es gibt also nur ein Stück. Bei zwei Punkten lässt sich die Fläche, wenn man die Punkte verbindet, in zwei schneiden. Bei drei Punkten kann man drei Schnitte vornehmen, wodurch die Fläche geviertelt wird. Bei vier Punkten sind es sechs Schnitte und es ergeben sich acht Pizzastücke und so weiter. Wie sich herausstellt, verdoppelt sich anfangs die Anzahl der entstehenden Stücke pro hinzukommendem Punkt. Doch sobald man sechs Punkte vorgesetzt bekommt, bricht das Muster zusammen, die Pizza besteht dann aus 31 Stücken (siehe Abb. 4.11). Aber warum?

Um das zu verstehen, braucht man eine Formel, die angibt, wie viele Flächen für n Randpunkte entstehen. Das direkt zu ermitteln, ist gar nicht so leicht. Deshalb starten wir mit einem einfacheren Zusammenhang und zählen zunächst die Schnitte, die sich durch n Punkte ergeben, wenn man sie alle mit einem Pizzaschneider

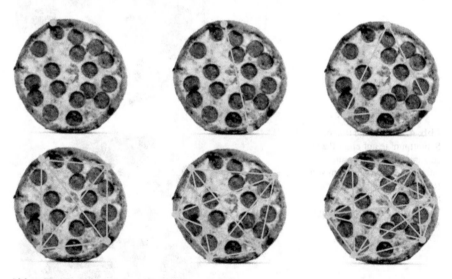

Abb. 4.11 Wenn man Punkte (beginnend mit einem bis hin zu sechs Punkten) am Rand markiert und eine Pizza davon ausgehend aufteilt, ergeben sich daraus 1, 2, 4, 8, 16 oder 31 Stücke. (Copyright: Spaxiax, Getty Images, iStock, Bearbeitung: Manon Bischoff)

miteinander verbindet. Das heißt, eigentlich suchen wir die Anzahl aller möglichen Punktepaare, die man aus n Punkten bilden kann. Wer im Kombinatorik-Unterricht in der Schule aufgepasst hat, weiß, dass es dafür eine griffige Größe gibt, die Binomialkoeffizienten $B(n, k)$. In unserem Fall ist $k = 2$, da wir an Punktepaaren interessiert sind: $B(n, 2) = \frac{n!}{2!(n-2)!}$. Das lässt sich am Beispiel mit $n = 5$ Randpunkten schnell überprüfen, in diesem Fall entstehen $B(5, 2) = 10$ Schnitte (siehe Abb. 4.12).

Ähnlich kann man vorgehen, um herauszufinden, wie oft sich die Schnittkanten kreuzen. Eine einfache Überlegung liefert diese Lösung: Betrachtet man die Pizza mit einem, zwei oder drei Punkten am Rand, kreuzen sich die Schnitte nicht (außer an den Randpunkten natürlich). Ab vier Schnitten gibt es hingegen einen Schnittpunkt in der Mitte, an dem sich zwei der Schnittkanten in die Quere kommen. Pro vier Punkte hat man also einen Schnittpunkt. Damit lässt sich deren Anzahl wieder durch einen Binomialkoeffizienten ausdrücken: $B(n, 4)$, der die Anzahl aller Vierergruppen für n Punkte angibt. Für das Beispiel mit $n = 5$ Randpunkten ergibt das $B(5, 4) = 5$ Schnittpunkte auf der Pizza (siehe Abb. 4.13).

Abb. 4.12 Teilt man eine Pizza ausgehend von fünf Punkten, entstehen zehn Schnitte. (Copyright: Spaxiax, Getty Images, iStock, Bearbeitung: Manon Bischoff)

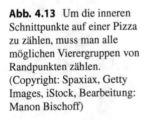

Abb. 4.13 Um die inneren Schnittpunkte auf einer Pizza zu zählen, muss man alle möglichen Vierergruppen von Randpunkten zählen. (Copyright: Spaxiax, Getty Images, iStock, Bearbeitung: Manon Bischoff)

Abb. 4.14 Um Schnittpunkte aus mehr als zwei Schnittkanten zu vermeiden, verschiebt man die am Rand gesetzten Punkte leicht und erhält so die maximale Anzahl an Pizzastücken. (Copyright: Spaxiax, Getty Images, iStock, Bearbeitung: Manon Bischoff)

Doch was, wenn sich mehr als zwei Schnittkanten in einem Punkt kreuzen? Solche Fälle lassen wir außer Acht, denn die Anfangsfrage von Moser lautete, wie viele Pizzastücke sich maximal ergeben können. Um die Anzahl der Flächen möglichst groß zu halten, muss man Schnittpunkte von mehr als zwei Kanten vermeiden. Das gelingt, indem man die am Rand markierten Punkte leicht verschiebt (siehe Abb. 4.14).

Damit kennen wir also die Anzahl der Schnitte und der Schnittpunkte. Wenn man die zerteilte Pizza genauer betrachtet, erinnert sie an einen Graphen: Sie besteht aus einem Wirrwarr aus Punkten, die durch Schnitte miteinander verbunden sind. Um die Anzahl der Flächen zu berechnen, kann man daher einen Satz aus der Topologie benutzen, den eulerschen Polyedersatz: Demnach gibt es in jedem Graph, bei dem alle Punkte miteinander verbunden sind, einen Zusammenhang zwischen der Anzahl aller Punkte V, Kanten E und Flächen F: $V - E + F = 1$.

Dieser Zusammenhang gilt immer. Wenn wir also wissen, wie viele Punkte und Kanten es in einem Graph gibt, lässt sich daraus die Anzahl der Pizzastücke berechnen. Das einzige Problem: In unserem Beispiel entspricht die Anzahl der Schnitte nicht den Kanten in der Formel, denn jeder unterbrochene Schnitt zählt als eigenständige Kante des Graphen.

Um die Anzahl aller Kanten zu bestimmen, hilft es, sie in verschiedene Kategorien einzuteilen. Zunächst gibt es jene, die zwei Punkte am Rand verbinden, ohne von anderen Schnitten unterbrochen zu werden. Wie man schnell feststellt, sind das die Schnitte, die entlang des Rands verlaufen und jeweils benachbarte Punkte verbinden. Von diesem Kanten-Typ gibt es bei n Randpunkten ebenfalls n Stück. Das kann man am Beispiel von $n = 5$ schnell sehen (siehe Abb. 4.15).

Dann gibt es die zweite Kategorie von Kanten, die innere Schnittpunkte mit Randpunkten verbinden. Jeder der $B(n, 2)$ getätigten Schnitte ist durch jeweils zwei Randpunkte begrenzt. Das heißt, von allen Randpunkten gehen insgesamt $2 \cdot B(n, 2)$

Abb. 4.15 Kanten vom
ersten Typ (lila) verbinden
zwei Punkte am Rand, ohne
unterbrochen zu werden.
(Copyright: Spaxiax, Getty,
Images, iStock, Bearbeitung:
Manon Bischoff)

Abb. 4.16 Kanten vom
zweiten Typ (lila) verbinden
innere Schnittpunkte mit
Randpunkten. (Copyright:
Spaxiax, Getty Images,
iStock, Bearbeitung: Manon
Bischoff)

Kanten aus. Allerdings sind dabei auch die Kanten vom ersten Typ inbegriffen, also
solche, die zwei Randpunkte miteinander verbinden. Diese muss man natürlich von
der Rechnung abziehen, um sie am Ende nicht doppelt zu zählen. Damit gibt es
also $2 \cdot (B(n, 2) - n)$ Kanten vom zweiten Typ, die äußere Randpunkte mit inneren
Schnittpunkten verbinden. Für $n = 5$ Randpunkte ergibt das $2 \cdot (10 - 5) = 10$ (siehe
Abb. 4.16).

Schließlich gibt es noch einen dritten Kantentyp: solche, die innere Schnittpunkte
untereinander verbinden. An jedem inneren Schnittpunkt (von denen es $B(n, 4)$
gibt) enden vier Kanten. Demnach ist jeder innere Schnittpunkt mit vier Kanten verbunden, was insgesamt $4 \cdot B(n, 4)$ Kanten ergibt. Damit hat man die wahre Anzahl
aber stark überschätzt: Denn es wurden alle Kanten mitgezählt, die innere Punkte
und Randpunkte verbinden. Diese muss man abziehen: $4 \cdot B(n, 4) - 2 \cdot (B(n, 2) - n)$.
Danach hat man immer noch zu viele Kanten: Wenn zwei innere Schnittpunkte
zusammenhängen, hat man deren Verbindung doppelt gezählt. Also muss man ihre

Abb. 4.17 Kanten vom dritten Typ (lila) verbinden innere Schnittpunkte untereinander. (Copyright: Spaxiax, Getty Images, iStock, Bearbeitung: Manon Bischoff)

Anzahl halbieren: $\frac{1}{2} \cdot 4 \cdot B(n, 4) - 2 \cdot (B(n, 2) - n) = 2 \cdot B(n, 4) - (B(n, 2) - n)$. Und wieder kann man das Ergebnis für $n = 5$ Punkte testen: $2 \cdot 5 - (10 - 5) = 5$ Kanten, die innere Punkte miteinander verbinden (siehe Abb. 4.17).

Nun muss man nur noch alle drei Kantentypen zusammenzählen, um ihre Gesamtzahl zu erhalten: $n + 2 \cdot (B(n, 2) - n) + 2 \cdot B(n, 4) - (B(n, 2) - n) = 2 \cdot B(n, 4) + B(n, 2)$. Damit ist man fast bereit, die Anzahl der Pizzastücke zu berechnen. Es fehlt nur eine Kleinigkeit: Da wir die Pizza zu einem Graphen abstrahiert haben, um die eulersche Polyederformel verwenden zu können, stellt der Rand der Pizza auch Kanten dar. Deshalb kommt zu der zuvor berechneten Gesamtzahl noch der Summand n hinzu. Damit hat man das E aus der eulerschen Formel bestimmt: $E = 2 \cdot B(n, 4) + B(n, 2) + n$. Und auch V kennen wir bereits, die Anzahl der Schnittpunkte plus die n Randpunkte, also: $V = B(n, 4) + n$.

Aus der eulerschen Formel erhält man folgende Gleichung für die Anzahl der Pizzastücke: $F = 1 - V + E = 1 - B(n, 4) - n + 2 \cdot B(n, 4) + B(n, 2) + n = 1 + B(n, 4) + B(n, 2)$. Wenn man also eine Pizza vor sich hat, n Punkte markiert und sie durch $B(n, 2)$ Schnitte teilt, erhält man $1 + B(n, 4) + B(n, 2)$ Pizzastücke. Und wie sich herausstellt, ergibt das für $n = 1, 2, \ldots, 5$ immer die Zweierpotenz 2^{n-1} - und weicht ab $n = 6$ davon ab. Grund dafür sind die Binomialkoeffizienten, die in der Formel auftauchen.

Vielleicht erinnern Sie sich an den Ursprung der Binomialkoeffizienten, die binomischen Formeln: $(a + b)^n$. Der binomische Lehrsatz besagt, dass die ausmultiplizierten Terme folgende Form haben: $(a+b)^n = B(n, 0) \cdot a^n + B(n, 1) \cdot a^{n-1}b + B(n, 2) \cdot a^{n-2}b^2 + \ldots + B(n, n-1) \cdot ab^{n-1} + B(n, n) \cdot b^n$, wobei $B(n, 0) = B(n, n) = 1$. Wenn man statt abstrakten Variablen a und b für beide den Wert 1 einsetzt, erhält man eine Summe für die Zweierpotenz: $2^n = B(n, 0) + B(n, 1) + B(n, 2) + \ldots + B(n, n-1) + B(n, n) = 1 + B(n, 1) + B(n, 2) + \ldots + B(n, n-1) + 1$. Listet man die Binomialkoeffizienten untereinander für verschiedene Werte von n auf, ergibt sich eine symmetrische Struktur, die als Pascalsches Dreieck bekannt ist.

$$1$$
$$1\ 1$$
$$1\ 2\ 1$$
$$1\ 3\ 3\ 1$$
$$1\ 4\ 6\ 4\ 1$$
$$1\ 5\ 10\ 10\ 5\ 1$$
$$\ldots$$

Die Summe aus zwei benachbarten Koeffizienten einer Reihe ergibt immer den Wert in der darunter befindlichen Reihe. Das kann man ausnutzen, um die Formel für die Pizzastücke $(1 + B(n, 2) + B(n, 4))$ zu vereinfachen. Geht man in der Tabelle der Binomialkoeffizienten eine Reihe weiter nach oben (also in die $n - 1$-te Reihe), kann man ausnutzen, dass: $B(n, 2) = B(n - 1, 1) + B(n - 1, 2)$ und $B(n, 4) = B(n - 1, 3) + B(n - 1, 4)$. Damit erhält man eine neue Formel für die Anzahl der Pizzastücke (die selbstverständlich genau dieselben Ergebnisse liefert): $1 + B(n, 2) + B(n, 4) = 1 + B(n-1, 1) + B(n-1, 2) + B(n-1, 3) + B(n-1, 4)$. Das Ergebnis entspricht den ersten vier Summanden zum Berechnen der Zweierpotenz 2^{n-1}. Falls n also kleiner ist als sechs, stimmt die Anzahl der Pizzastücke mit der Summenformel für die Zweierpotenz überein. Sobald man aber einen weiteren Punkt hinzufügt, bricht die Summe frühzeitig ab und das Ergebnis weicht von der Zweierpotenz ab.

Damit wissen Sie nun, wie Sie eine Pizza problemlos in 31 Stücke aufteilen können – auch wenn nicht alle Portionen gleich groß ausfallen werden. Zum Glück sind große Partypizzen meist rechteckig, da kommt es zu weniger Überraschungen.

Literaturverzeichnis

1. Banach S, Tarski A (1924) Sur la décomposition des ensembles de points en parties respectivement congruentes. Fundam Math 6:244–277
2. Henk M, Wills JM (2021) Packings, sausages and catastrophes. Beitr Algebra Geom 62:265–280
3. Tóth GF, Gritzmann P, Wills JM (1989) Finite sphere packing and sphere covering. Discr Comput Geom 4:19–40
4. Kenn D (2011) Note on a conjecture of Wegner. Beitr Algebra Geom 52:45–50
5. Gandini PM, Wills JM (1992) On finite Sphere Packings. Math Pannon 3/1:19–29
6. Gandini PM, Zucco A (1992) On the sausage catastrophe in 4-space. Mathematika 39(2):274–278
7. Betke U, Gritzmann P, Wills JM (1982) Slices of L. Fejes Tóth's sausage conjecture. Mathematika 29(2):194–201
8. Stone AH, Tukey JW (1942) Generalized sandwich theorems. Duke Math J 9(2):356–359
9. Moser L, Ross WB (1949) Mathematical miscellany. Math Mag 23(2):109–114

Film und Fernsehen

5

Pizza, Sandwiches und Pralinen: Am besten genießt man solche Leckereien zu einem guten Film oder einer spannenden Serie. Doch auch dort ist man nicht vor Mathematik sicher. Tatsächlich trifft man nicht nur in nerdigen TV-Serien wie „The Big Bang Theory" oder „Numb3rs" auf mathematische Inhalte. Auch beliebte Blockbuster wie „Interstellar" behandeln Themen, denen Mathematik zu Grunde liegt, ebenso Sitcoms wie „Die Simpsons" oder „Futurama".

Besonders interessant sind auch die Methoden, die Streamingdienstanbieter wie Netflix, Amazon und Co. verwenden, um ihren Nutzerinnen und Nutzern einen möglichst passenden Inhalt vorzuschlagen. Denn Empfehlungsalgorithmen sind ohne ein solides mathematisches Grundgerüst undenkbar.

5.1 Welchen Film schaue ich als Nächstes?

Ob Spotify, Amazon, Netflix oder Instagram: Täglich begegnen wir Algorithmen, die uns Inhalte oder Produkte empfehlen. Und das scheint gut zu funktionieren. So gab der Streamingdienst Netflix bereits 2017 an, dass die Nutzerinnen und Nutzer etwa 80 Prozent der Shows durch Empfehlungen entdecken. Wenn ich mir allerdings anschaue, was mir die US-amerikanische Streamingplattform so anbietet, bin ich oft nur mäßig begeistert. Zum Beispiel die Serie „Tour de France: Im Hauptfeld", obwohl ich mich weder für Doku-Serien zum Thema Sport noch für Radrennen im Speziellen interessiere. Auch bei Spotify, Amazon oder Twitter (inzwischen X) bin ich immer wieder verdutzt, welche Inhalte mir die Algorithmen zeigen. Dass die Plattformen öfter mal danebenliegen, ist nicht allzu verwunderlich, wenn man sich die komplizierten Mechanismen ansieht, anhand derer sie ihre Empfehlungen aussprechen.

© Der/die Autor(en), exklusiv lizenziert an Springer-Verlag GmbH, DE, ein Teil von Springer Nature 2024
M. Bischoff, *Die fabelhafte Welt der Mathematik*,
https://doi.org/10.1007/978-3-662-68432-0_5

Und doch erlebe ich auch oft das Gegenteil: Kaum denke ich, dass ich bald eine neue Regenjacke brauche, wird mir schon Werbung dazu geschaltet. Da beschleicht mich manchmal der Gedanke, ob mich mein Handy ausspioniert. Und das tut es – zumindest in gewisser Weise: Sofern ich es zulasse, können die Online-Unternehmen verschiedenste Daten sammeln, etwa über mein Surfverhalten oder über meinen Standort, die sie auswerten und mir entsprechende Produkte anbieten. Die dafür benötigten Systeme werden ständig verbessert und können immer präzisere Empfehlungen machen. Aber wie funktioniert das im Detail?

Es gibt verschiedene Zusammenhänge, die man bei einer Empfehlung berücksichtigen kann, etwa die Verbindung zwischen den Personen und Produkten. Da ich zum Beispiel gerne jogge, passen Produkte wie Laufschuhe und Sportkleidung zu mir – diese Information ist für einen Anbieter wie Amazon besonders interessant. Aber auch die Beziehungen von Produkten untereinander spielen eine Rolle: So hängt eine Handyhülle mit einem Handy zusammen, ebenso wie Filme des gleichen Genres oder Bücher desselben Autors. Und schließlich kann es auch Zusammenhänge zwischen Nutzerinnen und Nutzern geben. Wenn mir ebenso wie einem anderen User die Serie „Sherlock Holmes" gefallen hat, dann könnten mir genauso weitere Inhalte gefallen, die der User positiv bewertet hat.

Damit ein Empfehlungsalgorithmus diese wechselseitigen Beziehungen untersuchen kann, braucht er jede Menge Daten. Deshalb fordern viele Anbieter wie Netflix, Amazon und Spotify ihre Nutzerinnen und Nutzer auf, ihre Inhalte zu bewerten. Da das aber nicht immer zuverlässig getan wird, greifen einige der Algorithmen auch auf andere Informationen zu: zum Beispiel spezifische Beschreibungen der Produkte sowie Kundendaten (welches Alter, welches Geschlecht, welcher Wohnort?).

Hat eine Firma genügend Daten gesammelt, gibt es im Wesentlichen zwei Ansätze, um Empfehlungen auszusprechen. Der erste nennt sich „kollaboratives Filtern". Dabei stützt man sich auf Bewertungen, die andere Nutzerinnen und Nutzer mit ähnlichem Verhalten gemacht haben. Einen speziellen Ansatz dieser Form hat sich Amazon bereits 1998 patentieren lassen, ist aber inzwischen weit verbreitet. Die zweite Methode sind inhaltsbasierte Empfehlungen, bei denen Nutzern ähnliche Produkte empfohlen werden, wie jene, die sie bereits positiv bewertet haben. Beide Ansätze haben ihre Vor- und Nachteile und werden häufig miteinander kombiniert, um ein besseres Ergebnis zu erhalten.

Angenommen, Sie möchten eine Art Mini-Netflix-Plattform aufbauen, mit sechs verschiedenen Filmen und fünf Nutzern (U). Diese haben sich bereits ein paar der Inhalte angesehen und bewertet, mit Punkten von eins bis fünf (je höher die Punktzahl, desto besser hat ihnen der Film gefallen). Anhand dieser Daten können Sie über ein kollaboratives Filtersystem entscheiden, welche Filme sie den Usern empfehlen könnten. Die Bewertungen schreiben Sie in einer Tabelle nieder, wobei die Spalten den Filmen und die Reihen den Nutzern entsprechen. In der Mathematik nennt sich so eine listenartige Struktur, deren Einträge Zahlenwerte sind, Matrix. Das ist äußerst praktisch, denn mit Matrizen kann man ebenso wie mit gewöhnlichen Zahlen rechnen.

	Oppen-heimer	Barbie	Dune	Inter-stellar	Indiana Jones	Blade Runner
U_1	4	-	-	5	1	-
U_2	5	5	4	-	-	-
U_3	-	-	-	2	4	5
U_4	-	1	2	-	-	-
U_5	3	-	-	-	-	3

Da nicht jede Person alle Filme gesehen hat, sind viele Felder der Matrix leer. Hier zeigt sich die größte Schwierigkeit von Empfehlungsalgorithmen: Man muss anhand einer sehr dünnen Datenlage versuchen, möglichst treffende Schlüsse zu ziehen. Um dem Nutzer U_1 zum Beispiel eine Empfehlung auszusprechen, können Sie versuchen herauszufinden, welcher andere User einen ähnlichen Filmgeschmack hat.

Aber wie stellt man fest, welche Nutzerinnen und Nutzer sich am ähnlichsten sind? Man muss dafür eine Art Distanz definieren, die angibt, wie weit die Geschmäcker zweier Personen voneinander abweichen. Dafür kann man auf die mathematische Disziplin der Maßtheorie zurückgreifen.

Selbst in unserem alltäglichen Leben gibt es mehrere Möglichkeiten, Entfernungen anzugeben. Möchte man zum Beispiel die Entfernung zwischen zwei nicht allzu weit voneinander entfernten deutschen Städten berechnen, etwa Heidelberg und Stuttgart, nutzt man im Allgemeinen die euklidische Metrik: Man zieht auf einer Karte eine gerade Linie zwischen beiden Orten und misst deren Länge. Möchte man hingegen herausfinden, wie weit Heidelberg von New York entfernt ist, wird das Ganze etwas komplizierter. Statt eine Gerade auf einer Landkarte einzuzeichnen, muss man einen Faden um einen Globus legen. Wie man feststellen wird, ist der kürzeste Weg zwischen beiden Städten keine Gerade, sondern eine Kurve – die Erde ist nun mal nicht flach. Und wenn man sich innerhalb einer Stadt wie New York oder Mannheim von einem Ort zu einem anderen bewegen möchte, nutzt es nichts, die Distanz in Luftlinie zu kennen. Wegen der schachbrettförmigen Anordnung der Straßen kann man sich bloß entlang rechter Winkel bewegen, so dass man die tatsächliche Laufdistanz mit der Manhattan-Metrik angeben muss.

Tatsächlich lassen sich allerlei Metriken und Ähnlichkeitsmaße definieren, die verschiedensten Zwecken dienen: So lässt sich die Ähnlichkeit von Genen oder Wörtern ebenso bestimmen wie die Ähnlichkeit von Interessen verschiedener Nutzerinnen und Nutzer. Für das Beispiel des Mini-Netflix-Systems könnten Sie jedem Nutzer eine Liste von Zahlen mit den entsprechenden Bewertungen (einen so genannten Vektor) zuordnen. Damit haben Sie gewissermaßen fünf Geraden, je eine pro Nutzer, die sich in einem sechsdimensionalen (je eine Dimension pro Film) Raum befinden. Eine Möglichkeit, die Ähnlichkeit zweier Vektoren zu ermitteln, besteht darin, den Winkel, den sie miteinander einschließen, zu bestimmen. Diese Größe wird als Kosinus-Ähnlichkeit bezeichnet.

Im obigen Beispiel kann man zum Beispiel die Nutzer U_1 und U_2 sowie U_1 und U_3 miteinander vergleichen, da sie teilweise gleiche Filme bewertet haben. U_1

und U_2 haben beide „Oppenheimer" gut bewertet, einmal mit vier, einmal mit fünf Punkten. U_1 und U_3 haben hingegen sowohl „Interstellar" als auch „Indiana Jones" bewertet, kamen aber zu unterschiedlichen Ergebnissen. Um jeweils den Winkel zwischen den zwei Vektoren zu berechnen, muss man sie über das Skalarprodukt miteinander multiplizieren und anschließend durch die beiden Vektorlängen teilen. Führt man das für das obige Beispiel durch, zeigt sich, dass der Winkel zwischen U_1 und U_2 kleiner ist als jener zwischen U_1 und U_3. Damit scheinen U_1 und U_2 einen ähnlicheren Filmgeschmack zu haben als U_1 und U_3. Da U_2 „Barbie" gefallen hat und U_1 diesen Film noch nicht gesehen hat, kann man ihm dem Nutzer vorschlagen.

Natürlich gibt es in realistischen Anwendungen wie bei Netflix deutlich mehr Nutzerinnen und Nutzer, die einen ähnlichen Geschmack haben. Daher stützen sich die Empfehlungen nicht bloß auf die Ähnlichkeit zu einem einzigen User, sondern die Systeme beziehen auch die Bewertungen anderer Personen mit ein – gewichtet danach, wie ähnlich diese den Bewertungen des betreffenden Nutzers sind. Auf diese Weise lässt sich besser beurteilen, welcher Film einer Person gefallen könnte – und welcher nicht.

Hier offenbart sich der schwerwiegendste Nachteil von kollaborativen Filtersystemen: Falls man nicht genügend Daten hat – etwa wenn ein Nutzer sich neu anmeldet – kann man nur schwerlich eine Empfehlung aussprechen. Daher bitten Anbieter wie Netflix bei einer Anmeldung oft darum, bereits gesehene Inhalte zu bewerten. Aber auch das hat seine Tücken: Nur weil mir zum Beispiel der Film „Oppenheimer" gefallen hat, heißt das nicht, dass ich generell historische Filme mag, wie es etwa bei einem anderen Nutzer der Fall sein kann, der „Oppenheimer" ebenfalls positiv bewertet hat. Neben den Bewertungen verwenden manche Plattformen noch andere Daten, um ähnliche Interessen herauszufiltern wie Alter, Geschlecht, Wohnort oder das Nutzerverhalten. Zum Beispiel tracken manche Anbieter, wie lange sich Nutzerinnen und Nutzer gewisse Inhalte ansehen oder welche anderen Websites sie besuchen.

Aus all diesen Informationen ergibt sich eine riesige Matrix mit etlichen Zeilen und Spalten, deren Größe sich ständig verändert. Mit jedem neuen Nutzer oder neuem Produkt wächst die Matrix an. Für ein optimales Ergebnis muss man sie ständig neu auswerten. Das bringt selbst die Rechenkapazitäten großer Anbieter wie Netflix und Amazon an ihre Grenzen. Mit der reinen Kosinus-Ähnlichkeit kommt man also nicht unbedingt weiter.

Um mit den irrsinnigen Datenmengen umzugehen und darin Muster zu erkennen, verwenden Unternehmen gängige Methoden aus der linearen Algebra, wie die Singulärwertzerlegung oder eine Hauptkomponentenanalyse. Die Idee dahinter ist, die Matrix durch ein Produkt aus einfacheren Matrizen auszudrücken – ähnlich wie die Primfaktorzerlegung einer Zahl. Die einfacheren Matrizen enthalten ebenfalls Informationen über die Präferenzen der Nutzerinnen und Nutzer, die leichter zugänglich sind. Mit diesem Ansatz kann man nicht allzu wichtige Informationen, die kleinen Zahlenwerten in den Matrizen entsprechen, durch null nähern. Indem man die genäherten, einfachen Matrizen wieder miteinander multipliziert, erhält man eine neue Matrix, die der ursprünglichen ähnelt, aber eine deutlich simplere

Form hat. Ein Computer kann sie besser verarbeiten, um Empfehlungen für die Nutzerinnen und Nutzern auszugeben.

In den vergangenen Jahren wurden zunehmend KI-Modelle genutzt, um die Daten zu verarbeiten. Die selbstlernenden Algorithmen werden darauf trainiert, Muster in den Daten zu erkennen. Auf diese Weise können auch sie vorhersagen, welche Inhalte einer Person gefallen könnten. Dabei sei es besonders wichtig, Neuerscheinungen zu berücksichtigen, wie der Streamingdienst von Amazon Prime Video betont. Häufig koppeln Unternehmen die KI-Systeme zusätzlich mit einer Technik namens Reinforcement Learning: Dabei entwickeln sich die Modelle durch das Feedback der Nutzerinnen und Nutzer ständig weiter. Falls Ihnen zum Beispiel der neue „Barbie"-Film vorgeschlagen wird, sie diesen aber schlecht bewerten, dann lernt das System daraus, um Ihnen in Zukunft bessere Vorschläge zu machen.

Mit dem kollaborativen Ansatz kann man aber nicht nur Nutzerinnen und Nutzer miteinander verknüpfen, sondern auch Produkte. Ein solches Empfehlungssystem stellte Amazon 2003 vor. Würde man nach diesem Prinzip wieder eine Mini-Netflix-Plattform aufbauen wollen, würde man die Tabelle umkehren: Die Reihen entsprechen dann den Filmen und die Spalten den Nutzern. Um eine fehlende Bewertung zu ergänzen, etwa (wie gefällt U_1 der Film „Barbie"?) sucht man nicht nach einem anderen Nutzer mit ähnlichem Geschmack. Stattdessen ermittelt man ähnliche Filme wie „Barbie", die U_1 bereits bewertet hat. Da zum Beispiel „Oppenheimer" und „Dune" ähnlich bewertet wurden wie „Barbie", ließe sich daraus schließen, dass sich diese Inhalte ähneln. Um das systematisch anzugehen, kann man wie zuvor ein Ähnlichkeitsmaß nutzen, um auf diese Weise eine Empfehlung auszusprechen.

Für Amazon hat sich dieser Ansatz besser bewährt, da sich die Kaufhistorie eines Nutzers innerhalb eines Tages drastisch ändern kann. Damit die Methode funktioniert, ist es entscheidend, wie man die Ähnlichkeit von Produkten definiert. Amazon wertet dafür aus, ob ein Käufer von Produkt A überdurchschnittlich oft ein Produkt B kauft. So sind Laufschuhe oft mit Sportkleidung und Trinkflaschen verbunden. In den folgenden Jahren hat Amazon seinen Empfehlungsalgorithmus kontinuierlich angepasst.

Der kollaborative Ansatz funktioniert nur gut, wenn man viele Daten zu allen Nutzerinnen und Nutzern hat. Inhaltsbasierte Empfehlungen fokussieren sich hingegen auf die Produkte, die man empfehlen möchte. Zum Beispiel kann man Filme nach Genre, Regisseuren, Schauspielern, Länge und so weiter kategorisieren. Das geschieht inzwischen teilweise automatisiert. Indem man die Präferenzen eines Nutzers für die entsprechenden Kategorien mit den Inhalten abgleicht, kann man auf dieser Grundlage ebenfalls Empfehlungen aussprechen. Wenn zum Beispiel aus dem Streamingverhalten einer Person deutlich wird, dass sie den Sciencefiction-Film „Interstellar" von Christopher Nolan und „Barbie" mit dem Schauspieler Ryan Gosling gesehen hat, wird ihr ein inhaltsbasiertes System Inhalte mit ähnlichen Attributen empfehlen: etwa andere Filme des Regisseurs Christopher Nolan wie „Oppenheimer" oder Sciencefiction-Filme mit Ryan Gosling wie „Blade Runner". Auch hierfür kann man die Kosinus-Ähnlichkeit nutzen, um bereits gesehene Inhalte mit anderen Produkten abzugleichen.

Der Vorteil dieser Methode besteht darin, dass man keine expliziten Bewertungen eines Users braucht. Es ist wichtiger, die Produkte richtig zu charakterisieren – eine Aufgabe, die Algorithmen übernehmen können. So lassen sich beispielsweise Filme auf häufig vorkommende Worte untersuchen und dadurch kategorisieren. Dafür sind Sprachmodelle nötig, die in den letzten Jahren große Fortschritte gemacht haben.

Die meisten Empfehlungsalgorithmen verwenden inzwischen hybride Ansätze, die sich aus kollaborativen und inhaltsbasierten Systemen zusammensetzen. Ein Beispiel dafür ist Netflix: Es trifft Empfehlungen auf Grund des Nutzerverhaltens und der Ähnlichkeit zu anderen Nutzerinnen und Nutzern, berücksichtigt aber auch die Präferenzen bezüglich des Genres, der Schauspieler, des Erscheinungsjahrs und anderer Attribute. Zudem wertet die Plattform aus, zu welcher Uhrzeit man sie bevorzugt nutzt, wie lange und auf welchem Endgerät. Aber „das Empfehlungssystem bezieht keine demografischen Informationen (wie Alter oder Geschlecht) in den Entscheidungsprozess ein", gibt Netflix an.

Empfehlungsalgorithmen sind das Herzstück vieler Internetanbieter. So ist das chinesische Videoportal TikTok vor allem deshalb so beliebt, weil es sehr gut darin ist, den Nutzerinnen und Nutzern interessante Inhalte vorzuschlagen. Es scheint also nicht erstaunlich, dass viele Unternehmen ihre Algorithmen unter Verschluss halten. Im März 2023 machte Twitter, das inzwischen X heißt, seinen Empfehlungsalgorithmus auf GitHub publik, inklusive einer Erklärung, wie das System funktioniert. Damit ein Inhalt in der Timeline einer Person erscheint, werden zunächst die besten Tweets aus verschiedenen „Empfehlungsquellen" gesammelt, die ein KI-Modell anschließend bewertet. Dann werden Tweets von geblockten Personen oder solche, die bereits gesehen wurden, herausgefiltert.

Den Quellcode eines Empfehlungsalgorithmus zu veröffentlichen, trage allerdings nicht wirklich zur Transparenz der Prozesse bei, argumentiert der IT-Entwickler Thomas Dimson, der Instagrams ursprünglichen Bewertungsalgorithmus entworfen hat, auf Future.com. „Es gibt Milliarden von Parametern, die auf subtile Weise zusammenwirken, um eine endgültige Vorhersage zu treffen. Sie zu betrachten ist so, als ob man die Psychologie verstehen wollte, indem man einzelne Gehirnzellen untersucht", schreibt Dimson.

Völlig einsehbar sollten die Empfehlungsalgorithmen jedoch nicht sein, denn das kann zu Datenschutzproblemen führen. So lobte Netflix 2006 einen Wettbewerb aus, bei dem Entwicklerinnen und Entwickler möglichst gute Empfehlungsalgorithmen einreichen konnten. Zu gewinnen gab es eine Million US-Dollar. Dafür stellte der Streamingdienst Trainingsdaten mit 100.480.507 Bewertungen zur Verfügung, die 480.189 Nutzerinnen und Nutzer zu 17.770 Inhalten abgegeben hatten. Obwohl die Daten anonymisiert waren, gelang es 2008 zwei Forschern der University of Texas in Austin, einige User anhand ihrer Bewertungen auf der Filmdatenbank IMDb zu identifizieren.

Deshalb schlägt Meta, der Konzern hinter Facebook und Instagram, einen anderen Weg ein, um transparent zu sein. So kann man sich inzwischen auf den Plattformen erklären lassen, warum gewisse Inhalte angezeigt werden. Zugleich gab Meta im Juni 2023 bekannt, künftig riesige KI-Modelle, „größer als die bisher größten Sprachmodelle wie GPT-4 und ChatGPT", für ihre Empfehlungen zu nutzen. Schon jetzt macht sich der vermehrte Einsatz von KI-Modellen bemerkbar, so habe die Nutzungsdauer auf Instagram im ersten Quartal 2023 um 24 Prozent zugenommen.

Angesichts all der Fortschritte im Bereich der künstlichen Intelligenz und insbesondere der Sprachmodelle wird die Präzision der Empfehlungsalgorithmen in Zukunft höchstwahrscheinlich zunehmen. Mit wachsender Größe der Modelle nimmt aber auch die Transparenz der Algorithmen ab – und es bleibt unklar, welche nutzerbezogene Daten ein Algorithmus verwendet. Doch nicht jeder zeigt sich von den aktuellen Fortschritten beeindruckt. „Nicht ein einziges Mal hat mir Meta eine Liste mit zehn Produkten vorgelegt und mich gefragt, welche davon ich mag. Das Unternehmen schaut mir lieber über die Schulter, wenn ich im Internet nach einem neuen Regenmantel suche, und tut so, als wäre es eine Meisterleistung fortschrittlicher künstlicher Intelligenz, wenn es mir am nächsten Tag Anzeigen für Regenmäntel präsentiert", schreibt der Journalist Devin Coldewey auf „TechCrunch".

Empfehlungsalgorithmen sind auch eine Erklärung dafür, warum viele das Gefühl haben, ihr Smartphone würde sie belauschen. Wenn man mit jemandem über eine Regenjacke spricht und kurz darauf Werbung für einen solchen Artikel auf Instagram oder Facebook geschaltet wird, dann liegt das nicht daran, dass das Handy die Unterhaltung aufgezeichnet hat. Aber Meta, der Mutterkonzern von Instagram und Facebook, analysiert seine Nutzerinnen und Nutzer sehr genau: Neben den Kontakten der User, werden auch Standortdaten und das Surfverhalten untersucht – die ausgefeilten Empfehlungsalgorithmen können daraus schon viele Bedürfnisse ableiten. Völlig ohne illegales Abhören.

5.2 Die Sheldon-Vermutung

Die 73-te Folge der US-Sitcom „The Big Bang Theory" ist für Mathematiker schon länger eine besondere: „Welches ist die beste Zahl, die bekannt ist?", fragt Sheldon Cooper darin an einer Stelle. „Es ist die 73", sagt der geniale, aber wenig lebenstaugliche Physiker letztlich selbst.

Sheldons Begründung ist ein Fest für Zahlenfans: „73 ist die 21-ste Primzahl, ihre Spiegelzahl – die 37 – die zwölfte, und deren Spiegelzahl (die 21) ist das Produkt der Multiplikation von – haltet euch fest: 7 und 3." Was bei den anderen Seriencharakteren und vielen Zuschauern für Lacher sorgte, brachte professionelle Mathematiker ins Grübeln: Gibt es noch mehr so genannte Sheldon-Primzahlen, die genau solche Eigenschaften teilen?

Der Zahlentheoretiker Carl Pomerance vom Dartmouth College in New Hampshire hat nun zusammen mit seinem Kollegen Christopher Spicer vom Morningside College in Iowa eine Antwort gefunden: Die 73 sei tatsächlich die einzige Primzahl, welche die von Sheldon genannten Kriterien erfüllt, schreiben die Forscher in einer 2018 im „American Mathematical Monthly" erscheinenden Veröffentlichung.

Schon kurz nach der Ausstrahlung der „The Big Bang Theory"-Folge im Jahr 2015 definierte Spicer, zusammen mit zwei Kollegen, eine Sheldon-Primzahl als

die n-te Primzahl p_n, für die das Produkt ihrer Ziffern n ist und deren Spiegelzahl
rev(p_n) die rev(n)-te Primzahl $p_{\text{rev}(n)}$ ergibt. Etwas verständlicher ausgedrückt,
bedeutet das für die xyz-te Primzahl $abcd$: Einerseits ergibt $a \cdot b \cdot c \cdot d = xyz$,
und außerdem ist $dcba$ die zyx-te Primzahl. Als die drei Forscher die ersten zehn
Millionen Primzahlen auf diese Eigenschaften hin prüften, stellten sie fest, dass nur
die 73 beide gleichzeitig erfüllt. Daraufhin äußerten sie die Vermutung, dass es bloß
diese eine einzige Sheldon-Primzahl gibt.

Der endgültige Beweis von Pomerance und Spicer ließ dann aber noch Jahre auf
sich warten. In einem ersten Schritt zeigten die beiden Mathematiker, dass es keine
Sheldon-Primzahl geben kann, die größer als 10^{45} ist. Zu diesem Schluss kommen
sie dank dem berühmten Primzahlsatz aus dem Jahr 1896, der die Mindestanzahl
aller Primzahlen in einem bestimmten Zahlenintervall angibt. Tatsächlich kann die
Bedingung, dass das Produkt aller Ziffern einer Sheldon-Primzahl p_n die Zahl
n ergibt, für Zahlen größer als 10^{45} nicht mehr erfüllt werden. Denn in einem
solchen Fall ist die Anzahl n der Primzahlen in dem Intervall $[2, p_n]$ gemäß dem
Primzahlsatz immer größer als das Produkt der Ziffern von p_n.

Diese Abschätzung ist der zentrale Punkt der Arbeit. Denn auch wenn 10^{45}
eine unvorstellbar große Zahl ist, so ist sie dennoch endlich. Das heißt, man kann
systematisch alle Primzahlen zwischen 2 und 10^{45} mit einem Computer abklappern, um nach weiteren Sheldon-Primzahlen zu suchen. Doch ganz ohne Tricks
geht das natürlich nicht. Einen Algorithmus Zahlen mit 45 Ziffern untersuchen
zu lassen, stellt selbst für die beste Hardware eine Herausforderung dar. Daher
schränkten Pomerance und Spicer die möglichen Sheldon-Kandidaten mit Hilfe der
geforderten Eigenschaften immer weiter ein, nutzten zudem Formeln, um extrem
große Primzahlen durch Integrale anzunähern, und sortierten so nach und nach alle
Sheldon-Anwärter aus – bis irgendwann nur noch die 73 übrig blieb.

Als der wissenschaftliche Berater von „The Big Bang Theory", David Saltzberg,
von dem Beweis der beiden Mathematiker erfuhr, entschied er, ihnen in einer
erstmals im April 2019 ausgestrahlten Folge Tribut zu zollen: In einer Szene
steht im Hintergrund ein Whiteboard, das Ausschnitte einzelner Berechnungen
von Pomerances und Spicers Arbeit enthält. „Es ist wie eine Show innerhalb der
Show", sagte Pomerance laut einer Mitteilung des Dartmouth College dazu. „Es
hat nichts mit dem Plot der Folge zu tun, und es lässt sich auch nur schwer im
Hintergrund erkennen. Wenn man aber weiß, wonach man sucht, entdeckt man
unsere Veröffentlichung!"

5.3 Homer Simpson und Fermats großer Satz

Und auch bei einer Folge der beliebten Zeichentrickserie „Die Simpsons" lauert
im Hintergrund eine interessante mathematische Formel, die zunächst nichts mit
dem Inhalt der Folge zu tun hat. Der Plot von „Im Schatten des Genies" klingt
nach einer typischen „Simpsons"-Folge: Homer Simpson kämpft darin mit einer
Midlife-Crisis, als er enttäuscht feststellt, dass er in seinem Leben noch nichts
Nennenswertes geleistet hat. Daher beschließt Homer, dem berühmten Erfinder

Thomas Edison nachzueifern, und versucht seinerseits technische Neuheiten zu entwickeln, was natürlich in einem Desaster endet. Doch wer die 1998 erstmals ausgestrahlte Folge aufmerksam verfolgt, erlebt eine Überraschung – zumindest, wenn man sich mit Mathematik auskennt.

Denn bei genauerem Hinsehen sticht in einer Szene ein besonderes Detail heraus: Homer steht – ganz im Stil eines nerdigen Professors – nachdenklich mit Brille an einer vollgekritzelten Tafel. Neben den obligatorischen Donuts, die nicht nur Homers Leibspeise sind, sondern gerade im Bereich der Topologie eine große Rolle spielen, findet sich eine harmlos anmutende Gleichung: $3987^{12} + 4365^{12} = 4472^{12}$. Tippt man sie in einen Taschenrechner ein, erweist sie sich offenbar als richtig. Das Erstaunliche: Sie widerspricht einem der etabliertesten Theoreme der Mathematik, dem großen Satz von Fermat.

Dieser stammt aus dem 17. Jahrhundert und sieht auf den ersten Blick recht einfach aus: Er besagt, dass die Gleichung $x^n + y^n = z^n$ keine ganzzahligen, positiven Lösungen x, y und z hat, wenn n größer ist als zwei. Wählt man $n = 1$, dann ist die Gleichung immer erfüllt: Egal, wie man die Werte für x und y wählt, z wird stets ein positives, ganzzahliges Ergebnis sein, zum Beispiel: $3 + 6 = 9$. Selbst Homer, der in der Serie häufig als dümmlich dargestellt wird, traut man diese Einsicht zu.

Für $n = 2$ wird es schon etwas kniffliger, denn die Gleichung wird quadratisch: $x^2 + y^2 = z^2$. Wenn x und y ganzzahlige Werte haben, muss das nicht notwendigerweise für z gelten, etwa ergibt für $x = 1$ und $y = 2$ die Formel $1^2 + 2^2 = 5$ – und 5 ist keine Quadratzahl. Das heißt, es gibt zwar eine Lösung für z (die Wurzel aus 5), die ist jedoch nicht ganzzahlig. Dennoch findet man Ausnahmen, für welche die quadratische Gleichung doch eine passende Lösung hat, zum Beispiel: $4^2 + 3^2 = 25 = 5^2$.

Das lässt sich geometrisch interpretieren, ganz im Sinne von Pythagoras, dessen berühmte Formel Schülerinnen und Schüler wie Lisa und Bart Simpson in der Mittelstufe begegnet: Wenn $x^2 + y^2 = z^2$ ganzzahlige Lösungen x, y und z besitzen, dann gibt es rechtwinklige Dreiecke, deren Seitenlängen x, y und z ebenfalls ganzzahlige Werte haben. Und wie sich herausstellt, gibt es davon unendlich viele.

Sobald man die Gleichung aber für $n = 3$ betrachtet, findet man für $x^3 + y^3 = z^3$ erstaunlicherweise keine einzige ganzzahlige Lösung mehr. Das bedeutet, man kann einen Würfel mit ganzzahligen Seitenlängen z nicht in zwei weitere Würfel aufteilen, die ebenfalls ganzzahlige Seitenlängen (x und y) besitzen. Gleiches gilt für alle weiteren Werte von n.

Der französische Gelehrte Pierre de Fermat erkannte das schon im 17. Jahrhundert – und behauptete in einer Randnotiz, das auch belegen zu können. In einem Buch des antiken Wissenschaftlers Diophantos von Alexandria notierte er in Latein: „Ich habe hierfür einen wahrhaft wunderbaren Beweis entdeckt, doch ist dieser Rand hier zu schmal, um ihn zu fassen." Es war nicht das erste Mal, dass Fermat das tat. Tatsächlich hinterließ er zahlreiche ähnliche Hinweise an anderen Stellen. Alle davon konnten andere Fachleute beweisen.

Davon überzeugt, dass auch dieser Beweis einfach zu finden sei, versuchten sich etliche Mathematikerinnen und Mathematiker, darunter namhafte Größen wie

Leonhard Euler oder Ernst Eduard Kummer, daran – und scheiterten. Denn wie in dem abstrakten Fach üblich, lässt sich ein Problem nicht notwendigerweise leicht lösen, nur weil es einfach zu formulieren ist.

Tatsächlich dauerte es mehr als 350 Jahre, bis das Rätsel geknackt wurde. Der Geniestreich gelang Andrew Wiles 1994, der das Geheimnis um Fermats großen Satz lüftete. Seine eindrucksvolle Arbeit schlug hohe Wellen: Er entwickelte neuartige Methoden, die zu weiteren bahnbrechenden Entdeckungen in dem Bereich führten. Dafür wurde er unter anderem 2016 mit dem Abelpreis geehrt, eine der höchsten Auszeichnungen in der Mathematik.

Für den Beweis muss man die Algebra, die man aus der Schule kennt, verlassen und in verzweigtere mathematische Gebiete eindringen. Gerhard Frey stellte 1984 die Vermutung auf, dass man aus den Lösungen x, y und z der Gleichung $x^n + y^n = z^n$ für $n > 2$ eine bestimmte Art von Kurve konstruieren könnte: eine elliptische Kurve – allerdings mit der Besonderheit, dass diese keine Darstellung als Modulform habe (eine höchst symmetrische Funktion, die im Reich der komplexen Zahlen existiert). Das erschien seltsam, denn eine andere Vermutung besagte, dass jede elliptische Kurve sich als Modulform darstellen lässt. Würde es gelingen, beide Vermutungen zu beweisen, dann wäre klar: Es gibt keine elliptische Kurve, die zu der Gleichung $x^n + y^n = z^n$ für $n > 2$ gehört; und somit auch keine ganzzahlige Lösung dieser Gleichung. Damit wäre Fermats großer Satz also bewiesen. Nachdem Ken Ribet im Jahr 1986 Freys Hypothese bewies, blieb noch die zweite offen: Man musste zeigen, dass jede elliptische Kurve eine dazugehörige Modulform besitzt. Wiles gelang es Mitte der 1990er-Jahre, auch diese Lücke zu schließen und damit Fermats großen Satz zu beweisen.

Eine Frage bleibt dabei aber offen: Fermat konnte vor mehr als drei Jahrhunderten nichts von den mathematischen Zusammenhängen gewusst haben, die Wiles in seiner Veröffentlichung genutzt hat. Elliptische Kurven und Modulformen waren damals noch nicht bekannt. Hatte sich der Gelehrte mit der Randnotiz einen Scherz erlaubt? Oder hatte er nur geglaubt, einen Beweis gefunden zu haben, und sich verrechnet? Es gibt noch eine dritte Möglichkeit: Eventuell existiert eine wesentlich einfachere Beweismethode, die bisher noch niemand gefunden hat.

Dass Wiles' Ansatz richtig ist, zweifelt niemand ernsthaft an. Seinen Fachaufsatz haben viele Expertinnen und Experten geprüft, zumal einige seiner Techniken immer wieder aufgegriffen werden, um andere mathematische Zusammenhänge zu offenbaren. Das schmälert die Wahrscheinlichkeit, dass sich irgendwo ein Fehler eingeschlichen haben könnte.

Wie kann es aber sein, dass Homer Simpson in der beliebten TV-Serie ganz beiläufig eine Gleichung an eine Tafel kritzelt, die offenbar den großen Satz von Fermat widerlegt? Schließlich stellt $3987^{12} + 4365^{12} = 4472^{12}$ eine ganzzahlige Lösung der Gleichung $x^n + y^n = z^n$ für $n = 12$ dar – und die darf es eigentlich gar nicht geben.

Glücklicherweise lässt sich das Rätsel schnell aufklären. Wenn man die zwölfte Potenz einer vierstelligen Zahl berechnet, entsteht ein enorm großer Wert, der aus 43 Ziffern besteht. Gewöhnliche Taschenrechner können damit nicht umgehen, ihr Display besitzt meist nur zehn Stellen, weshalb sie die Zahlenwerte auf- oder abrunden.

Wenn man allerdings einen genaueren Rechner oder ein Computerprogramm nutzt, stellt man fest, dass die Ergebnisse nicht exakt übereinstimmen. Zum Beispiel ist $3987^{12} + 4365^{12} = (4472,0000000070576171875)^{12}$ eine bessere Näherung der tatsächlichen Lösung, die wesentlich komplizierter ist.

In Wirklichkeit gibt es keine positive ganzzahlige Zahl z, welche die Gleichung $3987^{12} + 4365^{12} = z^{12}$ löst. Das eigentliche Problem lag also nicht bei Fermat oder Wiles, sondern beim begrenzten Auflösungsvermögen herkömmlicher Taschenrechner.

Natürlich dürfte Homers Formel echte Mathematiker und Mathematikerinnen nicht wirklich verwundert haben, da Rundungsfehler bei elektronischen Geräten nichts Neues sind. Erstaunt hat die Fachleute wohl eher, dass ein solcher Inhalt überhaupt in den „Simpsons" auftaucht, einer Serie, die eigentlich nichts mit Mathematik am Hut hat. Zufällig kann dieses Tafelbild aber nicht entstanden sein: Es braucht einiges an Hintergrundwissen, um diese Beinahe-Lösung zu finden.

Eine weitere Überraschung dürfte sein, dass viele Autoren der Fernsehserie studierte Informatiker, Mathematiker oder Physiker sind, darunter David X. Cohen, der für den Fermat-Witz verantwortlich ist. Er hatte zu dem Zweck extra ein Computerprogramm geschrieben, das ihm die Beinahe-Lösung ausspuckte. Dass er sich gerade für den großen Satz von Fermat entschied, mag nicht reiner Zufall gewesen sein: Tatsächlich besuchte Cohen als Student Vorlesungen von Ken Ribet, der die Vorarbeit zu Wiles' Beweis geleistet hatte, indem er die Vermutung von Frey bewiesen hatte.

„Im Schatten des Genies" ist daher bei Weitem nicht die einzige Folge, in der die Autoren der „Simpsons" unauffällig Nerd-Witze untergebracht haben. In seinem Buch „Homers letzter Satz" präsentiert der Mathematiker Simon Singh viele weitere unterhaltsame Beispiele. Ob die Produzenten damit wohl das allgemeine Interesse an dem unbeliebten Fach steigern wollten? Jedenfalls lädt es dazu ein, beim gemütlichen Fernsehabend künftig etwas genauer hinzuschauen – womöglich macht man dabei eine mathematische Entdeckung.

5.4 Im Körper meines Freundes

Die US-amerikanische Zeichentrickserie „Futurama" hat das Zusammenspiel von Unterhaltungsfernsehen und Wissenschaft auf die Spitze getrieben. Um der Handlung in der Folge „Im Körper meines Freundes" einen ganz besonderen Spannungsbogen zu verleihen, mussten die Autoren einen mathematischen Beweis führen. Der Produzent der Serie, David X. Cohen, der früher auch Autor für „Die Simpsons" war, kann sich einer gewissen Ironie nicht verwehren: Im Fernsehen gelte die Regel, dass Unterhaltung stets Wissenschaft übertrumpft, erklärt er, aber in diesem speziellen Fall habe man ein mathematisches Theorem um der Unterhaltung willen verfasst.

Dabei fängt die Geschichte recht harmlos an: Der geniale Professor Farnsworth erfindet eine Maschine, die den Geist zweier Personen vertauschen kann. Und schnell hat er sein erstes Opfer, um den Apparat mit ihm zu testen: Die attraktive

Amy ist bereit, ihre Gestalt mit Farnsworth zu tauschen. Seine Intention ist klar; er freut sich darauf, bald schon wieder in einem jungen Körper zu stecken. Doch auch Amy hat Hintergedanken. Als Professor kann sie endlich so viel essen wie sie will – ohne auf ihre Figur achten zu müssen.

Nachdem der Wechsel vollzogen ist, erkennen sie mit Erschrecken, dass sich die Verwandlung nicht ohne Weiteres umkehren lässt. Denn das Gerät funktioniert für jede Paarung von Körpern nur einmal. Und so kommt es, dass sich auch die anderen Figuren der Serie einmischen: Insgesamt nutzen sie die Maschine siebenmal. Körper und Geist von insgesamt neun Figuren werden dabei so wild durcheinandergewürfelt, dass einem schwindelig wird. Es ist nicht immer einfach, der Handlung zu folgen und zu erkennen, wer gerade wer ist.

Die Protagonisten verfolgen bei ihren Verwandlungen die abstrusesten Motive: Der Roboter Bender möchte bei Kaiser Nikolai einbrechen und nimmt dafür Amys Gestalt an, um die Wachen zu verführen; Leela schlüpft in das Äußere des Professors, um herauszufinden, ob Fry sie nur wegen ihres Aussehens liebt; um sich zu rächen, will auch Fry hässlich sein und tauscht seinen Körper mit dem Alien-Hummer Dr. Zoidberg ...

Nach all dem Wirrwarr wollen die Charaktere aber wieder in ihren eigenen Körper zurückkehren. An diesem Punkt der Geschichte geriet einer der Autoren von „Futurama", Ken Keeler, plötzlich ins Stocken. Nun musste er es irgendwie schaffen, die Figuren zu entwirren, ohne dass zwei gleiche Personen mehrmals die Maschine nutzen – die Paare müssen sich immer unterscheiden. Keeler war klar, dass er neue Personen in die Folge einführen musste, um das Problem zu lösen. Doch wie viele sollten das sein? Da Keeler in Mathematik promoviert hatte, stellte er sich der anspruchsvolleren Frage: Wie viele Extrapersonen braucht man, um das Körpertauschproblem mit n Figuren zu entwirren?

Zu diesem Zeitpunkt hatte er keinen Anhaltspunkt, wie eine Lösung aussehen könnte. Die Anzahl der zusätzlich eingeführten Personen könnte mit der Größe n der Gruppe wachsen – oder konstant sein. In der Fachliteratur schien es noch keine Antwort darauf zu geben, also machte sich Keeler selbst daran, die Aufgabe zu lösen. Dabei fühlte er sich in seine Studentenzeit zurückversetzt, als er stundenlang über Gruppentheorie grübelte. Nach einigem Kopfzerbrechen fand er schließlich einen Beweis: Zwei weitere Charaktere genügen, um die verfahrene Situation aufzulösen – unabhängig davon, wie viele Leute ihre Körper getauscht haben.

Wer wäre in der Serie besser geeignet, den Protagonisten aus der Patsche zu helfen, als die „Globetrotters": Talentierte Basketballspieler mit brillanten wissenschaftlichen Fähigkeiten. Bewundernd beobachtet Professor Farnsworth im Körper von Bender, wie zwei der Spieler, Sweet Clyde und Bubblegum Tate, das Problem an einer Tafel lösen. Am Ende steht dort Keelers Beweis – für alle Zuschauer erstmals bei der Ausstrahlung am 19. August 2010 sichtbar. Wenn das mal nicht Open-Source ist.

Keeler abstrahierte das Problem, indem er sich n Objekte vorstellte, die in der falschen Reihenfolge angeordnet sind, etwa $(2, 3, 4, 5, \ldots, i, i + 1, \ldots, n, 1)$. Ziel ist es, die Menge $(1, 2, 3, \ldots, n)$ wiederherzustellen, indem man die Objekte paarweise mit zwei neuen Elementen x und y vertauscht. Einen solchen Tausch kann man durch (i, x) notieren; i und x wechseln dann ihre Positionen. Man hat also eine neue Menge $(2, 3, 4, 5, \ldots, i, i + 1, \ldots, n, 1, x, y)$.

Keeler fand heraus, dass man zunächst die Menge unterteilen muss: in eine, die von 1 bis i läuft, und eine andere, die von $i + 1$ bis n geht. Dann vertauscht man jedes falsch platzierte Element der ersten Menge mit x und jedes der zweiten Sammlung mit y. Ganz am Ende wechselt man noch x mit $i + 1$ und y mit 1 aus: $(1, x)(2, x)(3, x) \ldots (i, x) \cdot (i + 1, y)(i + 2, y) \ldots (n, y) \cdot (i + 1, x) \cdot (1, y)$. Unabhängig davon, wie man i gewählt hat, landet man nach diesen Vertauschungen bei einer geordneten Menge (ohne Beachtung von x und y): $(1, 2, 3, \ldots, i, i + 1, \ldots, n)$. Tatsächlich spielt es dabei auch keine Rolle, auf welche Art die Objekte ursprünglich angeordnet waren. Die Methode funktioniert immer.

Um den Beweis von Keeler in Aktion zu sehen, kann man die „Futurama"-Folge heranziehen. Dazu muss man zunächst die Ausgangssituation in einer Tabelle festhalten, um einen Überblick zu erhalten, wer in welchem Körper steckt. In der Abb. 5.1 entsprechen Ovale dem Geist einer Person und Rechtecke dem Körper.

Wie man sieht, kann man Fry und Dr. Zoidberg von den anderen Charakteren abgrenzen, da sie nicht mit den anderen Personen zusammenhängen. Somit lassen sich beide Gruppen getrennt voneinander betrachten. Nun kann man mit Hilfe von Sweet Clyde und Bubblegum Tate versuchen, den jeweiligen Geist der beiden Figuren wieder mit ihrem Körper zu vereinen.

Für Dr. Zoidberg und Fry sind nach obiger Anleitung vier Schritte nötig. Wenn man ihre falsche Zusammensetzung abstrakt durch $(2, 1)$ ausdrückt, erhält man mit Clyde (x) und Tate (y) folgende Menge: $(2, 1, x, y)$. Da es nur zwei Objekte gibt, muss $i = 1$ sein. Nach Keelers Rezept sind also folgende Vertauschungen nötig: $(1, x), (2, y), (2, x)$ und $(1, y)$. Wenn man sie nacheinander ausführt, verändert sich die Menge wie folgt: $(2, x, 1, y), (y, x, 1, 2), (y, 2, 1, x), (1, 2, y, x)$, wie in Abb. 5.2 dargestellt.

Nur Sweet Clyde und Bubblegum Tate haben am Ende dieser Prozedur noch nicht ihren eigenen Körper zurück. Theoretisch könnten sie in die Maschine steigen und tauschen (als Paar haben sie das Gerät nämlich noch nicht benutzt). Doch damit sollte man warten, da sich beide noch um die sieben anderen Charaktere kümmern

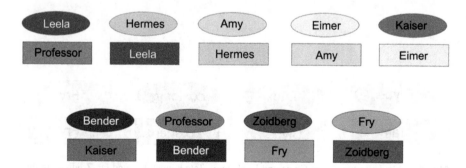

Abb. 5.1 Die Ovale markieren den Geist eines Charakters, Rechtecke den Körper. Copyright: Manon Bischoff

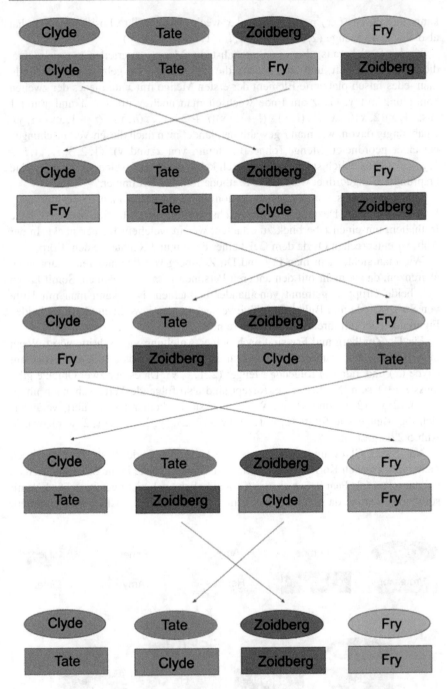

Abb. 5.2 Mit Hilfe von Sweet Clyde und Bubblegum Tate können Fry und Dr. Zoidberg in ihre Körper zurück. Copyright: Manon Bischoff

müssen. In ganz ähnlicher Weise führen Clyde und Tate die Tauschprozedur mit den übrigen Figuren aus „Futurama" durch. Hierfür brauchen sie mit Keelers Methode neun Schritte. Am Ende steckt jeder Geist in seinem eigenen Körper – auch die Globetrotter.

Keeler freute sich zwar über sein Ergebnis, sah es allerdings nicht als bedeutend genug an, um es zu veröffentlichen – zumindest außerhalb von „Futurama". Das übernahmen jedoch Ron Evans, Lihua Huang, and Tuan Nguyen von der University of California, San Diego, für ihn: 2014 erschien in „The American Mathematical Monthly" eine zwölfseitige Ausführung seines Beweises. Zumindest eines dürfte Keeler freuen: „Futurama" ist bisher die einzige TV-Serie, in der ein noch ungelöstes mathematisches Problem präsentiert und gleichzeitig bewiesen wurde – und dem Unterhaltungswert hat es keinen Abbruch getan.

5.5 Der realistischste Zeitreisen-Film

Manche Ereignisse würde man gerne ungeschehen machen. Das können Kleinigkeiten sein wie eine verpatzte Prüfung oder ein Streit unter Freunden. Man könnte sich aber auch größere Ziele setzen, wie etwa den Ausbruch der Corona-Pandemie im Jahr 2019 zu verhindern. Zum Beispiel indem man „Patient Null" aufspürt und isoliert, bevor dieser jemanden anstecken kann. Abseits von Sciencefiction-Geschichten ist bisher noch niemand einem Zeitreisenden begegnet. Dennoch beschäftigen sich verschiedene Wissenschaften (von der Physik über die Mathematik bis hin zur Philosophie) schon seit Jahrzehnten mit dem Thema – und schließen die Möglichkeit nicht aus.

Die Basis für Zeitreisen liefert die Physik, genauer gesagt: die spezielle und die allgemeine Relativitätstheorie von Albert Einstein, die er 1905 beziehungsweise 1915 veröffentlichte. Mit diesen stellte er die Vorstellungen der Welt auf den Kopf: Zeit und Raum sind demnach keine statischen Größen, sondern können je nach Situation gestreckt oder gestaucht werden. Sprich: Ein Stab ist nicht überall und jederzeit gleich lang, ebenso wie eine Sekunde mal sehr schnell und mal sehr langsam vergeht.

Letzteres mag uns zwar bekannt vorkommen – eine Stunde Schulunterricht kann manchmal sehr lang erscheinen, während eine Stunde mit Freunden im Nu vorüber ist. Doch Einstein beschäftigte sich nicht mit der Wahrnehmung einer Zeitspanne, sondern deren tatsächlicher Dauer im Vergleich zu einem anderen System. Zum Beispiel: Eine Sekunde auf der Erdoberfläche unterscheidet sich von einer Sekunde auf einem Satelliten, der uns im Orbit umkreist. Das ist inzwischen bestens nachgewiesen: Würde man die Differenz nicht beachten, wären Navigationssysteme wesentlich ungenauer.

Tatsächlich ermöglicht bereits Einsteins spezielle Relativitätstheorie Reisen durch die Zeit – allerdings nur in die Zukunft. Wie der Physiker herausfand, drehen sich die Uhren für bewegte Beobachter langsamer. Würde man also in ein Raumschiff steigen, das sich mit 97 Prozent der Lichtgeschwindigkeit bewegt, und dann wieder auf die Erde zurückkehren, wären während einer fünfjährigen Reise im

All gut 20 Jahre auf unserem Heimatplaneten vergangen. So ist der US-Astronaut Scott Kelly nach elf Monaten auf der ISS (die sich nicht ganz so schnell bewegt) nun 13 Millisekunden jünger als sein Zwilling, der auf der Erde blieb.

Doch nicht nur Bewegung kann die Zeit langsamer oder schneller vergehen lassen, sondern auch Gravitation beziehungsweise Beschleunigung. Grund dafür ist Einsteins Erkenntnis, dass Schwerkraft ein geometrischer Effekt ist: Masse und Energie (die laut $E = mc^2$ äquivalent sind) krümmen die Raumzeit, was wiederum die Bewegungsrichtung der massiven Objekte steuert. Man kann sich vorstellen, dass schwere Objekte wie Sterne eine Mulde in der Raumzeit hinterlassen, weswegen andere massive Gegenstände wie Planeten davon angezogen werden.

Da schwere Objekte die Raumzeit stark krümmen, vergeht die Zeit in ihrer Nähe langsamer. Dieser Aspekt wird beispielsweise im Film „Interstellar" (2014) von Christopher Nolan aufgegriffen. Einer der Protagonisten reist in die Nähe eines Schwarzen Lochs, um dort nach einem bewohnbaren Planeten für die Menschheit zu suchen. Während für ihn nur wenige Monate vergehen, altert seine Tochter auf der Erde um mehrere Jahrzehnte. Das Schwarze Loch hat die Raumzeit so stark verzerrt, dass die Zeit für den Astronauten wesentlich langsamer vergangen ist.

Auch wenn dieser Effekt bereits guten Stoff für Sciencefiction-Geschichten hergibt, ist das nicht die Art von Zeitreise, die Wissenschaftler umtreibt. Denn tatsächlich erlauben es die Gleichungen der allgemeinen Relativitätstheorie auch, rückwärts durch die Zeit zu reisen – wegen der Existenz so genannter geschlossener zeitartiger Kurven. Wandert man entlang dieser, startet man in einem Punkt in der Raumzeit, bewegt sich zurück in die Vergangenheit und landet letztlich wieder am Ausgangspunkt. Willem Jacob van Stockum war der Erste, der diese Möglichkeit 1937 entdeckte.

Wen es wundert, dass diese Tatsache nach Entwicklung der allgemeinen Relativitätstheorie 22 Jahre unentdeckt blieb, muss wissen, dass die Theorie zahlreiche Lösungen zulässt – und jede davon beschreibt ein eigenes Universum. Als Einstein seine Ergebnisse 1915 veröffentlichte, stürzten sich Forscher darauf, um jene Lösung zu finden, die unserem Kosmos möglichst genau entspricht. Doch das ist nicht einfach. Grund dafür ist einerseits die Mathematik (die Berechnungen sind meist extrem kompliziert), andererseits sind viele Eigenschaften unseres Universums bislang ungewiss: Welche Form hat es? Wie ist die Masse darin verteilt?

Die zu Grunde liegenden einsteinschen Feldgleichungen sind Differenzialgleichungen. Das heißt, sie beschreiben, wie sich bestimmte Funktionen in Abhängigkeit mehrerer Größen ändern: zum Beispiel, wie die Krümmung des Raums zeitlich und räumlich variiert. Zusammengefasst lassen sich die Gleichungen in eine fast schon harmlos anmutende Form bringen: $G_{\mu\nu} + \Lambda g_{\mu\nu} = 8\pi G T_{\mu\nu}$. Die linke Seite behandelt die Geometrie des Raums, wobei Λ die kosmologische Konstante (die für die beschleunigte Ausdehnung des Universums sorgt) darstellt. Die rechte Seite umfasst hingegen den materiehaltigen Teil und erklärt, wie sich massive Objekte im Raum bewegen und diesen wiederum beeinflussen. Hinter all den Variablen stecken komplizierte Ausdrücke, die unter anderem Differenzialoperatoren wie Ableitungen enthalten.

Ziel ist es, eine gewisse Geometrie (in Form einer Metrik wie $g_{\mu\nu}$) und Massen-verteilung ($T_{\mu\nu}$) zu finden, die der obigen Gleichung genügen. Der Astronom Karl Schwarzschild war 1916 einer der Ersten, der eine Lösung fand. Er beschrieb damit die leere Raumzeit um ein unbewegtes, rundes, massives Objekt. Dadurch lässt sich beispielsweise die Schwerkraft in der Nähe eines Planeten, eines Sterns und selbst eines Schwarzen Lochs berechnen.

1963 verfolgte der Mathematiker Roy Kerr den gleichen Ansatz wie Schwarz-schild, allerdings für rotierende Massen. Seine Lösung hat jedoch erstaunliche Eigenschaften: Es ist möglich, einen Pfad auf einer geschlossenen, zeitartigen Kurve zu verfolgen. Das heißt: Theoretisch sind Reisen in die Vergangenheit in diesem System erlaubt. Sie können aber nur in einer Region der Kerr-Raumzeit stattfinden, die instabil ist (kleinste Änderungen bewirken, dass der Bereich kollabiert). Auch wenn die Kerr-Lösung also die Raumzeit außerhalb von rotierenden Schwarzen Löchern wahrscheinlich recht gut beschreibt, schlägt sie in deren Nähe fehl – und genau dort wären die zeitartigen Schleifen möglich.

Wie sich herausstellt, ist das Kerr-Universum jedoch nicht die einzige Lösung der Einstein-Gleichungen, die Reisen in die Vergangenheit zulässt. 1949 hatte der Logiker Kurt Gödel als Geburtstagsgeschenk für seinen Freund und Kollegen Einstein eine Lösung ausgearbeitet, die zeitartige Schleifen erlaubt. Das Gödel-Universum ist allerdings ziemlich bizarr: Es besteht aus staubartigen Partikeln, die sich wie eine Flüssigkeit in einer Raumzeit mit negativer kosmologischer Konstante bewegen. Er hatte es extra so konstruiert, damit Reisen in die Vergangenheit möglich sind.

Sind zeitartige geschlossene Kurven also nur ein bizarres Artefakt, das in unrea-listischen Lösungen der allgemeinen Relativitätstheorie auftauchen? Davon gingen Physikerinnen und Physiker lange aus. Doch 1988 fand der spätere Nobelpreisträger Kip Thorne mit seinen Kollegen eine neue Art von Lösung zu den einsteinschen Feldgleichungen: durchquerbare Wurmlöcher. Diese ermöglichen Zeitreisen in realistischen Modellen des Universums, etwa in einer Schwarzschild-Umgebung. Damit war das Interesse an Zeitreisen bei Wissenschaftlern wieder geweckt.

Die mögliche Existenz von geschlossenen, zeitartigen Schleifen führt zu vielen Fragen. Zum Beispiel erwähnte der französische Schriftsteller René Barjavel bereits 1944 in seinem Roman „Le Voyageur imprudent" das Großvater-Paradoxon: Was, wenn eine Person in die Vergangenheit reist und den Tod ihres Großvaters verur-sacht, bevor dieser Kinder zeugen konnte? Damit kann der Zeitreisende gar nicht existieren.

Wie sollte man damit umgehen? Der russische Physiker Igor Dmitriyevich Novikov beschäftigte sich mit solchen Fragen und formulierte das „Selbstüberein-stimmungsprinzip": Ein Zeitreisender kann zwar die Vergangenheit beeinflussen, aber nicht ändern. Durch das Eingreifen des Zeitreisenden wird die Zukunft also erst zu jener, aus der er gestartet ist. Aufgegriffen wurde dieses Prinzip beispielsweise in der deutschen TV-Serie „Dark" (2017). Dort versuchen die Protagonisten die Vergangenheit zu ändern, doch ihre Handlungen verursachen überhaupt erst die Ereignisse, die sie ursprünglich verhindern wollten.

Um das Selbstübereinstimmungsprinzip zu stützen, entwickelte Thorne mit mehreren Studierenden ein beispielhaftes Modell des Großvater-Paradoxons, das sich leichter untersuchen ließ. Angenommen, ein Ball rollt in ein Wurmloch durch die Vergangenheit und kommt so wieder heraus, dass er gegen sein künftiges Selbst stößt und somit verhindert, dass dieses in das Wurmloch rollt. Die Frage, die die Physiker beschäftigte, war: Gibt es zu jeder Ausgangssituation (Lage und Anfangsgeschwindigkeit der Kugel) eine Lösung, in der es nicht zu dem geschilderten Szenario kommt? Sprich: Könnte die Kugel immer auch so aus dem Wurmloch herausrollen, dass sie ihr künftiges Selbst zwar stößt, dieses aber dennoch seinen Weg ins Loch findet? Tatsächlich schienen die Berechnungen von Thorne und seinen Kollegen aus dem Jahr 1991 genau das zu bestätigen. Es war ihnen nicht möglich, passende Anfangsbedingungen zu konstruieren, in denen die Kugel ihr Zukunfts-Ich zwangsläufig davon abhalten würde, ins Wurmloch zu rollen. Damit konnten sie ihre Hypothese stärken: Selbstübereinstimmende Lösungen scheinen stets möglich – beweisen konnten sie das allerdings nicht.

Wie sie herausfanden, waren für bestimmte Ausgangssituationen mehrere selbstübereinstimmende Szenarien möglich (in manchen Fällen sogar unendlich viele). Doch das führte zu der Frage, welche Situation eintreten wird. Als sei das Ganze noch nicht kompliziert genug, haben sich Thorne und seine Kollegen der Quantenmechanik bedient, um das zu klären: Sie nahmen an, die Kugel sei in einem überlagerten Zustand aller konsistenten Möglichkeiten, wenn sie aus dem Wurmloch tritt. Das bedeutet, die Kugel fällt nicht mit genau dieser oder jener Geschwindigkeit heraus, sondern gewissermaßen mit allen gleichzeitig. Die Forscherinnen und Forscher konnten zeigen, dass auch diese Version mit der Physik des Wurmlochs und damit der allgemeinen Relativitätstheorie verträglich ist.

Auch wenn diese Lösung einige Physiker und Physikerinnen zufrieden gestellt hat, genügte sie Stephen Hawking nicht. 1992 stellte er seine Chronologie-Schutz-Vermutung auf: Demnach würden physikalische Gesetze einer (noch nicht definierten) fundamentalen Theorie verhindern, dass makroskopische Objekte in der Zeit zurückkreisen. „Es scheint, als gäbe es eine Art Schutzbehörde, die das Auftreten geschlossener zeitlicher Kurven verhindert und so das Universum für Historiker sicher macht", schrieb er darin humorvoll. Auch diese Idee ist nicht vollkommen neu und findet sich unter anderem in Isaac Asimovs Werk „The End of Eternity" (1955). Dort gibt es eine Organisation außerhalb der Zeit, die „Ewigkeit", die durch ihr Eingreifen dafür sorgt, dass alle geschichtlichen Ereignisse tatsächlich so stattfinden.

Um seinen Standpunkt zu unterstreichen, richtete Hawking am 28. Juni 2009 eine üppige Party mit Champagner, Häppchen und Luftballons aus – doch niemand erschien. Kein Wunder: Die öffentliche Einladung ging erst zu einem späteren Datum heraus und richtete sich damit an Zeitreisende. Für den Physiker ein eindeutiges Zeichen, dass Reisen in die Vergangenheit nicht möglich sind.

5.6 Die schönste Schauspielerin

Mit Mathematik lässt sich nicht nur beurteilen, wie realistisch ein Zeitreisen-Szenario ist, sondern auch, wie schön eine Schauspielerin oder ein Schauspieler ist. Letzteres hat zumindest das britische Boulevardblatt „The Sun" im Juli 2023 behauptet. Vorab möchte ich direkt klarstellen: Eine einhellige wissenschaftliche Definition von Schönheit gibt es nicht. Dennoch liest man häufig von Verbindungen zwischen Mathematik und Ästhetik – vor allem in Zusammenhang mit Symmetrien oder dem goldenen Schnitt. Letzterer ist ein ganz bestimmtes Längenverhältnis, das gerundet in etwa 1,618 entspricht. Der Zahlenwert ist eine irrationale Zahl, also ein Wert mit unendlich vielen Nachkommastellen, die sich niemals regelmäßig wiederholen. Oft hört man, der goldene Schnitt tauche überall in der Natur, der Kunst und der Kultur auf. Daran haben Fachleute ihre berechtigten Zweifel – auch wenn der goldene Schnitt aus mathematischer Sicht durchaus sehr interessant ist.

Die Behauptung, Menschen empfänden den goldenen Schnitt als ästhetisch, hält sich hartnäckig. Laut einiger Medienberichte wertete das britische Versicherungs-vergleichportal „money.co.uk" die Proportionen unterschiedlicher Hunderassen aus und bewertete die Tiere nach ihrer Schönheit. Demnach sei die schönste Hunderasse jene, deren Verhältnisse (Länge der Schnauze, Abstand der Augen, Kopflänge und so weiter) am nächsten am goldenen Schnitt liegen. Platz eins belegt hierbei der Cairn Terrier, Platz zwei der Westie und Platz drei der Border Collie. Auch die Gesichter von weiblichen Berühmtheiten wurden „auf ihre Perfektion" hin untersucht, wie „The Sun" berichtete. Demnach wiesen die Gesichtszüge der Schauspielerin Jodie Comer am meisten Gemeinsamkeiten mit dem goldenen Schnitt auf, dicht gefolgt von ihrer Kollegin Zendaya und dem Model Bella Hadid. Der britische Hypothekenberater „Online Mortgage Advisor" ermittelte mit Hilfe von Google Streetview, welche britischen Städte die meisten Gebäude mit Proportionen aufweisen, die dem goldenen Schnitt entsprechen. Dem Ergebnis zufolge ist Chester die schönste britische Stadt, dicht gefolgt von London und Belfast.

Das mögen zwar unterhaltsame Neuigkeiten sein, aber mit Wissenschaft haben solche Untersuchungen nicht wirklich etwas zu tun. „Die Hinweise darauf, dass der goldene Schnitt besonders ansprechend sei, sind ziemlich dünn. Psychologische Studien, in denen Menschen verschiedene Rechtecke gezeigt wurden, deuten darauf hin, dass es eine große Bandbreite an Vorlieben gibt", schreibt der Mathematiker Chris Budd von der University of Bath im „Plus Magazine".

Andere Behauptungen lauten, der goldene Schnitt sei in der Natur omnipräsent. So würden die Proportionen des menschlichen Körpers (etwa die Körpergröße im Verhältnis zur Höhe des Bauchnabels) dem goldenen Schnitt (ϕ) folgen. Ebenso fände man ϕ in der Form von Perlbooten, in der Anordnung von Sonnenblumen-kernen, in Wirbelstürmen und brechenden Wasserwellen. Allerdings sollte man mit solchen Aussagen vorsichtig sein, mahnen die drei französischen Biologen Teva

Vernoux, Christophe Godin und Fabrice Besnard: „Häufig ergibt sich der Zahlenwert nur aus groben Rundungen, willkürlichen Ausgrenzungen oder Verzerrungen
der Probenauswahl. Schließlich ist es nicht sehr schwer, einen Quotienten zu finden,
der ungefähr 1,6 beträgt." Mit dieser Kritik sind sie nicht allein.

Aber wie ist dieses Gerücht überhaupt entstanden? Um das zu verstehen,
muss man weit in der Geschichte zurückreisen. Die ältesten Überlieferungen zum
goldenen Schnitt stammen aus dem antiken Griechenland. Damals fragte sich der
Gelehrte Euklid, wie man eine Linie der Länge L in zwei Abschnitte A und B
unterteilen kann, so dass das Verhältnis von A zu B gleich dem Quotienten L zu A
ist. Sprich: Die Gesamtlänge L verhält sich zum längeren Teilstück A wie A zu B.
Da $L = A + B$, lässt sich das als Gleichung ausformulieren: $\frac{A+B}{A} = \frac{A}{B} = \phi$.
Den ersten Term kann man umschreiben zu: $\frac{A+B}{A} = 1 + \frac{B}{A} = 1 + \frac{1}{\phi}$. Indem
man das wieder in die ersten Gleichung einsetzt, ergibt sich: $\phi = 1 + \frac{1}{\phi}$, was der
quadratischen Formel $\phi^2 - \phi - 1 = 0$ entspricht. Diese lässt sich durch die
p-q-Formel lösen und man erhält: $\phi = \frac{1}{2} \pm \sqrt{\frac{1}{4} + 1} = \frac{1}{2}(1 \pm \sqrt{5})$. Da es in der
ursprünglichen Fragestellung um Längenverhältnisse ging, kann man das negative
Ergebnis ignorieren, also: $\phi = \frac{1}{2}(1 + \sqrt{5})$. ϕ ist also eine irrationale Zahl, die
ungefähr 1,618 entspricht.

Euklid hatte diesen Wert zwar gefunden, richtig berühmt wurde der goldene
Schnitt aber durch den Mathematiker Luca Pacioli, der im 16. Jahrhundert sein
berühmtes Buch „Divina proportione" (Deutsch: „Göttliches Verhältnis"), illustriert
von Leonardo da Vinci, danach benannte. Und hier kam es gemäß dem Physiker
Mario Livio zu einem Missverständnis. Oft wird behauptet, Pacioli habe darin den
goldenen Schnitt angepriesen, um angenehme, harmonische Formen zu erzeugen,
obwohl der Mathematiker in Wirklichkeit ganz andere Proportionen bevorzugte.

Einen richtigen Durchbruch abseits der Naturwissenschaften erlangte der goldene Schnitt in den 1860er-Jahren durch die Arbeiten des deutschen Arztes und
Psychologen Gustav Theodor Fechner. Er setzte Probanden Rechtecke mit unterschiedlichen Seitenverhältnissen vor und befragte sie, welche sie am angenehmsten
empfanden. 76 Prozent entschieden sich für drei Rechtecke mit Seitenverhältnissen
von 1,75; 1,62 und 1,50 – wobei die meisten sich für das „goldene Rechteck" mit
einem Verhältnis von 1,62 entschieden.

Davon angetrieben untersuchte Fechner alle Rechtecke, die er in die Finger
kriegen konnte: Fensterrahmen, Einbände von Büchern, Bilderrahmen und so
weiter. Überall fand er in etwa den goldenen Schnitt wieder und sah dies als Beweis
dafür an, dass Menschen diese Proportionen als besonders ästhetisch empfinden.
Der britische Psychologe Ian McManus kam im Jahr 1980 zwar zu ähnlichen
Ergebnissen wie Fechner, stellte allerdings klar: „Ob der goldene Schnitt per se im
Gegensatz zu anderen Verhältnissen wie 1,5; 1,6 oder 1,75 bedeutend ist, ist unklar."

Auch die Rolle des goldenen Schnitts bei der Attraktivität von Gesichtern ist
noch nicht abschließend geklärt. 1990 hatte die Psychologin Judith H. Langlois
zusammen mit Kolleginnen und Kollegen untersucht, welche Gesichter auf Menschen attraktiv wirken. Am besten schnitten bei diesem Experiment solche Porträts
ab, die aus 16 oder 32 echten Bildern überlagert waren. Je durchschnittlicher

(im wahren Wortsinn) ein Gesicht, desto angenehmer empfinden wir es offenbar. In genau diesen durchschnittlichen Porträts meinten einige, den goldenen Schnitt wiederzufinden. Immer wieder heißt es, schöne Gesichter wiesen Proportionen auf, die nahe bei ϕ liegen. Aber auch hier gilt: Der goldene Schnitt ϕ ist ein präziser Wert – es lässt sich also nicht beurteilen, ob Menschen tatsächlich ein Verhältnis von 1,6 oder 1,55 oder 1,63 ansprechender finden.

Und auch in der Natur trifft man ϕ bei Weitem nicht so häufig an, wie es einige leichtfertig behaupten. Als Beispiel wird oft die spiralförmige Schale von Perlbooten genannt. Um zu verstehen, wie diese mit ϕ zusammenhängen soll, muss man sich das goldene Rechteck genauer ansehen. Dieses besitzt die Seitenlängen L und A, wobei $\frac{L}{A} = \phi$.

Das Rechteck lässt sich in ein Quadrat mit Seitenlänge A und ein Rechteck mit den Seitenlängen A und B unterteilen – auch A und B haben das Größenverhältnis ϕ. Das AB-Rechteck kann man ebenfalls in ein Quadrat mit Seitenlänge B und ein kleineres Rechteck unterteilen. So kann man stets weitermachen. Am Ende ergeben sich innerhalb des goldenen Rechtecks immer kleinere Quadrate und Rechtecke, die ein Seitenverhältnis von ϕ besitzen.

Nun kann man in jedes Quadrat einen Viertelkreis einzeichnen. Dadurch entsteht eine spiralförmige Kurve, wie in Abb. 5.3 gezeigt. Und genau diese wird häufig mit Spiralen, die in der Natur erscheinen, assoziiert: von Perlbooten über Wirbelstürme bis hin zu brechenden Wellen. Das ist aber falsch. Denn streng genommen gibt es im goldenen Rechteck keine Spirale, sondern bloß aneinander gereihte Kreisbögen. An den Übergängen (also immer, wenn ein Kreisbogen auf einen kleineren trifft) bilden sie keine glatte Kurve, denn nicht alle Ableitungen der Kurve sind differenzierbar. Das führt zu leichten Unebenheiten, die man in der Natur kaum antrifft. Wie sich herausstellt, sind fast alle natürlichen Spiralen so genannte „logarithmische Spiralen".

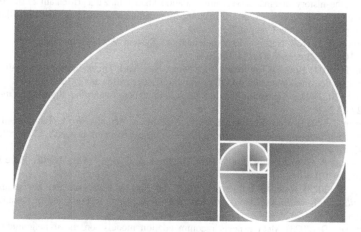

Abb. 5.3 Indem man einen Viertelkreis in jedes Quadrat des goldenen Rechtecks zeichnet, entsteht eine spiralförmige Kurve. Copyright: Roman Yaroshchuk, Getty Images, iStock

Dennoch ist der goldene Schnitt aus wissenschaftlicher Sicht durchaus interessant. Zum Beispiel wird ϕ von manchen Mathematikern als die „irrationalste" aller irrationalen Zahlen bezeichnet. Als ich das zum ersten Mal gehört habe, war ich überrascht. Denn die Eigenschaft „rational" oder „irrational" ist kein kontinuierliches Spektrum. Entweder ein Wert lässt sich als Bruch aus zwei ganzen Zahlen darstellen – oder eben nicht.

Tatsächlich kann man aber nicht alle irrationalen Zahlen gleich gut durch einen „einfachen" Bruch nähern. Nehmen wir zum Beispiel die Kreiszahl π: Eine gute Näherung für den irrationalen Wert ist $\frac{22}{7}$, der erst in der dritten Nachkommastelle von π abweicht. Noch überzeugender ist aber $\frac{355}{113}$. Erst in der sechsten Nachkommastelle unterscheidet sich der Bruch von π.

Für den goldenen Schnitt gibt es keine derart einfachen Näherungen. Möchte man durch Bruchzahlen an ϕ herankommen, wachsen die in den Brüchen vorkommenden ganzen Zahlen rasant an. Wie sich herausstellt, lässt sich der goldene Schnitt nur sehr schlecht durch rationale Zahlen nähern – und gehört damit aus mathematischer Sicht zu den irrationalsten Zahlen überhaupt. Vielleicht sollte man also lieber darüber sprechen, um die Besonderheiten des goldenen Schnitts hervorzuheben. Aber wahrscheinlich erzeugt das weniger Aufmerksamkeit als süße Hunde oder attraktive Schauspielerinnen.

Literaturverzeichnis

1. Chhabra S (2017) Netflix says 80 percent of watched content is based on algorithmic recommendations. https://mobilesyrup.com/2017/08/22/80-percent-netflix-shows-discovered-recommendation/. Zugegriffen am 27.02.2024
2. Linden GD et al (1998) Collaborative recommendations using item-to-item similarity mappings. United States Patent 22562727
3. Hardesty L (2019) The history of Amazon's recommendation algorithm. https://www.amazon.science/the-history-of-amazons-recommendation-algorithm. Zugegriffen am 27.02.2024
4. Linden G, Smith B, York J (2003) Amazon.com recommendations: item-to-item collaborative filtering. IEEE Internet Comput 7(1):76–80
5. Netflix (2023) How Netflix's Recommendations System Works. https://help.netflix.com/en/node/100639. Zugegriffen am 27.02.2024
6. Smith B (2021) How TikTok Reads Your Mind. New York Times. https://www.nytimes.com/2021/12/05/business/media/tiktok-algorithm.html. Zugegriffen am 27.02.2024
7. Twitter (2023) The Algorithm. GitHub. https://github.com/twitter/the-algorithm. Zugegriffen am 27.02.2024
8. Dimson T (2022) How Recommendation Algorithms Actually Work. Future.com https://future.com/forget-open-source-algorithms-focus-on-experiments-instead/. Zugegriffen am 27.02.2024
9. Narayanan A, Shmatikov V (2006) How To Break Anonymity of the Netflix Prize Dataset. ArXiv: 0610105
10. Clegg N (2023) How AI Influences What You See on Facebook and Instagram. Meta. https://about.fb.com/news/2023/06/how-ai-ranks-content-on-facebook-and-instagram/. Zugegriffen am 27.02.2024
11. Coldewey D (2023) Meta expects recommendation models 'orders of magnitude' bigger than GPT-4. Why? TechCrunch. https://techcrunch.com/2023/06/29/metas-behavior-analysis-model-is-orders-of-magnitude-bigger-than-gpt-4-why/. Zugegriffen am 27.02.2024

12. Etherington D (2023) Meta says time spent on Instagram grew 24 percent thanks to TikTok-style AI Reel recommendations. TechCrunch. https://techcrunch.com/2023/04/26/meta-says-time-spent-on-instagram-grew-24-thanks-to-tiktok-style-ai-reel-recommendations/. Zugegriffen am 27.02.2024

13. Dewey C (2016) No, Facebook doesn't eavesdrop on your phone. But it does spy on you. Washington Post. https://www.washingtonpost.com/news/the-intersect/wp/2016/06/06/no-facebook-doesnt-eavesdrop-on-your-phone-but-it-does-spy-on-you/. Zugegriffen am 27.02.2024

14. Pomerance C, Spicer C (2019) Proof of the Sheldon conjecture. Am Math Mon 126(8):688–698

15. Singh S (2013) The Simpsons and their mathematical secrets. Bloombury, London

16. Levine AG (2010) The Futurama of physics with David X. Cohen. APS News 19(5):7

17. Evans R, Huang L, Nguyen T (2014) Keeler's theorem and products of distinct transpositions. Am Math Mon 121(2):136–144

18. Visser M (2007) The Kerr spacetime: a brief introduction. ArXiv: 0706.0622

19. Echeverria F, Klinkhammer G, Thorne KS (1991) Billiard balls in wormhole spacetimes with closed timelike curves: classical theory. Phys Rev D 44:1077

20. Hawking SW (1992) Chronology protection conjecture. Phys Rev D 46:603

21. Young G (2022) Golden Ratio used to identify the "most beautiful dog breed in the world". The National. https://www.thenational.scot/news/19890550.golden-ratio-used-identify-most-beautiful-dog-breed-world/. Zugegriffen am 27.02.2024

22. Kulniece K, Everett C (2023) Absolute perfection: who has the most beautiful face in the world? According to the golden ratio. The Sun. https://www.thesun.co.uk/fabulous/20070533/most-beautiful-woman-golden-ratio/. Zugegriffen am 27.02.2024

23. Online Mortgage Advisor The UK cities with the most attractive buildings. https://www.onlinemortgageadvisor.co.uk/content/eye-catching-architecture/. Zugegriffen am 27.02.2024

24. Budd C (2020) Myths of maths: the golden ratio. Plus Magazine. https://plus.maths.org/content/myths-maths-golden-ratio. Zugegriffen am 27.02.2024

25. Vernoux T, Godin C, Besnard F (2020) Zahlenspiele im Reich der Pflanzen. Spektrum der Wissenschaft 2:56–66

26. Livio M (2002) The golden ratio: the story of phi, the world's most astonishing number. Broadway Books, New York

27. McManus IC (1980) The aesthetics of simple figures. Br J Psychol 71:505–524

28. Langlois JH, Roggman LA (1990) View all authors and affiliations. Attractive faces are only average. Psychol Sci 1(2):115–121. Sage Journals Home, Thousand Oaks

29. Gunes H, Piccardi M (2006) Assessing facial beauty through proportion analysis by image processing and supervised learning. Int J Human-Comput Stud 64(12):1184–1199

30. Ellenberg J (2021) The Most Irrational Number. Slate. https://slate.com/technology/2021/06/golden-ratio-phi-irrational-number-ellenberg-shape.html. Zugegriffen am 27.02.2024

Spielerische Mathematik

6

Filme und Serien sind ein angenehmer Zeitvertreib, bei dem man nicht nur entspannen kann, sondern unter Umständen auch etwas über Mathematik lernt – teilweise ganz ohne es zu merken. Manche Menschen sitzen aber nicht so gerne untätig vor dem Fernseher, sondern bevorzugen eine aktivere Art der Entspannung in Form von Spielen.

Und tatsächlich fußen auch viele Spiele auf Mathematik. So wären die Animationen des Computerspiels „Tomb Raider" ohne die Erfindung von verallgemeinerten imaginären Zahlen, so genannte Quaternionen, nicht möglich gewesen. Und selbst vermeintlich simple Spiele wie Candy Crush oder Wordle bergen erstaunlich viel Mathematik.

6.1 Das beste Startwort bei Wordle

Wie haben Sie die letzten Jahre verbracht, in denen die Corona-Pandemie wütete und die Freizeitmöglichkeiten eingeschränkt waren? Der britische Softwareentwickler Josh Wardle und seine Partnerin vertrieben sich die Zeit mit Kreuzworträtseln der „New York Times". Irgendwann fiel Wardle wieder ein Spiel ein, das er sich bereits einige Jahre zuvor ausgedacht hatte. Das an seinen Nachnamen angelehnte „Wordle" sollte im Jahr 2022 zum absoluten Trend werden: Die Timelines auf X, vormals Twitter, wurden von „Wordle"-Ergebnissen der Nutzerinnen und Nutzer geflutet. Auch wenn sich das Spiel darum dreht, ein täglich wechselndes Wort zu erraten, verbirgt sich dahinter jede Menge Mathematik.

Bereits 2013 hatte Wardle die grundlegende Idee dazu: Man hat sechs Versuche, ein Wort aus fünf Buchstaben anhand von Hinweisen richtig zu bestimmen. Dafür tippt man zunächst ein Wort in fünf freie Felder ein, zum Beispiel „Start", woraufhin sich die Felder nach der Eingabe verfärben: grün, wenn der Buchstabe im Lösungswort an genau dieser Stelle auftaucht; gelb, wenn der Buchstabe zwar in der

© Der/die Autor(en), exklusiv lizenziert an Springer-Verlag GmbH, DE, ein Teil von Springer Nature 2024
M. Bischoff, *Die fabelhafte Welt der Mathematik*,
https://doi.org/10.1007/978-3-662-68432-0_6

Lösung enthalten ist, aber an einem anderen Ort; und grau, falls der Buchstabe nicht Teil der gesuchten Lösung ist. Diesen Hinweisen folgend kann man ein zweites Wort eintippen und so Informationen über die Buchstaben des Lösungsworts sammeln, bis man auf die gesuchte Lösung stößt. Das Prinzip erinnert etwas an das in den 1970er-Jahren populäre Spiel „Mastermind".

Eingeben darf man jedes englische Wort, das aus fünf Buchstaben besteht, wovon es etwa 10.000 gibt. Da diese Liste aber auch höchst ungewöhnliche Ausdrücke wie „aahed" („aah" sagen) enthält, ist das Lösungswort Teil einer wesentlich kürzeren Liste mit 2309 geläufigen englischen Ausdrücken. Ziel ist es, das Lösungswort in möglichst wenigen Versuchen zu finden. Was den Nervenkitzel erhöht: Man kann das Spiel nicht beliebig oft hintereinander spielen. Jeden Tag gibt es nur ein Lösungswort – und es ist für alle Spielerinnen und Spieler auf der Welt dasselbe. Das verleiht dem Spiel eine soziale Komponente, die vermutlich zu dem großen Zuspruch beigetragen hat.

Darauf hatte Wardle aber gar nicht abgezielt. Er griff „Wordle" Anfang des Jahres 2021 wieder auf, um daraus ein einfach zu bedienendes Spiel zu machen, damit er sich mit seiner Partnerin die Zeit vertreiben konnte. Und so kam es, dass sie mehrere Monate lang die einzigen beiden Nutzer waren. Irgendwann bekamen ihre Familienmitglieder Wind davon und Wardle beschloss im Oktober 2021, es auf seiner persönlichen Website kosten- und werbefrei anzubieten. Kurz darauf ging „Wordle" durch die Decke: Spielten am 1. November noch 90 Nutzerinnen und Nutzer täglich „Wordle", waren es einen Monat später schon 300.000 – und eine weitere Woche später bereits zwei Millionen User.

Im Januar 2022 gab die „New York Times" bekannt, die Rechte an „Wordle" für einen niedrigen siebenstelligen Betrag erworben zu haben. Das erhöhte die Reichweite des Spiels weiter: Im März 2022 hatten mehrere zehn Millionen Menschen aus der ganzen Welt bereits mindestens einmal „Wordle" gespielt. Ein besonderes Feature ist, dass man nach einer Partie den Farbcode seines Spiels (also die gefärbten Spielfelder) als Emoji herunterladen und dieses auf sozialen Medien wie X verbreiten kann, um sich mit anderen zu vergleichen. Die meisten Menschen brauchen im Schnitt etwa vier Versuche, um ein „Wordle" zu lösen, alles darunter gilt als Erfolg.

Wenn Sie sich schon mal an „Wordle" versucht haben, dann wissen Sie: Das Ergebnis hängt stark vom gewählten Startwort ab. Zum Beispiel ist das von mir genannte Beispiel „Start" als erster Versuch nicht sehr schlau, denn es enthält zweimal den Buchstaben T. Damit hat man also eine von fünf Stellen verschwendet, an der man Informationen über andere Buchstaben hätte sammeln können. Natürlich kann man auch Glück haben und das Lösungswort enthält ebenfalls zwei T – aber in allen anderen Fällen lässt sich damit keinerlei Information gewinnen. Laut „New York Times" ist das beliebteste Startwort „adieu" oder „audio". Da sie aus vielen Vokalen bestehen, ist damit schnell klar, welchen Klang das Lösungswort hat. Aber handelt es sich dabei wirklich um die cleverste Wahl?

Vielleicht sollte man lieber mit einem Wort wie „Texas" beginnen: Wenn ein seltener Buchstabe wie X im Lösungswort enthalten ist, hat man im ersten Schritt bereits eine riesige Menge der 2309 möglichen Lösungen ausgeräumt: Tatsächlich enthalten nur 37 der Wörter ein X. Allerdings ist die Wahrscheinlichkeit hoch, dass im Lösungswort kein X auftaucht – in diesen Fällen ist die Information kaum etwas wert. Weiß man, dass das Lösungswort kein X besitzt, wird der Raum der Möglichkeiten lediglich von 2309 auf 2272 reduziert. Daher muss man abwägen: Legt man Wert darauf, möglichst viel Information zu gewinnen oder möchte man lieber mit hoher Wahrscheinlichkeit einen Buchstaben richtig erraten?

Dass Information und Wahrscheinlichkeit zusammenhängen, ist nicht neu. Schon der Mathematiker Claude Shannon, der Begründer der Informationstheorie, hatte das erkannt und definierte auf diese Weise ein Maß für den Informationsgehalt. Angenommen, man hat einen Raum mit möglichen Ereignissen – in unserem Fall die 2309 Lösungswörter von „Wordle". Ein Bit an Information entspricht dann jener Rückmeldung, die den Lösungsraum halbiert, zum Beispiel: „Das Lösungswort enthält den Buchstaben S" (tatsächlich besitzt etwa die Hälfte aller Lösungen mindestens ein S). Zwei Bit an Information räumen drei Viertel der Lösungen aus (zum Beispiel: Das Lösungswort enthält ein T) und bei drei Bit an Information bleiben nur noch ein Achtel aller Wörter übrig. Das heißt: Je wahrscheinlicher ein Buchstabe in der Lösung enthalten ist, desto kleiner sein Informationsgehalt (siehe Abb. 6.1).

Das lässt sich mathematisch ausdrücken. Die Wahrscheinlichkeit p, ein Wort mit einer bestimmten Eigenschaft (etwa mit dem Buchstaben A) zu finden, lässt sich berechnen, indem man die Anzahl aller Wörter mit A (M_A) durch die Anzahl aller Wörter M teilt: $p = \frac{M_A}{M}$. Gleichzeitig reduziert die Information I („Das Wort enthält ein A") den Raum aller Möglichkeiten M um den Faktor $(\frac{1}{2})^I$: $M_A = (\frac{1}{2})^I \cdot M$. Indem man beide Gleichungen ineinander einsetzt, kann man auf eine Formel schließen, die Informationsgehalt und Wahrscheinlichkeit miteinander

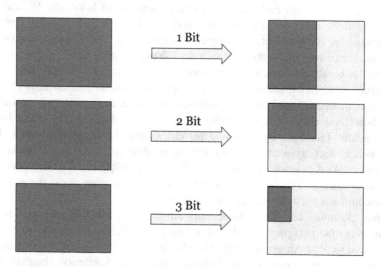

Abb. 6.1 Pro Bit an Information halbiert sich der Raum an Möglichkeiten – etwa der in Frage kommenden „Wordle"-Lösungswörter. Copyright: Manon Bischoff

verbindet: $p = (\frac{1}{2})^I \cdot \frac{M}{M}$, also: $p = (\frac{1}{2})^I$. Das lässt sich auch umkehren und nach I auflösen: $I = -\log_2 p$.

Auf diesen erstaunlichen Zusammenhang zwischen Wahrscheinlichkeit und Informationsgehalt war Shannon im Jahr 1948 gestoßen. Laut einem 1971 bei „Scientific American" erschienenen Artikel soll Shannon gesagt haben: „Meine größte Sorge war, wie ich (diese neue Größe I) nennen sollte. Ich dachte daran, sie ‚Information' zu nennen, aber das Wort wurde zu oft benutzt. Also entschied ich mich für ‚Unsicherheit'. Als ich mit John von Neumann darüber sprach, hatte er eine bessere Idee: ‚Du solltest sie Entropie nennen, aus zwei Gründen. Erstens wird die von dir formulierte Funktion in der statistischen Mechanik unter diesem Namen verwendet, sie hat also bereits einen Namen. Zweitens – und das ist noch wichtiger – weiß niemand, was Entropie wirklich ist, so dass du in einer Debatte immer im Vorteil sein wirst.'" Seither heißt die oben definierte Größe I tatsächlich Entropie.

Aber zurück zu „Wordle": Entropie kann dabei helfen, ein geeignetes Startwort zu finden. Denn je höher die Entropie eines Worts, desto höher der Informationsgewinn. Allerdings geht eine hohe Entropie immer mit einer geringen Trefferquote einher. Man sollte also ein ausgewogenes Verhältnis aus beiden Faktoren finden, um ein möglichst gutes Anfangswort zu wählen. Dafür kann man zum Beispiel den Entropie-Erwartungswert für alle möglichen Eingaben berechnen, wie es der Mathematiker Grant Sanderson in seinem Youtube-Kanal „3Blue1Brown" getan hat. Dafür ging Sanderson folgendermaßen vor: Zunächst berechnete er für jedes der etwa 10.000 Eingabewörter die Häufigkeit der Farbmuster, die anhand der 2309 Lösungswörter entstehen können. Zum Beispiel könnten fünf graue Felder (alle Buchstaben falsch) 250-mal auftauchen; ein grünes gefolgt von vier grauen Felder (erster Buchstabe korrekt und an der richtigen Stelle) hingegen nur 15-mal und so weiter. Je häufiger ein Farbmuster entstehen kann, desto höher die Wahrscheinlichkeit, dieses nach der Eingabe anzutreffen. Gleichzeitig liefert der Farbcode Informationen, die man durch Entropie bemessen kann: Da einige Lösungswörter ausgeschlossen werden, verkleinert sich der Lösungsraum.

Um also herauszufinden, wie viel Information man durch ein Anfangswort durchschnittlich erhalten wird, kann man die Entropie zu jedem möglichen dazugehörigen Farbcode berechnen und mit der Wahrscheinlichkeit des Auftretens gewichten: Man berechnet also einen Erwartungswert. Wie sich herausstellt, schneidet das Wort „soare" (veraltete Bezeichnung für einen jungen Falken) am besten ab, es hat einen Erwartungswert von 5,89 Bit (siehe Abb. 6.2). Das heißt: Wenn man mit diesem Wort beginnt, schrumpft der Raum der möglichen Lösungswörter auf durchschnittlich $2^{-5,89} = 1,7$ Prozent der Möglichkeiten – es kommen also durchschnittlich noch etwa 22 Lösungswörter in Frage.

Aber „Wordle" besteht nicht nur aus einem Rateversuch, sondern mehreren. Indem man eine geeignete Kombination von zwei aufeinander folgenden Wörtern wählt, lässt sich die Anzahl der möglichen Lösungen eventuell stärker einschränken, als wenn man mit „soare" startet. Diesem Ansatz ging Sanderson ebenfalls nach. Dafür ging er folgendermaßen vor: Angenommen, nach der Eingabe von „soare"

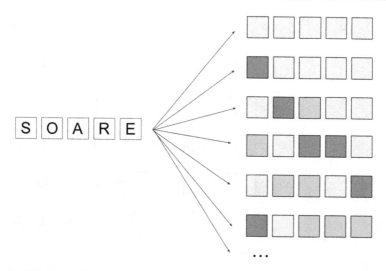

Abb. 6.2 Mögliches Farbmuster nach der Eingabe von „soare". Copyright: Manon Bischoff

erhält man fünf graue Kästchen. Man weiß also nur, dass die Buchstaben s, o, a, r und e nicht Teil des Lösungsworts sind. Davon ausgehend prüfte Sanderson, welches zweite Farbmuster für alle möglichen nachfolgenden Eingaben entstehen kann – und berechnete damit den Entropie-Erwartungswert des zweiten Eingabeworts. Falls nach dem Startwort „soare" alle Felder grau sind, ist die beste Wahl für die zweite Eingabe „clint" (Teil eines natürlichen Kalksteinpflasters).

Nun kann man auch für die anderen Farbmuster, die nach der Eingabe von „soare" erscheinen können, das passendste zweite Wort suchen. Für das Muster grün gefolgt von viermal grau liefert beispielsweise „thilk" (veraltet: das, dieses) das beste Ergebnis. Wenn man nun die Entropie der zweiten Wörter mit den dazugehörigen Wahrscheinlichkeiten gewichtet, erhält man einen Wert von 4,11 (siehe Abb. 6.3). Das heißt: Mit dem Startwort „soare" gewinnt man durchschnittlich 5,89 Bit an Information und durch das optimale zweite Wort dann weitere 4,11 Bit. Würde man „Wordle" perfekt spielen, erhält man also nach zwei Versuchen durchschnittlich 10 Bit an Informationen – das heißt der Lösungsraum verkleinert sich um den Faktor 2^{-10}, es bleiben durchschnittlich 2,25 Lösungswörter übrig.

Wenn man die optimale Kombination von zwei Wörtern betrachtet, erweist sich eine andere Auswahl als passender: „slane" (ein spezieller Spaten zum Torfstechen) als Anfangswort liefert zwar durchschnittlich nur 5,77 Bit an Information, eine optimale zweite Eingabe liefert im Mittel jedoch weitere 4,27 Bit. Damit landet man bei insgesamt 10,04 Bit – und reduziert die 2309 Möglichkeiten auf durchschnittlich 2,19 Worte, also knapp mehr als zwei. Möchte man einen möglichst fähigen Algorithmus entwerfen, ist es wichtig, auch die zweite Wortwahl zu berücksichtigen. Doch für menschliche Spieler spielt das wohl keine große Rolle – schließlich kann man sich unmöglich für alle nach „slane" auftretenden Farbmuster merken, welches

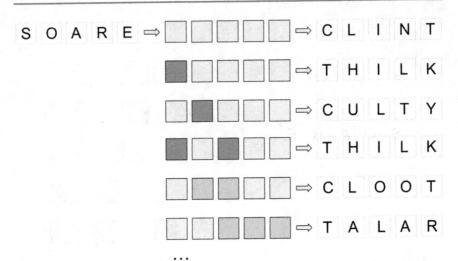

Abb. 6.4 Welches Wort würden Sie als nächstes eingeben? Copyright: Manon Bischoff

Folgewort am geeignetsten ist. Daher sollte es keinen großen Unterschied machen, ob man ein Spiel mit „soare" oder „slane" startet.

Trotzdem ist es durchaus nützlich, die Informationstheorie zu berücksichtigen, wenn man „Wordle" spielt, wie ein eindrucksvolles Beispiel im „Quanta Magazine" zeigt. Angenommen, Sie haben das Spiel mit „bloat" begonnen und Grau, Grau, Grau, Gelb, Gelb erhalten. Dann wissen Sie: Das Lösungswort enthält ein A und ein T (jedoch an anderer Stelle) und kein B, L oder O. Als zweites versuchen Sie Ihr Glück mit „watch". Und Sie sind fast am Ziel: Das erste Feld ist grau, die anderen vier grün. Also ist der Anfangsbuchstabe falsch, alle anderen sind richtig (siehe Abb. 6.4). Wie machen Sie weiter?

Sie könnten nun einfach raten, zum Beispiel „match". Doch aus informationstheoretischer Sicht ist ein anderer Ansatz ergiebiger: Geben Sie „chimp" ein. Klar, „chimp" kann unmöglich das Lösungswort sein. Aber es hilft, den Lösungsraum einzugrenzen. Denn nach der Eingabe von „watch" kommen noch immer vier Wörter in Frage: catch, hatch, match und patch. Wenn man diese nacheinander eingibt, kann man das Spiel zwar noch gewinnen, wird aber unter Umständen schlecht abschneiden. Durch die Eingabe von „chimp" ist hingegen sichergestellt, welcher Anfangsbuchstabe (C, H, M oder P) der richtige ist. So hat man das Spiel also notwendigerweise nach vier Versuchen gewonnen. Allerdings ist dieser Schritt nur möglich, wenn man „Wordle" nicht im „Hard mode" spielt – denn dieser Spielmodus zwingt die Spieler, mit den bereits richtig erratenen Buchstaben weiterzuspielen.

Ich werde jedenfalls mein Glück künftig mit „soare" als Startwort versuchen. Mal schauen, wie viele Ansätze ich beim nächsten „Wordle" brauche. In Deutschland liegt die durchschnittliche Anzahl von Versuchen pro Kopf bei 4,01 – vielleicht schaffen wir es ja mit Hilfe der Informationstheorie, in den kommenden Monaten den Rekordhalter Schweden (im Mittel 3,72 Versuche) zu schlagen.

6.2 Wie schwer ist Candy Crush?

Haben Sie auch schon Stunden damit verschwendet, „Candy Crush" zu spielen? Falls ja, sind Sie keine Ausnahme. Das 2012 veröffentlichte Spiel war lange Zeit das beliebteste auf Facebook und auch in der ersten Jahreshälfte von 2023 wurde es mehr als 106 Millionen Mal heruntergeladen – was es zur am zweithäufigsten gedownloadeten Spiele-App machte. Und auch Prominente haben sich schon als Candy-Crush-Fans geoutet, so der Linken-Politiker Bodo Ramelow, der während politischer Konferenzen und Besprechungen an seinem Handy spielte, weil es ihn nach eigenen Angaben entspanne.

Das Prinzip des Spiels ist simpel: Auf einem Spielbrett, das mit verschieden-farbigen Süßigkeiten gefüllt ist, muss man versuchen, waagerechte oder senkrechte Ketten aus mindestens drei gleichen Süßigkeiten zu bilden, indem man benachbarte Süßigkeiten miteinander vertauscht. Sobald eine solche Kette entsteht, verpuffen die dazugehörigen Süßigkeiten und die darüber befindlichen Feldelemente rücken nach. Die verschiedenen Level des Spiels haben unterschiedliche Zielsetzungen, eine besteht zum Beispiel darin, mindestens s Ketten mit höchstens k Vertauschungen zu bilden. Durch seine Einfachheit erfreut sich das Spiel großer Beliebtheit – vielleicht sogar etwas zu sehr: Candy Crush steht in der Kritik, ein hohes Suchtpotenzial zu haben.

„In gewisser Weise kann die mathematische Betrachtung von Candy Crush genauso süchtig machen wie das Spielen selbst", schrieb der Informatiker Toby Walsh von der University of New South Wales in Sydney in einem Artikel bei „American Scientist". Ihn hat das Candy-Crush-Fieber im Jahr 2014 ebenfalls gepackt. Doch anders als die meisten anderen Fans hat er nicht versucht, das Spiel möglichst gut zu meistern. Er wollte verstehen, wie komplex Candy Crush aus mathematischer Sicht ist. Sprich: Wie schwer ist es für einen Computer, mit maximal k Vertauschungen mindestens s Dreier-Süßigkeiten-Ketten zu bilden?

Um Aufgaben in verschiedene Schwierigkeitsgrade einzuteilen, haben theoretische Informatiker so genannte Komplexitätsklassen eingeführt. Zum Beispiel gibt es Probleme, bei denen man nicht weiß, ob ein Computer jemals zu einer Antwort gelangt: Er könnte bis in alle Zeit weiterrechnen, ohne zu einem Ergebnis zu kommen. Das sind gewissermaßen die schwierigsten aller Aufgaben. Wie sich 2019 herausstellte, gehört das Kartenspiel „Magic: The Gathering" zu dieser Kategorie. Es können Spielsituationen entstehen, bei denen sich nicht mehr entscheiden lässt, welcher der Spieler (selbst unter optimalen Bedingungen) gewinnen wird.

Um die Komplexität eines Spiels zu bestimmen, muss man wissen, ob sich ein vorgeschlagener Lösungsweg schnell überprüfen lässt. Wenn man Ihnen zum Beispiel ein ausgefülltes Sudoku-Rätsel vorsetzt, können Sie ohne viel Aufwand prüfen, ob die Lösung korrekt ist. Wenn die Rechenzeit eines Computers bei der Überprüfung nur polynomiell mit der Größe der Aufgabe zunimmt, dann gehört das Problem zur Klasse „NP". Das ist auch bei Candy Crush der Fall: Indem man Schritt für Schritt die verschiedenen Vertauschungen nachvollzieht, die angeblich s Süßigkeiten-Ketten entstehen lassen, kann man schnell entscheiden, ob die Behauptung stimmt.

Dass ein Problem in NP liegt, sagt aber nichts darüber aus, wie schwer oder einfach es ist, es zu lösen. Denn innerhalb von NP liegen auch Probleme der Kategorie „P": Hier wächst die Rechenzeit eines Computers zur Lösung nur polynomiell mit Größe der Aufgabe an. Das klingt zunächst ähnlich wie die Definition zu NP – mit dem wesentlichen Unterschied, dass es sich hierbei um die Rechendauer zur Lösung einer Aufgabe und nicht zur Überprüfung einer Aufgabe handelt. Probleme in P lassen sich also sowohl effizient lösen als auch überprüfen. Zu diesen „einfachen" Problemen gehört zum Beispiel das Sortieren einer Liste. Die Rechenzeit wächst im ungünstigsten Fall mit dem Quadrat der Listengröße an. Wenn sich die Anzahl der Elemente verdoppelt, muss man also viermal so lange warten, bis die Liste sortiert ist. Das klingt zwar nach viel Zeit, ist aber aus Sicht von Informatikern kein großes Problem. Daher gelten Aufgaben, die in P liegen, als einfach: Sie lassen sich in der Regel mit nicht allzu viel rechnerischem Aufwand lösen.

Demgegenüber gibt es in NP aber auch Probleme, die sich nur schwer lösen lassen. Die Rechenzeit wächst für die Lösung exponentiell mit der Größe des Problems an. „Auf meinem Computer habe ich ein Programm, das ein paar Stunden braucht, um die optimale Streckenführung für zehn Lkws zu finden. Aber für 100 Lkws würde das gleiche Programm mehr als die Lebenszeit des Universums benötigen", erklärte Walsh in seinem Artikel. Optimale Routenplanungen zählen zu Paradebeispielen für NP-schwere Probleme – so werden Aufgaben genannt, die mindestens so schwer zu lösen sind wie die komplexesten Probleme aus NP.

Angesichts dieser Definitionen leuchtet ein, dass man fast immer Verallgemeinerungen eines Spiels betrachten muss, um dessen Komplexität zu bewerten. Denn Schach, Go oder auch Candy Crush besitzen eine durch das Spielfeld festgelegte Größe. Daher untersuchen theoretische Informatiker in diesen Fällen häufig fiktive Erweiterungen der Spiele, bei denen das Spielbrett und die Anzahl der Figuren, Steine oder Süßigkeiten beliebig groß sein können.

Walsh stellte sich die Frage, zu welcher Komplexitätsklasse Candy Crush zählt. Kann ein Computer ohne viel Aufwand immer eine effiziente Lösungsstrategie finden? In diesem Fall wäre Candy Crush Teil von P. Oder hat auch ein Rechner mit dem Finden der passenden Vertauschungen zu kämpfen? Um das herauszufinden, hat Walsh eine gängige Methode aus der theoretischen Informatik verwendet, die so genannte Reduktion. Um zu beweisen, dass ein Problem NP-schwer ist, muss man zeigen, dass sich alle anderen Probleme in NP darauf zurückführen lassen. Das heißt: Aufgabe A ist NP-schwer, falls ein Lösungsalgorithmus von A auch alle anderen NP-Probleme lösen kann.

Damit hatte Walsh einen Plan. Es gibt nämlich einen ganzen Satz aus bekannten Problemen, die in NP liegen und NP-schwer sind. Wenn er zeigen könnte, dass sich eines davon auf Candy Crush zurückführen lässt, hätte er bewiesen, dass das beliebte Süßigkeiten-Spiel auch aus mathematischer Sicht komplex ist. Walsh entschied sich dafür, das NP-schwere „3-SAT-Problem" mit Candy Crush zu vergleichen.

3-SAT ist eine Aufgabe aus der Logik, bei der zu beurteilen ist, ob eine Verkettung logischer Ausdrücke korrekt ist – oder zu einem Widerspruch führt. Ein Beispiel für eine solche Verkettung ist: $x \wedge \neg x$. Auf den ersten Blick sieht das kompliziert aus. Die Aussage lässt sich aber schnell übersetzen, wenn man weiß, dass „$\wedge$" für „und gleichzeitig" steht sowie „$\neg$" eine Negation darstellt. Damit lässt sich die Aussage übersetzen zu: x und gleichzeitig nicht x. Die Aufgabe besteht nun darin, der Variablen x den Wert „wahr" oder „falsch" zuzuordnen, damit die Gesamtaussage wahr wird (also keinen Widerspruch erzeugt). In diesem Fall ist das unmöglich, denn man erhält entweder: wahr und gleichzeitig nicht wahr (für $x =$ wahr) oder falsch und gleichzeitig nicht falsch (für $x =$ falsch). Beide Aussagen ergeben keinen Sinn: Etwas kann nicht wahr und falsch zugleich sein. Daher ist diese Verkettung von Ausdrücken nicht erfüllbar.

3-SAT-Probleme umfassen verkettete Aussagen, die jeweils drei Variablen direkt miteinander verknüpfen, in Form von: $(a_1 \vee b_1 \vee c_1) \wedge (a_2 \vee b_2 \vee c_2) \wedge \ldots \wedge (a_n \vee b_n \vee c_n)$. Ein Computer muss versuchen, den Variablen Wahrheitswerte zuzuordnen, damit die Gesamtaussage wahr wird. Und wie sich herausstellt, ist diese Aufgabe NP-schwer. Mit wachsender Aufgabenlänge steigt die benötigte Rechenzeit exponentiell an.

Walsh musste nun zeigen, dass sich jedes 3-SAT-Problem in Candy Crush darstellen lässt und dass eine Lösung des Candy-Crush-Problems automatisch das dazugehörige 3-SAT-Problem löst. Dafür hat er Konfigurationen von Süßigkeiten im Candy-Crush-Spiel mit Variablen und logischen Verknüpfungen im 3-SAT-Problem identifiziert. Auf diese Weise konnte der Informatiker beweisen, dass sich jede logische Aussage in Form von 3-SAT durch eine geeignete Verteilung von Süßigkeiten in Candy Crush darstellen lässt.

Und das funktioniert folgendermaßen: Wenn man als Spieler eine bestimmte Vertauschung vornimmt, interpretiert Walsh das mit dem Zuweisen eines Wahrheitswerts für eine Variable, zum Beispiel: „Variable 1 ist falsch." Jede Vertauschung verändert das Spielfeld. Zudem kann sie eine Dreier-Süßigkeiten-Kette entstehen lassen, die sogleich verschwindet und andere Süßigkeiten auf dem Spielfeld nachrücken lässt. Hat man ebenso viele Vertauschungen vorgenommen, wie das entsprechende 3-SAT-Problem an Variablen besitzt, lässt sich aus den übrigen Süßigkeiten auf dem Spielfeld ablesen, ob die zugehörige 3-SAT-Aussage zugewiesenen wahr oder falsch ist. Zum Beispiel: Falls das Feld in der dritten Reihe, zweite Spalte nach allen Vertauschungen einen gelben Zitronen-Drop enthält, entspricht das der Aussage „wahr". Walsh hat im Vorfeld die Süßigkeiten so auf dem Spielfeld verteilt, dass der gelbe Zitronen-Drop nur dann in diesem Feld landet, falls die Mindestanzahl an Dreier-Süßigkeiten-Ketten gebildet wurde – und die Candy Crush-Aufgabe somit erfolgreich gelöst wurde.

So konnte Walsh im März 2014 beweisen, dass Candy Crush NP-schwer ist – und damit auch aus mathematischer Sicht kompliziert. Das mag vielleicht beruhigend sein, wenn man wieder einmal bei einem Candy-Crush-Level scheitert. Diese Komplexität hat aber auch ihren Reiz, wie Walsh schreibt: „Das könnte ein Grund dafür sein, warum das Spiel so süchtig macht. Wäre es so einfach zu lösen wie Tic-Tac-Toe, wäre es nicht annähernd so fesselnd."

6.3   Das komplexeste Spiel von allen

Wer im September 2018 in Las Vegas war, konnte sich leicht in die beliebte Fernsehserie „The Big Bang Theory" versetzt fühlen: In einem Raum bekämpften sich 24 erwachsene Männer mit bunten Fantasy-Spielkarten, auf denen magische Kreaturen und Zaubersprüche abgebildet sind. Tatsächlich handelte es sich um die jährlich stattfindende „Magic: The Gathering"-Weltmeisterschaft, bei der die Spieler um Preisgelder von insgesamt 300.000 Dollar wetteifern.

Mittlerweile hat das Kartenspiel auch in wissenschaftlicher Hinsicht viele Menschen in seinen Bann gezogen, denn es scheint jahrzehntealte Überzeugungen von Spieltheoretikern über den Haufen zu werfen: Offenbar ist Magic mit seinen vielen Karten, komplizierten Regeln und ausgeklügelten Strategien für Computer eine größere Herausforderung als Informatiker für möglich gehalten haben.

Das Hauptinteresse von algorithmischen Spieltheoretikern ist, Gewinnstrategien für laufende Spiele zu berechnen. Je schwerer es einem Computer fällt, den Ausgang einer Partie vorherzusagen, desto komplexer stufen Informatiker ein Spiel ein. Magic scheint hier im Vergleich mit anderen Spielen auf besondere Weise herauszustechen: Wie der unabhängige Forscher Alex Churchill aus Cambridge in Großbritannien nun mit Stella Biderman vom Georgia Institute of Technology in Atlanta und Austin Herrick von der University of Pennsylvania in Philadelphia in einer auf dem Preprint-Dokumentenserver ArXiv veröffentlichten Arbeit festgestellt hat, lässt sich der Ausgang eines Magic-Duells nicht immer vorhersagen – damit handelt es sich um das komplexeste aller bisher bekannten Spiele.

Um zwischen verschiedenen Schwierigkeitsstufen zu unterscheiden, teilen theoretische Informatiker Probleme in so genannte Komplexitätsklassen ein, wie im vorangehenden Abschnitt erklärt. Dabei ist entscheidend, wie lange ein Computer braucht – wenn er es überhaupt schafft –, um eine Aufgabe zu lösen. Zum Beispiel kann ein Rechner während einer kurz vor dem Ende stehenden Partie Schach berechnen, ob und wie die Farbe Weiß noch gewinnen kann. Dazu muss er bloß alle möglichen Spielzüge durchgehen. Das klingt zwar ziemlich aufwändig, allerdings führt das begrenzte Spielbrett dazu, dass ein Rechner diese Aufgabe in kurzer Zeit bewältigen kann. Weil die meisten echten Spiele (das heißt solche, die Menschen tatsächlich spielen und nicht bloß künstlich konstruiert wurden) nicht wirklich komplex sind, interessierten sich Informatiker kaum für sie. Auch das Spiel „Candy Crush" (siehe Abschn. 6.2) muss erst auf ein unendlich großes Spielfeld erweitert werden, damit man es mit der Komplexitätstheorie untersuchen kann. Tatsächlich gingen Experten bisher davon aus, dass es kein echtes Spiel gibt, dessen Komplexität die Klasse NP erreicht.

Wie Churchill und seine zwei Kollegen gezeigt haben, ist das bei Magic aber der Fall – das Sammelkartenspiel ist sogar noch komplexer. Um zu diesen Schlüssen zu kommen, bedienten sich die Forscher eines gängigen Konzepts der theoretischen Informatik: einer so genannten Turingmaschine. Dieses 1936 vom britischen Wissenschaftler Alan Turing eingeführte Rechnermodell simuliert die Arbeitsweise klassischer Computer.

Es besteht aus einem Band, das in einzelne Felder unterteilt ist, und einem Kopf, der die Felder ausliest und gegebenenfalls beschreibt. Die Maschine kann das Band nach links oder rechts bewegen, um zu den gewünschten Feldern zu gelangen. Sie repräsentiert damit das, was Mathematiker eine Funktion nennen: Sie wandelt Zahlen nach einer bestimmten, eindeutigen Vorschrift in andere Zahlen um. Ein typischer Ausschnitt eines Programms für eine Turingmaschine lautet beispielsweise: „Wenn die Maschine im Zustand 3 ist und das Feld die Zahl 0 enthält, dann überschreibe sie mit einer 1, gehe in Zustand 5 über und rücke 4 Felder nach rechts."

Ein Klassiker bei der Auseinandersetzung mit Turingmaschinen ist die Frage, ob eine Maschine bei der Berechnung eines Problems jemals zum Ende gelangt oder endlos weiterläuft, Informatiker sprechen vom Halteproblem. Bereits 1936 hatte Turing gezeigt, dass es keine Möglichkeit gibt, diese Frage allgemein für alle möglichen Algorithmen zu beantworten.

Churchill und seinem Team gelang es jetzt zu beweisen, dass die Frage nach dem Spielausgang eines Magic-Duells dem Halteproblem entspricht: Das bedeutet, dass es Spielsituationen gibt, in denen ein Computer nicht berechnen kann, wer gewinnen wird.

Die Wissenschaftler gelangten zu dem überraschenden Ergebnis, indem sie zeigten, dass Magic: The Gathering die gleichen Funktionen besitzt wie eine Turingmaschine, also „Turing-vollständig" ist, wie Experten sagen. Anders ausgedrückt: Man kann mit Magic eine Turingmaschine simulieren und umgekehrt.

Dazu konstruierten Churchill, Biderman und Herrick eine spezielle Ausgangssituation zwischen zwei Magic-Spielern und identifizierten die möglichen Spielzüge mit den wesentlichen Funktionen einer Turingmaschine: das Auslesen, Beschreiben und Bewegen des Bands. Dadurch besitzt das Spiel sämtliche Eigenschaften des theoretischen Rechnermodells und kann mit den Mitteln der theoretischen Informatik untersucht werden.

Die passende Spielsituation bei Magic: The Gathering auszuwählen, gestaltete sich jedoch schwierig. Denn sie musste einerseits genügend komplizierte Elemente des Spiels enthalten, um eine Turingmaschine zu simulieren, andererseits sollte sie dabei aber simpel genug bleiben, damit man die möglichen Spielzüge noch überblickt. Immerhin gibt es mehr als 20.000 verschiedene Magic-Karten, die jeweils unterschiedliche Funktionen haben. Zudem enthalten einige von ihnen freiwillige Aktionen, die dem Spieler strategischen Freiraum lassen, was sich nur schwer simulieren lässt. Churchill und seine Kollegen bezogen deshalb nur Karten mit ein, die einen eindeutigen Effekt haben. In ihrer kreierten Spielsituation – die durchaus in einem realistischen Turnier entstehen kann – gibt es daher nur noch erzwungene Spielzüge; die Spieler haben keinerlei Entscheidungsfreiheit.

Vor dem Beginn eines Magic-Spiels wählt ein Spieler aus seiner Sammlung 60 Karten aus – diese Auswahl aus dem riesigen Fundus der verfügbaren Karten und die damit einhergehenden Kombinationsmöglichkeiten führen zu der außergewöhnlichen Komplexität des Spiels. Hat der Spieler eine Auswahl getroffen, mischt er seine Karten sorgfältig und nimmt anschließend sieben davon auf die Hand. Die übrigen bilden seinen Nachziehstapel.

Unter den Karten befinden sich Kreaturen, die den Gegner angreifen, oder auch Zauber und Artefakte. Zu Beginn jeder Runde zieht man eine Karte. Sobald ein Spieler eine Karte von einem leeren Nachziehstapel aufnehmen soll, hat dieser verloren. Ansonsten besiegt man seinen Gegenüber, indem man seine Lebenspunkte durch gezielte Attacken auf null oder niedriger reduziert.

In dem von Churchill und seinen Kollegen konstruierten Spiel treten Alice und Bob gegeneinander an. Bob ist in der Situation, dass er weder Karten auf der Hand hat und sein Nachziehstapel leer ist – er steht also kurz vor der Niederlage. Dafür kontrolliert er alle Kreaturen, die auf dem Tisch liegen. Alice kann daher nur versuchen, Bobs Kreaturen mit den Karten aus ihrem Stapel anzugreifen.

Diese Ausgangssituation erlaubt es den Forschern, das Spiel mit einer Turingmaschine zu identifizieren. Die Kreaturen auf dem Tisch entsprechen in diesem Modell dem Band: Auf jedem Feld befindet sich eine Kreatur, mit ihrem Stärke- und Widerstandswert, die jeweils angeben, wie viel Schaden sie anrichtet und was sie einstecken kann. Zudem verfügen gibt es bei Magic fünf verschiedene „magischen" Farben, die eine Karte charakterisieren. In dem von Churchill und seinen Kollegen erdachten Spiel tauchen weiße oder grüne Kreaturen mit jeweils gleichen Stärke- und Widerstandswerten (zum Beispiel 2/2 oder 3/3) auf.

Das Band ist im Anfangszustand so angeordnet, dass der Lesekopf auf der schwächsten Kreatur (2/2) ruht; rechts davon befinden sich der Stärke nach alle weißen Kreaturen und analog dazu links alle grünen. Eine weiße Kreatur mit den Werten 5/5 steht demnach auf dem dritten Feld rechts vom Kopf. Die Art der Kreatur ist durch ein Symbol auf dem Feld vermerkt, wie in Abb. 6.5 dargestellt.

Die verschiedenen Funktionen der Turingmaschine werden durch das Spielen von Alices Karten initiiert: Um das Band nach rechts oder links zu bewegen, muss Alice eine Karte legen, die allen Kreaturen einer bestimmten Farbe Schaden zufügt. Doch was, wenn dabei eine Kreatur stirbt? Churchill und seine Kollegen haben für diesen Fall vorgesorgt: Eine von Bobs Karten ist der „Moderlungen-Wiederbeleber", der eine tote Kreatur durch eine neue der gleichen Stärke ersetzt.

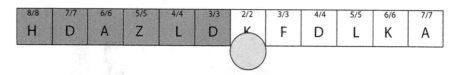

8/8	7/7	6/6	5/5	4/4	3/3	2/2	3/3	4/4	5/5	6/6	7/7
H	D	A	Z	L	D	K	F	D	L	K	A

Abb. 6.5 Die Felder auf dem Band entsprechen Bobs grünen (links) und weißen (rechts) Kreaturen. Der Abstand zum Kopf der Turingmaschine (gelb) entspricht den Stärke- und Widerstandswerten der jeweiligen Kreatur (obere Zahlenwerte). Die Buchstaben symbolisieren den Kreaturtyp. Copyright: Manon Bischoff

Damit ist auch geklärt, wie der Kopf der Turingmaschine ein Feld ausliest und neu beschreibt: nämlich indem Alice eine Kreatur tötet und Bob sie daraufhin wiederbelebt.

Entscheidend für den gesamten Vorgang ist die Karte „Künstliche Entwicklung", die es einem Spieler erlaubt, die Aktionen anderer Karten abzuändern. Während der Moderlungen-Wiederbeleber beispielsweise bloß Kleriker als Zombies wiederauferstehen lässt, kann man mit der Künstlichen Entwicklung den Zombie durch eine beliebige andere Kreatur austauschen. Genau diese Fähigkeit zeichnet Churchill zufolge Magic: The Gathering aus: „Damit ein Spiel die gleiche Komplexität wie Magic aufweist, muss ein Spieler es während einer Partie kontrollieren oder programmieren können, so wie es durch die Künstliche Entwicklung möglich ist", teilt er mit.

Mit dieser Kartenauswahl hat das Spiel zwischen Alice und Bob alle Fähigkeiten einer Turingmaschine. „Wählt man sein liebstes Matheproblem aus, kann man durch geeignete Wahl der Karten eine Magic-Spielsituation kreieren, die dieses Problem berechnet", erklärt Stella Biderman, Koautorin der Arbeit. Das ist allerdings sehr aufwändig: Zuerst muss man die Aufgabe in die Sprache einer Turingmaschine übersetzen, was schon ziemlich kompliziert ist, und danach die richtige Auswahl und Anordnung der Magic-Karten finden, die dem Problem entspricht. Hat man jedoch die richtige Ausgangssituation gefunden, muss man Alice und Bob nur noch loslegen lassen; ihre erzwungenen Spielzüge entsprechen dann den einzelnen Berechnungsschritten. Sobald das Spiel zwischen ihnen beendet ist, lässt sich die Lösung der Aufgabe auslesen.

Churchill und sein Team haben das Spiel so konstruiert, dass Bob gar nicht gewinnen kann. Daher hält die Turingmaschine erst an, wenn Alice gewinnt, ansonsten läuft sie ewig weiter. In echten Magic-Spielen können solche Situationen tatsächlich entstehen. Es gibt sogar eine Regel, wonach im Fall von sich immer wieder wiederholenden Zügen eine Partie unentschieden ausgeht.

Insgesamt können im Spiel zwischen Alice und Bob also drei Situationen eintreten: Die Karten entsprechen einem Problem, das eine Turingmaschine lösen kann, etwa der Aufgabe „2 + 2" zu berechnen. In so einem Fall wird Alice das Spiel gewinnen. Andererseits könnte das Spiel ein unlösbares Problem darstellen, wie „berechne die natürliche Zahl x, für die $x^2 = 2$ ergibt". Da eine solche Zahl nicht existiert, wird die Turingmaschine ewig weiterlaufen; das Spiel geht also

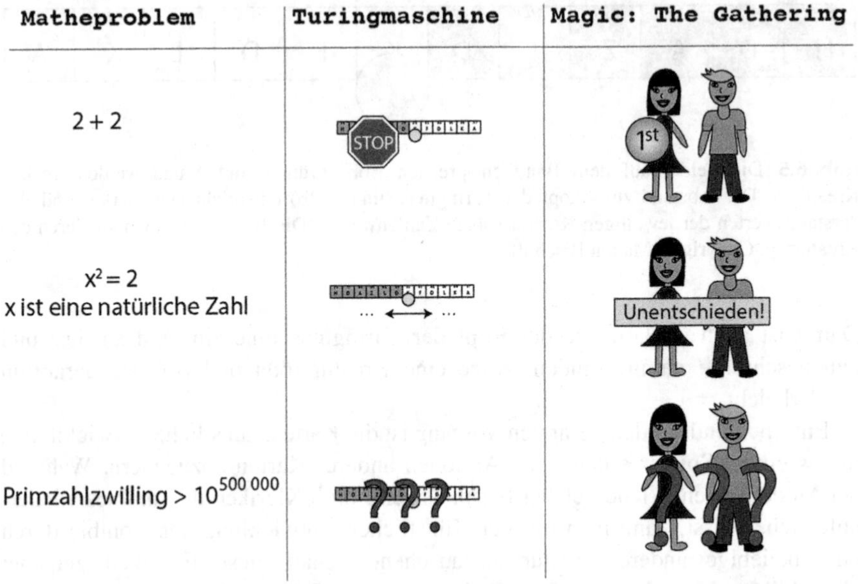

Matheproblem	Turingmaschine	Magic: The Gathering
$2 + 2$	STOP	1st
$x^2 = 2$ x ist eine natürliche Zahl	... ←→ ...	Unentschieden!
Primzahlzwilling $> 10^{500\,000}$	???	

Abb. 6.6 Es gibt drei Arten von Matheproblemen, die in einem Magic-Duell, wie es die Wissenschaftler konstruiert haben, auftauchen können. Oben: Eine lösbare Aufgabe, die Turingmaschine wird anhalten, was bedeutet, dass Alice gewinnt. Mitte: Das Problem ist unlösbar, die Turingmaschine läuft ewig weiter und die Magic-Partie geht unentschieden aus. Unten: Es ist unklar, ob eine Lösung existiert, man weiß nicht, ob die Turingmaschine jemals hält und daher ist auch der Spielausgang ungewiss. Copyright: Manon Bischoff

unentschieden aus. Es gibt aber auch noch eine dritte Möglichkeit: Die Karten könnten für etwas stehen, von dem man nicht weiß, ob es lösbar ist oder nicht. Ein Beispiel dafür wäre „Berechne ein Paar Primzahlzwillinge (also zwei Primzahlen mit einer Differenz von 2), die größer sind als $10^{500.000}$". Weil Mathematiker bisher nicht wissen, ob es Primzahlzwillinge dieser Größe gibt, ist es auch ungewiss, ob die Turingmaschine jemals halten wird (siehe Abb. 6.6).

Wenn ein Computer also den Spielausgang zwischen Alice und Bob vorhersagen soll, muss er das Halteproblem für Turingmaschinen lösen. Für viele Situationen, wie in den ersten beiden zuvor genannten Beispielen, ist das kein Problem. Doch es gibt auch Spiele, in denen der Ausgang unklar ist, wie im letzten Fall. Insgesamt kann daher kein Algorithmus für jedes beliebige Duell vorhersagen, wie, ob und wann das Spiel zwischen Alice und Bob endet – und das, obwohl jeder Zug der beiden Spieler erzwungen ist. Der Ausgang einer Partie hängt also nur davon ab, welche Kreaturen Bob anfangs beherrscht und in welcher Reihenfolge Alice ihre Karten zieht.

Die Forscher konnten zeigen, dass ihre erdachte Spielsituation tatsächlich in einem realistischen Duell auftreten kann – und nicht bloß ein künstliches Konstrukt ist. Zudem gehen sie davon aus, dass auch andere Spielsituationen in ähnliche Sackgassen führen können. Daher erreiche das Spiel mindestens die Komplexitätsstufe

NP, schreiben die Autoren. Um zu prüfen, ob es vielleicht sogar noch komplexer ist, muss man allerdings eine andere Herangehensweise wählen.

Dennoch bleibt das Ergebnis aus spieltheoretischer Sicht erstaunlich, auch wenn es Magic-Spieler vielleicht weniger überraschen mag: Schon lange rühmen sich einige von ihnen damit, dass sie ein extrem kompliziertes Spiel beherrschen. Nun können sie auch offiziell von sich behaupten, das komplexeste Spiel der Welt zu spielen.

6.4 Von komplexen Zahlen zu Tomb Raider

Tomb Raider war eines der ersten Computerspiele, das ich als Kind gespielt habe. Das Abenteuerspiel wurde erstmals 1996 veröffentlicht und dreht sich um die selbstbewusste Abenteurerin Lara Croft, die ein Faible für Archäologie hat – fast wie eine Art weiblicher Indiana Jones. Nach heutigen Standards ist die Grafik des Originalspiels ziemlich schlecht, die Objekte erscheinen pixelig, und an manchen Stellen wirken die Bewegungen etwas ruckelig. Doch in den 1990er-Jahren zählte es zu den High-End-Games, immerhin konnte man die Hauptfigur in einer dreidimensionalen Welt bewegen statt bloß in der Ebene. Auch aus technologischer Sicht war das eine Herausforderung: Tatsächlich war Tomb Raider eines der ersten Spiele, das „Quaternionen" enthält – eine Verallgemeinerung der komplexen Zahlen, die der renommierte Mathematiker und Physiker Sir William Rowan Hamilton entdeckt hat.

Hamilton war schon zu Lebzeiten ein angesehener Forscher und galt bereits als Kind bei seinen Lehrern als nächster „Isaac Newton". Ganz falsch war diese Einschätzung nicht. Er arbeitete als „Royal Astronomer of Ireland", widmete sich aber leidenschaftlich gerne Problemen der mathematischen Physik. Die komplexen Zahlen hatten es ihm besonders angetan: Dabei handelt es sich um eine Art Erweiterung des gewöhnlichen Zahlenstrahls. Anstatt nur Wurzeln aus positiven Werten zuzulassen, ist es im komplexen Zahlenraum auch möglich, die Wurzel aus negativen Zahlen zu ziehen. Dieses Konzept hatte der französische Gelehrte René Descartes bereits 1637 eingeführt, der die Wurzeln als „imaginär" bezeichnete, da er sie nur als abstrakte Rechenhilfe betrachtete. Etwas mehr als 100 Jahre später führte der Schweizer Mathematiker Leonhard Euler die bis heute genutzte Schreibweise von $\sqrt{-1} = i$ ein, mit der imaginären Einheit i. Damit lässt sich eine komplexe Zahl z als Summe $a + ib$ schreiben, wobei a und b reelle Werte sind.

Während man eine reelle Zahl durch einen Punkt auf dem Zahlenstrahl darstellen kann, ist das mit imaginären Werten nicht möglich. Ist i größer oder kleiner als 1? Diese Frage lässt sich nicht beantworten. Wie sich herausstellt, ist es praktisch, komplexe Zahlen in einer Ebene darzustellen statt auf einer eindimensionalen Gerade. Die x-Achse entspricht dabei immer noch dem reellen Zahlenstrahl, die y-Achse enthält hingegen die imaginären Werte. Eine komplexe Zahl $a + ib$ entspricht dann dem Punkt (a, b) in der Ebene.

Wem also imaginäre Werte nicht ganz geheuer sind, kann sich stattdessen zweidimensionale Vektoren vorstellen, wie in der linearen Algebra – zumindest fast.

Man kann zwei Werte $v = a + ib$ und $w = c + id$ ganz gewöhnlich wie Vektoren addieren ($v + w = a + c + i(b + d)$), was dem Vektor $(a + c, b + d)$ entspricht). Doch anders als zweidimensionale Vektoren kann man zwei komplexe Zahlen auch multiplizieren: $v \cdot w = ac + i(ad + bc) + i^2bd$. Da $i^2 = -1$, lautet das Ergebnis: $v \cdot w = (ac - bd) + i(ad + bc)$. Das Produkt der Vektoren hat also die Koordinaten $(ac - bd, ad + bc)$. Man kann demnach die Multiplikation mit einer komplexen Zahl u als eine Drehung und Streckung der ursprünglichen Zahl v verstehen. Das heißt, man muss eine solche Transformation in der Ebene nicht wie sonst üblich durch eine 2×2-Matrix darstellen, sondern kann komplexe Zahlen nutzen.

Diese Vereinfachung faszinierte Hamilton. Und er fragte sich, ob es möglich wäre, eine weitere Zahl j einzuführen, um damit Punkte und Drehungen im Dreidimensionalen darzustellen. Das neue Zahlensystem sollte also aus Tripeln bestehen: $u = a + ib + jc$. Falls $c = 0$ ist, hat man eine gewöhnliche komplexe Zahl, die einen Punkt in der Ebene beschrieb. Für $b = 0$ befindet man sich ebenfalls in einer Ebene – daher muss j dieselben Eigenschaften erfüllen wie i, das heißt $j^2 = -1$. Die neuen Zahlen u lassen sich wie gewohnt addieren und subtrahieren. Doch als er die Tripel multiplizieren wollte, stieß Hamilton auf ein Problem: Wenn man das Produkt aus zwei dreidimensionalen Zahlen $u = a + ib + jc$ und $v = d + ie + jf$ bildet, erhält man: $u \cdot v = ad - be - fc + i(bd + ea) + j(cd + fa) + ijbf + jice$. Aber was ergibt das Produkt aus $i \cdot j$ beziehungsweise $j \cdot i$?

Zunächst wollte Hamilton herausfinden, welchen Betrag $|i \cdot j|$ hat. Dafür quadrierte er das Produkt: $(i \cdot j)^2 = i \cdot j \cdot i \cdot j$. Unter der Annahme, dass man i und j vertauschen kann, erhält man: $(i \cdot j)^2 = i^2 \cdot j^2 = (-1) \cdot (-1) = 1$. Wenn das Produkt $i \cdot j$ also eine reelle Zahl ist, dann muss es dem Wert $+1$ oder -1 entsprechen. Um $i \cdot j$ genauer zu bestimmen, kann man eine weitere Bedingung betrachten, die Vektoren erfüllen müssen: Die Länge des Produkts zweier Vektoren muss dem Produkt der Längen zweier Vektoren entsprechen. Das heißt insbesondere: Wenn man einen Vektor $u = a + ib + jc$ quadriert, muss das Ergebnis seiner quadrierten Länge entsprechen $|u|^2 = a^2 + b^2 + c^2$. Dafür muss man allerdings beachten, dass das Quadrat einer komplexen Zahl $u = a + ib$ nicht einfach nur $u \cdot u$ entspricht, sondern $u \cdot \bar{u}$, wobei bei $\bar{u}$ das Vorzeichen vor dem i umgedreht wird: $u \cdot \bar{u} = (a + ib) \cdot (a - ib) = a^2 + b^2$. Im dreidimensionalen Fall erhält man also analog: $|u|^2 = u \cdot \bar{u} = (a + ib + jc) \cdot (a - ib - jc) = a^2 - iab - jac + iab + b^2 - ijbc + jac - jibc + c^2 = a^2 + b^2 + c^2 - bc(ij + ji)$.

Damit steckte Hamilton in einer Sackgasse. Einerseits sollte $i \cdot j$ einen endlichen Wert annehmen ($+1$ oder -1), andererseits musste der Term $bc(ij + ji) = 0$ sein, damit die Länge der Vektoren unter der Multiplikation wohldefiniert ist. Darüber zerbrach sich der Wissenschaftler jahrelang den Kopf. Wie Hamilton berichtete, fragten ihn seine Söhne jeden Morgen zum Frühstück: „Kannst du nun Tripel miteinander multiplizieren?", woraufhin er jedes Mal antwortete: „Nein, ich kann sie bloß addieren und subtrahieren."

Doch was, wenn $i \cdot j$ nicht dasselbe ergibt wie $j \cdot i$? Hamilton erkannte, dass für $i \cdot j = k$ und $j \cdot i = -k$ das Problem verschwand: Das Produkt zweier Vektoren ergibt dann $|u|^2 = u \cdot \bar{u} = (a + ib + jc) \cdot (a - ib - jc) = a^2 + b^2 + c^2 - bc(k - k) = a^2 + b^2 + c^2$. Doch was wäre dann k?

Bei einem Spaziergang durch Dublin mit seiner Frau im Jahr 1844 hatte Hamilton plötzlich die entscheidende Erkenntnis: k ist kein reeller Wert, wie er bis dahin angenommen hatte – sondern eine weitere imaginäre Zahl! Um Drehungen in drei Dimensionen durch komplexe Zahlen darzustellen, brauchte man keine Tripel, sondern Quadrupel $u = a + bi + cj + dk$. Aufgeregt rannte Hamilton zur nächsten Brücke, der heutigen Broome Bridge, und ritzte mit einem Nagel folgende Zeile hinein: $i^2 = j^2 = k^2 = ijk = -1$. Das war die Geburtsstunde der Quaternionen. Wer heute Dublin besucht, kann an der Broome Bridge ein Gedenkschild sehen, das an diese Entdeckung erinnert.

Damit hatte Hamilton ein neues Zahlensystem gefunden, in dem alle vier Grund-rechenarten, die Addition, Subtraktion, Multiplikation und Division, wohldefiniert sind. Und es war das erste solche System, das nicht kommutativ ist – das heißt $a \cdot b \neq b \cdot a$.

Diese Eigenschaft schien zunächst ungewöhnlich, doch wenn man Quaternionen nutzen will, um Rotationen im dreidimensionalen Raum zu beschreiben, macht das Sinn. Denn im Dreidimensionalen spielt es eine Rolle, in welcher Reihenfolge man ein Objekt dreht, wie in Abb. 6.7 dargestellt. Stellen Sie sich vor, Sie blicken von vorne auf das Cover eines Buchs. Dann rotieren Sie es von unten nach oben, das heißt, Sie sehen nun den unteren Rand vor sich. Dann drehen Sie es nach rechts und schauen auf den Buchrücken. Nun stellen Sie sich vor, Sie hätten die Drehungen in anderer Reihenfolge vollzogen: Sie drehen das Buch zuerst nach rechts und schauen auf den Buchrücken. Dann drehen Sie das Buch von unten nach oben und blicken auf den unteren Rand, der sich nun senkrecht erstreckt. Obwohl Sie in beiden Situationen die beiden gleichen Rotationen ausgeführt haben, ist das Ergebnis unterschiedlich. Um Drehungen zu beschreiben, braucht man also ein nicht kommutatives Zahlensystem.

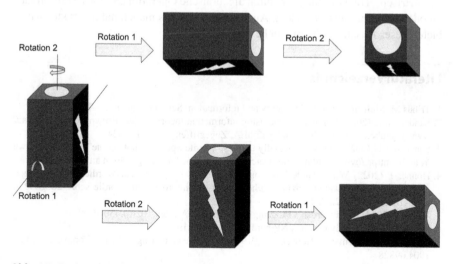

Abb. 6.7 Drehungen im 3-D-Raum sind nicht kommutativ. Copyright: Manon Bischoff

Aber wie stellt man einen dreidimensionalen Vektor $p = (x, y, z)$ als Quaternion dar, das ja vier Komponenten besitzt (i, j, k und einen reellen Wert)? Wie sich herausstellt, muss man dafür einfach nur die reelle Komponente gleich null setzen, das heißt $p = xi + yj + zk$. Angenommen, man will p entlang einer Achse (u, v, w) um den Winkel θ rotieren. Um die Komponenten des gedrehten Vektors p' zu erhalten, muss man bloß folgende Berechnung durchführen:

$$p' = \left(\cos\frac{\theta}{2} + (ui + vj + wk)\sin\frac{\theta}{2}\right) \cdot p \cdot \left(\cos\frac{\theta}{2} - (ui + vj + wk)\sin\frac{\theta}{2}\right)$$

Genau diese Eigenschaft haben die Spieleentwickler von Tomb Raider mehr als 150 Jahre nach Hamiltons Entdeckung genutzt. Obwohl Quaternionen schon lange bekannt waren, wurden sie bei gewöhnlichen geometrischen Berechnungen kaum benutzt. Stattdessen griff man meist auf lineare Algebra zurück, bei der Vektoren und Drehmatrizen eine entscheidende Rolle spielen. Rotationsmatrizen im dreidimensionalen Raum besitzen allerdings neun Komponenten, während Quaternionen bloß von vier Größen abhängen. Durch das imaginäre Zahlensystem spart man also Rechenzeit. Zudem müssen die Bewegungen bei Videospielen kontinuierlich verlaufen: Man dreht ein Objekt nicht ruckartig um einen endlichen Winkel, sondern möchte eine möglichst glatte Bewegung darstellen. Das heißt, man muss zahlreiche winzige Drehungen nacheinander ausführen, was sich mit Quaternionen problemlos umsetzen lässt. Bei Drehmatrizen gestaltet sich das wesentlich komplizierter: Man muss jedes Mal 3×3-Matrix miteinander multiplizieren und sicherstellen, dass deren Produkt wieder einer Rotationsmatrix entspricht.

Der einfachere Umgang mit Quaternionen hat sie zu einem etablierten Werkzeug im Bereich der Computergrafik gemacht. Die seltsamen vierkomponentigen Zahlen bilden den zentralen Bestandteil der geometrischen Algebra, bei der man versucht, geometrische Transformationen durch algebraische Operationen (etwa Multiplikation oder Addition) auszudrücken. Auch wenn Letzteres manchmal abstrakter wirkt, bietet dieser Ansatz doch erhebliche Vorteile.

Literaturverzeichnis

1. Tribus M, McIrvine EC (1971) Energy and information. Sci Am 225(3):179–190
2. Sanderson G (2022) Solving Wordle using information theory. 3Blue1Brown Youtube. https://www.youtube.com/watch?v=v68zYyaEmEA. Zugegriffen am 27.02.2024
3. Sanderson G (2022) Oh, wait, actually the best Wordle opener is not "crane"…3Blue1Brown Youtube. https://www.youtube.com/watch?v=fRed0Xmc2Wg. Zugegriffen am 27.02.2024
4. Honner P (2022) Why Claude Shannon Would Have Been Great at Wordle. Quanta Magazine. https://www.quantamagazine.org/how-math-can-improve-your-wordle-score-20220525/. Zugegriffen am 27.02.2024
5. Walsh T (2014) Candy Crush's Puzzling Mathematics. Am Sci 102(6):430–438
6. Walsh T (2014) Candy Crush is NP-hard. ArXiv: 1403.1911
7. Churchill A, Biderman S, Herrick A (2019) Magic: The Gathering is Turing Complete. ArXiv: 1904.09828
8. Bobick N (1998) Rotating objects using quaternions. Game Developer. https://www.gamedeveloper.com/programming/rotating-objects-using-quaternions. Zugegriffen am 27.02.2024

Mathematik in der Geschichte

Nach all den Spielen, Spielfilmen und Serien möchte ich nun das Augenmerk auf weitere interessante Geschichten lenken. Denn tatsächlich lesen sich manche Geschehnisse, die aus der Welt der Mathematik stammen, wie spannende Thriller.

So stellten die Alliierten statistische Berechnungen an, um die Anzahl der Panzer der Wehrmacht abzuschätzen; die USA entwickelte einen Algorithmus, um mögliche Kernwaffentests der Sowjetunion aufzudecken und die NSA drohte Mathematikprofessoren und ihren Studierenden mit Gefängnisstrafen, als diese erstmals quasi unknackbare Verschlüsselungen entwickelten. Unsere Reise durch die spannende Geschichte der Mathematik beginnt jedoch mit einem Piraten, der das Fach – wahrscheinlich ungewollt – bis heute geprägt hat.

7.1 Das Stapeln von Kanonenkugeln

Die Ansichten über Sir Walter Raleigh, der im 16. Jahrhundert die Weltmeere unsicher machte, gehen stark auseinander: War er ein begnadeter Seefahrer und Entdecker oder doch eher ein brutaler Pirat? Bekannt ist Raleigh vor allem dafür, seinen Umhang in eine Matschpfütze gelegt zu haben, damit sich die damalige britische Königin Elizabeth I. nicht die Füße dreckig machte. Ob sich das wirklich so zugetragen hat, ist unbekannt. Gesichert ist hingegen, dass er mit einer simplen Frage viele Jahrhunderte der Mathematik nachhaltig geprägt hat – und Fachleute sich bis heute darüber den Kopf zerbrechen.

Das Leben von Sir Walter Raleigh war überaus ereignisreich: Er stand in der Gunst von Queen Elizabeth I., die ihn 1585 sogar zum Ritter schlug. Als er allerdings ohne Erlaubnis der Majestät eine ihrer Hofdamen heiratete, wurde er für einige Jahre in den Tower of London gesperrt. Nach seiner Entlassung führte er einige Expeditionen nach Südamerika an, wo er (erfolglos) nach dem sagenumwobenen Ort „El Dorado" suchte, der unvorstellbare Goldschätze bergen sollte. Nach dem Tod der britischen Königin wurde er erneut ins Gefängnis geschickt, weil er angeblich Teil einer Verschwörung war, mit dem Ziel, den neuen König James vom Thron zu stürzen. Nachdem er wieder freigelassen wurde, setzte er seine Suche nach El Dorado fort. Als seine Seeleute allerdings einen spanischen Außenposten plünderten, musste Raleigh erneut ins Gefängnis und wurde dort hingerichtet.

Bei seinen Expeditionen war Raleigh gezwungen, Kanonenkugeln mit an Bord zu nehmen, um sich vor feindlichen Übergriffen zu schützen. Dafür wollte er möglichst wenig Platz opfern. Deshalb stellte er seinem wissenschaftlichen Berater Thomas Harriot eine vermeintlich einfache Aufgabe: Er sollte berechnen, wie viel Grundfläche mindestens nötig ist, um eine bestimmte Anzahl von Kanonenkugeln in Pyramidenform zu stapeln. Harriot fand dafür schnell eine griffige Formel und konnte Raleigh eine zufrieden stellende Lösung präsentieren.

Doch der wissbegierige Forscher gab sich nicht einfach nur mit dem Zählen von Kanonenkugeln zufrieden. Er wollte herausfinden, ob das auch wirklich die dichteste Kugelpackung ist. Angenommen, man wolle den dreidimensionalen Raum vollständig mit unendlich vielen Kugeln füllen – wie müsste man sie anordnen, damit sie möglichst wenig Platz beanspruchen?

Harriot konnte keine Antwort darauf finden. Deshalb schrieb er 1606 einen Brief an den Astronomen Johannes Kepler, in dem er von dieser Frage berichtete. Kepler schien das Thema ebenso zu faszinieren, denn fünf Jahre später veröffentlichte er eine These, die als keplersche Vermutung in die Geschichte einging: Demnach ist die dichteste Anordnung von Kugeln jene, die man beim Stapeln von Orangen im Supermarkt (oder von Kanonenkugeln auf Schiffen) beobachtet: Man startet mit einer Kugel in der Mitte und fügt zunächst sechs Exemplare darum herum. Diese Kugeln bilden gewissermaßen ein Sechseck. Dieses Polygon hat den Vorteil, dass man damit die gesamte Ebene lückenlos pflastern kann. Das heißt, man kann das sechseckige Muster auf der ganzen Ebene vervielfältigen. Anschließend bildet man eine zweite Schicht, indem man die Kugeln in die entstandenen Hohlräume setzt, wie bei einem Eierkarton. Die dritte Schicht entspricht wieder der ersten – und so setzt sich die Anordnung fort. Kepler konnte berechnen, wie viel Freiraum durch eine solche Stapelung entsteht: etwa 26 Prozent.

Ist das das beste Ergebnis, um Kugeln zu schichten? 26 Prozent Leerraum klingt nicht nach einer besonders guten Packung. Tatsächlich lässt sich eine endliche Anzahl von Kugeln deutlich effizienter anordnen: Zum Beispiel ist es platzsparender, fünf Kugeln hintereinander wie eine Art Wurst aufzureihen. Doch das keplersche Problem dreht sich um unendlich viele Kugeln in drei Raumdimensionen. Andere Konfigurationen, die Kepler untersuchte, erzeugten größere Lücken. Ob das sechseckige Muster aber auch wirklich das optimale ist, konnte er nicht belegen. 1773 bewies Joseph Louis Lagrange den zweidimensionalen Fall: Er konnte zeigen, dass die platzsparendste Anordnung von Kreisen in der Ebene die Sechseck-Konfiguration ist, bei der ein Kreis von sechs anderen umgeben ist. Dadurch erhält man eine Dichte von etwa 90 Prozent, es gibt also nur 10 Prozent Leerraum.

Zu beweisen, dass eine bestimmte Anordnung optimal ist, erweist sich als extrem schwierig. Man kann einfach berechnen, wie dicht eine Formation ist. Damit lässt sich relativ schnell überprüfen, ob eine Konfiguration dichter ist als eine andere. Aber zu zeigen, dass es keine Möglichkeit gibt, Kugeln platzsparender zu stapeln, ist eine Mammutaufgabe. Schließlich kann man nicht einfach alle unendlich vielen Anordnungen durchgehen und vergleichen.

Im Jahr 1831 gelang dem Ausnahmemathematiker Carl Friedrich Gauß dennoch ein großer Durchbruch: Er konnte beweisen, dass die keplersche Vermutung korrekt ist, wenn man annimmt, dass die Kugeln nur in regelmäßigen Gittern angeordnet sind. In diesem Fall ist es möglich, die ersten paar Kugeln im Raum zu verteilen und alle anderen nach demselben Muster anzuordnen. Unter all den regelmäßigen Gittern zu prüfen, welches das platzsparendste ist, ist zwar noch immer nicht einfach, aber Gauß konnte die Aufgabe mit den im 19. Jahrhundert zur Verfügung stehenden mathematischen Werkzeugen – Stift und Papier – bewältigen.

Ob es allerdings eine chaotische Anordnung gibt, die noch dichter ist, konnte Gauß nicht ausräumen. Diese Möglichkeit macht das Problem ungleich schwieriger, denn in diesem Fall lässt sich jede Kugel an eine beliebige Stelle setzen – und das nicht bloß bei den ersten paar Objekten. Bis zum nächsten nennenswerten Fortschritt sollte mehr als ein Jahrhundert vergehen.

Da es unmöglich ist, unendlich viele Fälle zu prüfen, muss man versuchen, die keplersche Vermutung auf eine Aufgabe herunterzubrechen, bei der nur endlich viele Konfigurationen eine Rolle spielen. 1953 bewies der ungarische Mathematiker László Fejes Tóth, dass das tatsächlich machbar ist. Die grundlegende Idee ist: Man teilt den dreidimensionalen Raum in unendlich viele Bereiche auf und beweist, dass die keplersche Anordnung in allen Bereichen am dichtesten ist – denn dann ist sie es auch im gesamten Raum.

Dafür nutzte Tóth so genannte Voronoi-Diagramme. Anstatt sich mit unendlich vielen dreidimensionalen Kugeln herumzuschlagen, schlug er vor, nur ihre Mittelpunkte zu betrachten, denn deren Position bestimmt die gesamte Anordnung. Dabei muss man natürlich beachten, dass die Mittelpunkte jeweils einen Mindestabstand von einem Kugeldurchmesser wahren müssen – schließlich dürfen sich die Kugeln ja nicht durchdringen. Damit hat man einen Raum voller willkürlich verteilter Punkte. Hier erweisen sich die Voronoi-Diagramme als nützlich: Man unterteilt diesen Raum in verschiedene Zellen, die jeweils einen Kugelmittelpunkt in ihrem Zentrum bergen. Eine Voronoi-Zelle enthält alle Punkte des Raums, die näher am darin befindlichen Kugelmittelpunkt liegen als an allen anderen.

Tóth vermutete, dass das Volumen der Voronoi-Zellen stets größer ausfällt als das von regelmäßigen Rhomben-Dodekaedern mit Radius eins (einer von fünf platonischen Körpern, der aus zwölf Fünfecken besteht). Das würde der keplerschen Anordnung von Kugeln entsprechen; beweisen konnte Tóth das jedoch nicht. Daher betrachtete er in eine nächsten Schritt nicht nur einzelne Voronoi-Zellen, sondern bis zu dreizehn davon. So formulierte der Mathematiker eine neue Aufgabe: Könnte man zeigen, dass das Volumen der Voronoi-Zellen stets größer ist als das von Rhomben-Dodekaedern, dann ist die keplersche Vermutung wahr.

Statt also unendlich viele Möglichkeiten durchzuspielen und zu überprüfen, ob die dazugehörige Packungsdichte stets niedriger ausfällt als die von Kepler vorgeschlagene, muss man nur endlich viele Fälle abklappern. Das einzige Problem:

Die Anzahl der zu prüfenden Anordnungen ist riesig – die Aufgabe übersteigt noch immer alle menschlichen Kapazitäten. Doch schon in den 1950er-Jahren erkannte Tóth, dass Computer diese Berechnungen – zumindest irgendwann – würden lösen können.

1992 begann sich der US-amerikanische Geometer Thomas Callister Hales mit dem Problem zu beschäftigen. Zusammen mit seinem Studenten Samuel Ferguson suchte er eine Möglichkeit, die vielen Fälle abzuarbeiten, um mit Tóths Vorarbeit die keplersche Vermutung zu beweisen. Dafür mussten sie mehr als 5000 verschiedene Kugelanordnungen untersuchen und zeigen, dass deren Dichte jeweils niedriger ist als jene von Kepler vorgeschlagene – das führte zu etwa 100.000 Problemen, die ein Computer lösen musste. Die vollständige Umsetzung dauerte vier Jahre.

Hales reichte schließlich 1998 den 250-seitigen Beweis inklusive eines drei Gigabyte großen Computerprogramms bei dem prestigeträchtigen Fachjournal „Annals of Mathematics" ein. Die Gutachter brauchten weitere vier Jahre, um den Beweis zu prüfen – mit dem Ergebnis: Sie seien sich zu 99 Prozent sicher, dass die Arbeit korrekt sei. Das genügte zwar, um sie in den Annalen zu veröffentlichen, aber Hales war damit nicht zufrieden. Schließlich bestand ein Restzweifel, dass er etwas falsch gemacht haben könnte oder einen Spezialfall übersehen hatte.

Deswegen rief Hales 2003 das Projekt „FlysPecK" (kurz für: Formal proof of Kepler) ins Leben, um seine Berechnungen von einem computergestützten Beweisassistenten prüfen zu lassen. Dabei handelt es sich um ein Programm, das logische Schlüsse in Argumentationsketten verifiziert. In den letzten Jahren fanden solche Programme immer häufiger Anwendung, um komplizierte mathematische Beweise zu prüfen, bei denen sich Fachleute nicht vollständig sicher sein können, ob sie richtig sind. Die Algorithmen sind ungemein nützlich, allerdings sehr aufwändig zu nutzen. Denn dafür muss man einen Beweis in eine für Computer verständliche Sprache übersetzen. Außerdem muss man dem Rechner alle bereits bekannten Zusammenhänge (Definitionen, bewiesene Sätze, Axiome und so weiter) übermitteln. Das Ganze erweist sich gerade bei aufwändigen Beweisen als Mammutaufgabe.

Es dauerte nochmals 14 Jahre, bis FlysPecK erfolgreich beendet war. Nun konnten Computer Hales' Arbeit vollständig prüfen – und fanden keinen Fehler. Damit kann sich die wissenschaftliche Gemeinschaft nun wirklich sicher sein, dass der Beweis der keplerschen Vermutung (so aufwändig und undurchsichtig er vielleicht sein mag) korrekt ist.

Zwischen Sir Raleighs ursprünglicher Frage und der vollständigen Lösung des Problems sind somit mehr als 400 Jahre vergangen. Doch damit ist das Thema der dichten Kugelpackungen noch lange nicht beigelegt. Es birgt noch viel spannende Mathematik: Betrachtet man die Frage beispielsweise in höheren Dimensionen (was ist die dichteste Anordnung vierdimensionaler Kugeln im vierdimensionalen Raum?) oder Fälle mit endlich vielen Objekten (wie ordnet man etwa 53 Kugeln möglichst platzsparend an?), so sind diese Probleme bis heute offen. Es bleibt zu hoffen, dass deren Beantwortung nicht ganz so viel Zeit erfordert.

7.2   Duelle, Intrigen und imaginäre Zahlen

In der Schule lernt man einige grundlegende mathematische Regeln kennen. Dazu zählt, dass man nicht durch null teilen und nicht die Wurzel aus einer negativen Zahl ziehen darf. Während Ersteres mathematisch tatsächlich nicht definiert ist, wird einem in der Oberstufe (oder spätestens im Studium eines mathelastigen Fachs) beigebracht, dass das zweite Verbot nicht in Stein gemeißelt ist. Will man etwa Licht als elektromagnetische Welle beschreiben, Ströme in elektrischen Schaltkreisen berechnen oder die Quantenmechanik formulieren: In all diesen Fällen erweisen sich „imaginäre Zahlen" als nützlich – also jene Werte, die quadriert ein negatives Ergebnis liefern. Auf dem gewöhnlichen Zahlenstrahl sind imaginäre Zahlen nicht verortet. Kein Wunder also, dass die Objekte erst im 16. Jahrhundert entwickelt wurden – und es zwei weitere Jahrhunderte dauerte, bis sie wirklich weithin akzeptiert waren.

Die Erfindung der imaginären Zahlen steckt voller Machtkämpfe und Intrigen. Schauplatz ist das nördliche Italien des 16. Jahrhunderts, als die Habsburger und das Haus Valois um die Vorherrschaft Europas kämpften und es dadurch immer wieder zu Kriegen kam. Die Hauptakteure der Geschichte sind die italienischen Gelehrten Girolamo Cardano und Nicolo Tartaglia: Zwischen beiden entwickelte sich ein erbitterter Streit, aus dem Cardano als Sieger hervorgehen sollte. Aber lassen Sie mich die Geschichte von Anfang an erzählen.

Sie beginnt mit dem Mathematiker Scipione del Ferro, der um das Jahr 1515 erstmals eine Lösungsformel für kubische Gleichungen der Form $x^3 + px = q$ gefunden hatte. Das war eine Sensation: Man wusste zwar schon lange, wie sich quadratische Gleichungen lösen lassen, doch wegen der jahrhundertelangen erfolglosen Suche nach einer Art p-q-Formel für kubische Gleichungen gingen viele davon aus, dass das Problem unlösbar sei. Auch wenn del Ferro sich bloß einem Spezialfall kubischer Gleichungen gewidmet hatte, deren quadratische Komponente null ist, stellte sein Ergebnis einen enormen Fortschritt dar. Trotz der Tragweite seiner Arbeit machte del Ferro sie aber nicht publik, sondern teilte die Resultate nur mit seinen engsten Vertrauten.

Was heute vollkommen unlogisch scheint, war damals keine Seltenheit, denn Mathematik-Duelle waren sehr verbreitet. Jeder konnte Mathematikprofessoren herausfordern und damit deren berufliche Karriere ruinieren. Bei einem Duell stellten sich die Kontrahenten gegenseitig Rechenaufgaben, die sie innerhalb einer bestimmten Zeit lösen mussten. Nach Ablauf der Frist wurden die Ergebnisse öffentlich vorgestellt. Schnitt ein Professor schlecht ab, konnte er seine Stelle verlieren – nicht selten wurde sie an den Herausforderer vergeben. Daher behielten viele Gelehrte ihre Erkenntnisse für sich, um keine Aufmerksamkeit auf sich zu ziehen und im Falle eines Duells einen Vorteil zu haben.

Nachdem del Ferro gestorben war, wollte einer seiner Schüler, Antonio Maria del Fiore, dieses Duell-System ausnutzen, um sich einen Namen zu machen. Er gehörte zu den wenigen Eingeweihten, denen del Ferro seine geheime Lösungsformel anvertraut hatte. Mit diesem Wissen hoffte er im Jahr 1535, den Mathematiker Tartaglia, den Hauptakteur der Geschichte, in einem Duell zu besiegen.

Tartaglia wurde unter dem Namen Nicolo Fontana geboren. Als er zwölf Jahre alt war, eroberten französische Truppen seine Heimatstadt Brescia und richten ein Massaker an, bei dem 45.000 Einwohner starben. Fontana überlebte schwer verletzt, seine Narben kaschierte er mit einem dichten Bart – doch das Stottern wurde er nicht los. Er machte diese Eigenschaft zu seinem Namen; Tartaglia bedeutet übersetzt „der Stotterer". Mit Mitte 30 lebte Tartaglia in Venedig, wo er als Mathematiklehrer an verschiedenen Schulen arbeitete. Er hatte gerade herausgefunden, wie man eine andere Art kubischer Gleichung löste: Jene, deren linearer Term null war, also: $x^3 + px^2 = q$. Da eine solche Gleichung eine andere Lösungsmethode erfordert als jene von del Ferro, glaubte del Fiore, Tartaglia besiegen zu können. Tartaglia nahm die Herausforderung an, in der Hoffnung, so seine berufliche Stellung zu verbessern.

Die beiden Gegner ließen sich jeweils 30 Aufgaben zukommen, die sie innerhalb von 40 Tagen lösen sollten. Del Fiore setzte alles auf eine Karte und stellte seinem Kontrahenten ausschließlich Probleme des Typs $x^3 + px = q$. Doch er hatte ihn unterschätzt: Tartaglia tüftelte tagelang an einem Lösungsansatz – und war schließlich erfolgreich. Kurz vor Ablauf der Frist fand Tartaglia eine Formel und konnte die Aufgaben nach eigenen Angaben innerhalb von bloß zwei Stunden lösen. Del Fiore schien hingegen kein besonders begabter Mathematiker zu sein. Trotz der übermittelten Lösungsformel von del Ferro konnte er nicht eine einzige der von Tartaglia gestellten kubischen Probleme berechnen.

> Zur damaligen Zeit war die algebraische Schreibweise, die wir heute nutzen, noch nicht erfunden. Die Aufgaben waren damals als Text ausformuliert, etwa in der Form „Finde eine Zahl, deren Kubus hinzuaddiert sechs ergibt" ($x^3 + x = 6$). Anstatt daraus eine Gleichung abzuleiten und diese umzustellen, musste man solche Probleme geometrisch lösen. Für x^3 zeichnete man einen Würfel und versuchte auch den Rest der Gleichungen so durch Würfel darzustellen, bis man eine Lösung erhielt. Diese grafische Methode hat – neben ihrer Komplexität – eine weitere Kehrseite: Man kann keine negativen Zahlen damit behandeln. Denn wie sollte man ein geometrisches Objekt mit negativer Länge, negativem Flächeninhalt oder negativem Volumen darstellen? Gleichungen wie $x^3 - x = 6$ waren unlösbar. Man half sich damals damit, das Problem umzuformulieren: $x^3 = x + 6$. Diese Gleichung erforderte eine andere Lösungsformel als die erste. Wollte man also allgemein kubische Gleichungen lösen, musste man zahlreiche Spezialfälle betrachten.

Durch den Wettstreit zwischen del Fiore und Tartaglia wurde der zweite Hauptdarsteller der Geschichte, Girolamo Cardano, auf das Thema aufmerksam. Der angesehene Mathematiker und Mediziner verfolgte das Duell mit Spannung, denn er war bisher davon ausgegangen, dass keine allgemeine Lösungsformel zu kubischen Gleichungen existiert. Als Tartaglia sein Können unter Beweis stellte, war für Cardano klar, dass dieser einen erstaunlichen Durchbruch erzielt haben musste.

Aber wie damals üblich, veröffentlichte auch Tartaglia seine Lösungsformel nicht – sondern nur die Ergebnisse zu den Aufgaben des Duells, die sich leicht nachprüfen ließen. Cardanos Neugier war geweckt. Und so nahm er Kontakt zu Tartaglia auf, um die Lösung zu erfahren.

Tartaglia weigerte sich aber, sein Geheimnis preiszugeben. Denn er hatte damals keinen guten beruflichen Stand: Er musste sich immer wieder behaupten, um seine Anstellung zu verlängern. Daher konnte er es sich nicht leisten, sein Wissen zu teilen und so unter Umständen seinen Vorteil bei einem Duell zu verlieren. Doch Cardano ließ nicht locker: Er versprach, niemandem von der Methode zu erzählen und sie nicht zu veröffentlichen. Außerdem deutete er an, seine Beziehungen zu wichtigen Personen in Mailand nutzen zu können, um Tartaglia eine bessere Anstellung zu verschaffen. Tartaglia knickte daraufhin ein und teilte Cardano sein Geheimnis in Versform mit.

Wenn der Würfel und die Dinge zusammen
gleich einer Zahl sind,
Finde zwei andere Zahlen, die sich durch diese unterscheiden.
Dann wirst du es dir zur Gewohnheit machen
Dass ihr Produkt immer gleich sein soll
Genau dem Kubus eines Drittels der Dinge entspricht.
Der Rest dann als allgemeine Regel
Von ihren Kubikwurzeln subtrahiert
gleich der Hauptsache sein
Im zweiten dieser Akte,
Wenn der Würfel allein bleibt,
wirst du diese anderen Vereinbarungen beachten:
Du wirst die Zahl sogleich in zwei Teile teilen
So dass das eine mal das andere deutlich ergibt
Den Würfel des Dritten der Dinge genau.
Dann von diesen zwei Teilen, als Gewohnheitsregel,
Du nimmst die Kubikwurzeln und addierst sie,
Und diese Summe wird dein Gedanke sein.
Die dritte dieser unserer Berechnungen
Ist mit der zweiten gelöst, wenn man gut aufpasst,
Denn in ihrer Natur sind sie fast gleich.
Diese Dinge habe ich gefunden, und nicht mit trägen Schritten,
Im Jahr eintausendfünfhundertvierunddreißig.
Mit starken und festen Fundamenten
In der Stadt, die vom Meer umgürtet ist.

In moderner Notation heißt das: Hat man eine Gleichung der Form $x^3 + px = q$, muss man zwei Zahlen u und v mit folgenden Eigenschaften suchen: $u - v = q$ und $u \cdot v = (\frac{p}{3})^3$. Dann ist $\sqrt[3]{u} + \sqrt[3]{v}$ die Lösung der kubischen Gleichung.

Mit diesem Wissen war der Damm gebrochen: Cardano schaffte es, Tartaglias Ergebnisse zu verallgemeinern und fand Lösungsformeln für jede Art von kubischer Gleichung. Denn ihm war Folgendes aufgefallen: Wenn man in der allgemeine Gleichung $x^3 + px^2 + qx = r$ die Variable x durch $t - \frac{q}{3}$ ersetzt, erhält man eine neue Gleichung mit Variablen t der Form: $t^3 + q't = r'$, für die Tartaglia eine Lösungsformel besaß.

Als Cardano verschiedene Spezialfälle durchging, fiel ihm etwas Ungewöhnliches auf. Wollte er zum Beispiel die Gleichung $x^3 = 15x + 4$ lösen, musste er zwei Zahlen u und v finden, die die beiden Gleichungen $u + v = 4$ und $u \cdot v = 125$ erfüllen. Was wäre ein passendes Zahlenpaar? Heutzutage kann man ja glücklicherweise „tricksen" und das Problem algebraisch angehen. Dazu muss man die beiden Gleichungen ineinander einsetzen und nach v auflösen: $v = 2 \pm \sqrt{4 - 125} = 2 \pm \sqrt{-121}$. Doch genau das war Cardanos Problem: Er war auf die Wurzel einer negativen Zahl gestoßen. Der Mathematiker bezeichnete das Ergebnis als „ebenso raffiniert wie nutzlos", ging in seinen nachfolgenden Arbeiten aber nicht weiter darauf ein.

All diese Berechnungen tätigte Cardano zunächst im Verborgenen mit seinem Schüler Lodovico Ferrari, der später sogar eine allgemeine Lösungsformel für Gleichungen vierten Grades fand. Da Cardano hauptsächlich als Mediziner sein Geld verdiente, brauchte er seine mathematischen Erkenntnisse nicht vor der Öffentlichkeit geheim zu halten. Selbst wenn er ein Duell verlieren würde, hätte das keine Konsequenzen für seine berufliche Laufbahn gehabt. Wegen seines Versprechens an Tartaglia musste er die Ergebnisse dennoch für sich behalten. Zumindest bis zum Jahr 1543, als der Schwiegersohn des verstorbenen Mathematikers del Ferro an Cardano und Ferrari herantrat: In den Notizbüchern seines Schwiegervaters hatte er die Lösungsformel für kubische Gleichungen entdeckt, die Tartaglia ebenfalls erarbeitet hatte. Nur, dass del Ferro sie lange von Tartaglia gefunden hatte.

Für Cardano änderte das alles. Wenn Tartaglia nicht der Urheber der Lösungsformel war, entband ihn das aus seiner Sicht von der Geheimhaltungspflicht. Und so veröffentlichte Cardano zwei Jahre später sein Hauptwerk, die „Ars Magna", in der er die Lösungsformeln für die vielen Spezialfälle von kubischen Gleichungen sowie Ferraris Lösung für Gleichungen vierten Grades präsentierte. Zwar mag er damit Tartaglia hintergangen haben, doch muss man Cardano zugutehalten: Er beanspruchte die Erfolge nicht für sich allein, sondern nannte sowohl Ferrari, Tartaglia als auch del Ferro als Entdecker der verschiedenen Lösungen.

Dennoch war Tartaglia extrem verärgert, als er von der Veröffentlichung erfuhr. Er begann, allerlei Briefe an Cardano zu senden und zu veröffentlichen, in denen er ihn beleidigte (unter anderem bezeichnete er ihn als einfältig). Auch wenn seine Wut zumindest teilweise nachvollziehbar ist, ging Cardanos Werk über das hinaus, was Tartaglia herausgefunden hatte: Er hatte unter anderem Tartaglias Ergebnisse verallgemeinert und besprach die vielen verschiedenen Anwendungsfälle im Detail. Angesichts der Flut an Beleidigungen hielt sich Cardano bedeckt. Doch Ferrari konnte den Anfeindungen nicht tatenlos zusehen und nahm seinen Lehrer in Schutz.

Das führte im Jahr 1548 erneut zu einem berüchtigten Duell: Dieses Mal zwischen Ferrari und Tartaglia. Letzterem wurde im Fall eines Sieges eine angesehene Festanstellung in Brescia versprochen. Doch während des Kräftemessens musste sich Tartaglia bereits nach dem ersten Tag geschlagen geben und eingestehen, dass er Ferrari unterlegen war. Trotzdem hielt er ein Jahr lang eine Vorlesung in Brescia, die wegen seiner Niederlage jedoch nicht entlohnt wurde.

So nahm die Geschichte der zwei Hauptcharaktere ein bitteres Ende: Tartaglia starb 1557 in Armut, während Cardano 1570 wegen Ketzerei inhaftiert wurde und damit seine Lehrtätigkeit verlor. Bis heute sind die Lösungsformeln für kubische Gleichungen als Cardanische Formeln bekannt.

Die ominösen Wurzeln aus negativen Zahlen, die Cardano entdeckt hatte, blieben mehrere Jahrzehnte unberührt. Bis ein weiterer italienischer Mathematiker, Rafael Bombelli, sie kurz vor seinem Tod im Jahr 1572 wieder aufgriff. Als er die Lösungen von kubischen Gleichungen untersuchte, die Wurzeln aus negativen Zahlen enthalten, erkannte er ein Muster: in u und v schienen diese seltsamen Terme immer mit unterschiedlichem Vorzeichen aufzutauchen, etwa bei: $v = 2 + \sqrt{-121}$ und $u = 2 - \sqrt{-121}$ für die kubische Gleichung $x^3 = 15x + 4$. Bombelli vermutete, dass die negativen Wurzeln in der endgültigen Lösung x wegfallen könnten – und somit bloß ein seltsames Werkzeug wären, um eine reelle Lösung zu erhalten. Also tat er so, als würden Wurzeln aus negativen Zahlen existieren und rechnete damit. „Zuerst schien mir die Sache mehr auf einem Trugschluss als auf Wahrheit zu beruhen, aber ich suchte, bis ich den Beweis fand", schrieb Bombelli in seinen Büchern „L'algebra", die in den 1570er-Jahren erschienen.

Sollte sein Verdacht korrekt sein, dann müssten die Kubikwurzeln $\sqrt[3]{u}$ und $\sqrt[3]{v}$ die gleiche Struktur aufweisen wie u und v, sich also als Summe einer reellen Zahl und der Wurzel einer negativen Zahl schreiben lassen. Damit hatte Bombelli, ohne es zu benennen, erstmals das Konzept der „komplexen Zahlen" eingeführt. Für das oben genannte Beispiel bedeutet das: $\sqrt[3]{2 + \sqrt{-121}} = a + \sqrt{-b}$ und $\sqrt[3]{2 - \sqrt{-121}} = a - \sqrt{-b}$. Und tatsächlich: Wenn man die Gleichungen jeweils mit drei potenziert und dann addiert, heben sich alle Wurzeln aus negativen Zahlen weg. Die Lösung des Problems ist dann durch $a = 2$ und $b = 1$ gegeben – was zu einem reellen Ergebnis führt: $x = a + \sqrt{-b} + a - \sqrt{-b} = 2a = 4$. Dass dieses Ergebnis korrekt ist, kann man schnell prüfen: $4^3 = 64 = 15 \cdot 4 + 4$.

Damit tauchten Wurzeln aus negativen Zahlen erstmals in mathematischen Berechnungen auf. Doch sie dienten nur als Hilfsmittel, um ein reelles Ergebnis zu berechnen. Man maß ihnen keinen weiteren Wert oder tatsächliche „Existenz" bei. Das war der Grund, weshalb der Gelehrte René Descartes im 17. Jahrhundert solche Größen als „imaginäre Zahlen" bezeichnete – und ihnen damit einen Namen verlieh. Es dauerte weitere 100 Jahre, bis Leonhard Euler eine geometrische Darstellung fand: Eine komplexe Zahl $a + \sqrt{-b}$, wie Bombelli sie bereits eingeführt hatte, lässt sich als Punkt mit den Koordinaten $(a, \sqrt{b})$ in einer Zahlenebene veranschaulichen. Damit spannen die imaginären Zahlen einen eigenen Zahlenstrahl auf, der senkrecht zu den reellen Zahlen steht.

Inzwischen haben komplexe Zahlen ihren festen Platz in der Mathematik und werden längst nicht mehr als bloßes Werkzeug betrachtet. Das ist in den übrigen Naturwissenschaften anders: Zwar trifft man auch dort in einigen Gleichungen auf imaginäre Werte. Da Messungen aber immer nur reelle Ergebnisse liefern können, ging man bis vor Kurzem davon aus, dass sich unsere Welt auch ohne komplexe Zahlen beschreiben lässt – auch wenn eine rein reelle Formulierung unter Umständen sehr kompliziert ausfallen kann. Das scheint jedoch nicht auf die

Quantenmechanik zuzutreffen: Mehrere Experimente aus dem Jahr 2021 deuten darauf hin, dass die Quantenphysik auf imaginäre Werte angewiesen ist. Die Geschichte der imaginären Zahlen ist also noch nicht zu Ende: Sie sind jetzt noch ein kleines Stückchen realer geworden.

7.3 Plagiatvorwürfe bei der Erfindung der Infinitesimalen

Über Unendlichkeiten hat die Menschheit seit jeher nachgedacht. Sie bestimmt auch schon: Was passiert zum Beispiel, wenn man eine Zahl immer weiter um eins erhöht? Ist es möglich, irgendwann bei einem Wert zu landen, der alle natürlichen Zahlen übersteigt? Man kann sich aber auch über das Gegenteil Gedanken machen: Was passiert, wenn man den Betrag einer Zahl immer kleiner werden lässt? Die ältesten Aufzeichnungen zu solchen Überlegungen stammen von Archimedes, der im dritten Jahrhundert vor unserer Zeitrechnung lebte. Richtig bedeutsam wurden Unendlichkeiten und ihr Gegenteil, so genannte Infinitesimale, jedoch erst mit der Geburtsstunde der Analysis im 17. Jahrhundert. Und diese wurde von einer der heftigsten wissenschaftlichen Streitigkeiten begleitet, die die Welt bis dahin gesehen hatte.

In den 1660er- und 1670er-Jahren hatten sowohl Isaac Newton als auch Gottfried Wilhelm Leibniz die Grundlagen für die heutige Analysis geschaffen: einen Bereich der Mathematik, der sich unter anderem mit dem Vermessen geometrischer Figuren und der Untersuchung veränderlicher Größen beschäftigt. Newton forschte zu jener Zeit am Trinity College in Cambridge. Dann suchte 1666 die Beulenpest Europa heim, weshalb die Universität für dieses Jahr ihre Tore schloss. Anders als die meisten anderen nahm Newton das nicht zum Anlass, sich auszuruhen, sondern widmete sich noch intensiver seiner Forschung – und machte dort beeindruckende Fortschritte in allerlei Bereichen: von Optik über Bewegungslehre bis hin zu einer Theorie der Gravitation. Besonders faszinierten den jungen Physiker veränderliche Systeme. Um diese zu beschreiben, brauchte er allerdings eine neue Art von Mathematik, die der damals 23-Jährige zu diesem Zweck erfand.

Angenommen, Sie lassen einen Ball zu Boden fallen. Seine Geschwindigkeit wird mit der Zeit zunehmen, da die Anziehungskraft der Erde ihn beschleunigt. Die zurückgelegte Strecke s des Balls lässt sich über die Bewegungsgleichung $s = \frac{1}{2g} \cdot t^2$ beschreiben, wobei $g = 9{,}81 \frac{m}{s^2}$ die Schwerebeschleunigung darstellt. Um die Formeln möglichst kurz zu halten, verzichten wir im Folgenden auf Einheiten und runden $g \approx 10$. Damit erhält man für die zurückgelegte Strecke ungefähr den Wert $s = 5t^2$ in der Einheit Meter. Was aber, wenn man wissen möchte, welche Geschwindigkeit der Ball nach einer Sekunde hat? Bekannt ist, dass die durchschnittliche Geschwindigkeit v eines Objekts der zurückgelegten Strecke dividiert durch die dafür benötigte Zeit ist: $v = \frac{s}{t}$. Doch was, wenn sich die Geschwindigkeit durchweg ändert und wir an $v(t)$ zu einem bestimmten Zeitpunkt t interessiert sind?

Newton erkannte, dass das Ergebnis für die momentane Geschwindigkeit exakter ausfällt, je kleiner man das Zeitintervall wählt, aus dem man den Wert berechnet. Dafür führte er schließlich eine „infinitesimale" Größe dt ein, die einem winzigen Zeitabschnitt entspricht – kleiner als jede gewöhnliche Zahl. Schon Archimedes hatte über solche Zahlen nachgedacht und sie folgendermaßen definiert: $|dt| < \frac{1}{1}$, $|dt| < \frac{1}{1+1}$, $|dt| < \frac{1}{1+1+1}$, ...

Die Geschwindigkeit zu einem Zeitpunkt $t = 1$ ließe sich demnach berechnen, indem man die innerhalb von $t = 1$ und $t = 1+dt$ zurückgelegte Distanz $s(1+dt) - s(1)$ durch das Zeitintervall dt teilt. Wenn man die Werte für t in die Streckenformel einsetzt, erhält man: $s(1 + dt) = 5 \cdot (1 + dt)^2 = 5 + 10dt + 5dt^2$ und $s(t = 1) = 5$. Damit folgt für die Geschwindigkeit v zum Zeitpunkt $t = 1$: $v(t = 1) = (s(1 + dt) - s(1))/dt = (10dt + 5dt^2)/dt = 10 + 5dt$. Was bedeutet dieses Ergebnis, das noch von dt abhängt? Newton ließ diesen Term einfach weg, wodurch man $v(t = 1) = 10$ (Meter pro Sekunde) erhält.

Ähnliche Überlegungen stellte der studierte Philosoph Leibniz fast zeitgleich an – allerdings aus völlig anderen Gründen. Er suchte damals nach einer Möglichkeit, die Fläche unterhalb einer Kurve zu berechnen. Dafür teilte er die Fläche in immer kleinere Intervalle ein, um sie durch die Summe zahlreicher rechteckiger Flächen anzunähern. Die Berechnung fällt umso genauer aus, je schmaler die Intervalle gewählt werden. Und so führte auch Leibniz Infinitesimale dx ein.

Genauere Untersuchungen solcher Infinitesimalen rückten erst einmal in den Hintergrund: Die Aufmerksamkeit der Fachwelt richtete sich zunächst auf einen Streit zwischen Leibniz und Newton. Zwar hatte Leibniz die Theorie vor seinem englischen Kollegen veröffentlicht, doch Newton behauptete, Leibniz habe seine eigenen unveröffentlichten Arbeiten zur Infinitesimalrechnung zuvor gesehen und seine Ideen gestohlen. Die britische Gelehrtengesellschaft Royal Society leitete daraufhin eine Untersuchung ein, die Newtons Anschuldigungen bestätigte. Später stellte sich allerdings heraus, dass der Physiker selbst Teil der Untersuchungskommission gewesen war. Doch Leibniz' Ruf war ruiniert; er starb im Jahr 1716 – und weil sich niemand verantwortlich fühlte, sich um das Begräbnis zu kümmern, erhielt sein Grab zunächst keine Beschriftung. Erst 75 Jahre später wurde die Inschrift „OSSA LEIBNITII" (die Gebeine von Leibniz) angebracht. Um 1900 herum stellten Wissenschaftshistoriker fest, dass es zwischen Leibniz' und Newtons Ausarbeitungen zur Analysis starke Unterschiede gab und deshalb beide Wissenschaftler unabhängig voneinander zu ihren Erkenntnissen gekommen waren.

Während einige Mathematiker wie Guillaume de L'Hospital von der Existenz von Infinitesimalen überzeugt waren, äußerten sich Leibniz und Newton vorsichtiger. Ersterer behauptete nicht, dass die ungewöhnlichen Größen wirklich existieren, aber dass man mit ihrer Hilfe korrekte Schlussfolgerungen treffen könne. Newton ging sogar noch weiter: Obwohl seine Berechnungen in den „Principia Mathematica" auf Infinitesimalen fußte, hatte er sie vor der Veröffentlichung durch gewöhnliche Berechnungen ersetzt oder schlicht weggelassen.

Aber es gab auch hartgesottene Gegner. Etwa den Philosophen George Berkeley, der 1734 argumentierte: Größen wie $10 + 5dt$ könnten unmöglich dasselbe sein wie 10, da in der Mathematik selbst winzigste Werte eine entscheidende Rolle spielten. Mit der Berechnung der Geschwindigkeit zu einem bestimmten Zeitpunkt hätten wir aus Berkeleys Sicht also nicht die exakte Geschwindigkeit bestimmt, sondern nur eine Annäherung davon. Er kam zu dem Schluss: „Was sind diese flüchtigen Infinitesimalen? Sie sind weder endliche Größen noch unendlich kleine und doch auch nicht nichts. Dürfen wir sie nicht die Geister verstorbener Größen nennen?"

Auch wenn einige Fachleute Berkeleys Einschätzung und Bedenken teilten, wurden Infinitesimale weiterhin genutzt. Der Erfolg schien ihnen Recht zu geben: Dank der Anti-Unendlichkeiten konnten in Gebieten der Physik und der angewandten Mathematik zahlreiche Fortschritte erzielt werden. Dennoch fehlte eine theoretische Grundlage, um mit diesen Objekten umzugehen. Im 19. Jahrhundert gelang es Karl Weierstraß, einen Ausweg zu finden, der Infinitesimale ganz umschiffte: Um Größen wie die Geschwindigkeit zu festen Zeitpunkten oder die Fläche unter einer Kurve zu definieren, nutzte er Grenzwerte. Damit umging er zwar das Problem; das sorgte jedoch für gestelzte Definitionen, etwa: v ist die gesuchte Geschwindigkeit, falls für jedes $\epsilon > 0$ der Betrag von $\frac{\Delta s}{\Delta t} - v$ kleiner ist als ϵ für alle Werte von $|\Delta t| < \delta$, wobei $\delta > 0$. Solche Epsilon-Delta-Definitionen sind auch jene, die man üblicherweise im Grundstudium mathelastiger Fächer lernt. Sie funktionieren gut, sind aber nicht besonders elegant.

Tatsächlich gelang es erst Abraham Robinson im Jahr 1966, eine mathematische Theorie der Infinitesimalen zu entwickeln. Er baute dabei auf abstrakten Erkenntnissen von Kurt Gödel auf, der das Gebiet der Logik kurz zuvor revolutioniert hatte. Einen bestimmten Bereich des Fachs, etwa die Standardanalysis, wie Weierstraß sie beispielsweise definiert hatte, kann man als „Universum" M ansehen. Wir Menschen haben eine Sprache L entwickelt, um über solche Universen nachzudenken. Diese Sprache umfasst Formeln und formale Aussagen. Jeder Satz in L sagt etwas über das Universum M aus, das entweder richtig oder falsch ist (zum Beispiel: $1 + 1 > 1$, was korrekt ist). Alle falschen Aussagen kann man hingegen umkehren, so dass auch sie zu einer richtigen Aussage werden. (Natürlich kennen wir in der Realität weder alle richtigen noch alle falschen Aussagen – sonst hätten wir alle Rätsel der Analysis gelöst. Es handelt sich also um eine rein theoretische Überlegung.) Nun kann man alle richtigen Aussagen aus L und alle negierten falschen Aussagen aus L in eine Sammlung K zusammenfassen. M ist dann eine Art „Modell" für K: Jede Aussage in K ist bezüglich M korrekt. Wie Gödel gezeigt hat, können auch andere Modelle, zum Beispiel $M*$, zu K gehören. $M*$ könnte völlig andere Objekte enthalten als M, aber die gleichen Zusammenhänge aufweisen, so dass sich die gleiche Sammlung an richtigen Aussagen K ergibt.

Angenommen, M bestehe aus allen Fischen innerhalb eines Sees. Über die Tiere lassen sich allerlei Aussagen treffen, etwa dass einer der Fische schneller schwimmen kann als ein anderer. $M*$ könnte hingegen den gesamten See umfassen, also auch das Wasser. Damit ließe sich immer noch jede Aussage über M auf $M*$ übertragen. Ähnlich lässt sich die Standardanalysis mit reellen Zahlen (in diesem Fall M) auf ein größeres Modell erweitern. Das konnte Robinson zeigen, indem er zwei Kernaussagen der Logik benutzte:

1. Vollständigkeit (Gödel hat glücklicherweise nicht nur zwei Unvollständigkeitssätze bewiesen, sondern auch einen Vollständigkeitssatz): Eine Menge logischer Aussagen ist genau dann widerspruchsfrei, wenn es ein Universum gibt, in dem sie alle wahr sind.

2. Kompaktheit: Angenommen, es gibt eine Sammlung von Aussagen, deren Teilmengen alle in M wahr sind. Dann ist jede endliche Teilmenge von ihnen widerspruchsfrei. Damit muss es wegen der Vollständigkeit ein Universum geben, in der die gesamte Sammlung dieser Aussagen wahr ist.

Der zweite Punkt führt zu dem Ergebnis, dass es zwangsläufig ein Universum gibt, in dem Infinitesimale existieren. Denn die bereits von Archimedes genutzte Definition von Infinitesimalen $\epsilon > 0$ liefert unendlich viele wahre Aussagen in unserem gewöhnlichen Mathe-Universum der reellen Zahlen: $\epsilon < \frac{1}{1}, \epsilon < \frac{1}{2}, \epsilon < \frac{1}{3}$, ... Aus der Kompaktheit folgt, dass jede endliche Teilmenge dieser Aussagen widerspruchsfrei ist. Die Vollständigkeit besagt dann, dass es ein Universum gibt, in dem alle gleichzeitig wahr sind. Demnach muss es also ein Universum mit Infinitesimalen geben, das die reellen Zahlen erweitert. Auf analoge Weise lässt sich ein Universum konstruieren, in dem Unendlichkeiten ω existieren, wenn man folgende Aussagen betrachtet: $\omega > 1, \omega > 2, \omega > 3, \ldots$

Viel Verbreitung hat die so genannte „Nichtstandardanalysis", in der Infinitesimale existieren, bisher nicht gefunden. Die Theorie ist zwar durchaus interessant, allerdings fallen Berechnungen in dem Bereich oft extrem kompliziert aus. Um Beweise zu führen, sind die gewöhnlichen Methoden aus der Analysis meist geeigneter.

7.4 Ablehnungen, Armut und ein rätselhafter Kanonenschuss

„Weine nicht, ich brauche all meinen Mut, um mit 20 Jahren zu sterben." Die letzten Worte von Évariste Galois an seinen Bruder könnten kaum dramatischer sein. Der junge Mann war am 30. Mai 1832 unter nicht ganz geklärten Umständen in einem Duell tödlich verwundet worden. Damit endete das Leben eines verkannten Genies, dessen mathematische Erkenntnisse das Fach bis heute prägen. Die nach ihm benannte Galoistheorie beschäftigt sich mit Symmetrien. Mit den Methoden, die Galois entwickelt hatte, konnte er ein jahrtausendealtes Rätsel lösen: Er konnte erklären, welche Polynomgleichungen eine Lösungsformel besitzen – und welche nicht.

Wenn Sie sich an den Mathematikunterricht in der Schule zurück erinnern, fällt Ihnen sicher wieder die p-q-Formel ein – oder Mitternachtsformel, falls Sie in Bayern aufgewachsen sind. Mit dieser lässt sich die Lösung einer quadratischen Gleichung berechnen. Zur Erinnerung: Falls Sie wissen möchten, welche Nullstellen das Polynom $x^2 + p \cdot x + q$ hat, müssen Sie bloß folgende Gleichung lösen: $x_{1/2} = -\frac{p}{2} \pm \sqrt{\left(\frac{p}{2}\right)^2 - q}$. Diese Art von Aufgabe konnten bereits die Babylonier vor 4000 Jahren lösen, wie gefundene Tontafeln zeigen.

Wie aber sieht es mit Polynomen höheren Grades aus, die einen Exponenten haben, der größer als zwei ist? Wie löst man beispielsweise eine Gleichung der Form $x^3 + a \cdot x^2 + b \cdot x + c = 0$? Schon muss man ein gutes Stück vorwärts in der Zeit springen, denn es gelang erst den Gelehrten Scipione del Ferro, Niccolò Tartaglia und Gerolamo Cardano um das Jahr 1500 herum, eine allgemeine Formel zur Lösung von Polynomen dritten Grades zu finden. Allerdings ist die Gleichung so kompliziert, dass man ihr in der Schule kaum begegnet.

Stattdessen greift man in solchen Fällen meist auf die Polynomdivision zurück. Dabei nutzt man aus, dass ein Polynom dritten Grades stets drei Nullstellen r_1, r_2 und r_3 besitzt und dass sich die Polynomgleichung als Produkt umschreiben lässt: Das heißt, $x^3 + a \cdot x^2 + b \cdot x + c = 0$ ist das Gleiche wie: $(x - r_1) \cdot (x - r_2) \cdot (x - r_3) = 0$. Indem man eine Nullstelle r_1 errät, kann man das kubische Polynom durch den entsprechenden Term $(x - r_1)$ teilen. Übrig bleibt eine quadratische Gleichung, die man dann mit der p-q-Formel lösen kann.

Im Jahr 1540 konnte Lodovico Ferrari schließlich eine Lösungsformel für Polynome vierten Grades angeben. Doch dann war Schluss. Als Mathematikerinnen und Mathematiker nach entsprechenden Lösungen für Gleichungen fünften oder höheren Grades suchten, landeten sie in einer Sackgasse. Es dauerte mehr als 250 Jahre, bis sich herausstellte, dass alle Bemühungen zum Scheitern verurteilt waren: Wie der damals erst 22 Jahre alte norwegische Mathematiker Niels Henrik Abel 1824 bewies, gibt es Polynome fünften Grades, deren Lösungen sich nicht durch eine endliche Verkettung von Wurzeln, Brüchen, Summen, Produkten und Differenzen darstellen lassen. Sprich: Die Nullstellen mancher Gleichungen können extrem komplizierte Formen annehmen, etwa unendlich lange Summen oder Integrale enthalten.

Obwohl Abel mit nur 26 Jahren an Tuberkulose starb, hat er in seinem kurzem Leben erstaunliche mathematische Leistungen vollbracht. Zu seinen Ehren vergibt die Norwegische Akademie der Wissenschaften seit 2003 den Abelpreis an herausragende Mathematikerinnen und Mathematiker – mit einem Preisgeld von umgerechnet zirka 700.000 Euro zählt er zu den am höchsten dotierten Auszeichnungen des Fachs. Ironischerweise war Abel aber zeit seines Lebens bettelarm – und kämpfte dauernd um wissenschaftliche Anerkennung. Erst nach seinem Tod wurde das volle Ausmaß seines Genies bekannt. Dieses Schicksal teilt er mit seinem Kollegen Évariste Galois, der zur gleichen Zeit lebte.

Galois wuchs Anfang des 19. Jahrhunderts in Frankreich auf. Auch wenn er kein besonders guter Schüler war, stach er in Mathematik schon früh heraus. Er hatte allerdings die Angewohnheit, vieles im Kopf zu berechnen und seine Ergebnisse nur selten systematisch aufzuschreiben. Das mag mit ein Grund sein, warum die École Polytechnique – die damals angesehenste Universität des Landes – den jungen Mann gleich zweimal ablehnte. Mit gerade einmal 17 Jahren reichte Galois eine Arbeit bei der Académie des Sciences ein, in der er sich mit Lösungen von Polynomgleichungen beschäftigte und die bereits Teile der inzwischen nach ihm genannten Galoistheorie enthielt. Weil viele Zwischenschritte fehlten, lehnte die Akademie seine Schrift ab – ermutigte ihn aber, sie zu überarbeiten und erneut einzureichen. Doch Galois schien vom Pech verfolgt: Als er sein Manuskript erneut übermittelte, ging es verloren.

Von da an ging es für den jungen Mann immer weiter bergab. Er schloss sich den Republikanern an, die gegen den damals herrschenden französischen König Louis-Philippe protestierten. Als er am 14. Juli 1831, dem Jahrestag des Sturms auf die Bastille, auf die Straße ging und demonstrierte, wurde Galois verhaftet und zu einer Haftstrafe von sechs Monaten verurteilt. Kurz zuvor hatte er seinen größten mathematischen Durchbruch erzielt: Er hatte eine Methode entwickelt, um zu erklären, welche Polynomgleichungen sich durch endliche Wurzelausdrücke lösen lassen und welche nicht. Als er seine Arbeit wieder einmal den renommierten Mathematikern der Académie des Sciences vorlegte, unter anderem Siméon Denis Poisson, zeigten sich die Mitglieder allerdings nicht allzu begeistert: Sie hatten erwartet, Galois würde ihnen einfach zu prüfende Eigenschaften eines Polynoms nennen, anhand derer man sehen könne, ob die Nullstellen sich als endlicher Wurzelausdruck schreiben lassen. Stattdessen hatte der Mathematiker eine völlig neue Theorie formuliert, die eine bisher unbekannte Methode erforderte.

Galois, der im Jahr 1832 in Haft saß, wurde während der in Europa grassierenden Cholera-Epidemie am 29. April vorzeitig entlassen und in ein Sanatorium versetzt. Dort lernte er die junge Frau Stéphanie-Félicie Poterin du Motel kennen, die Tochter des dort tätigen Arztes, und verliebte sich in sie. Ende Mai – einen Tag vor dem verhängnisvollen Duell – schrieb Galois hastig seine mathematischen Erkenntnisse nieder und schickte sie an seinen Freund und Kollegen Auguste Chevalier, mit der Bitte, seine Schriften an Carl Friedrich Gauß und Carl Gustav Jacob Jacobi weiterzuleiten. Es scheint, als ahnte Galois schon, was passieren würde: Während des Duells, das wahrscheinlich um die junge Frau Stéphanie ausgetragen wurde, wurde der junge Mathematiker mit einem Bauchschuss zurückgelassen. Ein Bauer fand den Verwundeten erst Stunden später und brachte ihn in ein Krankenhaus, wo Galois am nächsten Tag in den Armen seines Bruders starb.

Weder Abel noch Galois erfuhren zu Lebzeiten gebührende wissenschaftliche Anerkennung. Gauß und Jacobi ignorierten die Arbeiten, die ihnen Chevalier in Galois' Namen weitergeleitet hatte. Erst 1843, mehr als zehn Jahre nach seinem Tod, schenkte Joseph Liouville den Errungenschaften von Galois Aufmerksamkeit – und veröffentlichte sie in einem Fachjournal. Galois und Abel gelten inzwischen als die Begründer der Gruppentheorie, eines wichtigen Bereichs der Mathematik. Damit ebneten sie den Weg von der traditionellen Algebra, in der es hauptsächlich um Rechenoperationen von Zahlen geht, hin zur abstrakten Algebra, die sich mit Zusammenhängen aller möglichen Größen beschäftigt: abstrakte Gebilde wie Gruppen, Ringe oder Körper.

Anstatt die Polynomgleichungen selbst zu untersuchen, widmete sich Galois deren Lösungen. Betrachten Sie zum Beispiel die quadratische Gleichung $x^2 - 2 = 0$. Die Nullstellen $x_{1/2} = \pm\sqrt{2}$ sind schnell gefunden. Markiert man die zwei Werte auf einem Zahlenstrahl, fällt auf, dass sie symmetrisch um die Null verteilt sind. Galois gelang es, die geometrische Symmetrie auf algebraischer Ebene zu erweitern: Er fand Symmetrien in Gleichungen.

Obwohl das Polynom $x^2 - 2$ bloß aus ganzzahligen Koeffizienten ($1 \cdot x^2$ und 2) besteht, enthalten die Nullstellen irrationale Werte, nämlich $\sqrt{2}$. Um das Polynom zu beschreiben, braucht man also lediglich den „Körper" der rationalen Zahlen: Damit bezeichnet man in der Mathematik eine Menge von Zahlen, die man miteinander addieren, subtrahieren, multiplizieren und dividieren kann, ohne die Menge zu verlassen. Aus den ganzen oder natürlichen Zahlen kann man beispielsweise keinen Körper bilden: Wenn man etwa zwei durch drei teilt, ist das

Ergebnis keine ganze oder natürliche Zahl. Die rationalen Zahlen, die auch Brüche enthalten, sind hingegen ein Körper: Unabhängig davon, wie man zwei rationale Zahlen miteinander verknüpft (etwa addiert oder dividiert), das Ergebnis ist stets wieder eine rationale Zahl.

Galois untersuchte, wie sich der Körper, mit dem man die Polynomgleichung aufbaut, von jenem Körper unterscheidet, in dem die dazugehörigen Nullstellen liegen. Anders ausgedrückt: Wie kann man die rationalen Zahlen erweitern, damit auch die Nullstellen darin enthalten sind? Eine Möglichkeit besteht darin, einfach zu den reellen Zahlen zu wechseln: Denn auch sie bilden einen Körper. Doch die reellen Zahlen sind deutlich größer als die rationalen. Galois suchte nach der kleinstmöglichen Erweiterung. Für unser Beispiel könnte man damit beginnen, die rationalen Zahlen $\mathbb{Q}$ einfach um die beiden Werte $\sqrt{2}$ und $-\sqrt{2}$ zu erweitern. Das Problem: Wenn man bloß diese zwei Zahlen hinzufügt, ist die erweiterte Menge kein Körper mehr. Wenn man $\sqrt{2}$ nämlich mit anderen Elementen aus den rationalen Zahlen verknüpft (wie $\sqrt{2} + 1$ oder $3 \cdot \sqrt{2}$), liegen die Ergebnisse nicht mehr in der erweiterten Menge.

Also konstruiert man eine ganz neue Menge, ähnlich wie die der komplexen Zahlen: Man definiert $\mathbb{Q}(\sqrt{2})$ als jene Menge, die alle Elemente der Art $a + b \cdot \sqrt{2}$ enthält, wobei a und b rationale Zahlen sind. Damit liegen in $\mathbb{Q}(\sqrt{2})$ alle rationalen Zahlen sowie alle Vielfache und Summen aus rationalen Werten und $\sqrt{2}$. Es lässt sich leicht überprüfen, dass $\mathbb{Q}(\sqrt{2})$ ein Körper ist – tatsächlich handelt es sich um den kleinsten Körper, der die Nullstellen des Polynoms $x^2 - 2$ umfasst.

Doch wozu all die Arbeit? Wie sich herausstellt, enthält die kleinstmögliche Körpererweiterung Informationen über das dazugehörige Polynom – unter anderem lässt sich darüber bestimmen, ob die Nullstellen ein endlicher Wurzelausdruck sind. Um das zu erkennen, muss man allerdings noch einen Schritt weiter gehen. Wie bereits erwähnt, besitzt das Polynom $x^2 - 2$ zwei Lösungen: $\sqrt{2}$ und $-\sqrt{2}$. Wenn man nun die eine Nullstelle im erweiterten Körper $\mathbb{Q}(\sqrt{2})$ durch die andere ersetzt (was einer Spiegelung entspricht), muss man entsprechend $a + b \cdot \sqrt{2}$ in $a - b \cdot \sqrt{2}$ überführen. Diese Operation lässt sich durch eine Funktion f ausdrücken, die den einen Ausdruck auf den anderen abbildet, also: $f(a + b \cdot \sqrt{2}) = a - b \cdot \sqrt{2}$. Sie erinnern sich noch an den zuvor erwähnten Vergleich mit den komplexen Zahlen? In diesem Bild ist f die komplexe Konjugation.

Wie sich herausstellt, entspricht f einer Symmetrietransformation: Führt man f zweimal hintereinander aus, erhält man wieder den ursprünglichen Ausdruck: $f(f(a + b \cdot \sqrt{2})) = a + b \cdot \sqrt{2}$. Es ist wie eine doppelte Spiegelung, die eine geometrische Figur unverändert lässt. Die Symmetrietransformationen zu einem Objekt – sei es eine geometrische Form wie ein Kreis oder eine abstraktere algebraische Struktur wie ein Körper – bilden eine Gruppe. Im Fall des erweiterten Körpers $\mathbb{Q}(\sqrt{2})$ kann man zwei Symmetrietransformationen definieren: f und eine sehr langweilige Funktion e, die alle Ausdrücke unverändert lässt: $e(a + b \cdot \sqrt{2}) = a + b \cdot \sqrt{2}$. Die Transformationen e und f bilden zusammen eine Gruppe. Und wie Galois herausfand, kann man jeder Art von Polynom eine entsprechende Gruppe zuordnen: die so genannte Galoisgruppe.

Damit hat Galois eine Methode gefunden, um herauszufinden, wann sich die Nullstellen eines Polynoms als endlicher Wurzelausdruck schreiben lassen. Zunächst sucht man für das Polynom die kleinstmögliche Erweiterung des dazugehörigen Körpers, damit auch die Nullstellen darin enthalten sind. Anschließend untersucht man, welche Symmetrien die erweiterten Körper besitzen: Dafür ermittelt man alle Funktionen, welche die Nullstellen aufeinander abbilden. Diese Funktionen erzeugen dann die Galoisgruppe des Polynoms. Der Mathematiker konnte zeigen, dass die Struktur der Galoisgruppe darüber entscheidet, ob sich die Nullstellen als endliche Verknüpfungen von Wurzelfunktionen ausdrücken lassen. Damit eine endliche Lösungsformel existiert, muss die Galoisgruppe in einfachere Symmetriegruppen aufzuspalten sein, also etwa zwei hintereinander ausgeführte Spiegelungen. Wie sich herausstellt, ist das für Galoisgruppen von Polynomen bis zum Grad vier immer der Fall. Doch wenn man Polynome mit größeren Exponenten, etwa x^5 betrachtet, können die Galoisgruppen eine komplizierte Struktur haben, die sich nicht in einfache Bestandteile zerlegen lässt.

Manche Gleichungen fünften Grades, wie $x^5 - x^4 - x + 1$, haben Nullstellen, die durch endliche Ausdrücke darstellbar sind (in diesem Fall: +1, -1, i und $-i$). Bei anderen ist das hingegen nicht der Fall: Zum Beispiel braucht man für die Lösung von $x^5 - x + 1 = 0$ hypergeometrische Funktionen, die aus unendlich vielen Summanden bestehen. Deshalb ist es nicht möglich, für Polynome von Grad fünf oder höher eine allgemeine Lösungsformel (ähnlich der p-q-Formel) anzugeben.

Damit hatte Galois ein allgemeineres Ergebnis erzielt als Abel, der bereits bewiesen hatte, dass es keine Lösungsformel für Polynome fünften Grades gibt. Dank Galois' Arbeit kann man durch die nach ihm benannten Gruppen für jede Gleichung bestimmen, ob sie durch endliche Wurzelausdrücke lösbar ist oder nicht. Auf diese Weise hat Galois eines der größten Rätsel der Mathematik geknackt – und einen völlig neuen Bereich begründet, der inzwischen seinen Namen trägt, die Galoistheorie. Tatsächlich bauen selbst neuere Erkenntnisse des Fachs wie der Beweis des großen Satzes von Fermat oder das Langlands-Programm auf der Galoistheorie auf. Schade, dass er das nicht miterleben durfte.

7.5 Die Panzer der Wehrmacht

Anfang der 1940er-Jahre standen die Alliierten vor einem Problem: Auf den Kampfplätzen tauchten vermehrt neue Panzer auf, die wesentlich leistungsfähiger schienen als die älteren Modelle der Nationalsozialisten. Besonders beängstigend war, dass Großbritannien, USA und Co nicht wussten, wie viele Panzer die Wehrmacht produzierte. Diese Information war allerdings bedeutend, um die Operation Overlord vorzubereiten, die Landung der Alliierten in der Normandie. Deshalb betraute man Geheimdienste mit der Aufgabe, die feindlichen Produktionsdaten zu ermitteln. Und man beauftragte Mathematiker.

Während der Kämpfe konnten die Alliierten einige gegnerische Panzer bergen. Als sie diese untersuchten, stießen sie bei manchen Bauteilen auf Seriennummern.

Statistikerinnen und Statistiker nahmen sich die Zahlenfolgen vor – und machten eine erstaunliche Entdeckung. Auf den Fahrgestellen waren die Ziffern zwar in verschiedene, unzusammenhängende Intervalle unterteilt, doch die Getriebe schienen aufsteigend nummeriert zu sein, ebenso wie die Panzerkanonen, Heizungen, Laufräder oder Turmmotoren. Mit all den gesammelten Daten konnten die Fachleute abschätzen, wie viele neue Panzer die Wehrmacht monatlich hergestellt hatte. Und wie sich im Nachhinein herausstellte, lagen die mathematischen Ergebnisse für das so genannte „German Tank Problem" wesentlich näher an der Wahrheit als alle anderen Schätzungen.

Stellen Sie sich dazu folgendes Szenario vor: Angenommen, es gibt $N = 271$ Panzer, die aufsteigend von 1 bis 271 nummeriert sind. Sie kennen die Zahl N nicht, doch es ist Ihnen gelungen, 15 feindliche Panzer zu bergen, mit der Aufschrift: 3, 7, 17, 80, 92, 96, 98, 116, 125, 138, 166, 167, 199, 232, 242. Sie wissen also mit Sicherheit, dass es mindestens 242 generische Panzer gibt. Aber es könnten auch wesentlich mehr sein. Um N abzuschätzen, gehen Sie davon aus, dass die 15 Kampffahrzeuge vollkommen zufällig erobert wurden – sprich: Sie haben eine willkürliche Stichprobe von 15 Zahlen aus N möglichen Zahlen gezogen.

Nun können Sie N abschätzen, indem Sie den Median der Stichprobe berechnen. Dabei handelt es sich um die Zahl, die in der geordneten Liste genau in der Mitte liegt. Die Stichprobe enthält demnach ebenso viele kleinere wie größere Werte als der Median. In unserem Beispiel ist der Median m' die achte Zahl, also $m' = 116$. Eine mögliche Schätzung wäre, dass der Median der Stichprobe m' mit dem Median der Liste aller N Panzer übereinstimmt. Für eine solche aufsteigende Liste aus N Zahlen beträgt der Median, wenn N ungerade ist: $m = \frac{N+1}{2}$. Damit kann man eine erste Schätzung N_1 mit Hilfe des Medians der Stichprobe m' vornehmen: $N_1 = 2m' - 1 = 2 \cdot 116 - 1 = 231$ (siehe Abb. 7.1). Für einen ersten Versuch ist das Ergebnis gar nicht so schlecht. Allerdings ist die höchste Zahl unserer Stichprobe 242, also muss N größer sein.

Etwas besser könnte es daher sein, nicht den Median, sondern den Mittelwert der Stichprobe zu berücksichtigen. In einer Liste $1, 2, 3, \ldots, N$ sind Median und Mittelwert gleich, doch in der Stichprobe können beide Werte voneinander abweichen. Den Mittelwert erhält man, indem man alle Zahlen summiert (1778)

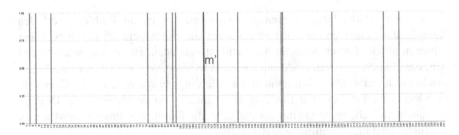

Abb. 7.1 Der Median der Stichprobe (116) muss nicht mit dem eigentlichen Median (136) übereinstimmen. (Copyright: Manon Bischoff)

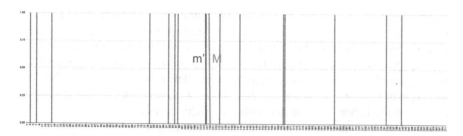

Abb. 7.2 Der Mittelwert der Stichprobe (119) fällt etwas größer aus als der Median (116). (Copyright: Manon Bischoff)

und durch ihre Anzahl teilt, also $M = \frac{1778}{15} \approx 119$. Damit kann man nun anhand der gleichen Formel wie für den Median ($N_2 = 2M - 1$) eine zweite Schätzung N_2 für die Anzahl der Panzer treffen und erhält: $N_2 = 2 \cdot 119 - 1 = 237$ (siehe Abb. 7.2). Leider liegt auch dieser Wert unterhalb von 242 und kann somit nicht richtig sein.

Um sicherzustellen, dass die Schätzung nicht kleiner als die größte Zahl der Stichprobe ausfällt, kann man beispielsweise annehmen, dass am Anfang der Liste genau so viele Panzer übersehen wurden wie am Ende der Liste. Das würde bedeuten, dass man die Anzahl der Panzer, die vor der kleinsten Zahl der Stichprobe $n_{min} = 3$ liegen, zur größten Zahl $n_{max} = 242$ addieren muss. Dadurch ergibt sich eine dritte Schätzung: $N_3 = 2 + 242 = 244$.

Noch genauer sollte das Ergebnis aber ausfallen, wenn man die durchschnittlichen Abstände der Zahlen in der Stichprobe betrachtet. Um den mittleren Abstand d zu ermitteln, berechnet man also die Differenz aller benachbarten Zahlen und bildet daraus den Mittelwert: $d = \frac{1}{15} \cdot [(n_{min} - 1) + (n_1 - n_{min} - 1) + (n_2 - n_1 - 1) + \ldots + (n_{13} - n_{12} - 1) + (n_{max} - n_{13} - 1)] = \frac{1}{15} \cdot n_{max} - 1$. Der mittlere Abstand d hängt also im Endeffekt nur von der größten Zahl unserer Stichprobe ab und lautet: $d = \frac{242}{15} - 1 = 15$. Diesen kann man nun auf n_{max} addieren, um eine vierte Schätzung zu erhalten: $N_4 = 257$ – was ziemlich nah am tatsächlichen Ergebnis liegt.

Genau diese Methode haben die Alliierten genutzt, um die Panzerproduktion der Deutschen zu untersuchen. Mit beeindruckendem Erfolg, wie die Tabelle zeigt:

Monat	Statistische Schätzung	Geheimdienstliche Schätzung	Deutsche Aufzeichnungen
Juni 1940	169	1000	122
Juni 1941	244	1550	271
August 1942	327	1550	342

Um herauszufinden, ob die vorgestellten Ansätze wirklich geeignet sind, um solche Vorhersagen zu treffen, kann man so genannte Monte-Carlo-Simulationen durchführen. Dafür setzt man verschiedene Werte von N fest und wählt zufällig unterschiedliche Stichproben der Größe n aus, mit denen man die beiden Schätzungen N_3 und N_4 ermittelt. Indem man das Experiment (bestenfalls am Computer) immer wieder wiederholt, kann man die Wahrscheinlichkeitsverteilungen von N_3 und N_4 untersuchen, sowie deren Mittelwerte und Varianzen. Wie sich herausstellt, konvergieren beide Mittelwerte gegen den tatsächlichen Wert N. Doch die Varianz von N_4 fällt kleiner aus als die von N_3. Somit ist die letzte Methode die verlässlichste – damit haben die Alliierten wohl alles richtig gemacht.

Diese Art der statistischen Schätzung kann sich auch in anderen Situationen als hilfreich erweisen. So verwendete der Statistiker Pere Grima von der Universitat Politècnica de Catalunya die Methode, um die Anzahl der zugelassenen Taxis in Barcelona zu ermitteln. Auf deren Hintertür ist nämlich ihre Lizenznummer verzeichnet, die aufsteigend vergeben wird. Grima notierte 20 Taxilizenzen von vorbeifahrenden Wagen, wobei die höchste 10.467 betrug. Damit konnte er N_4 berechnen: $N_4 = 10.467 + \frac{10.467}{20} - 1 = 10.989$. Auf der offiziellen Website gab die Stadt Barcelona an, 10.481 Taxis lizensiert zu haben.

Im Prinzip lassen sich solche Abschätzungen immer treffen, sobald man eine Menge von nummerierten Objekten antrifft, wie Marathonläufer oder manche elektronischen Geräte. An der Anzahl Letzterer sind vor allem Unternehmen interessiert, die gerne erfahren würden, wie viele Produkte die Konkurrenz herstellt. Oftmals sind diese Daten geheim, weshalb Firmen die Seriennummern meist mit Hilfe eines Zufallsgenerators vergeben und nicht in aufsteigender Reihenfolge. Doch manche Geräte bilden eine Ausnahme, zum Beispiel wurde die Anzahl aller verkauften Commodore-64-Computer auf diese Weise auf etwa 12,5 Millionen geschätzt, sowie die Zahl der bis Ende 2008 verkauften iPhones vom Modell 3G (anhand ihrer IMEI-Gerätenummern). In beiden Fällen wurden die Nutzerinnen und Nutzer der jeweiligen Geräte aufgerufen, die Seriennummern samt Kaufdatum in einem Forum zu veröffentlichen.

Auch dem US-amerikanischen Offizier Trevor Dupuy war die Macht von Statistik bekannt, als er dem Mathematiker Roger W. Johnson im Jahr 1991 erzählte: „Vor ein paar Jahren durfte ich mit Erlaubnis des israelischen Militärs die gesamte Produktionslinie der Merkava-Panzer besichtigen. Als ich fragte, wie viele insgesamt produziert worden waren, teilte man mir mit, die Information sei geheim. Ich fand das amüsant, denn auf allen Fahrgestellen war die Seriennummer sichtbar."

7.6   Ein Algorithmus für den Weltfrieden

Mit dem Abwurf der Atombomben auf Hiroshima und Nagasaki im Jahr 1945 veränderten die USA die Art der Kriegsführung. Bald darauf begannen auch andere Länder an der neuen Waffentechnologie zu forschen, allen voran die Sowjetunion. Die ersten Kernwaffentests fanden meist in abgelegenen Gebieten der USA, Zentralasiens oder in Überseegebieten statt. Die Explosionen waren für die ganze Welt sichtbar – und das sollten sie auch, handelte es sich doch vorwiegend um eine Machtdemonstration.

In den 1950er-Jahren nahm die Zahl der Tests rasant zu – mit schwer wiegenden Folgen: Die Radioaktivität in der Erdatmosphäre stieg Besorgnis erregend schnell an. Daher begannen die USA und die Sowjetunion, über mögliche Einschränkungen der Kernwaffentests zu verhandeln. Eine Einigung ergibt aber natürlich nur dann Sinn, wenn man sicherstellen kann, dass sich beide Parteien daran halten. Während Detonationen an der Oberfläche, im All oder Unterwasser relativ leicht zu detektieren sind, sieht das im Untergrund völlig anders aus. Wie lässt sich herausfinden, ob ein anderes Land keine Kernwaffen tief unter der Erde sprengt, wenn man keinen Zugang zu dort befindlichen Seismometern hat? Lassen sich die Explosionen von gewöhnlichen Erdbeben unterscheiden?

1963 einigten sich die USA, Großbritannien und die Sowjetunion darauf, keine Kernwaffenversuche in der Atmosphäre, im Weltraum und unter Wasser mehr durchzuführen. Im Untergrund war hingegen alles erlaubt – kontrollieren konnte es sowieso niemand. Das änderte sich allerdings 1965: Damals wurde ein Algorithmus veröffentlicht, der es ermöglicht, gewöhnliche Erdbeben von Explosionen zu unterscheiden. Wäre er ein paar Jahre früher entwickelt worden, hätte man vielleicht auch unterirdische Atomwaffentests in die Verbotsliste aufnehmen können. Damit hätte es für die Unterzeichner keine Möglichkeit mehr gegeben, die Bomben zu testen. „Es hätte definitiv geholfen", sagt der Physiker Richard Garwin, einer der damaligen politischen Berater auf die Frage, ob ein früheres Erscheinen zu einer Welt ohne Kernwaffen beigetragen hätte. „Das hätte das Blatt durchaus wenden können."

Garwin war in den 1960er-Jahren Mitglied des Science Advisory Committee, eines Ausschusses von Wissenschaftlern, die den US-Präsidenten berieten. Der Physiker hatte sich dort seinen Platz gesichert, da er in den 1950er-Jahren die theoretischen Grundlagen für die Wasserstoffbombe gelegt hatte. Zeitgleich war auch der Mathematiker John Tukey Teil des Komitees. „Ich saß gerne neben Tukey, weil er immer eine Packung getrockneter Pflaumen dabei hatte", erzählt Garwin in einem Interview mit dem Journalisten Dan Ford. In einer der Sitzungen ertappte der Physiker seinen Kollegen Tukey dabei, wie er komplizierte Berechnungen auf seinen Block kritzelte. Garwin erkannte, dass es sich um Fourier-Transformationen handelte, eine mathematische Konstruktion, die in unzähligen Bereichen Anwendung findet – von der Bild- und Tonverarbeitung über die Berechnung von Polynomen die Analyse von Kristallstrukturen bis hin zur Verarbeitung seismologischer Signale. Wie sich herausstellte, waren Tukeys Kritzeleien der Schlüssel, um gewöhnliche Erdbeben von unterirdischen Kernwaffentests zu unterscheiden.

Jede Erschütterung hat einzigartige charakteristische Merkmale. Da Erdbeben und unterirdische Explosionen verschiedene Ursachen haben, sind deren seismische Signale zwangsläufig unterschiedlich. Erdbeben haben oft ein spezielles Muster: Zuerst breiten sich Primärwellen aus, die in Ausbreitungsrichtung schwingen, dann folgen die langsameren Scherwellen, die quer zur Ausbreitungsrichtung oszillieren. Bei Explosionen gibt es diese beiden Wellenformen ebenfalls, doch die Primärwellen fallen in diesem Fall bei manchen Frequenzen deutlich stärker aus.

Um ein seismisches Signal analysieren zu können, muss man es in seine Grundbestandteile zerlegen: in eine Überlagerung aus Wellen verschiedener Frequenzen. Das Ganze kennt man aus der Musik, wenn man einen Klang in seine Obertöne zerlegt. Praktisch bedeutet das: Man sucht jene Sinus- und Kosinusfunktionen, die addiert das zu untersuchende Signal ergeben. Wenn man beispielsweise wissen möchte, ob die Sinuskurve $\sin(fx)$ einer bestimmten Frequenz f zum Signal beiträgt, kann man das Signal (beziehungsweise die Datenpunkte, die man aufgenommen hat) mit der Sinusfunktion $\sin(fx)$ multiplizieren und dann ermitteln, welche Fläche das Ergebnis mit der x-Achse einschließt.

Da die Sinusfunktion gleich viele Anteile hat, die oberhalb und unterhalb der x-Achse verlaufen, enthält ihr Produkt mit dem Eingangssignal nur dann eine nicht verschwindende Fläche, wenn beide auf irgendeine Weise zusammenhängen. Wenn die Sinusfunktion und das Signal hingegen nicht korreliert sind, dann hat ihr Produkt (über den ganzen Raum betrachtet) genauso viele positive wie negative Anteile, so dass die mit der x-Achse eingeschlossene Fläche verschwindet. Das heißt: Ist die addierte Fläche null, dann ist die betrachtete Sinusfunktion nicht Teil des Signals. Andernfalls gibt die Größe der Fläche an, wie stark die Sinuswelle mit dieser Frequenz zum Signal beiträgt. Gleiches gilt natürlich auch für den Kosinus. Um ein Signal zu charakterisieren, muss man es also für alle f mit $\sin(fx)$ und $\cos(fx)$ multiplizieren und dann die jeweils eingeschlossenen Flächen berechnen. Das Signal S lässt sich dann schreiben als: $S \approx \sum_f (A_f \cdot \sin(fx) + B_f \cdot \cos(fx))$, wobei die Vorfaktoren A_f und B_f von den zuvor berechneten Flächen abhängen.

Durch diese Zerlegung in Sinus- und Kosinusfunktionen lässt sich bestimmen, ob eine seismische Erschütterung von einem Erdbeben oder einer Explosion verursacht wurde. Die mathematischen Grundlagen für diese so genannte Fourier-Analyse sind seit Beginn des 19. Jahrhunderts bekannt. Allerdings ist das Verfahren nicht immer einfach umzusetzen.

Die erste Schwierigkeit besteht darin, dass ein aufgezeichnetes Signal keine kontinuierliche Kurve ist, sondern aus diskreten Datenpunkten besteht. Je größer der Abstand zwischen den Datenpunkten, desto ungewisser ist, ob hochfrequente Signale Teil der Kurve sind. Ein zweites Problem ist, dass die Aufzeichnung nicht unendlich lang ist, sondern meist nur über eine kurze Zeit erfolgt. Dadurch lässt sich nicht beurteilen, welche von zwei nah beieinander liegenden Frequenzen wirklich im Signal enthalten ist – das Frequenzspektrum wird dadurch unscharf. Die niedrigste Frequenz $f_{\min}$, die man sinnvoll auflösen kann, ist jene, deren Periode der Länge L des gesamten Signals entspricht. Die Kurven, die dieser Frequenz entsprechen, sind durch $\sin(\frac{2\pi x}{L})$ und $\cos(\frac{2\pi x}{L})$ gegeben. Wenn man nun N Datenpunkte im gleichen Abstand untersuchen möchte, beginnt man mit den Kurven der niedrigsten Frequenz und arbeitet sich dann zu ganzzahligen Vielfachen n der Frequenz vor: $n \cdot f_{\min}$. Das entspricht den Funktionen $\sin(2 \cdot \frac{2\pi x}{L})$, $\sin(3 \cdot \frac{2\pi x}{L})$, $\sin(4 \cdot \frac{2\pi x}{L})$, ..., $\sin(N \cdot \frac{2\pi x}{L})$ (Gleiches natürlich für den Kosinus). Es ist nicht sinnvoll, höhere Frequenzen als $N \cdot f_{\min}$ zu untersuchen, da die Periode der zugehörigen Funktionen kürzer ist als der Abstand benachbarter Datenpunkte. Alles darüber hinaus übersteigt unser Auflösungsvermögen.

Um die Fourier-Analyse mit diskreten Messwerten durchzuführen, multipliziert man also jeden der N Datenpunkte mit N verschiedenen Sinus- und Kosinusfunktionen und ermittelt daraus die mit der x-Achse eingeschlossene Fläche. Ein Computer muss also N^2 Rechenschritte durchführen. Das stellt für große Datenmengen ein Problem dar: Während man ein Signal aus acht Datenpunkten im Handumdrehen in seine Bestandteile zerlegen kann, ist das mit einer Million Datenpunkte schon schwieriger, denn dafür sind 10^{12} Rechenschritte nötig. Ein moderner Rechner mit 3,5 Gigahertz bräuchte dafür unter Volllast etwa fünf Minuten. Für Computer in den 1960er-Jahren war diese Aufgabe unlösbar. Möchte man 100-mal so viele Datenpunkte analysieren, wächst die Anzahl der Rechenschritte um den Faktor 10.000 an – damit wären auch unsere Rechner heillos überfordert.

Hier kommen Tukeys Kritzeleien ins Spiel. Er hatte damals eine Idee formuliert, wie sich die Fourier-Transformation schneller umsetzen lässt. Aus N^2 Rechenschritten werden durch seine Methode nur noch $N \cdot \log 2N$. Das klingt zwar nur nach einer kleinen Verbesserung, doch bei vielen Datenpunkten ist die Ersparnis enorm. Aus 10^{12} Rechenschritten für eine Million Datenpunkte bleiben nur noch $20 \cdot 10^6$ übrig. Ein 3,5 Gigahertz-Rechner bräuchte dafür nur noch wenige Millisekunden. Der Mathematiker taufte seinen Algorithmus ganz kreativ „Fast-Fourier-Transform". Inzwischen wird er zu den wichtigsten Programmcodes der Welt gezählt.

Als der Physiker Richard Garwin erkannte, was Tukey da auf seinen Zetteln rechnete, wollte er wissen, wann dieser das veröffentlichen würde. Garwin war das Potenzial der Methode sofort bewusst. Tukey antwortete, er arbeite mit einem Informatiker an der Implementierung, es würde aber wohl noch ein paar Jahre dauern. Damals hatten die Rechner nur wenig Speicher, was es knifflig machte, den Algorithmus in solchen Maschinen umzusetzen. Garwin kam das trotzdem viel zu lang vor, weshalb er vorschlug, selbst nach einem Informatiker zu suchen, der das Problem schneller lösen könnte.

Er setzte sich daher mit dem Computerwissenschaftler Jim Cooley in Verbindung. „Garwin erzählte mir, er hätte ein wichtiges Problem, das mit Periodizitäten in einem 3-D-Kristall von Helium-3 zusammenhängt. Erst später erfuhr ich, dass er die seismische Fernüberwachung verbessern wollte, um ein Verbot von Kernwaffentests zu erleichtern", schrieb Cooley 1987. „Zu dieser Zeit hatte ich die Experimente zu Helium-3 schon längst gemacht und war um die Fourier-Transformation herumgekommen", gab Garwin zu. Zunächst schenkte Cooley dem neuen Forschungsprojekt nicht allzu viel Aufmerksamkeit und konzentrierte sich auf seine eigenen Arbeiten. Doch die Hartnäckigkeit von Garwin, der ihn und seinen Vorgesetzten immer wieder anrief, um nach den Fortschritten zu fragen, führte dazu, dass Cooley dem Vorhaben hohe Priorität einräumte. Dennoch dauerte es einige Monate, bis Cooley zusammen mit Tukey 1965 den Algorithmus veröffentlichte – zwei Jahre nachdem sich die Sowjetunion und die USA geeinigt hatten, auf alle Atomtests bis auf jene im Untergrund zu verzichten.

Die Fast-Fourier-Transformation basiert auf dem altgedienten Prinzip: Teile und herrsche. Die Sinus- und Kosinusfunktionen haben viele Symmetrien, die man ausnutzen kann, wenn man die Datenpunkte geschickt unterteilt. Angenommen, acht Datenpunkte liegen in gleichmäßigem Abstand auf der x-Achse mit den Koordinaten $0, 1, 2, \ldots, 7$. Für diese zeichnet man nun alle möglichen Kosinusfunktionen ein (für die Sinusfunktionen ergibt sich ein ähnlicher Zusammenhang): $\cos(0 \cdot \frac{2\pi x}{8}) = 1$, $\cos(\frac{2\pi x}{8})$, $\cos(\frac{4\pi x}{8})$, $\ldots$, $\cos(\frac{14\pi x}{8})$. Dabei lassen sich gewisse Muster erkennen. Beim mittleren Datenpunkt $x = 4$ haben beispielsweise alle Funktionen mit gerader Frequenz den gleichen Wert: $\cos(0 \cdot \frac{2\pi \cdot 4}{8}) = 1$, $\cos(2\pi) = 1$, $\cos(4\pi) = 1$, $\cos(6\pi) = 1$. Auch die ungeraden Frequenzen liefern ein gleiches Ergebnis: $\cos(\pi) = -1$, $\cos(3\pi) = -1$, $\cos(5\pi) = -1$, $\cos(7\pi) = -1$. Anstatt den mittleren Datenpunkt also mit acht Funktionen zu multiplizieren, muss man nur zwei Produkte bilden. Ähnliche Zusammenhänge ergeben sich bei den anderen Datenpunkten. Auf diese Weise kann man die ursprünglich angedachten $8 \cdot 8 = 64$ Rechenschritte auf $8 \cdot \log_2 8 = 24$ eindampfen.

Damit lässt sich ein systematisches Verfahren für N Datenpunkte entwickeln (hier beispielhaft für Sinusfunktionen skizziert): Zunächst nummeriert man die Datenpunkte von 0 bis $N - 1$ durch. Dann betrachtet man immer zwei Sinusfunktionen $\sin(\frac{2\pi f x}{N})$ für die Frequenzpaare: $f = 0$ und $f = \frac{N}{2}$, $f = 1$ und $f = \frac{N}{2} + 1, \ldots, f = \frac{N}{2} - 1$ und $f = N - 1$. Im ersten Schritt vergleicht man die beiden Sinusfunktionen für $f = 0$ und $f = \frac{N}{2}$: $\sin(\frac{2\pi \cdot 0 \cdot x}{N})$ und $\sin(\frac{2\pi \cdot N \cdot x}{2N})$. Beide Sinusfunktionen liefern für gerade Datenpunkte ($x = 2n$) immer den Wert 1. Für $f = 1$ und $\frac{N}{2} + 1$ ergibt sich $\sin(\frac{2\pi x}{N})$ und $\sin(\frac{2\pi N x}{2N} + \frac{2\pi x}{N}) = \sin(\pi x + \frac{2\pi x}{N})$. Für gerade $x = 2n$ entspricht der letzte Term bloß einer Sinusfunktion, die um ein ganzzahliges Vielfaches n von 2π verschoben ist. Eine um 2π verschobene Sinusfunktion entspricht der ursprünglichen Sinusfunktion. Daher liefern auch diese beiden Funktionen für gerade Datenpunkte stets denselben Wert. Man kann sich davon überzeugen, dass für die übrigen Frequenzen dasselbe gilt. Für die ungeraden Punkte ergibt sich ein ähnlicher Zusammenhang: Die paarweisen Werte der Sinusund Kosinusfunktionen sind allerdings nicht identisch, sondern an der x-Achse gespiegelt – das heißt, sie unterscheiden sich um ein Vorzeichen.

Das kann man ausnutzen: Anstatt jeden Datenpunkt mit jeder Sinus- und Kosinusfunktion zu multiplizieren, kann man den Aufwand halbieren. Dafür teilt man die Datenpunkte in zwei Gruppen auf und muss jeden Punkt mit nur jeweils halb so vielen Funktionen multiplizieren. Teile und herrsche. Doch wir sind an mehr als einer bloßen Halbierung der Rechenschritte interessiert: Wenn man statt 10^{12} noch $5 \cdot 10^{11}$ Berechnungen durchführen muss, hat man nicht allzu viel gewonnen. Der Schlüssel liegt in der wiederholten Ausführung des Tricks.

Das heißt: Im zweiten Schritt werden die geraden und die ungeraden Datenpunkte halbiert. Dadurch ergeben sich vier Gruppen, in denen man nach Mustern für die trigonometrischen Funktionen suchen kann. Das wird etwas kniffliger, man muss dazu das Reich der reellen Zahlen verlassen und ebenfalls Wurzeln aus negativen Zahlen zulassen. Doch das Ergebnis ist das gleiche: Die Anzahl der Berechnungen halbiert sich. Und man kann weitermachen, indem man auch diese vier Gruppen unterteilt und daraus acht mit jeweils halb so vielen Punkten macht. Den Prozess wiederholt man so lange, bis nur noch ein einziger Datenpunkt in jeder Gruppe vorhanden ist – bei N Datenpunkten kann man die Punkte maximal $\log_2$-mal

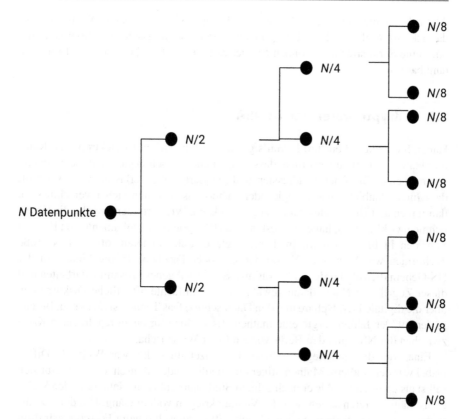

Abb. 7.3 Man halbiert die Datenpunkte immer wieder, bis nur noch ein einzelner Punkt pro Gruppe übrig ist. Damit ergibt sich ein Baumdiagramm der Tiefe $N \log_2 N$. (Copyright: Manon Bischoff)

halbieren. In jedem dieser Schritte muss man dann noch N Berechnungen durchführen, dadurch ergeben sich insgesamt $N \log_2 N$ Rechenschritte (siehe Abb. 7.3).

Auch wenn sich Tukey die Idee hinter der Fast-Fourier-Transformation eigenständig erarbeitet hat, war er nicht der Erste. Es gibt Aufzeichnungen von Carl Friedrich Gauß, die belegen, dass er ebenfalls bereits 1805 eine solche Methode ausgearbeitet hatte – noch bevor Joseph Fourier seine Theorie vorstellte. Allerdings erachtete Gauß sein Ergebnis wohl nicht als bedeutend genug, um es zu veröffentlichen. Da er zudem eine veraltete Notation genutzt und alles auf Latein notiert hatte, geriet die Methode in Vergessenheit und wurde erst im 20. Jahrhundert wiederentdeckt.

Mit der Fast-Fourier-Transformation haben Cooley und Tukey einen Algorithmus geschaffen, der die Wissenschaft revolutioniert hat. So lässt sich heute beispielsweise beurteilen, ob Nordkorea Atomwaffen testet. Aber auch alle anderen Aufgaben, die mit der Signalverarbeitung zu tun haben, lassen sich mit dem

Algorithmus meistern: zum Beispiel die Kompression von Daten. Wenn Sie also das nächste Mal ein Hundebild googeln, Ihren Lieblingssong auf Spotify hören oder eine Serie streamen, können Sie der raffinierten Fast-Fourier-Transformation dankbar sein.

7.7   Kryptografen versus NSA

Haben Sie heute schon Ihre E-Mails gecheckt? Inzwischen ist elektronische Kommunikation so normal geworden, dass einige Personen schon gar nicht mehr wissen, wie man einen Brief richtig adressiert und frankiert. Dabei verlassen wir uns darauf, dass Internetanbieter wie Google oder Yahoo unsere Daten sicher verschlüsseln, damit niemand Unbefugtes darauf zugreifen kann. Wie vertrauenswürdig die Unternehmen wirklich sind, haben spätestens die 2013 geleakten Dokumente von Edward Snowden in Frage gestellt. In diesen legte er unter anderem offen, dass große Techfirmen wie Microsoft, Yahoo, Google oder Facebook (heute Meta) mit der US-Geheimdienstbehörde NSA (National Security Agency) zusammenarbeiten und dieser Zugriff auf Nutzerdaten gewährten. Das entfachte öffentliche Diskussionen über die digitale Privatsphäre und den Datenschutz. Das Thema ist nicht neu. Bereits in den 1970er-Jahren sorgte eine mathematische Idee für einen regelrechten Krieg zwischen der NSA und den Befürwortern freier Wissenschaft.

Einer, der diesen Krieg – unbewusst – anzetteln sollte, war Whitfield Diffie. Dabei war der studierte Mathematiker ein friedliebender Mensch, er beschreibt sich selbst als „peacenik". Als er nach seinem Studienabschluss im Jahr 1965 den Wehrdienst hätte antreten sollen, war der Vietnamkrieg in vollem Gang. Um dem Dienst in der Army zu entgehen, entschied sich Diffie, einen Job beim Forschungsinstitut Mitre Corporation anzunehmen. Da Mitre auch für das Verteidigungsministerium arbeitete, war Diffie zwar von der Wehrpflicht entbunden, aber dafür musste er als Informatiker arbeiten – ein Fach, auf das er als Mathematiker anfangs herabblickte. Doch schnell zog ihn insbesondere ein Aspekt des Bereichs in seinen Bann: die Kryptografie.

Denn anders als viele seiner Kollegen begann sich Diffie dafür zu interessieren, wie man elektronische Daten absichern könnte. Damals gab es das Internet zwar noch nicht, aber Computer hielten langsam Einzug in die Gesellschaft – ebenso wie drahtlose Telefone und andere elektronische Kommunikationskanäle. Ohne Verschlüsselung wären alle übertragenen Informationen von jedem offen einsehbar. Als Diffie sich in die Kryptografie einlesen wollte, stellte er fest, dass alle Informationen über die Standard-Verschlüsselungsmethoden aus der Zeit nach dem Zweiten Weltkrieg als geheim klassifiziert und damit unzugänglich waren. So lernte er erstmals die gegnerische Seite des kommenden Krieges kennen: den 1952 gegründeten Auslandsgeheimdienst NSA. Wie der Journalist Steven Levy in seinem Buch „Crypto" schreibt, „existierte ernsthafte Kryptografie in den USA nur hinter dem Schutzwall der NSA". Um das zu gewährleisten, versuchte die Behörde die klügsten Köpfe des Landes anzuheuern, die sich für kryptografische Forschung interessierten.

So auch Martin Hellman in den 1970er-Jahren, der damals Professor am Massachusetts Institute of Technology war: „Sobald jemand hörte, dass ich mich für Kryptografie interessierte, stürzten sich die Leute von der NSA auf mich", erzählte Hellman dem Journalisten Levy. Doch Hellman wollte seine Erkenntnisse veröffentlichen und lehnte alle Angebote der Behörde ab. Viele seiner Kollegen warnten ihn vor einem solchen Alleingang, schließlich war die NSA allein durch die vielen Experten in dem Bereich fachlich haushoch überlegen – doch Hellman ließ sich davon nicht beirren. Und tatsächlich sollte ihm gemeinsam mit Diffie im Jahr 1976 ein Durchbruch gelingen, der die Kryptografie für immer veränderte.

Bis zu diesem Zeitpunkt beruhten Verschlüsselungssysteme auf einer jahrtausendealten Idee: Zwei Parteien tauschen einen Schlüssel aus und nutzen diesen, um eine Nachricht zu chiffrieren und anschließend wieder zu decodieren. Die Schwierigkeit besteht darin, einen Mechanismus zu finden, der es unmöglich macht, die verschlüsselte Nachricht von einer zufälligen Symbolfolge zu unterscheiden. Sprich: Die Chiffre soll möglichst nach Kauderwelsch aussehen.

Erste Beispiele für solche Verfahren finden sich bereits in der Antike: etwa die Cäsar-Chiffre, die der römische Feldherr im ersten Jahrhundert v. Chr. für die militärische Korrespondenz nutzte. Dabei verschiebt man die Buchstaben des Alphabets um einen festen Wert und erhält daraus entsprechende Codewörter. Angreifer, die eine solche Nachricht abfangen, können mit den Symbolfolgen meist nichts anfangen. Der Empfänger hingegen weiß, wie man die Zeichen ersetzt, um so den ursprünglichen Text zu rekonstruieren. Allerdings ist die Cäsar-Chiffre nicht besonders schwer zu knacken. Im Lauf der Jahrhunderte wurden daher immer ausgeklügeltere Verfahren entwickelt. Mit dem Beginn der Renaissance konstruierten Gelehrte mechanische Geräte wie Chiffrierscheiben. Die Anstrengungen gipfelten schließlich in der Entwicklung von „Enigma", einer Schlüsselmaschine, welche die Deutschen im Zweiten Weltkrieg nutzten.

Wie Diffie, Hellman und andere Wissenschaftler – ebenso wie die NSA – aber richtig erkannten, ergaben sich mit der Verbreitung von Computern vielfältige Möglichkeiten, um aufwändige und komplizierte Berechnungen in Windeseile zu bewältigen. Das machte viele Systeme angreifbar, da Algorithmen beispielsweise in der Lage sind, etliche Passwortkombinationen in einer Geschwindigkeit durchzuprobieren, bei der ein Mensch unmöglich mithalten kann. „Computer werden in Zukunft eine Gefahr für die individuelle Privatsphäre darstellen", schrieb der deutsche Kryptograf Horst Feistel bereits 1973 in einem Artikel für „Scientific American". Er schloss daher, dass Computersysteme ihre Inhalte verschlüsseln sollten, damit Unbefugte keine Daten abgreifen. Das waren nicht nur leere Worte: Feistel entwickelte einen extrem starken Verschlüsselungsalgorithmus namens Lucifer, der unsere Daten jahrzehntelang schützen sollte – und den sich die NSA unter den Nagel riss.

Der Lucifer-Algorithmus teilt eine Nachricht zunächst in Blöcke auf, die unabhängig voneinander chiffriert werden. Die einzelnen Blöcke werden dabei immer wieder halbiert, vermischt und verschlüsselt. Das Ganze geschieht aber auf eine Weise, die sich umkehren lässt, wenn man den Schlüssel kennt – schließlich muss man die Nachricht am Ende wieder entziffern können. Das US-Unternehmen

IBM entwickelte Lucifer weiter, um damit erstmals Bankautomaten abzusichern, welche die Daten zum Bankgroßrechner schicken sollten. Die Implementierung war allerdings mit einem hohen Risiko verbunden: IBM musste sicher sein, dass die Verschlüsselung sich nicht durch einen genialen Trick knacken lässt – sonst könnten erfinderische Hacker die Bankautomaten leeren.

Dass sichere Verschlüsselungssysteme für das anbrechende Elektronikzeitalter bitter nötig waren, erkannte auch die US-Regierung. Daher machte die Standardisierungsbehörde, damals National Bureau of Standards (NBS), heute National Institute of Standards and Technology (NIST), Anfang der 1970er-Jahre eine öffentliche Ausschreibung: Sie suchte nach einem Verschlüsselungsalgorithmus, der gewisse Sicherheitsanforderungen erfüllt. Doch es kamen nur sehr wenige Einsendungen. Kein Wunder, denn es gab kaum Forscher, die außerhalb der NSA an solchen Themen arbeiteten. Das von IBM weiterentwickelte Lucifer-System erfüllte alle Voraussetzungen. Doch bevor der Algorithmus veröffentlicht wurde, bestellte die NSA den damals verantwortlichen IBM-Mitarbeiter ein – und machte ihm ein Angebot, das er nicht ablehnen konnte.

Die NSA würde den Algorithmus prüfen und öffentlich dessen Sicherheit garantieren. Damit würden die Kunden von IBM, insbesondere der Bankensektor, den neuen kryptografischen Produkten der Firma vertrauen. Im Gegenzug sollte sich das Unternehmen verpflichten, den Lucifer-Code unter Verschluss zu halten und nur Hardware (Verschlüsselungschips) zu verkaufen. Damit war der Lucifer-Algorithmus zur Geheimsache geworden: Die betroffenen IBM-Mitarbeiter durften nicht über ihre Arbeit sprechen.

Schließlich veröffentlichte das damalige NBS im Jahr 1975 seine Empfehlung, den so genannten Data Encryption Standard (DES), der auf Lucifer basierte. Statt eine Schlüssellänge von 128 Bit – also eine Zeichenkette aus 128 Kombinationen von Nullen und Einsen – zu nutzen, wie es Feistel bei seinem Lucifer-Code vorgeschlagen hatte, betrug der NBS-Standardschlüssel nur 56 Bit. Das war nicht nur erheblich kürzer, sondern auch eine extrem ungewöhnliche Schlüssellänge: Meist verwendet man, wie in der Informatik so häufig, Zweierpotenzen. Daher vermuteten viele Wissenschaftler, darunter der frühere DES-Entwickler Alan Konheim von IBM, dass die NSA die Schlüssellänge gekürzt habe, um wichtige Nachrichten knacken zu können.

Wie inzwischen bekannt wurde, hatte die NSA tatsächlich von IBM gefordert, die Schlüssellänge von 64 auf 48 Bit zu reduzieren – dabei ging der 56-Bit-Schlüssel als Kompromiss hervor. „Es ging darum, ein Kryptografieniveau zu finden, das die Privatsphäre von Einzelpersonen und Unternehmen gegenüber Konkurrenten schützt", so der ehemalige Direktor der NSA Bobby Inman. Gleichzeitig wollte die Behörde aber sicherstellen, die Verschlüsselungen im Notfall knacken zu können.

Wie drastisch ein solches Eingreifen ist, lässt sich erklären, wenn man tatsächliche Rechenzeiten bestimmt. Angenommen, man wollte einen Schlüssel mit 128 Bit erraten. Man weiß nur, dass er einer Folge von 128 Nullen und Einsen entspricht. Man muss also alle Kombinationen durchprobieren: Für jedes der 128 Zeichen gibt es zwei mögliche Werte (0 oder 1) und somit insgesamt 2^{128} Möglichkeiten. Hat der Schlüssel hingegen eine Länge von 127 Bit, halbiert sich die Anzahl aller

Kombinationen, die man durchprobieren muss. Heutige moderne Computer haben einen 3 Gigahertz-Prozessor, das heißt, sie können drei Milliarden Berechnungen pro Sekunde vornehmen. Um 2^{128} (zirka $3 \cdot 10^{38}$) Möglichkeiten durchzuspielen, bräuchte man demnach etwa 10^{29} Sekunden, was 10^{21} Jahre entspricht – Billionen mal so lange, wie unser Universum bereits existiert. Einen 56-Bit-Schlüssel könnte ein moderner Rechner hingegen in siebeneinhalb Jahren knacken.

Viele Wissenschaftler beschwerten sich über die Schlüssellänge und verlangten eine Anpassung, darunter Diffie und Hellman – doch vergebens. Erst im Jahr 2000 wurde DES in den USA durch ein sichereres Verfahren (AES) ersetzt. Zuvor hatten Informatiker gezeigt, dass sich die herkömmliche DES-Verschlüsselung mit ausgeklügelten Methoden in gerade einmal 22 Stunden knacken lässt.

Als Diffie über Kryptografie nachdachte, störte ihn nicht nur die Schlüssellänge des DES-Standards. Generell litten alle Verschlüsselungssysteme unter einer Schwachstelle, die als unüberwindbar galt: die Schlüsselverteilung. Wenn zwei Parteien irgendwie geheime Informationen austauschen wollten, brauchte es eine zentrale Anlaufstelle, die ihnen die Schlüssel bereitstellte. In den 1970er-Jahren war das noch kein allzu großes Problem, da bisher nur wenige militärische Institutionen und einige Firmen auf digitale Verschlüsselungsalgorithmen angewiesen waren. Doch spätestens wenn die elektronische Kommunikation auch im privaten Sektor Einzug halten würde, wäre eine solche Schlüsselverwaltung wahrscheinlich das Ziel von Angriffen.

Im Mai 1975, als Diffie sich um den Haushalt kümmerte und dabei wie üblich über Kryptografie nachdachte, fand er schließlich die Lösung zu all seinen Problemen: Er musste gegen das Grundprinzip der Kryptografie verstoßen und die Schlüssel öffentlich machen. Das war die Geburtsstunde der so genannten Public-Key-Kryptografie.

Diffie war im Vorfeld jahrelang quer durch das Land gereist ohne festen Job und von seinen Ersparnissen lebend, um sich mit anderen Wissenschaftlern über Verschlüsselungen auszutauschen. Da alle modernen Arbeiten zu dem Thema der Geheimhaltung unterstanden, war er auf andere Personen angewiesen, um mehr darüber zu lernen. Als er schließlich auf Martin Hellman in Stanford traf, hatte er endlich einen Gleichgesinnten gefunden. Hellman nahm Diffie unter seine Fittiche, konnte ihm aber wegen seines fehlenden Doktortitels keinen langfristigen Job anbieten. Trotzdem tauschten sich die beiden Forscher, die in der Folge enge Freunde wurden, häufig aus und suchten nach einer Methode, elektronische Daten abzusichern.

Diffies Durchbruch bestand darin, den Schlüssel in zwei zu teilen: Eine Person besitzt demnach einen privaten und einen öffentlichen Schlüssel. Wenn Bob mit Alice kommunizieren möchte, verschlüsselt er eine Nachricht m mit Alices öffentlichem Schlüssel k_{Alice}^{p} zu einer Chiffre c. Obwohl k_{Alice}^{p} von jedem einsehbar ist, lässt sich eine damit verschlüsselte Nachricht c nicht entziffern. Erst Alices privater Schlüssel k_{Alice}^{g} ermöglicht es, c wieder in die ursprüngliche Nachricht m zu verwandeln. Grundlage für dieses Verfahren sind so genannte Falltürfunktionen: Mathematische Abbildungen, die sich nur schwer umkehren lassen – es sei denn, man besitzt eine geheime Information – den privaten Schlüssel.

Ein solches Verfahren würde nicht nur eine sichere Kommunikation ermöglichen, sondern auch Authentifizierungen. Denn eine weitere Schwierigkeit im elektronischen Zeitalter ist, zu beweisen, dass man die Person ist, die man vorgibt zu sein. Angenommen, Alice möchte sichergehen, dass ein Dokument von Bob stammt. Dafür muss Bob den Inhalt des übermittelten Dokuments mit seinem privaten Schlüssel chiffrieren. Nun kann jede Person überprüfen, ob der chiffrierte Inhalt wirklich von ihm stammt: Dafür muss man nur Bobs öffentlichen Schlüssel nutzen und die Chiffre damit entziffern. Wenn es gelingt, hat Bob es mit Sicherheit verschlüsselt (niemand sonst hat Zugriff auf seinen geheimen Schlüssel). Wenn Bob also eine Nachricht an Alice schicken möchte, kann er die Nachricht zunächst mit ihrem öffentlichen Schlüssel chiffrieren (dann kann kein Fremder die Nachricht lesen) und anschließend noch mit seinem privaten Schlüssel signieren. Indem Alice den öffentlichen Schlüssel von Bob anwendet, kann sie sicher sein, dass die Nachricht auch wirklich von ihm stammt.

Nach seinem Einfall fuhr Diffie noch am selben Abend aufgeregt zu Hellman, um ihm davon zu berichten. Dieser erkannte sofort das enorme Potenzial der Idee. In den kommenden Monaten formalisierten die beiden Wissenschaftler die Idee und entwickelten ein kryptografisches Protokoll, das sie 1976 veröffentlichten. Der größte Teil der Arbeit stand aber noch bevor: Diffie und Hellman mussten ein mathematisches Verfahren finden, das diese Art der Verschlüsselung erlaubt. Sie brauchten eine Falltürfunktion. Das Problem: Damals war noch nicht klar, ob eine solche Funktion überhaupt existierte.

Tatsächlich waren Diffie und Hellman nicht die Ersten, welche die revolutionäre Idee der Public-Key-Kryptografie hatten. Die zwei Forscher hatten zwar damit gerechnet, dass vielleicht einige Mitarbeiter von Geheimdienstbehörden bereits ein ähnliches Verfahren entwickelt hatten (was sich im Nachhinein als korrekt erwies), doch es gab auch einen Doktoranden von der University of California in Berkeley mit einem ähnlichen Einfall: Ralph Merkle. Er hatte bereits 1975 seine Idee beim renommierten Fachjournal „Communications of the ACM" eingereicht, doch dort lehnten die Gutachter die Public-Key-Kryptografie sofort ab. Sie sahen ein Problem in der zu Grunde liegenden Annahme: dass ein Kryptosystem ohne eine sichere Übermittlung der Schlüssel funktionieren sollte. Umso größer war Merkles Freude, als er zufällig auf den Fachartikel von Diffie und Hellman stieß, die eine ähnliche Methode entwickelt hatten. Er nahm sofort Kontakt zu ihnen auf und sandte den zwei Forschern eine Kopie seines Manuskripts zu, das drei Jahre später doch noch veröffentlicht wurde. Diffie und Hellman nahmen Merkle in Stanford auf und gaben ihm dort einen Sommerjob, so dass sie zusammen über eine Umsetzung der Public-Key-Kryptografie nachdenken konnten.

Eines Tages im Mai 1976 hörte Diffie bei der Arbeit einen Schrei aus dem Nebenzimmer. Es war Hellman, der ihn begeistert rief: Er hatte eine mathematische Umsetzung gefunden, die sich für ihren Algorithmus zu eignen schien – oder zumindest einen Teil davon. Damit war der Diffie-Hellman-Schlüsselaustausch geboren, den die beiden Forscher im darauf folgenden November veröffentlichten.

Allerdings sah die Lösung nicht ganz so aus, wie es sich Diffie und Hellman ursprünglich erhofft hatten. Denn Hellman hatte statt einer Falltürfunktion eine

Einwegfunktion gefunden: eine Abbildung, die sich nicht umkehren lässt. Damit war das System nicht geeignet, um Inhalte zu unterschreiben oder verschlüsselte Nachrichten zu übertragen – allerdings ermöglichte es, einen Schlüssel zwischen zwei Parteien sicher auszutauschen. Auf diese Weise konnte man bisherige symmetrische Verfahren wie Lucifer nutzen, um miteinander zu kommunizieren – ohne im Voraus auf eine zentrale Schlüsselverwaltung angewiesen zu sein.

Die Idee lässt sich vereinfacht durch Farbeimer erklären (siehe Abb. 7.4): angenommen, Alice und Bob wollen einen Schlüssel generieren. Dafür einigen sie sich zunächst auf eine gemeinsame Ausgangsfarbe, die öffentlich einsehbar ist, zum Beispiel gelb – sie entspricht dem öffentlichen Schlüssel. Alice und Bob besitzen außerdem jeweils eine geheime Farbe (Alice Rot und Bob Türkis), die niemand sonst kennt. Dies ist der private Schlüssel. Beide mischen die abgesprochene gelbe Farbe mit ihrer Geheimfarbe. Alice erhält so eine orange Mischung und Bob eine hellblaue. Nun tauschen Alice und Bob ihre Mischfarben öffentlich aus:

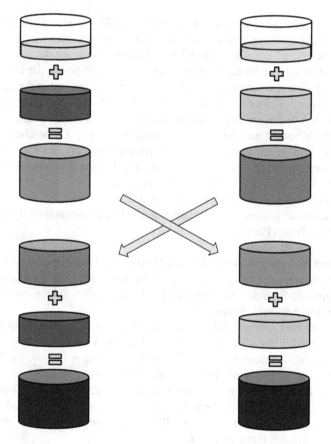

Abb. 7.4 Die Funktionsweise des Diffie-Hellman-Schlüsselaustausches lässt sich anhand von Farbeimern darstellen. (Copyright: Manon Bischoff)

Alice besitzt nun den hellblauen Farbeimer und Bob den orangenen. Um nun den symmetrischen Schlüssel zu generieren, schütten Alice und Bob in ihre Mischfarbe jeweils ihre Geheimfarbe. Somit erhalten beide dasselbe Ergebnis: eine braune Pampe. Die braune Farbmischung entspricht in diesem Bild dem symmetrischen Schlüssel, mit dem Alice und Bob über ein Protokoll wie Lucifer sicher kommunizieren können. Selbst wenn ein Angreifer die ausgetauschten Farbeimer unterwegs abgegriffen hätte, könnte er ohne Kenntnis der jeweiligen Geheimfarben nicht auf das entstandene Ergebnis schließen.

Auch wenn die Idee sehr einfach wirkt, braucht man eine geeignete mathematische Funktion, um das Verfahren umzusetzen. Dessen Sicherheit beruht darauf, dass sich das Vermischen von Farben nicht umkehren lässt. Sprich: Aus einer Farbmischung (etwa hellblau) und Kenntnis der Anfangsfarbe (gelb), lässt sich nicht schließen, was die Geheimfarbe (türkis) ist. Das heißt, man sucht eine mathematische Funktion, die einfach zu berechnen, aber nur sehr schwer umzukehren ist. Hellman fand eine Lösung, die auf der Mathematik von ganzzahligen Exponenten basiert.

Auf den ersten Blick wirkt die Potenzierung nicht wie eine allzu komplizierte Operation, schließlich handelt es sich bloß um die Hintereinanderausführung von Multiplikationen: $a^3 = a \cdot a \cdot a$. Beim Diffie-Hellman-Algorithmus nutzt man allerdings aus, dass die Logarithmusfunktion (die Umkehrabbildung der Potenzierung) nicht so einfach zu berechnen ist – insbesondere dann nicht, wenn der Zahlenraum nicht die reellen Zahlen umfasst, sondern eingeschränkt ist. Der Algorithmus basiert nämlich auf einer Art „Uhrzeit-Arithmetik": ein Zahlenraum, der nur aus ganzen Zahlen besteht und durch einen größten Wert (etwa 12) beschränkt ist. Wie bei der Zeitanzeige auf einem Zifferblatt, rechnet man ein Ergebnis, das diesen Maximalwert übersteigt (etwa $7 + 6$), wieder auf einen kleineren Wert zurück: $7 + 6 = 13$, was auf dem Zifferblatt einer 1 entspricht.

Eine solche mathematische Umgebung brauchte Hellman, um den Diffie-Hellman-Schlüsselaustausch zu implementieren. Der Algorithmus folgt dabei dem zuvor beschriebenen Farbschema:

1. Alice und Bob einigen sich auf einen Maximalwert bei der Uhrzeit-Arithmetik (eine Primzahl, zum Beispiel $p = 23$) und eine Basiszahl, zum Beispiel $g = 5$, die gewisse Eigenschaften erfüllen muss. Diese zwei Zahlen entsprechen im Prinzip dem gelben Farbeimer.
2. Alice wählt eine geheime Zahl, zum Beispiel $a = 4$ und schickt Bob die Potenz $A = g^a \bmod p$ zu – „mod p" heißt, in Uhrzeit-Arithmetik von p. Für unser Zahlenbeispiel bedeutet das: $A = 5^4 \bmod 23 = 625 \bmod 23 = 4$. Im Prinzip hat sie nun die gelbe Farbe mit ihrer geheimen roten Farbe gemischt.
3. Nun geht Bob genauso vor: Er wählt eine geheime Zahl, etwa $b = 3$ und schickt Alice entsprechend das Ergebnis $B = g^b \bmod p$, also: $B = 5^3 \bmod 23 = 125 \bmod 23 = 10$. In diesem Schritt hat Bob entsprechend die gelbe Farbe mit der geheimen türkisen Farbe gemischt.
4. Nun kommt der entscheidende Schritt, um den gemeinsamen Schlüssel zu berechnen. Alice und Bob tauschen ihre Ergebnisse A und B untereinander aus

beziehungsweise machen sie öffentlich: Alice potenziert das Ergebnis von Bob nun wieder mit ihrem geheimen Wert a: B^a mod p, was im genannten Beispiel 10^4 mod $23 = 18$ entspricht. 18 ist also die braune Pampe aus dem Farbbeispiel.

5. Bob macht dasselbe: Er potenziert A mit seinem geheimen Wert b und erhält damit dasselbe Ergebnis wie Alice aus ihrer Kalkulation: A^b mod $p = 43$ mod $23 = 18$. Damit ist 18 der gemeinsame Schlüssel, den sie zur künftigen Chiffrierung nutzen können.

Dass Alice und Bob dasselbe Ergebnis aus ihren Rechnungen erhalten, liegt daran, dass die Potenz-Operation kommutativ ist: $g^a \cdot b = g^b \cdot a$. Das gilt auch in Zahlenräumen mit Uhrzeit-Arithmetik. Falls eine dritte Partei beispielsweise die versendeten Signale g, p und $A = g^a$ mod p abfängt, kann sie daraus nicht auf a zurückschließen, da man dafür ein so genanntes diskretes Logarithmusproblem lösen muss: Man sucht den Exponenten a, der die Gleichung $A = g^a$ mod p erfüllt.

Zugegeben, das oben genannte Zahlenbeispiel lässt sich schnell knacken. Außerdem ist der Schlüssel 18 nicht besonders schwer zu erraten. Doch wenn man für die Variablen a, b, g und p sehr große Zahlen einsetzt, wird das Problem unheimlich schwer zu knacken: Tatsächlich wächst die Berechnungsdauer exponentiell mit der Länge der gewählten Zahlen an. Das wussten auch Diffie und Hellman. Andererseits lässt sich ihr Algorithmus zur Schlüsselgenerierung schnell ausführen – und eignet sich damit für praktische Anwendungen.

Selbst ohne Internet verbreiteten sich die Arbeiten von Diffie und Hellman in der Fachcommunity wie ein Lauffeuer. Unter anderem stießen drei Mathematiker, Ron Rivest, Adi Shamir und Leonard Adleman, darauf und veröffentlichten 1977 eine erste Idee, wie man tatsächliche Falltürfunktionen entwerfen könnte. Somit war der Traum von Diffie und Hellmans Public-Key-Kryptografie tatsächlich realisierbar. Mit einer Falltürfunktion kann man nicht nur auf sichere Weise einen Schlüssel austauschen, sondern auch Dateien signieren und Nachrichten verschlüsseln. Die Methode sollte als RSA-Kryptosystem in die Geschichte eingehen – und wird bis heute genutzt.

Natürlich gingen all diese Fortschritte nicht unbemerkt an der NSA vorbei, die damit ihr Monopol in der Welt der Kryptografie verlor. Zunächst hielt sich die Behörde noch bedeckt und versuchte im Hintergrund zu agieren. Zum Beispiel teilte sie der National Science Foundation mit, dass künftig nur die NSA Forschung an kryptografischen Themen fördern dürfe. Zudem berief sich der Geheimdienst auf den ITAR-Code (International Traffic in Arms Regulations), dem US-amerikanischen Regelwerk zum Rüstungshandel: Demnach zählten Datenschutzvorrichtungen und kryptografische Geräte als Waffen und durften nicht ohne Weiteres exportiert werden. Das heißt: Man konnte nicht ohne Weiteres auf Konferenzen über Kryptosysteme sprechen oder Fachartikel dazu verbreiten.

Das provozierte Widerstand in der Welt der Wissenschaft. Forscherinnen und Forscher am MIT und Stanford tauschten sich mit den Leitern und Rechtsberatern der Universitäten bezüglich ihrer Arbeiten aus. Zwar waren die Anwälte der Meinung, dass die Verbreitung der Forschungsergebnisse rechtens sei, doch es blieb ein Restrisiko: Sollte die Regierung einen Rechtsstreit gewinnen, drohten den Wissenschaftlern hohe Gefängnisstrafen. Aus diesem Grund ließ Hellman beispielsweise nicht seine zwei Studenten ihre Ergebnisse auf einem Kongress vorstellen, sondern übernahm selbst diese Aufgabe. „Ich hatte eine Professur in Stanford und war somit rechtlich durch die Universität abgedeckt. Aber für junge Menschen am Anfang ihrer Karriere ist eine drohende Gefängnisstrafe bei der Jobsuche nicht gerade hilfreich", erklärte Hellman dem Journalisten Levy im Buch „Crypto".

1978 wurde der Konflikt schließlich öffentlich ausgetragen: Nicht nur Fachzeitschriften wie „Science", sondern auch die „Washington Post" und die „New York Times" berichteten darüber. So sah sich die NSA gezwungen nachzugeben. Der Fortschritt in der Kryptografieforschung ließ sich nicht komplett aufhalten. Hellman erhielt in diesem Jahr einen Anruf vom damaligen Direktor der Geheimdienstbehörde Bobby Inman, der den Wissenschaftler um ein Treffen bat. „Gut zu sehen, dass Sie gar keine Hörner haben", begrüßte ihn Inman. „Gleichfalls", entgegnete Hellman. Tatsächlich sollte sich aus diesem Treffen allmählich eine Freundschaft entwickeln.

Dennoch war damit der Krieg zwischen der NSA und den Kryptografen noch lange nicht beigelegt. In den 1990er-Jahren entfachte erneut ein erbitterter Streit um die Veröffentlichung und den Export von kryptografischer Software (insbesondere des Programms „PGP", das auf RSA basiert). Und wie die geleakten Dokumente von Snowden verdeutlichen, versucht die Geheimdienstbehörde auch heute noch verschlüsselte Informationen abzugreifen. Nicht umsonst baut sie eines der weltweiten größten Datenzentren: das Utah Data Center, das laut Schätzungen so viel Speicherplatz besitzt, dass es zu jeder Person auf der Erde etwa einen Gigabyte an Information sichern könnte. „Es ist im Grunde eine Festplatte. Sie speichert nicht nur Text und Audio, sondern auch Bilder und Videos. Es gibt eine fahrlässige Einstellung zu diesem Thema. Die Leute schenken dem keine Beachtung, bis es zu spät ist", warnt der Journalist James Bamford.

Literaturverzeichnis

1. Tóth LF (2011) Lagerungen in der Ebene auf der Kugel und im Raum. Springer, Berlin
2. Hales TC (2005) A proof of the Kepler conjecture. Ann Math 162(3):1065–1185
3. Merino O (2006) A Short History of Complex Numbers. https://www.math.uri.edu/~merino/spring06/mth562/ShortHistoryComplexNumbers2006.pdf. Zugegriffen am 27.02.2024
4. Li Z-D (2021) Testing real quantum theory in an optical quantum network. ArXiv: 2111.15128
5. Livio M (2006) The equation that couldn't be solved. Simon and Schuster, New York
6. Grima P Cuantos peces hay en un lago? http://www.cvrecursosdidacticos.com/web/repository/1294683717_Peces_y_Taxis.pdf. Zugegriffen am 27.02.2024
7. Cooley JW, Tukey JW (1965) An algorithm for the machine calculation of complex Fourier series. Math Comput 19:297–301
8. Muller D (2022) The Remarkable Story Behind The Most Important Algorithm Of All Time. Veritasium Youtube. https://www.youtube.com/watch?v=nmgFG7PUHfo. Zugegriffen am 27.02.2024
9. Ford D (2004) Richard Garwin – Session IV. APS. https://www.aip.org/history-programs/niels-bohr-library/oral-histories/40912-8-4. Zugegriffen am 27.02.2024

10. Walter WR et al (2007) Empirical observations of earthquake-explosion discrimination using p/s ratios and implications for the sources of explosion s-waves. In: 29th Monitoring Research Review: Ground-Based Nuclear Explosion Monitoring Technologies, Los Alamos National Laboratory, Los Alamos, NM (United States)

11. Cooley JW (1990) How the FFT gained acceptance. A history of scientific computing. Assoc Comput Mach 0201508141:133–140

12. Cooley JW (1987) The re-discovery of the fast Fourier transform algorithm. Mikrochimica Acta 93:33–45

13. Gellman B, Poitras L (2013) U.S., British intelligence mining data from nine U.S. Internet companies in broad secret program. Washington Post. https://www.washingtonpost.com/investigations/us-intelligence-mining-data-from-nine-us-internet-companies-in-broad-secret-program/2013/06/06/3a0c0da8-cebf-11e2-8845-d970ccb04497_story.html. Zugegriffen am 27.02.2024

14. Levy S (1994) Prophet of Privacy. Wired. https://www.wired.com/1994/11/diffie/. Zugegriffen am 27.02.2024

15. Levy S (2001) Crypto. Viking Press, New York

16. Feistel H (1973) Cryptography and Computer Privacy. Sci Am 228(5):15–23

17. Schneier B (1996) Applied cryptography. Wiley, New Jersey

18. Corrigan-Gibbs H (2014) Keeping secrets. Stanford magazine. https://stanfordmag.org/contents/keeping-secrets. Zugegriffen am 27.02.2024

19. Diffie W, Hellman ME (1976) Multiuser cryptographic techniques. In: Proceedings of the National Computer Conference and Exposition (AFIPS '76), 7–10 June, 1976. Association for Computing Machinery, New York, USA, S 109–112

20. Merkle RC (1978) Secure communications over insecure channels. Commun ACM 21(4):294–299

21. Diffie W, Hellman ME (1976) New directions in cryptography. IEEE Trans Inf Theory 22(6):644–654

22. Kolata GB (1977) Computer Encryption and the National Security Agency Connection. Science 197(4302):438–440

23. Hilts PJ (1980) Code Researchers Fear NSA's Control. Washington Post. https://www.washingtonpost.com/archive/politics/1980/08/28/code-researchers-fear-nsas-control/202fac0b-a116-4648-ba90-26927ed6802e/. Zugegriffen am 27.02.2024

24. Burnham D (1983) The silent power of the NSA. 27 Mar, 1983, Section 6, S 60

25. Pöppe C (2019) Von der Kryptografie zum Weltfrieden. Spektrum Wiss 3:72–76

26. Levy S (1994) Cypher wars. Wired. https://www.wired.com/1994/11/cypher-wars/. Zugegriffen am 27.02.2024

Vorsicht, Statistik!

Die beiden Kryptografen Martin Hellman und Whitfield Diffie konnten glücklicherweise dem Gefängnis entgehen. Doch nicht immer gehen Geschichten so glimpflich aus.

Das verdeutlicht der Fall von Lucia de Berk, einer niederländischen Krankenschwester, die 2003 wegen Mordes an ihren Patienten verurteilt wurde. Das Problem: Das Urteil stützte sich auf das Gutachten eines Statistikers – der grundlegende Fehler gemacht hatte.

8.1 Hinter Gittern wegen falscher Statistik

2001 starb ein Baby aus ungeklärten Gründen im Juliana-Kinderkrankenhaus in Den Haag. Zu diesem Zeitpunkt hatte die Krankenschwester Lucia de Berk Schicht. Ihre Kolleginnen und Kollegen beschlich daraufhin ein furchtbarer Verdacht: Im letzten Jahr hatte es auf der Station insgesamt acht Zwischenfälle gegeben, bei denen ein Kind entweder verstarb oder reanimiert wurde – jedes Mal während de Berks Schicht. Kann das Zufall sein?

Die Polizei begann zu ermitteln. Nachdem sie auch Daten von zwei anderen Stationen zusammengetragen hatte, auf denen de Berk beschäftigt war, kam der Fall vor Gericht: Neben den gehäuften Vorfällen in ihrer Anwesenheit wurden im Blut zweier verstorbener Patienten verdächtige Substanzen gefunden. Zudem deutete ein Tagebucheintrag der Krankenschwester auf eine mögliche kriminelle Handlung hin, dort hieß es, sie werde ihren „Zwängen nachgeben". Der Kriminologe Henk Elffers, der zuvor Mathematik studiert hatte, sollte als Gutachter die Wahrscheinlichkeit dafür angeben, dass sich die gehäuften Zwischenfälle während de Berks Schicht zufällig ereignet hatten. Sein Ergebnis: Die Wahrscheinlichkeit für einen Zufall betrage bloß 1 zu 342.000.000.

© Der/die Autor(en), exklusiv lizenziert an Springer-Verlag GmbH, DE,
ein Teil von Springer Nature 2024
M. Bischoff, *Die fabelhafte Welt der Mathematik*,
https://doi.org/10.1007/978-3-662-68432-0_8

Angesichts der erdrückenden Beweislage sprach das Gericht de Berk im Jahr 2003 des vierfachen Mordes und dreifachen versuchten Mordes schuldig. Nach einer Berufung im folgenden Jahr wurde sie sogar für sieben Morde verurteilt – und sollte ihr Leben hinter Gittern verbringen. Als „Todesengel" sorgte die Krankenschwester international für Schlagzeilen. Doch wie sich herausstellen sollte, lässt die Statistik auch vollkommen andere Schlüsse zu. De Berk beteuerte durchweg, sie sei unschuldig – nach mehr als sechs Jahren Haft kam die Justiz schließlich zum selben Schluss. Inzwischen gilt der Fall de Berk als einer der größten Justizirrtümer der Niederlande.

Diese Neuentwicklung brachte ein Buch ins Rollen: „Lucia de B.: Reconstructie van een Gerechtelijke Dwaling" (auf Deutsch: „Rekonstruktion eines Justizirrtums"), das der Wissenschaftsphilosoph Ton Derksen 2006 herausgebracht hat. Seine Schwester, die Geriaterin Metta de Noo, hatte ihn auf den Fall aufmerksam gemacht. De Noo ist die Schwägerin der Stationsleiterin des Juliana-Krankenhauses, in dem de Berk gearbeitet hatte. Als de Noo die Beweise gegen die Verurteilte durchsah, erkannte sie einige Unstimmigkeiten: So ließen sich die Substanzen in den Körpern der beiden verstorbenen Kinder, die mutmaßlich vergiftet wurden, auch durch ihre Therapie erklären. Zudem habe de Berk die Ärzte auf den sich verschlechternden Gesundheitszustand der jungen Patienten immer wieder aufmerksam gemacht. Als Derksen sich dem Fall widmete, fand er weitere juristische Mängel, die er in seinem Buch zusammenfasste.

Als der Statistiker Richard Gill das Buch entdeckte, nahm er erstmals die statistische Analyse von Elffers unter die Lupe. „2003 hatte ich das nicht für nötig gehalten", erklärte Gill der Fachzeitschrift „Science", denn er kenne den Kollegen und habe um seinen guten Ruf gewusst. Diese Nachlässigkeit bereut er inzwischen: Er hätte de Berk schon viel früher helfen können.

Wie sich inzwischen herausgestellt hat, ließen sich viele Punkte des Verfahrens anfechten. Obwohl das Gericht betonte, die Verurteilung fuße nicht auf statistischen Ergebnissen, hat Derksen offengelegt, dass Statistik und falsche Intuition die Entscheidungsfindung durchzogen haben. „Das Problem ist, dass viele statistische Modelle existieren, die zu völlig anderen Ergebnissen führen", erklärt Gill zusammen mit drei Kollegen in einem Fachartikel. „So etwas wie eine ›beste‹ statistische Analyse gibt es nicht", fahren die vier Mathematiker fort.

Allerdings sind sich viele Fachleute einig: Die Auswertung von Elffers, die schließlich zu de Berks Verurteilung führte, enthält extrem fragwürdige Annahmen. Das verdeutlicht eine Petition, die Gill 2007 aufgesetzt hat und die von mehr als 80 Professorinnen und Professoren unterschrieben wurde, darunter dem Nobelpreisträger Gerardus 't Hooft. Sie alle hielten Elffers Analyse für nicht zutreffend und verlangten, dass der Fall neu aufgerollt werden sollte.

Dass Statistik manchmal unterschiedliche Schlüsse zulässt, ist nicht neu. Gerade in lebensnahen Situationen spielt es eine wichtige Rolle, welche Daten man unter welchen Annahmen miteinbezieht. Und selbst wenn man die Analyse sehr vorsichtig durchführt, ist bei der Interpretation der Ergebnisse ebenfalls große Sorgfalt gefragt: Denn aus Korrelation folgt keine Kausalität, oftmals gibt es unbekannte Faktoren, die einen Ausgang beeinflussen können.

Bei medizinischen Kriminalfällen gestaltet sich das Ganze noch schwieriger: Anders als bei den meisten anderen Tötungsdelikten ist noch nicht einmal klar, ob überhaupt ein Verbrechen begangen wurde. Zudem können in Krankenhäusern viele äußere Faktoren den Zustand der Patienten beeinflussen: die Jahreszeit, die Luftqualität, Grippe- oder andere Krankheitswellen, der Tag-und-Nacht-Rhythmus, die Pflegekraft sowie die ärztliche Betreuung. Das alles in einem statistischen Modell zu berücksichtigen, ist quasi unmöglich.

De Berk hatte zwischen 1999 und 2001 auf drei verschiedenen Stationen gearbeitet. Elffers stützte seine statistische Analyse auf die Anzahl ihrer Schichten, die Gesamtzahl aller Schichten, die Gesamtzahl der vermerkten Vorfälle sowie die Zwischenfälle während de Berks Schicht:

Krankenhaus und Station	Juliana KH	Rotes Kreuz KH - 41	Rotes Kreuz KH - 42	Summe
Gesamtzahl Schichten	1029	366	339	1734
De Berks Schichten	142	1	58	201
Gesamtzahl Vorfälle	8	5	14	27
Vorfälle während de Berks Schicht	8	1	5	14

Bereits die Daten an sich sind fragwürdig, wie Gill zusammen mit seinen Kollegen Piet Groeneboom und Peter de Jong in der Statistik-Zeitschrift „Chance" 2018 erklärt: So wurde später ermittelt, dass de Berk auf der Station 41 des Roten-Kreuz-Krankenhauses eigentlich drei und nicht nur eine Schicht gemacht hatte. Zudem gab es keine klare Definition, was als „Vorfall" zu deuten sei, und keine vollständige Dokumentation der Ereignisse – manche Zahlen basieren auf Erinnerungen von Zeugen, die bereits wussten, dass de Berk beschuldigt wurde. Zudem wurde die Art der Zwischenfälle nicht berücksichtigt: So könnte es sein, dass ein wiederbelebter Patient kurz darauf verstarb – und die Person damit in den Daten doppelt auftauchte.

Elffers ignorierte diese Schwachstellen bei seiner Auswertung. Er nutzte ein statistisches Modell, das als hypergeometrische Verteilung bekannt ist. Mit dieser lässt sich die Wahrscheinlichkeit dafür berechnen, dass innerhalb einer Stichprobe eine bestimmte Anzahl von Ereignissen enthalten ist. Sprich: Wenn es auf Station 42 des Roten-Kreuz-Krankenhauses während 339 Schichten insgesamt 14 Vorfälle gab, wie wahrscheinlich ist es dann, während 58 Schichten 5 Vorfälle mitzuerleben?

Die Antwort lässt sich durch das Ziehen von Kugeln veranschaulichen: Eine Truhe enthält 339 Kugeln, von denen 14 blau sind, die übrigen rot. Man möchte herausfinden, wie wahrscheinlich es ist, unter 58 gezogenen Kugeln 5 blaue zu finden. Man schließt also die Augen und greift nach und nach 58 Kugeln heraus.

Nach jedem Zug leert sich die Truhe. Am Ende enthält sie bloß noch $339 - 58 = 281$ Kugeln, darunter $14 - 5 = 9$ blaue. Um die Wahrscheinlichkeit für ein solches Ereignis zu berechnen, muss man zunächst einige Größen kennen: zum Beispiel die Anzahl der Möglichkeiten, aus 14 blauen Kugeln 5 auszuwählen, was der Binomialkoeffizienten $B(14, 5)$ angibt. Es gibt außerdem $B(339 - 14, 58 - 5)$ Möglichkeiten, 53 rote Kugeln unter allen Roten zu ziehen. Um herauszufinden, wie wahrscheinlich es ist, die betrachtete Stichprobe zu ziehen, muss man diese beiden Binomialkoeffizienten multiplizieren und das Ergebnis durch die Anzahl der Möglichkeiten teilen, generell 58 aus 339 Kugeln auszuwählen ($B(339, 58)$). Damit kommt man zu einem Ergebnis von 0,05: Die Stichprobe taucht also mit einer Wahrscheinlichkeit von fünf Prozent auf.

Um über die Schuld oder Unschuld von de Berk zu entscheiden, muss man natürlich berücksichtigen, wie hoch die Wahrscheinlichkeit ist, unter den 58 Schichten fünf Vorfälle oder mehr (bis hin zu den gesamten 14) zu erleben. Das heißt, man muss die einzelnen Wahrscheinlichkeiten addieren. Damit erhält man eine Gesamtwahrscheinlichkeit von 0,0716. Also beträgt die Chance – auf Basis des verwendeten statistischen Modells –, dass de Berk die Zwischenfälle zufällig erlebt hat, etwa 7,1 Prozent.

Diese Berechnungsmethode nutzte Elffers, um die Wahrscheinlichkeit auf den einzelnen Stationen separat zu berechnen. Für Station 41 im Rotes-Kreuz-Krankenhaus lässt sich mit den Daten (wonach de Berk nur eine Schicht absolviert habe) das Ergebnis direkt angeben: $\frac{5}{366} \approx 0,014$. Aufsummieren muss man hier nichts mehr, da sie nur eine Schicht dort hatte. Dass sie ausgerechnet währenddessen zufällig einen Zwischenfall miterlebt, entspricht laut Elffers einer Wahrscheinlichkeit von 1,4 Prozent.

Schließlich bleiben die acht Vorfälle im Juliana-Krankenhaus, bei denen de Berk stets anwesend war. Auch hier muss man daher nichts summieren: $\frac{B(8,8) \cdot B(1021,134)}{B(1029,142)} \approx 1,1 \cdot 10^{-7}$. Da die Daten aus dem Juliana-Krankenhaus de Berk überhaupt als Verdächtige identifizierten, erkannte Elffers, dass man sie anders behandeln müsse. Er entschloss sich daher, die Wahrscheinlichkeit dafür zu berechnen, dass irgendeine Krankenschwester so viele Vorfälle miterlebt. Da 27 Krankenpflegerinnen in diesem Krankenhaus arbeiteten, hat er sein Ergebnis mit dieser Zahl multipliziert, wodurch sich die Wahrscheinlichkeit auf $2,99 \cdot 10^{-6}$ erhöht. Dass eine beliebige Krankenschwester so viele Zwischenfälle während 142 Schichten auf der Station erlebt, beträgt seinen Berechnungen nach also etwa 1 zu 333 333.

Krankenhaus und Station	Juliana KH	Rotes Kreuz KH - 41	Rotes Kreuz KH - 42	multipliziert
Wahrschein-lichkeiten	$2,99 \cdot 10^{-6}$	0,014	0,0716	$2,92 \cdot 10^{-9}$

Was macht man nun mit den drei Ergebnissen? Elffers ging davon aus, dass die Ereignisse vollkommen unabhängig voneinander sind und man sie daher einfach miteinander multiplizieren könne: $0{,}071559 \cdot 0{,}014 \cdot 2{,}99 \cdot 10^{-6} \approx 2{,}92 \cdot 10^{-9}$. Anders ausgedrückt: Die Wahrscheinlichkeit, dass de Berk zufällig all diese Vorfälle erlebt hat, beträgt Elffers zufolge 1 zu 342 Millionen. Dieses niederschmetternde Ergebnis überzeugte das Gericht, dass etwas nicht mit rechten Dingen zuging.

Als Gill diese Analyse sah, sträubten sich ihm die Haare. Ein Kritikpunkt besteht beispielsweise darin, dass Elffers die drei Stationen getrennt voneinander betrachtet. Er hätte ebenso vergleichbare Stationen der gesamten Niederlande zum Vergleich heranziehen können. Dann wäre der Datensatz größer und damit die statistische Aussagekraft höher. Zum Beispiel fragt man sich auch nicht, wie wahrscheinlich es ist, dass jemand aus Baden-Württemberg im Lotto gewinnt – oder der Gewinner aus einer bestimmten Stadt wie Heidelberg stammt. Je kleiner man den Umkreis wählt, desto geringer wird die Wahrscheinlichkeit – doch das hat keine Aussagekraft. „Subjektivität ist dabei unumgänglich", schreiben Gill und seine Kollegen, „deshalb ist es fraglich, ob eine gerichtliche Entscheidung auf einem solchen Modell beruhen sollte."

Ein weiterer gravierender Punkt ist, dass Elffers die Einzelwahrscheinlichkeiten der drei Stationen einfach miteinander multipliziert hat: „Das hat die absurde Konsequenz, dass eine Krankenschwester, die in mehreren Krankenhäusern arbeitet, automatisch eine höhere Chance hat, verdächtigt zu werden, als eine, die in nur einem Krankenhaus arbeitet", schreiben Gill und seine Kollegen. Das ist in de Berks Situation ebenfalls der Fall. Betrachtet man anders als Elffers die Gesamtwerte all ihrer Schichten und Zwischenfälle, erhält man ein anderes Ergebnis: Indem man die Wahrscheinlichkeiten für 14 oder mehr Gesamtvorfälle summiert ($B(27, 14) \cdot \frac{B(1707,187)}{B(1734,201)} + B(27, 15) \cdot \frac{B(1707,186)}{B(1734,201)} + \ldots$), kommt dabei die Chance von 1 zu 3,8 Millionen heraus – das ist zwar immer noch kein beruhigendes Ergebnis, aber um einen Faktor 100 besser als das von Elffers berechnete. Und in diesem Fall wurde der Korrekturfaktor von 27 (die Anzahl der Krankenschwestern) gar nicht miteingerechnet.

Möchte man dennoch zwischen den Stationen unterscheiden, gibt es eine bessere Methode, um die einzelnen Wahrscheinlichkeiten miteinander zu verbinden. Dabei kann man beispielsweise die „Fisher-Methode" benutzen, die häufig bei Metaanalysen verwendet wird: Dabei summiert man den Logarithmus der einzelnen Wahrscheinlichkeiten, multipliziert ihn mit dem Faktor -2 und erhält damit eine Zahl, die dem Chi-Quadrat-Wert einer Verteilung entspricht. Die Idee dahinter besteht darin, das Produkt von Wahrscheinlichkeiten mit dem Produkt gleichmäßig verteilter Zufallszahlen zwischen 0 und 1 zu vergleichen – damit verschwindet der Nachteil, der sich durch die Arbeit auf mehreren Stationen sonst ergibt. Setzt man die konkreten Zahlenwerte in Fishers Test ein, ergibt sich eine Gesamtwahrscheinlichkeit von 1 zu 16.000.000 – ein deutlich anderes Ergebnis als das von Elffers.

Ein weiterer Schwachpunkt von Elffers Analyse ist, dass er die Daten des Juliana-Krankenhauses doppelt einbezogen hat: einmal, um de Berk überhaupt als Verdächtige zu identifizieren, und dann nochmals, um seine Hypothese zu bestätigen. Das hat er zwar versucht zu korrigieren, indem er das Ergebnis am Juliana-Krankenhaus mit den dort arbeitenden 27 Schwestern multipliziert hat. Aus Sicht der Fachleute um Gill ist das allerdings nicht gerechtfertigt. Denn damit impliziert man, dass jede Krankenschwester dieselbe Wahrscheinlichkeit hat, einen Zwischenfall zu bezeugen. Aber das Personal ist wahrscheinlich nicht in gleich viele Schichten eingeteilt. Fairer wäre es daher, die Vorfallsrate jeder Krankenschwester zu berücksichtigen und mit jener von de Berk zu vergleichen. Damit hat man aber andere Faktoren noch immer nicht berücksichtigt: So ist das Personal höchstwahrscheinlich nicht gleichmäßig über die Schichten verteilt. Je nachdem, wer nachts oder tagsüber arbeitet oder während welcher Saison, hat eine unterschiedliche Chance, einen Vorfall zu bezeugen. Auch der Charakter einer Krankenschwester kann die Anzahl der Vorfälle beeinflussen: So wird eine selbstsichere Person eher später einen Arzt zu Hilfe bitten und damit einen Vorfall auslösen.

Deshalb verwendet Gill zusammen mit Groeneboom und de Jong ein anderes Modell, um die Wahrscheinlichkeit für die Häufung der Vorfälle in de Berks Anwesenheit zu erklären. Dafür beschreiben sie die Anzahl der Zwischenfälle durch einen Poisson-Prozess, der bei der Modellierung seltener Ereignisse genutzt wird. Die Forscher nehmen zudem an, dass jede Krankenschwester einen anderen Erwartungswert λ besitzt, wonach sich ein Zwischenfall während ihrer Schicht ereignet. Damit hängt die Anzahl k der Vorfälle, die eine Krankenschwester sieht, von λ und der Anzahl r ihrer Schichten ab – und folgt einer Poisson-Verteilung: $P(k) = e^{-\lambda r} \frac{(\lambda r)^k}{k!}$.

Die Berechnung der Forscher ist nun von der Wahl des Parameters λ abhängig. Der Datensatz lässt allerdings keine detaillierte Analyse zu, da man nicht weiß, wie viele Vorfälle die anderen Krankenschwestern bezeugt haben. Auf allen drei Stationen gab es während 1734 Schichten insgesamt 27 Zwischenfälle, also kann man von einer durchschnittlichen Vorfallsrate von $\mu = \frac{27}{1734}$ ausgehen. Eine unschuldige de Berk würde demnach im Mittel $201 \cdot \mu$ Vorfälle während ihrer 201 Schichten erleben, also 3,13. Als Gill, Groeneboom und de Jong anhand ihres Modells kalkulierten, wie wahrscheinlich es ist, dass de Berk 14 Vorfälle beobachtet hat, erhielten sie ein deutlich anderes Resultat als Elffers: Demnach beträgt die Wahrscheinlichkeit, dass sie all diese Zwischenfälle zufällig bezeugt hat, 0,0206 beziehungsweise 1 zu 49. Das entspricht der Wahrscheinlichkeit einer Person in Deutschland, während ihres Lebens an schwarzem Hautkrebs zu erkranken. Gills Modell zufolge ist es gar nicht mehr so unwahrscheinlich, dass de Berk einfach nur Pech gehabt hat.

Ein weiterer wichtiger Punkt ist die Stabilität der Ergebnisse. Da die medizinischen Aufzeichnungen in de Berks Fall teilweise auf Erinnerungen basieren, ist es durchaus möglich, dass die angegebenen Werte nicht vollkommen korrekt sind. Daher ist es wichtig, die genutzten Modelle daraufhin zu überprüfen. Wie ändern sich die Ergebnisse, wenn die Eingaben leicht variieren? Gill, Groeneboom und de Jong haben untersucht, wie sich die Wahrscheinlichkeiten verändern, wenn im Juliana-Krankenhaus weitere Vorfälle außerhalb von de Berks Schicht gemeldet worden wären: Gemäß der Datenlage gab es keine weiteren Zwischenfälle, was zu einer Wahrscheinlichkeit von etwa eins zu neun Millionen geführt hat. Hätte es hingegen drei weitere Vorfälle gegeben, reduziert sich der Wert auf zirka 1 zu 80 000. Das sind enorme Schwankungen, die man berücksichtigen muss.

Stabilität des hypergeometrischen Modells

Links in der Tabelle findet sich die Anzahl zusätzlicher Zwischenfälle, die sich außerhalb von de Berks Schicht im Juliana-Kinderkrankenhaus ereignet hätten (fiktive Werte). Diese Daten führen zu neuen Wahrscheinlichkeiten 1 zu x, wobei die Werte x rechts in der Tabelle stehen. Kleine Änderungen in den Daten führen zu erheblichen Schwankungen.

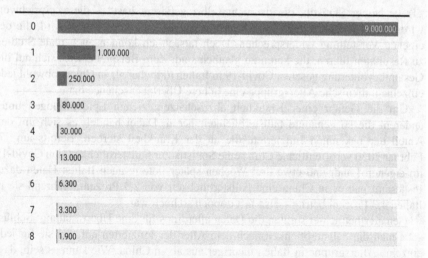

0	9.000.000
1	1.000.000
2	250.000
3	80.000
4	30.000
5	13.000
6	6.300
7	3.300
8	1.900

Tabelle: Spektrum der Wissenschaft • Quelle: Gill, R. D. et al.: Elementary statistics on trial, Chance 2018   **Spektrum**.de

All diese vorgebrachten Argumente sowie medizinische Hinweise und Erklärungen für die Tagebucheinträge (de Berk machte sich laut ihrer Tochter wohl Notizen für einen Thriller, den sie schreiben wollte) führten dazu, dass das Gericht im Jahr 2008 den Fall wieder aufnahm. Zwei Jahre später wurde de Berk schließlich freigesprochen. Tatsächlich ist ihr Fall nicht der einzige, bei dem falsch angewandte Statistik zu Fehlverurteilungen führte: So wurde 1999 die Britin Sally Clark verurteilt, weil ihre zwei Kinder den plötzlichen Kindstod starben. Auf einen statistischen Gutachter wurde damals verzichtet, „schließlich handelt es sich dabei nicht um Raketenwissenschaft".

Aber vielleicht sollte man solche Probleme wie Raketenwissenschaft behandeln – das sollte spätestens der Fall de Berk offenbart haben. Je nachdem, welches statistische Modell (die alle plausibel klingen) genutzt wird, erhält man mit gleichen Eingabedaten Ergebnisse, die von 1 zu 342.000.000 bis 1 zu 49 reichen. Aus diesem Grund hat die Royal Statistical Society im September 2022 einen Report veröffentlicht, in dem sie Fehler in vergangenen Prozessen analysiert und Ratschläge gibt, wie man in Zukunft besser verfahren könne. Bleibt zu hoffen, dass sich die Justiz diese zu Herzen nimmt.

8.2   Simpson-Paradox

„Traue keiner Statistik, die du nicht selbst gefälscht hast" – dieses Sprichwort wird häufig herangezogen, wenn man mit Ergebnissen konfrontiert wird, die der eigenen Vorstellung widersprechen. Doch tatsächlich können auch reale Studien zu Resultaten führen, die kaum zu glauben sind: Zum Beispiel erwies sich auf die Gesamtbevölkerung gesehen Covid-19 in Italien tödlicher als in China, obwohl jede einzelne italienische Altersgruppe eine höhere Überlebenschance hatte.

Um die Gefahr einer Krankheit abzuschätzen, ziehen Epidemiologen unter anderem die so genannte Fallsterblichkeit heran. Dabei handelt es sich um den Anteil der bekannten Infizierten, die an der Krankheit sterben. Bereits am 17. Februar 2020 veröffentlichte China eine Statistik zur Fallsterblichkeit von Covid-19 im eigenen Land, und etwa drei Wochen später lieferte auch Italien Daten dazu. Insgesamt gab es in China eine Fallsterblichkeit von 2,3 Prozent, während sie in Italien 4,3 Prozent betrug – also fast doppelt so hoch war.

Genauer betrachtet sorgten die Daten allerdings für eine Überraschung: Schlüsselte man die Fallsterblichkeit nach dem Alter der Infizierten auf, fiel sie für jede einzelne Altersgruppe in Italien niedriger aus als in China. Wie kann es sein, dass Covid-19 in Italien weniger tödlich für Personen jedes Alters ist als in China – aber tödlicher für die italienische Gesamtbevölkerung?

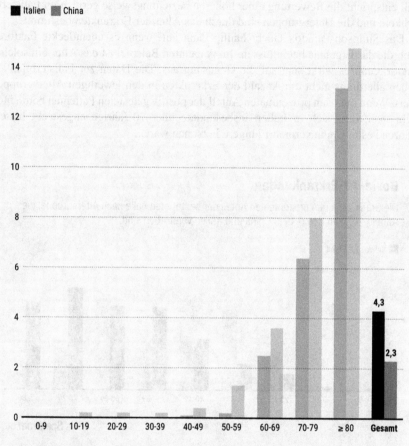

Covid-19-Fallsterblichkeit

Die Grafik zeigt den prozentualen Anteil der Erkrankten nach Altersgruppe, die Anfang 2020 an Covid-19 in China und Italien verstorben sind.

■ Italien ■ China

Grafik: Manon Bischoff · Quelle: Schölkopf, B. et al.: Simpson's paradox in Covid-19 case fatality rates. **Spektrum**.de
IEEE Transactions on Artificial Intelligence 2, 2021

Diese kontraintuitive Feststellung ist eine Folge des so genannten Simpson-Paradoxes, eines in der Statistik inzwischen weithin bekannten Phänomens. Erstmals fiel es dem Mathematiker Karl Pearson im Jahr 1899 auf, der es in einer

Arbeit beschrieb; vier Jahre später wurde es von dessen Kollegen George Udny Yule wiederentdeckt. Doch wie so häufig in der Wissenschaft gerieten die Aufsätze in Vergessenheit – bis Edward Simpson dem Thema 1951 eine Veröffentlichung widmete. Demnach können Bewertungen verschiedener Gruppen unterschiedlich ausfallen, je nachdem, ob man sie in Untergruppen aufteilt oder nicht. In diesem Fall entspricht die Bewertung einer höheren beziehungsweise geringeren Fallsterblichkeit, und die Untergruppen sind durch das Alter der Erkrankten bestimmt.

Das Simpson-Paradox taucht häufig dann auf, wenn es unentdeckte Faktoren gibt, die das Ergebnis beeinflussen. Im genannten Beispiel ist das Alter ein solcher Faktor, denn es wirkt sich auf die Genesung aus. Die Daten zur Fallsterblichkeit geben allerdings nicht die Anzahl der Erkrankten in den jeweiligen Altersgruppen preis. Wenn man den prozentualen Anteil der positiv getesteten Patienten betrachtet, sieht man, dass sich in Italien insbesondere über 70-Jährige angesteckt hatten, während es in China vermehrt jüngere Personen waren.

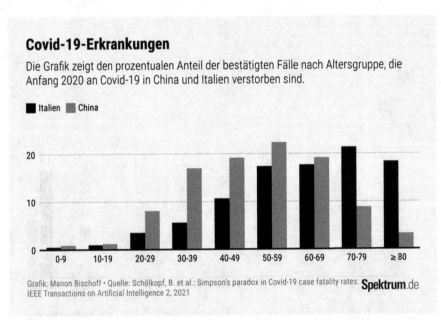

Covid-19-Erkrankungen

Die Grafik zeigt den prozentualen Anteil der bestätigten Fälle nach Altersgruppe, die Anfang 2020 an Covid-19 in China und Italien verstorben sind.

■ Italien ■ China

Grafik: Manon Bischoff • Quelle: Schölkopf, B. et al.: Simpson's paradox in Covid-19 case fatality rates. **Spektrum**.de
IEEE Transactions on Artificial Intelligence 2, 2021

Innerhalb der Studien gibt es also drei Größen, die sich gegenseitig beeinflussen: das Alter, das Land und die Fallsterblichkeit. Das Alter beeinflusst die Fallsterblichkeit, da Covid-19 gefährlicher für ältere Patienten ist. Das Land wirkt sich ebenfalls auf die Genesungschancen aus, da die medizinische Infrastruktur vor Ort sowie andere Faktoren wie die Luftqualität den Krankheitsverlauf beeinflussen. Darüber hinaus hängt aber auch das Land mit dem Alter des Patienten zusammen. In Italien ist der Median der Bevölkerung 45,4 Jahre alt, in China nur 38,4 Jahre – die chinesische Bevölkerung ist also insgesamt jünger. Zudem spielt die soziale Interaktion der Altersgruppen eine Rolle. Sind ältere Personen in der Gesellschaft eher isoliert oder leben sie in Hausgemeinschaften mit jüngeren Menschen? Gehen sie viel aus und nehmen am öffentlichen Leben teil?

Die Korrelation zwischen Land und Alter führt zu dem kontraintuitiven Ergebnis, das als Simpson-Paradox bekannt ist. Und das nicht zum ersten Mal. In den 1970er-Jahren gab es an der University of California in Berkeley einen Aufsehen erregenden Fall: Die Universität musste sich wegen vermeintlicher Diskriminierung von Frauen vor Gericht stellen. Grund dafür war die Zulassungsquote in ihrem Graduierten-programm. Bei männlichen Studierenden betrug sie 44 Prozent, während sie bei weiblichen nur bei 35 Prozent lag. Aus diesen Zahlen schlossen die Klägerinnen und Kläger, Männer würden von der Universität bevorzugt.

Als man allerdings die Bewerbungen für einzelne Fächer aufschlüsselte, ergab sich ein völlig anderes Bild. In vier der sechs größten Fachbereiche wurden beispielsweise mehr Frauen zugelassen als Männer. Der Statistiker Peter J. Bickel fand mit seinen Kollegen heraus, dass es – wenn überhaupt – eine Bevorzugung von Studentinnen gäbe. Frauen hatten eine so niedrige Zulassungsquote im Gesamten, weil sie sich meist bei Fachbereichen mit hohen Ablehnungsquoten bewarben, während männliche Studierende zu Fächern mit vielen Plätzen und wenigen Bewerbern neigten. Weshalb das so ist, ist eine Frage, welche die Mathematik leider nicht beantworten kann.

Zulassungsstatistik

Die Zulassungen der männlichen und weiblichen Bewerber an der University of California, Berkeley, im Jahr 1973. Obwohl Frauen insgesamt seltener zugelassen wurden, hatten sie in vier von sechs Fachbereichen eine höhere Zulassungsrate.

FB	Anzahl alle	Zugelassen alle	Anzahl M	Zugelassen M	Anzahl W	Zugelasse
A	933	64%	825	62%	108	82
B	585	63%	560	63%	25	68
C	918	35%	325	37%	593	34
D	792	34%	417	33%	375	35
E	584	25%	191	28%	393	24
F	714	6%	373	6%	341	7
Summe	4.526	39%	2.691	45%	1.835	30

Tabelle: Manon Bischoff · Quelle: Bickel, P. J. et al.: Sex Bias in Graduate Admissions: Data From Berkeley. Science 187, 1975

Spektrum.de

Das Simpson-Paradox lehrt uns also, bei Statistiken genauer hinzusehen. Womöglich übersieht man sonst Korrelationen, die das Ergebnis beeinflussen. Einige Fälle lassen sich jedoch nicht so einfach aufklären wie die zwei genannten Beispiele. Das Paradox kann nämlich auch bei medizinischen Studien auftreten, die sich um die Zulassung eines Medikaments drehen: Ein Wirkstoff ist möglicherweise für alle Versuchspersonen wirksamer als ein Placebo; wenn man die Patienten jedoch in Männer und Frauen aufteilt, stellt sich das Placebo für beide Gruppen jeweils als effektiver heraus. Wie sollte man in so einer Situation weiter vorgehen? Das Medikament zulassen, weil es sich – für alle Testpersonen betrachtet – als wirksam erwiesen hat? Oder aber den Ansatz aufgeben, weil es weder für Frauen noch für Männer besser funktioniert hat als die Gabe eines Placebos?

Auf diese Frage gibt es keine allgemein gültige Antwort. Tatsächlich wäre es das Vernünftigste, weitere Untersuchungen anzustellen, um herauszufinden, inwiefern das Geschlecht die Wirksamkeit beeinflusst – und ob es womöglich noch andere Einflussfaktoren gibt. Erst wenn man die kausalen Zusammenhänge versteht, kann man zuverlässig beurteilen, ob eine Zulassung Sinn macht oder nicht.

8.3   Die übermächtige Eins

Wie wäre es mit einer Wette: Wir schlagen ein Magazin von „Spektrum der Wissenschaft" auf, und wenn die erste Zahl, auf die wir stoßen, mit einer Ziffer größer als drei beginnt, gebe ich Ihnen 50 Euro. Wenn 1, 2 oder 3 am Anfang stehen, kriege ich dagegen 50 Euro von Ihnen. Nehmen Sie diese Wette an? Auf den ersten Blick wirkt es so, als solle man den Deal eingehen – schließlich gewinne ich nur in drei von neun Fällen, während doppelt so viele Ziffern auf Ihrer Seite sind.

Dennoch wären Sie gut beraten, die Wette abzulehnen. Tatsächlich habe ich nämlich eine etwa 60 Prozent höhere Chance zu gewinnen. Kaum zu glauben, aber wahr: Denn üblicherweise sind die Zahlen in Zeitschriften nicht gleich verteilt, sondern folgen dem so genannten benfordschen Gesetz. Demnach tauchen in realen Datensätzen kleinere Ziffern am Anfang einer Zahl häufiger auf als große.

Das fiel erstmals dem kanadisch-US-amerikanischen Astronomen Simon Newcomb im Jahr 1881 auf. Da es damals noch keine Taschenrechner gab, musste er für seine Arbeit häufig Bücher voll mit Logarithmentafeln wälzen. Und wie er bemerkte, waren die Seiten für Zahlen, die mit einer Eins beginnen, viel abgegriffener als für solche, die mit einer Neun starten. Der Forscher gab sogar eine Formel für die Wahrscheinlichkeitsverteilung einer Ziffer N an: $\log(N + 1) - \log(N)$, und veröffentlichte das Ergebnis im Fachmagazin „Journal of Mathematics". Doch sein Fachaufsatz erregte kaum Aufmerksamkeit und geriet schnell in Vergessenheit.

Erst 57 Jahre später stieß der Physiker Frank Benford wieder auf den seltsamen Zusammenhang – lustigerweise auf genau die gleiche Weise: Er wunderte sich über die Abnutzung der vorderen Seiten von Logarithmentafeln. 1938 formulierte er das Gesetz nochmals und veröffentlichte es ebenfalls. In seiner Arbeit überprüfte er seine Behauptung anhand von 20.229 Beispieldaten. Dafür untersuchte er die Oberfläche von 335 Flüssen, die Bevölkerung von 3259 US-Städten, 104 Naturkonstanten, 1800 molare Massen, 5000 Einträge eines mathematischen Handbuchs,

308 Zahlen innerhalb einer Ausgabe des Magazins „Reader's Digest" und die Hausnummern der ersten 342 Personen in einem Telefonbuch.

In all diesen grundverschiedenen Daten erkannte er den vorhergesagten logarithmischen Zusammenhang: Kleine Ziffern tauchten am Anfang einer Zahl sehr viel häufiger auf als größere. Manche Datensätze schienen der später als benfordsches Gesetz bekannten Regel besser zu folgen als andere – doch die meisten wiesen zumindest eine annähernd logarithmische Verteilung auf.

Häufigkeit der ersten Ziffer

In der Januarausgabe des Magazins »Spektrum der Wissenschaft« treten die ersten Ziffern von Zahlen ähnlich wie vom Benfordschen Gesetz vorhergesagt auf. Die Zwei erscheint jedoch viel häufiger, was unter anderem an den vielen Jahresangaben im Heft liegt.

Spektrum.de

Natürlich gibt es Ausnahmen: Beispielsweise gehorcht die Körpergröße von Erwachsenen nicht dieser Regel – dort ist die Eins viel stärker überrepräsentiert. Die Zahlen auf Autokennzeichen entziehen sich dem Gesetz ebenfalls, denn sie werden in manchen Ländern gleich verteilt vergeben. Und auch Telefonnummern folgen offensichtlich anderen Mustern.

Damit das benfordsche Gesetz zur Geltung kommt, müssen die Datensätze offenbar umfangreich sein und Zahlen verschiedener Größenordnungen enthalten. Doch wie lässt sich diese seltsame Verteilung überhaupt begründen? Tatsächlich spielen mehrere Faktoren eine Rolle, aber es gibt eine bemerkenswert einfache und anschauliche Erklärung für das Phänomen.

Betrachtet man einen Datensatz mit Zahlen unterschiedlicher Größe, kann man diese zunächst einmal gruppieren. Im Intervall von 1 bis 9 kommt jede Zahl gleich häufig vor. Bei Zahlen zwischen 1 und 19 ist die Eins als Anfangsziffer hingegen elfmal vertreten, während alle anderen nur einmal auftauchen. Erweitert man das Intervall bis 29, sind 1 und 2 deutlich häufiger als die anderen. Erst wenn man wieder alle Werte bis 99 betrachtet, hat auch die 9 aufgeholt. Aber in keinem dieser Intervalle taucht die 9 häufiger auf als irgendeine andere Ziffer. Der gleiche

Zusammenhang ergibt sich für Hunderterschritte, Tausenderschritte und so weiter. Daher ist es nicht überraschend, dass in Datensätzen, die beispielsweise die Größe von etwas bemessen, kleine Ziffern an erster Stelle vermehrt vorkommen.

Diese Überlegung lässt sich formalisieren und führt in der Tat zur benfordschen Verteilung. Dazu bestimmt man den Anteil aller Zahlen innerhalb eines Intervalls von eins bis n, die mit einer Eins beginnen ($f_1(n)$), sowie jener, die mit einer Zwei starten ($f_2(n)$) et cetera. Wie sich herausstellt, sind die Zahlenfolgen f nicht konvergent, das heißt, für große Zahlen n nehmen die fs keinen festen Wert an, sondern schwanken zwischen verschiedenen Werten hin und her. Für $f_1(n)$ ergibt sich etwa ein Ergebnis zwischen $\frac{1}{9}$ und $\frac{5}{9}$, für $f_9(n)$ hingegen zwischen $\frac{1}{81}$ und $\frac{1}{9}$.

Um diese Schwankungen in den Griff zu bekommen, kann man den Mittelwert s_1 über verschiedene Intervalllängen bilden. Das bedeutet: Man berechnet zunächst den Anteil aller Zahlen zwischen 1 und 1, die mit einer Eins beginnen, addiert den Anteil derjenigen zwischen 1 und 2 dazu, anschließend zwischen 1 und 3 und so weiter, bis man wieder beim ursprünglichen Intervall zwischen 1 und n angelangt ist – und teilt das Ergebnis dann durch n: $s_1(n) = \frac{f_1(1)+f_1(2)+...+f_1(n)}{n}$.

Diese Folge konvergiert zwar immer noch nicht, aber sie schwankt zwischen einem kleineren Intervall hin und her. Daher kann man dazu übergehen, nun auch $s_1(n)$ zu mitteln. Das Ergebnis variiert dann zwischen zwei Zahlen, die noch näher beieinanderliegen. Also wiederholt man den Vorgang nochmals und mittelt die Mittelung der Mittelung – und das immer und immer wieder. Geht man auf diese Weise vor und bestimmt jeweils den Anteil der Zahlen, die mit einer Eins beginnen, erhält man am Ende den Logarithmus von zwei, wie die Statistikerin Betty Flehinger 1966 bewiesen hat. Das entspricht genau dem benfordschen Gesetz für $N = 1$.

Mit dieser Methode erklärt man allerdings nur, warum das benfordsche Gesetz in Zahlenintervallen von eins bis n erfüllt ist. Das genügt noch nicht, um zu erklären, warum so viele reale Datensätze dieser Regel folgen. Schließlich unterliegen deren Zahlenwerte unter Umständen anderen Gesetzmäßigkeiten. Eine einleuchtende Erklärung dafür fand der US-amerikanische Mathematiker Theodore Hill im Jahr 1996.

Stellen Sie sich vor, Sie haben etliche Datensätze vor sich liegen, die jeweils verschiedenen Wahrscheinlichkeitsverteilungen entsprechen, etwa ein Adressbuch mit Hausnummern, eine Enzyklopädie mit der Einwohnerzahl von Städten, einen Finanzbericht mit den Ausgaben einer Firma und so weiter. Zuerst picken Sie sich einen Datensatz heraus und entnehmen diesem einen zufälligen Wert. Dann wählen Sie ein anderes Dokument und notieren eine Zahl daraus. Das wiederholen Sie ein ums andere Mal. Wie Hill herausfand, gehorchen die Ergebnisse in diesem Fall dem benfordschen Gesetz. Denn er konnte beweisen, dass Zahlenwerte, die zufälligerweise verschiedenen Wahrscheinlichkeitsverteilungen entstammen, nach der benfordschen Regel verteilt sind.

Das erklärt auch, warum Zahlen, die in Magazinen wie „Spektrum der Wissenschaft" oder „Gehirn und Geist" stehen, zumindest annähernd der benfordschen Statistik folgen: Die darin enthaltenen Artikel decken unterschiedliche Themengebiete ab, in denen Zahlenwerte aus verschiedensten Wahrscheinlichkeitsverteilungen auftauchen.

Diese Tatsache macht sich unter anderem das Finanzamt zu Nutze, um frisierte Zahlen in Finanzberichten aufzudecken. Weicht die Ziffernverteilung zu stark vom benfordschen Gesetz ab, stammen die Zahlen womöglich nicht aus der Wirklichkeit, sondern aus der Feder von Tricksern. Einige Gutachter stützen sich auf diese Regel, um Fehler in Datenerhebungen festzustellen oder gewollte Manipulationen offenzulegen. Und mit diesem Wissen überlegt man in Zukunft wohl zweimal, ob man eine Wette annimmt, die zu schön klingt, um wahr zu sein.

8.4 Sollte man sich umentscheiden?

Wie so vielen anderen, fiel es mir anfangs schwer, die Antwort auf das Ziegenproblem zu glauben. Nicht umsonst gilt es als eines der am wenigsten intuitiven Ergebnisse der Mathematik. Die Situation ist folgende: Sie nehmen an einer Spielshow teil, bei der sich hinter einer von drei Türen ein attraktiver Preis (in der ursprünglichen Fragestellung ein Sportwagen) und hinter den zwei anderen Nieten (in diesem Fall Ziegen) befinden. Als Kandidat dürfen Sie eine Tür wählen, die zunächst verschlossen bleibt. Der Moderator öffnet aber eine der beiden anderen Türen und offenbart eine Ziege. Nun stellt er Sie vor die Wahl. Möchten Sie hinter die von Ihnen ausgewählte Tür blicken, oder entscheiden Sie sich lieber um und schauen, was sich hinter der anderen verbirgt? Wie würden Sie sich entscheiden?

Wenn man zum ersten Mal von dem Problem hört, neigt man dazu, anzunehmen, dass es wohl keinen Unterschied macht, ob man sich umentscheidet oder nicht. Zwei verschlossene Türen sind schließlich übrig, hinter einer versteckt sich der Preis. Daher müsste die Wahrscheinlichkeit, die richtige Wahl zu treffen, einhalb betragen. Wenn Sie ebenfalls dieser Meinung sind, stehen Sie damit nicht allein: In einer Studie mit 228 Personen, die mit dem Problem nicht vertraut waren, vertraten 87 Prozent diesen Standpunkt. Doch das ist falsch. Wie sich herausstellt, hat man eine doppelt so hohe Gewinnchance, wenn man sich umentscheidet.

In dieser Form erschien das Problem 1975 erstmals im Fachjournal „American Statistician", wo es zunächst nicht allzu viel Aufmerksamkeit erregte. Erst als 15 Jahre später ein Leser des Magazins „Parade" einen Leserbrief dazu verfasste, auf welchen die Kolumnistin Marilyn vos Savant korrekt antwortete, entfachte sich ein erbitterter Streit. Es gingen mehr als 10.000 Leserbriefe ein, in denen allerlei Personen erklärten, warum eine Umentscheidung nicht die Gewinnwahrscheinlichkeit erhöht. Selbst einer der bedeutendsten Mathematiker des 20. Jahrhunderts, Paul Erdös, wollte anfangs nicht an die Lösung glauben. Erst eine Computersimulation, die zeigte, dass ein Wechsel zu mehr Gewinnen führt, überzeugte ihn von der Richtigkeit des Resultats. Das sorgte für so viel Aufsehen, dass die „New York Times" der Geschichte 1991 eine Titelseite widmete.

Es gibt verschiedene Möglichkeiten, das nicht intuitive Ergebnis zu erklären. Wenn man anfangs eine der drei Türen auswählt, hat man eine Chance von eins zu zwei, den Preis zu gewinnen. Das heißt, der Sportwagen verbirgt sich mit einer Wahrscheinlichkeit von zwei Dritteln hinter einer der beiden anderen Türen. Nun öffnet der Moderator eine davon. Die Wahrscheinlichkeiten haben sich dadurch nicht anders verteilt: Der Sportwagen steht mit einer Wahrscheinlichkeit von $\frac{1}{3}$ hinter der ursprünglich gewählten Tür und mit einer von $\frac{2}{3}$ hinter den beiden anderen. Da nun aber eine davon geöffnet wurde und sich dahinter eine Ziege befindet, muss der Preis mit einer Wahrscheinlichkeit von $\frac{2}{3}$ hinter der übrig gebliebenen Tür sein. Deshalb ist die Gewinnchance doppelt so groß, wenn man sich umentscheidet.

Mit dieser Erklärung geben sich jedoch viele nicht zufrieden. Denn aus Sicht der Zweifler gibt es nach dem Offenbaren einer Niete jeweils eine Fifty-fifty-Chance, dass sich der Wagen hinter der ursprünglich gewählten oder der anderen Tür befindet. Warum das nicht stimmt, kann man verdeutlichen, indem man die neun verschiedenen Situationen, die während der Spielshow eintreten können, betrachtet. Dafür geht man alle möglichen Szenarien durch: ob man Tür 1, 2 oder 3 wählt, ob sich der Preis hinter Tür 1, 2 oder 3 befindet, ob man sich umentscheidet oder nicht. Dann wertet man aus, in welchen Fällen man gewinnt und in welchen man mit einer Ziege nach Hause geht. Wie sich herausstellt, führt ein Strategiewechsel doppelt so häufig zu dem Sportwagen, nämlich in sechs von neun Szenarien.

Ziegenproblem

Betrachtet man alle möglichen Situationen, die beim Ziegenproblem eintreten können, erkennt man, dass ein Strategiewechsel in sechs von neun Fällen zum Gewinn führt (gelb) und nur in drei von neun (orange), wenn man nicht wechselt.

Ihre Wahl	Preis	kein Wechsel	Wechsel
1	1	Gewinn	Verlust
1	2	Verlust	Gewinn
1	3	Verlust	Gewinn
2	1	Verlust	Gewinn
2	2	Gewinn	Verlust
2	3	Verlust	Gewinn
3	1	Verlust	Gewinn
3	2	Verlust	Gewinn
3	3	Gewinn	Verlust

Tabelle: Spektrum der Wissenschaft; Manon Bischoff   **Spektrum**.de

Wen diese zwei vorgebrachten Argumente immer noch nicht überzeugt haben, kann sich eine abgewandelte Form des Problems vorstellen. In dieser Spielshow gibt es nicht nur drei Türen, sondern 100 mit 99 Nieten und einem Preis. Wieder sollen Sie zufällig eine Tür auswählen. Die Wahrscheinlichkeit, dass sich dahinter der Gewinn verbirgt, beträgt nun nur noch ein Prozent. Der Moderator kann Sie aber gut leiden und öffnet daher 98 der 99 übrigen Türen – hinter allen befinden sich Ziegen. Nun lässt er Ihnen wieder die freie Wahl: Halten Sie an der zuvor gewählten Tür fest oder entscheiden Sie sich für die andere, die er nicht geöffnet hat. In diesem Fall würde es geradezu verrückt erscheinen, sich nicht umzuentscheiden.

Ebenso unlogisch ist es aber auch, im Fall von bloß drei Türen auf seiner ursprünglichen Wahl zu beharren. Allerdings ist der Unterschied zwischen den Wahrscheinlichkeiten dabei nicht ganz so enorm ($\frac{1}{3}$ auf der einen und $\frac{2}{3}$ auf der anderen Seite) wie in der Situation mit 100 Türen (1 Prozent im Vergleich zu 99 Prozent). Daher lassen sich de meisten von ihrer Intuition in die Irre leiten.

Und wer sich auch von dieser letzten Begründung nicht überzeugen lässt, dem kann man eine Lehre aus dem Tierreich mitgeben: Anders als Menschen, verstehen Tauben recht schnell, dass sich ein Wechsel lohnt, wie Verhaltensforscher 2010 feststellten. Dazu versteckten sie hinter einer von drei Türen Futterproben und spielten die Situation der Spielshow mit den Vögeln nach. Schon nach wenigen Wiederholungen lernten die Tiere, dass es Sinn macht, sich umzuentscheiden, wenn sie ans Futter kommen wollen. Offenbar können die Tauben besser mit kontraintuitiver Statistik umgehen als wir Menschen.

8.5 Das Dornröschen-Problem

Üblicherweise gibt es in der Mathematik klare Antworten – vor allem, wenn die Aufgaben nicht allzu kompliziert sind. Doch bei dem im Jahr 2000 populär gewordenen Dornröschen-Problem herrscht noch immer keine Einigkeit: Fachleute der Philosophie und Mathematik spalten sich in zwei Lager auf und führen unablässig – meist ziemlich überzeugende – Argumente für ihre jeweilige Seite an. Es wurden bereits mehr als 100 Fachveröffentlichungen zu dem Thema herausgebracht. Fast jede Person, die vom Dornröschen-Gedankenexperiment hört, hat eine klare Meinung. Für welches Lager entscheiden Sie sich?

Das Problem, das die Gemüter der Fachwelt erhitzt, lautet folgendermaßen (siehe Abb. 8.1): Dornröschen erklärt sich bereit, an einem Experiment teilzunehmen, bei dem sie sonntags in Schlaf versetzt wird. Ein Experimentator wirft dann eine Münze. Bei „Kopf" weckt er Dornröschen am Montag auf und verabreicht ihr dann wieder ein Schlafmittel und lässt sie bis Mittwoch schlafen. Falls „Zahl" herauskommt, weckt er Dornröschen ebenfalls am Montag, versetzt sie dann wieder in einen Schlaf und weckt sie am Dienstag wieder, um sie dann nochmals bis Mittwoch zu narkotisieren. Der einzige Unterschied ist also, dass sie bei „Zahl" zweimal und bei „Kopf" einmal geweckt wird. Wichtig dabei ist: Durch das Schlafmittel hat Dornröschen keine Erinnerung daran, ob sie zuvor schon einmal geweckt wurde. Sie kann also nicht unterscheiden, ob Montag oder (falls Zahl fiel) Dienstag ist. Beim

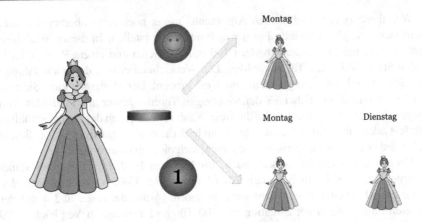

Abb. 8.1 Je nach Ausgang des Münzwurfs wird Dornröschen nur ein- oder zweimal geweckt. (Copyright: EasyCompany, Getty Images, iStock, Bearbeitung: Manon Bischoff)

Aufwecken verrät der Experimentator Dornröschen nichts: weder den Ausgang des Münzwurfs noch den Tag. Er stellt ihr nach jedem Aufwachen aber eine Frage: Wie hoch ist die Wahrscheinlichkeit, dass die Münze „Kopf" gezeigt hat?

Versetzen Sie sich in die Lage von Dornröschen: Sie werden aus dem Schlaf gerissen, wissen nicht, welcher Tag heute ist, und genauso wenig, ob Sie zuvor schon einmal geweckt wurden. Sie kennen nur den theoretischen Ablauf des Experiments. Meine erste Intuition war daher, $\frac{1}{2}$ zu antworten. Schließlich beträgt die Wahrscheinlichkeit, dass die Münze auf „Kopf" oder „Zahl" landet – unabhängig vom durchgeführten Experiment –, immer 50 Prozent. Diese Auffassung vertrat auch der US-amerikanische Philosoph David Lewis, als er von dem Problem erfuhr. Schließlich könnte man die Münze auch werfen, bevor man Dornröschen in den Schlaf schickt. Durch den Ablauf des Experiments gewinnt sie keinerlei neue Informationen, weshalb Dornröschen logischerweise für eine Wahrscheinlichkeit $\frac{1}{2}$ plädieren müsste.

Doch es gibt auch schlüssige Argumente, die für eine Wahrscheinlichkeit von $\frac{1}{3}$ sprechen. Wenn man die Perspektive von Dornröschen einnimmt, dann können drei Fälle eintreten:

1. Sie wacht Montag auf und es wurde „Kopf" geworfen (M, K).
2. Sie wacht Montag auf und es wurde „Zahl" geworfen (M, Z).
3. Sie wacht Dienstag auf und es wurde „Zahl" geworfen (D, Z).

Wie hoch sind die Wahrscheinlichkeiten für die einzelnen Ereignisse? Das kann man sowohl mathematisch als auch empirisch untersuchen. Angenommen, Sie werfen 100-mal eine Münze und erhalten 52-mal Zahl und 48-mal Kopf. Dann tritt (M, K) 48-mal auf und (M, Z) sowie (D, Z) jeweils 52-mal. Da (D, Z) immer auf (M, Z) folgt, sind die Wahrscheinlichkeiten für alle drei Ereignisse gleich groß – und müssen deshalb $\frac{1}{3}$ betragen. Wenn Dornröschen also geweckt wird und beantworten soll, mit welcher Wahrscheinlichkeit der Münzwurf „Kopf" ergeben hat, müsste sie nach dieser Argumentation $\frac{1}{3}$ antworten.

Montag	Montag	Dienstag
Kopf	Zahl	Zahl
48	52	52

So lautete auch das Fazit des Wissenschaftsphilosophen Adam Elga von der Princeton University, der das Dornröschen-Problem im Jahr 2000 populär machte. Seine Argumentation hat er auch mathematisch stichhaltig ausformuliert. Falls man Dornröschen beim Aufwachen mitteilt, dass heute Montag ist, dann ist die Wahrscheinlichkeit für (M, Z) und (M, K) unbestrittenerweise gleich groß: $P(M, Z) = P(M, K) = \frac{1}{2}$, wobei „$P$" für Wahrscheinlichkeit steht. Wenn Dornröschen hingegen aufwacht und erfährt, dass Zahl geworfen wurde, dann könnte dieser Tag gleich wahrscheinlich Montag oder Dienstag sein, also $P(M, Z) = P(D, Z) = \frac{1}{2}$. Gemäß der Wahrscheinlichkeitsrechnung für bedingte Wahrscheinlichkeiten folgt daraus, dass im allgemeinen Fall (ohne dass Dornröschen Informationen erhält) die drei Werte gleich sind: $P(M, Z) = P(M, K) = P(D, Z)$. Und da alle drei Wahrscheinlichkeiten addiert eins ergeben müssen, beträgt jeder einzelne Wert $\frac{1}{3}$. Da Dornröschen im Fall von „Zahl" doppelt so häufig geweckt wird wie bei „Kopf", sollte sie aus Elgas Sicht also mit $\frac{1}{3}$ antworten.

Wie würden Sie die Frage nun beantworten, da Sie die zwei Hauptargumente gehört haben? Um ein besseres Gespür für das Dornröschen-Problem zu bekommen, hilft es, das Gedankenexperiment als Extremsituation zu betrachten. Angenommen, man würde Dornröschen im Fall von „Zahl" nicht nur ein zusätzliches Mal am nächsten Tag wecken und befragen, sondern eine Million Mal (vermutlich in kleineren Zeitabständen – denn so lange würde Dornröschen wohl nicht leben). Wenn man sie nun weckt und fragt, mit welcher Wahrscheinlichkeit die Münze wohl auf „Kopf" gelandet ist, scheint die Antwort $\frac{1}{2}$ nicht besonders schlau. Denn falls der Münzwurf einmal „Zahl" ergab, wird Dornröschen eine Million Mal hintereinander befragt – im Fall von „Kopf" hingegen nur ein einziges Mal.

Durch Extremfälle kann man aber auch die andere Position stärken, also die des $\frac{1}{2}$-Lagers. Zum Beispiel könnte man statt eines Münzwurfs eine Sportwette heranziehen: etwa einen Boxkampf zwischen Regina Halmich und Stefan Raab. Falls die ehemalige Box-Weltmeisterin den Moderator besiegt, passiert dasselbe wie in der ursprünglichen Fragestellung bei „Kopf": Dornröschen wird nur einmal am Montag geweckt. Wenn (wider Erwarten) Raab gewinnen sollte, erwacht Dornröschen hingegen einen Monat lang jeden Tag, also 30-mal in Folge. Die Wahrscheinlichkeit, dass Halmich gegen Raab verliert, ist gering – nehmen wir an, es seien zehn Prozent. Aus Perspektive der $\frac{1}{3}$-Fraktion dürfte das aber keine Rolle spielen, Dornröschen müsste nach dem Aufwachen trotzdem auf einen Sieg von Raab setzen. Denn in diesem (wenn auch unwahrscheinlichen) Fall wird sie 30-mal hintereinander geweckt. Das empfand Lewis als unsinnig: Dieses Gedankenexperiment stützt also die Sichtweise der $\frac{1}{2}$-Fraktion.

Sind Sie jetzt vollends verwirrt? Dann sind Sie damit nicht allein. Hat sich Ihre Meinung über das Geschriebene verändert? Meine schon. Vom $\frac{1}{2}$-Lager bin ich jedenfalls nicht mehr vollends überzeugt – der $\frac{1}{3}$-Position kann ich inzwischen auch etwas abgewinnen.

8.6   Spielen um jeden Preis?

Mögen Sie auch Wetten und Glücksspiele? Wie wäre es zum Beispiel mit diesem kleinen Spiel: Wir werfen einen fairen Würfel. Landet er auf der Eins oder Zwei, erhalten Sie 10 Euro, bei einer Drei bekommen Sie 20 Euro; sonst gehen Sie leer aus. Da Sie auf diese Weise nichts verlieren können, verlange ich einen Einsatz von 10 Euro für jeden Wurf. Nehmen Sie an?

Natürlich können Sie diese Entscheidung aus dem Bauch heraus treffen. Doch es gibt auch einen systematischen Weg, um herauszufinden, ob sich das Risiko lohnt. Schon früh haben Mathematikerinnen und Mathematiker versucht, Strategien zu entwickeln, um die Gewinne in Glücksspielen zu maximieren. Zum Beispiel, indem sie Kriterien definiert haben, wann man einsteigen sollte – und wann man lieber die Finger davon lässt.

Möchte man herausfinden, welcher Einsatz für eine Teilnahme gerechtfertigt ist, kann man sich der Wahrscheinlichkeitstheorie bedienen. Im Allgemeinen gilt ein Spiel als fair, wenn der Erwartungswert des Gewinns bei null liegt. Bevor Sie also mein Angebot für das Würfelspiel annehmen, sollten Sie den Erwartungswert für den Ausgang einer Runde berechnen.

Bei zwei von sechs möglichen Ergebnissen, also mit einer Wahrscheinlichkeit von $\frac{1}{3}$, gewinnen Sie 10 Euro und die Chance auf 20 Euro beträgt $\frac{1}{6}$ (wenn der Würfel auf der Drei landet). Multipliziert man die Wahrscheinlichkeiten mit den Geldbeträgen und addiert sie, erhält man $\frac{40}{6} = \frac{20}{3}$. Statistisch gesehen gewinnen Sie pro Spiel also durchschnittlich 6,66 Euro. Doch ich verlange 10 Euro Einsatz von Ihnen, wodurch ich im Mittel 3,33 Euro pro Spiel gutmache. Sie sollten das Angebot also definitiv ablehnen. In diesem Fall hilft Ihnen die Mathematik, eine finanziell sinnvolle Entscheidung zu treffen.

Doch bei einem Spiel, über das sich Nikolaus I Bernoulli mit Pierre de Montmort im Jahr 1713 austauschte, fällt die Entscheidung nicht ganz so einfach aus: Dabei wird eine Münze so lange geworfen, bis sie zum ersten Mal auf Kopf landet. Die Anzahl der Würfe entscheidet über Ihren Gewinn. Beim ersten Mal Zahl erhalten Sie einen Euro, dann zwei, dann vier – der Erlös wird stets verdoppelt. Stellen Sie sich vor, ich biete Ihnen an, dieses Spiel zu spielen. Allerdings verlange ich einen extrem hohen Einsatz von 2000 Euro. Würden Sie das Angebot annehmen?

Wahrscheinlich wird jeder vernünftig denkende Mensch diese Frage mit einem klaren „Nein" beantworten. Aber was wäre dann ein angemessener Einsatz? Dazu kann man wieder die Mathematik zu Rate ziehen und sich den Erwartungswert ansehen: Mit einer Wahrscheinlichkeit von $\frac{1}{2}$ landet die Münze beim ersten Wurf auf Zahl, zweimal hintereinander Zahl entspricht einer Wahrscheinlichkeit von $\frac{1}{4}$, dreimal entspricht $\frac{1}{8}$ und so weiter. Gleichzeitig verdoppelt sich jeweils der Gewinn. Der Erwartungswert ergibt sich also aus der unendlichen Summe: $1 \cdot \frac{1}{2} + 2 \cdot \frac{1}{4} + 4 \cdot \frac{1}{8} + \ldots = \sum_k \left(\frac{1}{2}\right)^k \cdot 2^{k-1} = \sum_k \frac{1}{2}$, was unendlich ergibt.

Mathematisch gesehen gibt es keinen Einsatz, der zu hoch ist – man sollte das Spiel also immer spielen, unabhängig vom geforderten Einsatz. Da Bernoulli und Montmort in ihrem Gedankenexperiment ein Kasino in Sankt Petersburg als Schauplatz wählten, nannten sie das kontraintuitive Ergebnis fortan Sankt-Petersburg-Paradoxon. Das bezeichnet aber kein Paradoxon im eigentlichen Sinn: Das einzig Paradoxe ist, dass Menschen wohl niemals die Handlungsempfehlung befolgen würden. „Wenige von uns wären bereit, auch nur 25 Dollar zahlen", äußerte der kanadische Wissenschaftsphilosoph Ian Hacking.

Ein Grund, weshalb dieses kontraintuitive Ergebnis überhaupt entsteht, ist – wie so häufig – die Unendlichkeit. Dadurch, dass der Erwartungswert aus einer Addition unendlich vieler Summanden entsteht, kommt dessen unbegrenzter Wert zu Stande. Dabei steigt der Gewinn, den ich Ihnen zahlen muss, wenn die Münze häufig hintereinander auf Zahl fällt, rapide an: Bei sechs erfolgreichen Würfen erhalten Sie 32 Euro, bei sechs weiteren schulde ich Ihnen bereits 2048 Euro – und wenn Sie eine Glückssträhne haben und weitere sechs Mal Zahl fällt, dann muss ich Ihnen 131 072 Euro geben. Da stellt sich die Frage, ob ich diese Summe überhaupt besitze.

Denn das geschilderte Spiel ist überaus unrealistisch: Der Erwartungswert kann nur dann einen unendlichen Wert annehmen, wenn der Herausforderer über unendliche Ressourcen verfügt. Das ist bei mir natürlich mehr als fragwürdig. Doch selbst einem Kasino, das prall gefüllte Kassen besitzt, sind Grenzen gesetzt. Wenn man ein endliches Kapital voraussetzt, kann das Spiel nicht unendlich oft fortgeführt werden: Es endet spätestens dann, wenn die höchste Anzahl an Würfen gefallen ist, die der Herausforderer gerade noch bewältigen kann.

Angenommen, ich habe 1050 Euro auf meinem Konto und bin bereit, alles zu setzen, um Sie mit dem Münzwurf herauszufordern. Natürlich kann ich nun keinen Einsatz von 2000 Euro verlangen, wenn Sie höchstens etwas mehr als einen Riesen von mir erhalten. Daher mache ich Ihnen einen Freundschaftspreis: 6 Euro Einsatz und schon sind Sie dabei! Würden Sie nun annehmen?

Da ich lediglich über 1050 Euro verfüge, verändert sich der Erwartungswert des Spiels. Falls Sie elfmal hintereinander Zahl werfen, muss ich Ihnen bereits 1024 Euro zahlen – einen zwölften Wurf kann ich also womöglich nicht finanzieren. Daher entspricht der veränderte Erwartungswert nun: $1 \cdot \frac{1}{2} + 2 \cdot \frac{1}{4} + 4 \cdot \frac{1}{8} + \ldots + 1024 \cdot \frac{1}{2048} = \frac{1}{2} \cdot 11 = 5,5$. Durch mein begrenztes Vermögen hat sich die Situation demnach völlig verändert – statt eines unendlichen Erwartungswerts erhält man nun das Ergebnis 5,5. Bei einem Einsatz von 6 Euro sollten Sie das Spiel also ablehnen. Wenn Sie mich hingegen auf 5 Euro herunterhandeln (und dabei ausnutzen, dass ich im Kopfrechnen nicht besonders begabt bin), dann stehen Ihre Chancen gut, etwas Gewinn zu machen.

Wie sieht es nun aus, wenn Elon Musk, der im Jahr 2022 über mehr als 200 Milliarden Euro verfügte, Sie zum Spielen herausfordert? Welchen Einsatz sind Sie in diesem Fall bereit zu zahlen? Um das zu berechnen, muss man wieder ermitteln, wie viele Runden Elon Musk maximal durchhalten kann, bevor er pleite ist. Er wird zwar länger spielen können als ich, aber da der Gewinn exponentiell wächst, ist das Ergebnis dennoch verblüffend gering: Nach 38 Runden müsste er Ihnen bereits etwas mehr als 137 Milliarden Euro zahlen – und könnte einen 39-ten Wurf nicht riskieren. Der Erwartungswert entspricht daher 19 Euro. Das heißt: Selbst wenn der reichste Mensch auf der Welt sie herausfordert, sollten Sie höchstens einen Einsatz von 19 Euro bezahlen.

Theoretisch sollte man zwar immer bei dem Münzwurf-Spiel einsteigen, in der Praxis sind der Wahrscheinlichkeit, damit einen Gewinn zu erzielen, allerdings klare Grenzen gesetzt.

8.7   Das Dartscheiben-Paradoxon

Im Gegensatz zu vielen anderen Bereichen der Mathematik erscheint die Wahrscheinlichkeitsrechnung noch recht intuitiv. Möchte man beispielsweise bestimmen, wie groß die Wahrscheinlichkeit ist, dass ein gewöhnlicher Würfel auf der Sechs landet, teilt man die Anzahl der betrachteten Ereignisse (1) durch alle möglichen, die eintreten können (6), und erhält: $\frac{1}{6}$. Wenn ich hingegen frage, wie wahrscheinlich es ist, eine Acht zu würfeln, lautet das Ergebnis null. Denn eine Acht taucht auf einem gewöhnlichen W_6-Würfel nicht auf. Die Wahrscheinlichkeit von null bedeutet also, dass das Ereignis niemals eintritt. Doch das ist nicht immer so.

Das lässt sich am Beispiel von Darts erläutern. Wenn der professionelle Darts-Spieler Michael van Gerwen die Pfeile wirft, landen sie höchstwahrscheinlich immer auf der Scheibe. Angenommen, er würde dabei keinen speziellen Bereich anvisieren – also nicht auf irgendein Double- oder Triple-Feld zielen –, sondern die Pfeile nach und nach einfach nur auf der Scheibe verteilen, damit jeder Punkt etwa gleich wahrscheinlich (mit Wahrscheinlichkeit p) getroffen wird. Wie groß ist in diesem Fall die Chance, dass er einen ganz bestimmten Punkt auf der Scheibe trifft?

Sie ahnen vielleicht schon, worauf das Beispiel hinausläuft: Die Dartscheibe besteht – zumindest aus mathematischer Sicht – aus unendlich vielen Punkten. Van Gerwens Pfeil bleibt mit absoluter Sicherheit irgendwo in der Scheibe stecken, das heißt, die Wahrscheinlichkeit, dass er einen der unendlich vielen Punkte trifft, beträgt eins: $\sum p = 1$. Hiermit steht man vor einem Problem: Wie groß ist die Treffwahrscheinlichkeit p eines einzelnen Punkts, wenn die unendliche Summe von p eins ergibt? Hat p einen endlichen Wert – egal wie klein –, führt die unendliche Addition zwangsläufig zu einem unendlich großen Ergebnis. Ist p hingegen null, gilt das auch für die Summe von p. Wie man es auch dreht: Eine Gesamtwahrscheinlichkeit von eins für einen Treffer auf der Dartscheibe bekommt man auf diese Weise nicht.

Dieses Problem wird auch Dartscheiben-Paradoxon genannt. Gelöst wird es durch die Erkenntnis, dass eine Wahrscheinlichkeit von null nicht zwangsläufig bedeutet, dass ein Ereignis niemals eintritt – sondern nur, dass es „fast sicher" nicht eintritt. Das klingt einleuchtend: Wenn man sich von unendlich vielen Punkten auf einer zweidimensionalen Scheibe genau einen herauspickt, wäre es schon sehr überraschend, dass van Gerwens Pfeil exakt darin stecken bleibt – und nicht einen Mikrometer weiter links. Aber irgendwo in einem der unendlich vielen Punkte der Dartscheibe wird der Pfeil mit Sicherheit landen.

Woher weiß man nun, ob man es mit einem tatsächlich unmöglichen Ereignis (etwa, eine Acht mit einem W_6-Würfel zu würfeln) oder einem fast unmöglichen Ereignis (einen bestimmten Punkt auf der Dartscheibe treffen) zu tun hat? Das hängt von der Anzahl der möglichen Ereignisse ab, dem so genannten Ereignisraum: Ist der Ereignisraum endlich (bei einem Würfel besteht er aus sechs Elementen: den sechs Seiten, auf denen er liegen bleiben kann), dann bedeutet eine Wahrscheinlichkeit von null, dass das betrachtete Ereignis niemals eintreten wird. Betrachtet man hingegen einen unendlich großen Ereignisraum (wie die möglichen Treffpunkte auf einer Dartscheibe), dann bedeutet eine Wahrscheinlichkeit von null nicht zwangsläufig, dass das Ereignis nicht eintritt – sondern nur, dass es sehr unwahrscheinlich ist.

Das heißt aber nicht, dass man mit unendlich großen Ereignisräumen nicht mehr sinnvoll rechnen kann. Man braucht nur einen leichten Perspektivwechsel. Stellen Sie sich beispielsweise vor, van Gerwen visiert das Triple-20-Feld auf einer Dartscheibe an und wirft zehn Pfeile hintereinander ab (wobei sie nach jedem Wurf entfernt werden, damit sie sich nicht in die Quere kommen). Theoretisch kann jeder Pfeil zwar immer noch unendlich viele Punkte auf der Scheibe treffen; weil van Gerwen aber ein Profi ist, werden die Pfeile wohl nicht gleichmäßig über die Scheibe verteilt sein. Zum Beispiel könnten neun Stück das Triple-20-Feld getroffen haben, während ein Pfeil vielleicht im Einser-Feld gelandet ist. Daraus lässt sich eine Wahrscheinlichkeit dafür berechnen, dass van Gerwen das Triple-20-Feld trifft: 9 von 10 Mal. Um das Ergebnis abzusichern, kann man ihm noch mehr Pfeile aushändigen und die Statistik pflegen.

Van Gerwens Wurfprofil lässt sich sogar visuell darstellen: Indem man gewichtet, wie viele Pfeile pro Fläche einschlagen, kann man eine „Wahrscheinlichkeitsdichte" definieren, eine Art zweidimensionale Landschaft, die sich über die Scheibe legt. Je höher ihr Wert, desto wahrscheinlicher trifft ein Pfeil in diesem Bereich ein. Damit lassen sich durchaus Trefferwahrscheinlichkeiten für bestimmte Bereiche angeben, etwa dafür, dass van Gerwen das Triple-20-Feld trifft. Je kleiner man jedoch den Bereich wählt, desto kleiner wird auch die Wahrscheinlichkeit – bis sie für einen einzelnen Punkt ganz verschwindet. Und das macht auch Sinn: Im echten Leben interessiert uns nicht, wie hoch die Trefferquote für einen einzelnen Punkt ist. Wenn der Pfeil auf einen um eine winzige Distanz verschobenen Punkt trifft, ist das genauso gut. Daher spielen in realistischen Szenarien ohnehin nur endliche (wenn auch möglicherweise sehr kleine) Intervalle eine Rolle.

Um die Wahrscheinlichkeitsdichte besser zu verstehen, hilft es, ein eindimensionales Intervall statt einer zweidimensionalen Scheibe zu betrachten. Angenommen, ein idealer Zufallsgenerator gibt eine reelle Zahl zwischen 0 und 1 aus. Die Wahrscheinlichkeitsdichte kann eine Funktion der Form $f(x)$ sein. Der Generator gibt mit Sicherheit eine Zahl aus, also beträgt die Wahrscheinlichkeit, dass das Ergebnis zwischen 0 und 1 liegt, 100 Prozent. Für die Wahrscheinlichkeitsdichte bedeutet das: Die Fläche unterhalb der Funktion auf dem Intervall [0, 1] beträgt eins. Denn genau das ist die Bedeutung einer Wahrscheinlichkeitsdichte: Sie gibt die Wahrscheinlichkeit pro Fläche oder Volumen an. Um also herauszufinden, mit welcher Wahrscheinlichkeit die Zufallszahl größer als 0,5 ist, muss man die Fläche bestimmen, die die Funktion $f(x)$ oberhalb von $x = 0{,}5$ mit der x-Achse einschließt. Der Generator wird allerdings nur mit einer Wahrscheinlichkeit von null genau das Ergebnis 0,5 ausspucken. Schließlich könnte er auch das Ergebnis 0,5000000000001 liefern oder 0,49999999999999998 – ähnlich wie der Dartpfeil ganz leicht neben einem Punkt landen kann. Das heißt: Sobald man ein Intervall innerhalb von [0, 1] betrachtet, kann man eine endliche Wahrscheinlichkeit dafür angeben, dass der Zufallsgenerator eine darin befindliche Zahl liefert. Ist man hingegen an der Wahrscheinlichkeit bestimmter Zahlen interessiert, wird das Ergebnis immer null betragen – auch wenn das Ereignis nicht unmöglich ist.

Richtig merkwürdig wird es, wenn man kompliziertere Fragen stellt. Zum Beispiel: Wie hoch ist die Wahrscheinlichkeit, dass der ideale Zufallsgenerator eine Bruchzahl (also eine rationale Zahl) ausgibt? Man möchte also wissen, wie wahrscheinlich es ist, innerhalb reeller Zahlen auf eine rationale zu stoßen. Dafür muss man die Größenverhältnisse beider Mengen kennen – und kommt schnell mit Unendlichkeiten in Berührung.

Tatsächlich gibt es nicht nur eine Unendlichkeit, sondern gleich unendlich viele. So unterscheidet man beispielsweise zwischen der Unendlichkeit der natürlichen Zahlen und der reellen Zahlen: Während man natürliche Zahlen wie 1, 2, 3, … lückenlos auflisten kann, ist das mit reellen Zahlen unmöglich. Eine Aufzählung existiert nicht, selbst wenn die Liste unendlich lang ist. Denn zwischen zwei reellen Zahlen findet man immer eine weitere, die dazwischensteckt. Auch wenn man vermuten würde, dass das bei Bruchzahlen ebenso ist, lassen diese sich dennoch wie die natürlichen Zahlen aufzählen, zum Beispiel, indem man sie nach der Größe ihres Nenners ordnet: $\frac{1}{1}$, $\frac{1}{2}$, $\frac{1}{3}$, $\frac{2}{3}$, $\frac{1}{4}$, $\frac{3}{4}$, $\frac{1}{5}$, $\frac{2}{5}$, $\frac{3}{5}$, $\frac{4}{5}$, … Damit haben wir zwei Kategorien von Unendlichkeiten ausgemacht: abzählbare Unendlichkeit, wie die der natürlichen oder rationalen Zahlen, und überabzählbare Unendlichkeit, wie die der reellen Zahlen. Und auch wenn beides unvorstellbare Größen sind, ist ihr Unterschied erheblich.

Zurück zu unserer ursprünglichen Frage: Wie wahrscheinlich ist es, innerhalb eines kontinuierlichen Intervalls zufällig eine rationale Zahl auszuwählen? Hätte man bloß endlich viele Bruchzahlen A und endlich viele reelle Zahlen B, müsste man für die Antwort bloß $\frac{A}{B}$ berechnen. Doch da beide Mengen unendlich viele Zahlen enthalten, kann man nicht einfach die Unendlichkeiten durcheinander teilen. Dennoch gibt es eine Möglichkeit, die Bereiche zu vermessen: Schließlich kann man auch dem Intervall [0, 1], das unendlich viele Zahlen enthält, eine endliche Länge von eins zuordnen. Möglich macht das die mathematische Disziplin der Maßtheorie.

Diese beschäftigt sich – wie der Name nahelegt – damit, verschiedensten Objekten ein Maß zuzuordnen: sei es eine Länge, eine Fläche, ein Volumen oder höherdimensionale Analoga davon. Eine Variante, das zu tun, bietet das „Lebesgue-Maß". Tatsächlich ordnet es geometrischen Objekten dieselben Größen zu, die wir durch altbekannte Methoden (etwa durch das Anlegen eines Lineals oder mit den Formeln für den Flächeninhalt) erhalten würden. Es lässt sich aber auch auf allgemeinere Fälle anwenden, die unsere Methoden übersteigen. So entspricht das Lebesgue-Maß des Intervalls [0, 1] dem Wert eins.

Das Lebesgue-Maß nutzt man auch, um Wahrscheinlichkeiten aus den Wahrscheinlichkeitsdichten zu bestimmen. In diesem Fall definiert das Maß ein Integral, wodurch man die Fläche unterhalb der Wahrscheinlichkeitsdichte berechnen kann. Möchte man also das Lebesgue-Maß von einzelnen Punkten (und damit auch von endlichen Mengen) bestimmen, kommt immer null dabei heraus – das muss so sein, da einzelne Ereignisse in unendlich großen Ereignisräumen mit einer Wahrscheinlichkeit von null auftreten. Doch auch das Lebesgue-Maß von abzählbar unendlich großen Mengen wie den natürlichen oder den rationalen Zahlen ist null. Damit können wir die Frage beantworten: Die Wahrscheinlichkeit, dass der Zufallsgenerator aus dem Intervall [0, 1] zufällig eine Bruchzahl ausspuckt, beträgt null. Die Chance, auf eine irrationale Zahl zu stoßen, ist dagegen eins. Das heißt allerdings nicht, dass man niemals eine rationale Zahl erhalten wird – sondern nur, dass es sehr unwahrscheinlich ist.

Wer hätte gedacht, dass hinter Darts so viel Mathematik steckt? Wem das alles zu kompliziert ist, kann stattdessen auf eine elektronische Dartscheibe zurückgreifen: Da diese bloß endlich viele Lücken zwischen den Noppen aufweist, lässt sich jedem Treffer eine endliche Wahrscheinlichkeit zuordnen – und man kann getrost auf den anstrengenden Ausflug in die Maßtheorie verzichten.

Literaturverzeichnis

1. O'Grady C (2023) Unlucky numbers. Science 379(6629):228–233
2. Derksen T (2006) Lucia de B. Reconstructie van een gerechtelijke dwalin. Veen Magazines, Diemen
3. Meester R et al (2006) On the (ab)use of statistics in the legal case against the nurse Lucia de B. ArXiv: 0607340
4. Schölkopf B et al (2021) Simpson's paradox in Covid-19 case fatality rates. IEEE Trans Artif Intell 2:18–27
5. Bickel PJ et al (1975) Sex bias in graduate admissions: data from Berkeley. Science 187: 398–404
6. Flehinger BJ (1966) On the probability that a random integer has initial digit A. Am Math Mon 73(10):1056–1061
7. Hill TP (1995) A statistical derivation of the significant-digit law. Stat Sci 10(4):354–363
8. Herbranson WT, Schroeder J (2010) Are birds smarter than mathematicians? Pigeons (Columba livia) perform optimally on a version of the Monty Hall Dilemma. J Comparative Psychol 124(1):1–13
9. Lewis D (2001) Sleeping beauty: reply to Elga. Analysis 61(3):171–176
10. Elga A (2000) Self-locating belief and the Sleeping Beauty problem. Analysis 60(2):143–147

Erstaunliches über Zahlen

In der Schule bekommt man oft den Eindruck, Mathematik würde sich größtenteils um Zahlen drehen. Zwar lernt man im Unterricht auch, Gleichungen mit unbekannten Variablen zu behandeln – aber letztlich läuft es meist darauf hinaus, am Ende ein konkretes Ergebnis auszurechnen.

Erst an der Universität wird vielen klar, dass Mathematik so viel mehr als Rechnen ist. Und dass Zahlen in vielen Bereichen keine große Rolle spielen. Vielmehr geht es darum, Zusammenhänge zu erkennen, Aussagen zu beweisen und sinnvolle Vermutungen aufzustellen. Dennoch gibt es in dem Fach auch Gebiete, die sich explizit mit Zahlen beschäftigen. Denn das Wissen um sie ist noch längst nicht ausgeschöpft.

9.1 Die meisten reellen Zahlen kennen wir nicht

Was ist die verrückteste reelle Zahl, die Sie sich vorstellen können? Vermutlich denken viele an eine irrationale Zahl wie Pi oder die Eulersche Zahl e. Und tatsächlich kann man solche Werte als „wild" ansehen: Schließlich ist ihre Dezimaldarstellung unendlich lang, ohne dass sich die Ziffern jemals wiederholen. Allerdings machen selbst solche verrückt wirkenden Zahlen mit allen rationalen Zahlen zusammen nur einen winzigen Teil der reellen Zahlen aus. Wenn Sie zufällig eine Zahl auf einem Zahlenstrahl herausgreifen, dann werden Sie mit 100-prozentiger Wahrscheinlichkeit eine „nicht berechenbare" Zahl ziehen: Für solche Werte gibt es keine Möglichkeit, sie genau zu bestimmen.

Die reellen Zahlen setzen sich aus den rationalen und den irrationalen Zahlen zusammen. Zu den rationalen Zahlen (Brüche $\frac{p}{q}$, wobei p und q ganze Zahlen sind) gehören die natürlichen Zahlen ($0, 1, 2, 3, \dots$) und die ganzen Zahlen ($\dots, -2, -1, 0, 1, 2, \dots$). Der Rest, der auf dem Zahlenstrahl zu finden ist, gehört zur Menge der irrationalen Zahlen. Wie sich aber herausstellt, lassen sich diese ebenfalls in

M. Bischoff, *Die fabelhafte Welt der Mathematik*, https://doi.org/10.1007/978-3-662-68432-0_9

verschiedene Kategorien einteilen – von denen wir uns die meisten Vertreter nicht einmal vorstellen können.

Dass Unendlichkeiten, Infinitesimale, imaginäre Zahlen oder andere ungewöhnliche Zahlenräume sich unter Umständen nur schwer beschreiben lassen, scheint nicht allzu verwunderlich. Aber die reellen Zahlen, die Distanzen in unserer Welt beschreiben, sollten wir inzwischen vollständig verstanden haben – zumindest könnte man das meinen. So einfach ist es aber leider nicht. Um das zu verstehen, muss man sich die irrationalen Zahlen genauer ansehen (siehe Abb. 9.1).

Alle reellen Zahlen, die sich nicht durch einen Bruch aus zwei ganzen Zahlen darstellen lassen, sind irrational. Dazu gehört zum Beispiel die Wurzel aus zwei, deren Dezimaldarstellung unendlich lang ist, ohne sich jemals zu wiederholen. Tatsächlich gehört $\sqrt{2}$ zu den einfachsten irrationalen Zahlen, denn sie ist konstruierbar. Das heißt, man kann sie mit Zirkel und Lineal mit Hilfe einer Strecke der Länge eins erzeugen: zum Beispiel, indem man zwei Strecken der Länge eins rechtwinklig zueinander ausrichtet und sie zu einem rechtwinkligen Dreieck verbindet. Die Hypotenuse hat dann die Länge $\sqrt{2}$. Auf ähnliche Weise lässt sich auch der goldene Schnitt ϕ geometrisch konstruieren, ebenso wie viele andere irrationale Werte.

Schon in der Antike stieß man allerdings auf Zahlen, die sich nicht mehr auf so einfache geometrische Weise erzeugen lassen. Ein berühmtes Beispiel ist die Verdopplung eines Würfels: Wie lässt sich aus einem Würfel der Seitenlänge eins ein Würfel mit doppelt so großem Volumen konstruieren? Wie der Mathematiker Pierre Wantzel im Jahr 1837 herausfand, lässt sich die dafür nötige Kantenlänge $\sqrt[3]{2}$ nicht durch Zirkel und Lineal konstruieren. Dafür muss man härtere Geschütze auffahren. Damit gehört $\sqrt[3]{2}$ zu den algebraischen Zahlen, die sich als Lösung einer polynomialen Gleichung schreiben lassen. Für $\sqrt[3]{2}$ lautet eine entsprechende Gleichung $x^3 = 2$.

Reelle Zahlen

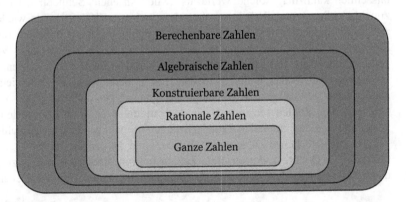

Abb. 9.1 Die Menge der reellen Zahlen lässt sich in verschiedene Untermengen einteilen. (Copyright: Manon Bischoff)

Aber es gibt auch transzendente Zahlen, die sich nicht als Lösung solcher Gleichungen ausdrücken lassen. Sprich: Es gibt keine einfache Formel, mit der man sie berechnen kann. In diese Kategorie fällt zum Beispiel die berühmte Kreiszahl Pi. Das heißt aber nicht, dass man ihren Wert nicht kennt. Schon Archimedes fand eine Rechenvorschrift, um Pi zumindest näherungsweise zu bestimmen. Inzwischen gibt es zahlreiche Algorithmen, die nach Belieben die 587-millionste Nachkommastelle der Kreiszahl ausspucken. Mit genügend Rechenleistung und Zeit kann man die Zahl zumindest in der Theorie beliebig genau bestimmen. Gleiches gilt für die Eulersche Zahl e oder $\sqrt{2}$.

Die transzendenten Zahlen bergen einige Geheimnisse. Während es klare Methoden gibt, um zu erkennen, ob eine Zahl konstruierbar ist, lässt sich hingegen nur schwer beweisen, ob ein Wert transzendent ist. So konnte der sowjetische Mathematiker Alexander Gelfond 1934 beweisen, dass die zusammengesetzte Zahl e^{π} transzendent ist. Doch ob die Werte π^e oder $\pi \cdot e$ oder $\pi - e$ algebraisch oder transzendent sind, ist bis heute unklar.

Aber es kommt noch verrückter. Bis Anfang des 20. Jahrhunderts ging man davon aus, dass die transzendenten Zahlen das wildeste sind, was die reellen Zahlen zu bieten haben. Falsch gedacht. Denn 1937 veröffentlichte der britische Mathematiker Alan Turing eine Arbeit über berechenbare Zahlen. Damit bezeichnete er all jene Werte, für die es eine Rechenvorschrift (also einen Algorithmus) gibt, den ein Computer durchführen kann, um den Zahlenwert beliebig genau zu berechnen. Fast alle bekannten transzendenten Zahlen wie Pi und e fallen in diese Kategorie: Schließlich kennen wir zumindest näherungsweise ihren Zahlenwert und wissen auch, wie sie sich berechnen lassen. Wie Turing aber in seiner Arbeit zeigte, existieren ebenso nicht berechenbare Zahlen, deren Werte sich nicht beliebig genau annähern lassen. Das heißt, wir haben keine Ahnung, wie sie aussehen.

Und schlimmer noch: Fast alle reelle Zahlen sind nicht berechenbar.

Das erkennt man, wenn man die unendlichen Größen der verschiedenen Zahlenmengen bestimmt. Wie wir bereits in Abschn. 4.1 gesehen haben, ist die Menge der natürlichen Zahlen abzählbar (sie lassen sich nummerieren), während die Kardinalität der reellen Zahlen noch größer ist: Es gibt überabzählbar unendlich viele reelle Zahlen.

Wie Turing feststellte, müssen alle berechenbaren Zahlen abzählbar sein: Denn für jede dieser Zahlen kann man eine Maschine entwickeln, deren einziger Zweck darin besteht, den Wert einer Zahl zu berechnen. Da man diese Rechenmaschinen nummerieren kann, sind die berechenbaren Zahlen zwangsläufig abzählbar. Das hat aber zur Folge, dass die nicht berechenbaren Zahlen den mit Abstand größten Teil der reellen Zahlen ausmachen: Es gibt überabzählbar viele davon!

Wenn man also die Wahrscheinlichkeit berechnet, welche Art von reeller Zahl man antrifft, wenn man zufällig eine zieht, erhält man ein eindeutiges Ergebnis: In 100 Prozent der Fälle ist diese Zahl nicht berechenbar. Das heißt aber nicht, dass man keine andere Zahl ziehen kann – bei unendlichen Ereignismengen bedeutet eine Wahrscheinlichkeit von null nicht unmöglich, wie das Dartscheiben-Paradoxon gezeigt hat. Das ist umso erstaunlicher, als dass nicht allzu viele nicht berechenbare Zahlen bekannt sind.

Die wenigen Beispiele für nicht berechenbare Zahlen sind durch das berühmte Halteproblem aus der Informatik definiert: Demnach gibt es keine Maschine, die für alle möglichen Algorithmen beurteilen kann, ob ein sie ausführender Computer irgendwann zum Halten kommt oder nicht. Übergibt man einem Rechner einen beliebigen Algorithmus, kann man unter Umständen schon beurteilen, ob sich dieser in endlicher Zeit ausführen lässt. Doch es gibt nachweislich keine Methode, die das für alle möglichen Programmcodes tun kann.

Das Halteproblem hat der argentinisch-US-amerikanische Mathematiker Gregory Chaitin genutzt, um eine nicht berechenbare Zahl zu definieren. Die so genannte chaitinsche Konstante Ω entspricht der Wahrscheinlichkeit, mit der das theoretische Modell eines Computers (eine Turingmaschine) für eine beliebige Eingabe anhält: $\Omega = \sum_p \left(\frac{1}{2}\right)^{|p|}$, wobei p alle Programme bezeichnet, die nach endlicher Laufzeit halten. $|p|$ beschreibt die Länge des Programms in der Einheit Bit. Um die chaitinsche Konstante genau zu berechnen, müsste man also wissen, welche Programme halten und welche nicht – was gemäß des Halteproblems nicht möglich ist. Dennoch gelang es Cristian S. Calude und seinen Kollegen im Jahr 2000, die ersten Stellen der chaitinschen Konstante zu berechnen: 0,0157499939956247687... Das heißt: Erzeugt man zufällig ein Programm in einer Sprache, die Calude und seine Kollegen genutzt haben, dann wird es mit einer Wahrscheinlichkeit von etwa 1,58 Prozent in endlicher Laufzeit halten. Auch wenn das Ergebnis eine hohe Genauigkeit aufweist, lässt sich die chaitinsche Konstante nicht beliebig genau berechnen.

Es gibt weitere komplizierte Definitionen, um nicht berechenbare Zahlen zu konstruieren. Vielleicht fällt Ihnen ja auch eine Variante ein. Dennoch ist es angesichts der Fülle an berechenbaren Zahlen, die wir kennen, immer wieder erstaunlich, dass nicht berechenbare Werte die reellen Zahlen – und damit unsere Welt – dominieren.

9.2   Die langweiligste Zahl der Welt

Viele Menschen haben eine Lieblingszahl, etwa die Kreiszahl π, die Eulersche Zahl e oder die Wurzel aus zwei. Aber auch unter den natürlichen Zahlen finden sich Werte, denen man in verschiedensten Kontexten begegnet: die sieben Zwerge, die sieben Todsünden, die 13 als Unglückszahl – oder auch die 42, die sich spätestens seit dem Roman „Per Anhalter durch die Galaxis" von Douglas Adams großer Beliebtheit erfreut.

Wie sieht es dagegen mit einem größeren Wert wie 1729 aus? Die Zahl kommt den meisten sicherlich nicht besonders spannend vor. Auf den ersten Blick ist sie geradezu langweilig. Schließlich handelt es sich weder um eine Primzahl, noch um eine Zweierpotenz oder eine Quadratzahl, ebenso folgen die Ziffern keinem offensichtlichen Muster. Das dachte sich auch der Mathematiker Godfrey Harold Hardy, als er in ein Taxi mit der Nummer 1729 einstieg. Damals besuchte er seinen erkrankten Kollegen Srinivasa Ramanujan im Krankenhaus und erzählte ihm von der „langweiligen" Taxinummer. Er hoffte, das sei kein schlechtes Omen.

Ramanujan widersprach seinem Freund sofort: „Es ist eine sehr interessante Zahl; es ist die kleinste Zahl, die sich auf zwei verschiedene Arten als Summe zweier Kubikzahlen ausdrücken lässt."

Nun kann man sich fragen, ob es überhaupt eine Zahl geben kann, die nicht interessant ist. Denn die Überlegung führt schnell in ein Paradoxon: Falls es tatsächlich einen Wert n geben sollte, der keine spannenden Eigenschaften hat, dann macht ihn genau diese Tatsache zu etwas Besonderem. Doch es gibt tatsächlich eine Möglichkeit, die interessanten Eigenschaften einer Zahl auf recht objektive Weise zu bestimmen – und zur großen Überraschung stellte sich 2009 heraus, dass sich die natürlichen Zahlen in zwei scharf abgegrenzte Lager aufteilen: in spannende und langweilige Werte.

Eine Möglichkeit für solche Untersuchungen bietet eine umfassende Enzyklopädie von Zahlenfolgen. Die Idee für ein solches Sammelwerk hatte der Mathematiker Neil Sloane 1963, als er seine Doktorarbeit schrieb. Damals musste er die Größe bestimmter Graphen berechnen und stieß dabei auf eine Zahlenfolge: 0, 1, 8, 78, 944, ... Er wusste noch nicht, wie sich die Folgenglieder exakt berechnen lassen, und wollte erfahren, ob seine Kollegen während ihrer Forschung bereits auf eine ähnliche Folge gestoßen waren. Doch anders als bei Logarithmen oder Formeln gab es kein Register für Zahlenfolgen. Und so veröffentlichte Sloane zehn Jahre später seine erste Enzyklopädie, „Handbook of Integer Sequences", mit 2400 Folgen. Das Buch traf auf Zustimmung: „Es gibt das Alte Testament, das Neue Testament und das ‚Handbook of Integer Sequences'", schrieb ein begeisterter Leser.

In den folgenden Jahren erreichten Sloane zahlreiche Einsendungen mit weiteren Sequenzen und es erschienen auch wissenschaftliche Arbeiten mit neuen Zahlenfolgen. Das veranlasste den Mathematiker, gemeinsam mit seinem Kollegen Simon Plouffe 1995 die „Encyclopedia of Integer Sequences" herauszubringen, die bereits etwa 5500 Folgen enthielt. Die Inhalte wuchsen unaufhörlich weiter, und das Zeitalter des Internets ermöglichte es, die Datenflut zu beherrschen: 1996 erschien die Online-Enzyklopädie „oeis.org", die keine räumlichen Beschränkungen mehr besitzt. Mit Stand Februar 2023 enthält sie etwas mehr als 360.000 Einträge. Einsendungen kann jeder tätigen, man muss nur erklären, wie sich die Folge erzeugen lässt, warum sie interessant ist sowie die ersten Glieder angeben. Gutachter prüfen dann den Beitrag und veröffentlichen ihn, wenn er die Kriterien erfüllt.

Neben bekannten Folgen wie den Primzahlen (2, 3, 5, 7, 11, ...), Zweierpotenzen (2, 4, 8, 16, 32, ...) oder der Fibonacci-Folge (1, 1, 2, 3, 5, 8, 13, ...) finden sich im OEIS-Katalog auch exotische Beispiele wie: 1, 24, 1560, 119.580, 10.166.403, ... (Anzahl der Möglichkeiten, einen stabilen Turm aus n Lego-Klötzen der Größe 2×4 zu bauen) oder die „Zahlenfolge des faulen Kellners": 1, 2, 4, 7, 11, 16, 22, 29, ... (die maximale Anzahl von Tortenstücken, die sich durch n Schnitte erreichen lässt).

Da etwa 130 Personen die eingesendeten Zahlenfolgen begutachten, die Liste seit mehreren Jahrzehnten existiert und in der mathematikaffinen Community recht bekannt ist, sollte die Sammlung eine objektive Auswahl aller Folgen enthalten. Somit eignet sich der OEIS-Katalog, um die Beliebtheit von Zahlen zu untersuchen: Je häufiger eine Zahl in der Liste auftaucht, desto interessanter ist sie demnach.

Diesen Gedanken hatte jedenfalls Philippe Guglielmetti, der den französischsprachigen Blog „Dr. Goulu" betreibt. Guglielmetti erinnerte sich an einen Ausspruch seines ehemaligen Mathematiklehrers, der behauptet hatte, 1548 sei eine beliebige Zahl ohne besondere Eigenschaft. Tatsächlich taucht sie 326-mal im OEIS-Katalog auf: zum Beispiel als „mögliche Periode einer einzelnen Zelle in einem zellulären Automaten der Regel 110 in einem zyklischen Universum der Breite n". Auch Hardy hatte sich getäuscht, als er die Taxinummer 1729 als langweilig betitelte: Sie erscheint 918-mal in der Datenbank (und auch häufig bei der beliebten Zeichentrickserie „Futurama").

Also begab sich Guglielmetti auf die Suche nach wirklich langweiligen Zahlen: solchen, die kaum oder gar nicht im OEIS-Katalog auftauchen. Letzteres ist beispielsweise bei 20.067 der Fall (Stand Februar 2023). Sie ist die kleinste Zahl, die in keiner der vielen gespeicherten Zahlenfolgen auftaucht. Allerdings nur, weil die Datenbank lediglich die ersten 180 Ziffern einer Zahlenfolge speichert – sonst würde jede Zahl mindestens in der Folge A000027 auftauchen: der Liste der ganzen Zahlen. Der Wert 20.067 scheint also recht langweilig. Zur darauf folgenden Zahl 20.068 gibt es beispielsweise sieben Einträge. Doch das kann sich ändern. Vielleicht erscheint schon während des Schreiben dieses Textes eine neue Folge, in der 20.067 in den ersten Folgengliedern auftaucht. Dennoch eignet sich die Anzahl $N(n)$ der OEIS-Einträge für eine bestimmte Zahl n als Maß dafür, wie interessant n ist.

Guglielmetti ließ sich daher die Anzahl aller Einträge der Reihe nach für die natürlichen Zahlen ausgeben und stellte das Ergebnis grafisch dar. Er fand eine Punktwolke in Form einer breit gefächerten Kurve, die zu großen Werten hin abfällt. Das ist insoweit nicht überraschend, als bloß die ersten Glieder einer Folge im OEIS-Katalog gespeichert werden. Was aber erstaunlich ist: Die Kurve besteht aus zwei Bändern, die durch eine deutlich erkennbare Lücke voneinander getrennt sind (siehe Abb. 9.2). Eine natürliche Zahl taucht also entweder besonders häufig oder extrem selten in der OEIS-Datenbank auf.

Fasziniert von diesem Ergebnis wandte sich Guglielmetti an den Mathematiker Jean-Paul Delahaye, der regelmäßig für das Magazin „Pour la Science" populärwissenschaftliche Artikel verfasst. Er wollte wissen, ob Fachleute dieses Phänomen schon untersucht hatten. Da das nicht der Fall war, griff Delahaye das Thema mit seinen Kollegen Nicolas Gauvrit und Hector Zenil auf und untersuchte es genauer. Sie nutzten dafür Ergebnisse aus der algorithmischen Informationstheorie. Diese bemisst die Komplexität eines Ausdrucks durch die Länge des kürzesten Algorithmus, der den Ausdruck beschreibt. So ist etwa eine willkürliche fünfstellige Zahl wie 47.934 schwieriger zu beschreiben (die Folge der Ziffern 4, 7, 9, 3, 4) als 16.384 (2^{14}). Gemäß eines Theorems aus der Informationstheorie haben Zahlen mit vielen Eigenschaften meist auch eine niedrige Komplexität. Das heißt: Die Werte, die häufig im OEIS-Katalog auftauchen, sind höchstwahrscheinlich einfach zu beschreiben. Delahaye, Gauvrit und Zenil konnten zeigen, dass die Informationstheorie einen ähnlichen Verlauf für die Komplexität von natürlichen Zahlen vorhersagt, wie er sich in Guglielmettis Kurve darstellt. Doch die klaffende Lücke, „Sloane's Gap", lässt sich damit nicht erklären.

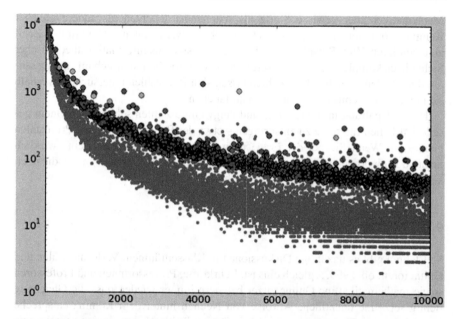

Abb. 9.2 Wenn man die Häufigkeit der natürlichen Zahlen im OEIS-Katalog untersucht, erkennt man zwei Typen: interessante Werte, die häufig auftauchen, (oberes Band) und langweilige Zahlen (unteres Band). (Copyright: Philippe Guglielmetti)

Die drei Mathematiker vermuteten, dass die Lücke durch gesellschaftliche Faktoren entsteht, etwa eine Präferenz für bestimmte Zahlen. Um das zu untermauern, haben sie eine so genannte Monte-Carlo-Simulation durchgeführt: Sie entwarfen eine Funktion, die natürliche Zahlen auf natürliche Zahlen abbildet – und zwar so, dass kleine Zahlen häufiger ausgegeben werden als größere. Die Forscher setzen Zufallswerte in die Funktion ein und stellten die Ergebnisse ihrer Häufigkeit nach grafisch dar. Dadurch ergab sich eine verschwommene, abfallende Kurve, ähnlich wie bei den Daten des OEIS-Katalogs. Doch genau wie bei der informationstheoretischen Analyse ist auch hier keine Spur einer Lücke zu sehen.

Um besser zu verstehen, wie die Lücke entsteht, muss man sich ansehen, welche Zahlen in welches Band fallen. Für kleine Werte bis etwa 300 ist „Sloane's Gap" nicht sehr ausgeprägt. Erst bei größeren Zahlen klafft die Lücke deutlich auf: Etwa 18 Prozent aller Zahlen zwischen 300 und 10.000 sind im „interessanten" Band, während die restlichen 82 Prozent zu den „langweiligen" Werten gehören. Wie sich herausstellt, befinden sich etwa 95,2 Prozent aller Quadratzahlen im interessanten Band; 99,7 Prozent der Primzahlen sowie 39 Prozent der Zahlen mit vielen Primfaktoren. Diese drei Klassen machen bereits knapp 88 Prozent des interessanten Bands aus. Die restlichen Werte haben auffällige Eigenschaften wie 1111 oder die Form $2^n + 1$ beziehungsweise $2^n - 1$.

Gemäß der Informationstheorie sollten jene Zahlen besonders interessant sein, die eine geringe Komplexität haben, sich also leicht ausdrücken lassen. Wenn

Mathematiker aber gewisse Werte als spannender erachten als andere gleicher Komplexität, kann das zu „Sloane's Gap" führen, wie Delahaye, Gauvrit und Zenil argumentieren. Zum Beispiel: $2^n + 1$ und $2^n + 2$ sind aus informationstheoretischer Sicht gleich komplex – doch nur Werte der ersten Form befinden sich im „interessanten Band". Denn durch solche Zahlen lassen sich Primzahlen untersuchen, weshalb sie in vielen verschiedenen Kontexten auftauchen.

Die Aufspaltung in interessante und langweilige Zahlen scheint also einem gesellschaftlichen Interesse zu entspringen – etwa der Bedeutung, die wir Primzahlen beimessen. Wenn Sie bei der Frage nach Ihrer Lieblingszahl also eine wirklich kreative Antwort geben wollen, könnten Sie eine Zahl wie 20.067 nennen, die noch keinen Eintrag in Sloane's Enzyklopädie hat.

9.3   0,999 ... ist gleich 1

Seit Jahren gibt es unzählige Diskussionen in Klassenräumen, Vorlesungssälen und Onlineforen: ob 0,999... gleich eins ist. Lehrkräfte, Professorinnen und Professoren sowie mathematikaffine Onlinenutzer beteuern immer wieder, dass die Gleichung richtig sei. Eine unendliche Abfolge von Neunen hinter dem Komma entspreche zweifellos einer Eins – auch wenn beide Dezimalzahlen keine einzige gemeinsame Ziffer haben. Sie kommen mit allerlei Erklärungen und Beweisen daher, die teilweise zwar einleuchtend sind, doch wie Umfragen und Erfahrungsberichte zeigen, weigern sich viele Personen dennoch, ihnen zu glauben. Wie sieht es auf der fachlichen Seite aus? Herrscht dort uneingeschränkte Einigkeit? Nicht unbedingt, wie sich herausstellt.

Schon früh in der Schule lernen wir, dass sich Zahlen auf verschiedene Arten darstellen lassen. Man startet mit dem Zählen der Finger, zieht dann aber eine etwas formalere Notation heran. Unter anderem gibt es römische Schriftzeichen, indisch-arabische und die in der westlichen Welt verbreiteten arabischen Schriftzeichen. Zudem lernen wir, rationale Zahlen als Brüche oder als Dezimalzahlen auszudrücken. Schnell stellt man fest, dass die Dezimaldarstellungen einiger Brüche unendlich lang sind, etwa bei $\frac{1}{3}$. Allerdings sind die nicht endenden Ziffern hinter dem Komma nicht vollkommen willkürlich, sondern fangen ab einem bestimmten Punkt immer an, sich zu wiederholen, etwa: $\frac{1}{7} = 0,142857\,142857\ldots$

Anders verhalten sich hingegen so genannte irrationale Zahlen wie π oder $\sqrt{2}$, die unendlich viele Nachkommastellen haben, ohne dass ein periodisches Muster auftritt. Sie lassen sich insbesondere nicht als Bruchzahl ausdrücken. Um sie exakt darzustellen, wählt man daher ein Symbol, denn eine Dezimalschreibweise ist immer nur eine Näherung an den eigentlichen Wert.

Zu den rationalen Zahlen zählen auch Beispiele wie 0,999...; 0,8999...; 0,7999... und so weiter. Also Zahlen, die mit einer unendlich langen Reihe von Neunen enden. Zu welchen Brüchen gehören sie? Eine einfache Erklärung, die manche Skeptiker zufriedenstellt, ist folgende: $\frac{1}{3}$ entspricht der Dezimalzahl 0,333... Multipliziert man diese mit drei, erhält man 0,999... Gleichzeitig ergibt $\frac{1}{3} \cdot 3 = 1$. Daher müssen Eins und 0,999... gleich sein.

Nicht alle geben sich mit dieser Erklärung zufrieden, denn der Sprung zwischen den Notationen führt zu Skepsis. Doch keine Sorge, es gibt eine ganze Reihe weiterer Beweise, die belegen, dass 0,999... gleich eins ist. Einer davon ist folgender: Man schreibt die periodische Zahl in der Dezimalschreibweise bis zur n-ten Stelle hinter dem Komma aus: $9 \cdot \frac{1}{10} + 9 \cdot \frac{1}{100} + 9 \cdot \frac{1}{1000} + \ldots + 9 \cdot \frac{1}{10}^n$. Nun lässt sich die 0,9 ausklammern, da sie vor jedem Summanden erscheint. Damit erhält man: $0,9 \cdot \left(1 + \frac{1}{10} + \left(\frac{1}{10}\right)^2 + \ldots + \left(\frac{1}{10}\right)^{n-1}\right)$. Nun kann man die 0,9 als $1 - \frac{1}{10}$ umschreiben, um eine schönere Formel zu erhalten, die nur die Zahl $\frac{1}{10}$ und 1 enthält: $(1 - \frac{1}{10}) \cdot \left(1 + \frac{1}{10} + \left(\frac{1}{10}\right)^2 + \ldots + \left(\frac{1}{10}\right)^{n-1}\right)$. Für eine solche Art von Gleichung haben Mathematikerinnen und Mathematiker schon vor mehreren hundert Jahren eine Lösung gefunden, nämlich: $1 - \frac{1}{10}^n$. Genau dieses Ergebnis hat man wohl erwartet, denn $0,9999\ldots9$ mit Neunen bis zur n-ten Stelle entspricht einer Eins, abzüglich $0,00\ldots01$ mit der 1 an der n-ten Stelle.

Wenn man nun aber die volle periodische Zahl $0,999\ldots$ betrachtet, deren Neunen niemals aufhören, dann wird n unendlich groß. In diesem Fall wird der Term $\frac{1}{10}^n$ null. Die Lücke, die zwischen $0,999\ldots9$ und 1 geklafft hat, wurde in die Unendlichkeit verschoben. Das ist das Tückische, wenn man mit Unendlichkeiten arbeitet: Die Ergebnisse entziehen sich meist unserer Vorstellungskraft. Deshalb darf man seinem Bauchgefühl in diesem Bereich nicht trauen.

Dieser ist nur einer von zahlreichen verschiedenen Beweisen, die zeigen, dass $0,999\ldots$ gleich 1 ist – ebenso wie $0,8999\ldots = 0,9$; $0,7999\ldots = 0,8$ und so weiter. Tatsächlich kann man unendlich viele Beispiele für Zahlen finden, die nicht nur eine Dezimaldarstellung besitzen, sondern zwei. Und wie sich herausstellt, ist das keine Besonderheit unseres Zahlensystems. Wechselt man beispielsweise in die Binärnotation, die nur aus Nullen und Einsen besteht, taucht das gleiche Problem auf: $0,111\ldots$ (was $1 \cdot \frac{1}{2} + 1 \cdot \frac{1}{4} + 1 \cdot \frac{1}{8} + \ldots$ entspricht) ist gleich 1. Ähnliche Fälle ergeben sich für Zahlensysteme, die eine andere Basis nutzen.

In der Diskussion scheint es also einen eindeutigen Sieger zu geben: das Lager, das $0,999\ldots = 1$ verteidigt. Doch so ganz stimmt das nicht. Denn auch wenn Mathematik ein Fach ist, bei dem man Zusammenhänge exakt und meist ohne Interpretationsspielraum herleiten kann, lässt sich durchaus über die Grundlagen streiten. Wer sagt, dass die Rechenregeln, die zu der zweideutigen Dezimaldarstellung führen, die einzig richtigen sind?

Zum Beispiel könnte man einfach per Definition festlegen, dass $0,999\ldots$ kleiner ist als 1. Das ist an sich erlaubt, bringt aber ungewöhnliche Folgen mit sich. Wenn man etwa den Zahlenstrahl samt aller reellen Zahlen betrachtet und zwei beliebige Zahlen herauspickt, dann finden sich zwischen diesen beiden Zahlen stets unendlich viele weitere: Man kann immer den Mittelwert aus beiden Werten bilden, anschließend den Mittelwert aus diesem und einer der beiden Zahlen und so weiter. Wenn man allerdings annimmt, dass $0,999\ldots$ kleiner ist als 1, dann gibt es keine weitere Zahl, die zwischen beiden Werten liegt. Man hat damit eine eindeutige Lücke auf dem Zahlenstrahl lokalisiert.

Das mag ungewohnt sein, aber ich bin sicher, dass die meisten von uns damit leben könnten. Doch hier hören die Besonderheiten nicht auf, unter anderem muss man die Addition neu definieren. Da auch in diesem System $\frac{1}{3} + \frac{2}{3} = 1$ gilt, muss entsprechend $0{,}333\ldots + 0{,}666\ldots = 1$ ergeben – das heißt, sobald man eine Summe berechnet, muss man aufrunden, wenn man bei einem Ergebnis mit einer Lücke landet. Und dieses seltsame Aufrunden gilt dann ebenso für die Multiplikation, wodurch $0{,}999\ldots \cdot 1 = 1$ ergibt. Somit ist die Eins nicht mehr das neutrale Element der Multiplikation.

All diese seltsamen Eigenschaften und weiteren Folgen, die sich ergeben, wenn man das Gedankenexperiment weiterspinnt, hält Fachleute davon ab, den Ansatz ernsthaft als Alternative zu der herkömmlichen Mathematik in Betracht zu ziehen. Doch es gibt noch andere Ansätze, um die Mehrdeutigkeit von $0{,}999\ldots$ loszuwerden. Sie haben ebenfalls Folgen, die sich auf unser „gewohntes" Rechnen auswirken, wenn auch teilweise weniger drastische.

Einer der beliebteren Wege – zumindest beliebter als die zuvor vorgestellte Idee – ist die Nichtstandard-Analysis. Sie geht auf die Anfänge der Analysis im 17. Jahrhundert zurück und wurde in den 1960er-Jahren von Abraham Robinson formalisiert. Diese Version der Mathematik lässt Infinitesimale zu: winzige Werte, die näher an der Null sind als jede reelle Zahl. Die Theorie geht sogar noch weiter. Auch die Inversen von Infinitesimalen haben darin einen Platz – also unendlich große Zahlen.

Diese Umgebung ermöglicht es, zwischen 1 und $0{,}999\ldots$ zu unterscheiden, wenn sie um eine Infinitesimale voneinander abweichen. Jene Variante der Analysis führt nachweislich zu keinerlei Widersprüchen (sofern die herkömmliche Analysis das auch nicht tut) und ist somit gleichwertig zum herkömmlichen Fachgebiet – doch leider wesentlich komplizierter, weshalb sie sich als wahre Alternative nicht durchgesetzt hat.

Somit lässt sich nicht eindeutig sagen, ob $0{,}999\ldots = 1$ ist. Wenn man mit den uns vertrauten Zahlen und Rechenregeln arbeitet, dann ist die Gleichung zweifelsohne wahr. Wer damit allerdings ein Problem hat, kann sich auf eine andere Version der Mathematik stützen, welche die Gegenseite vertritt – und mit den teilweise unbequemen Konsequenzen leben.

9.4   Wie man eine illegale Zahl schafft

Der Begriff klingt geradezu absurd: eine illegale Zahl. Und doch haben Zahlen in der Vergangenheit bereits zu erschreckend vielen juristischen Streitigkeiten geführt. Eines der ältesten und bekanntesten Beispiele ist die „Indiana-Pi-Bill": Der Arzt und Hobbymathematiker Edward J. Goodwin war 1892 davon überzeugt, eine Methode gefunden zu haben, um aus einem Kreis ein Quadrat mit gleichem Flächeninhalt zu konstruieren – nur mit Lineal und Zirkel bewaffnet. Blöd nur, dass Ferdinand von Lindemann bereits 1882 bewiesen hatte, dass dies unmöglich ist.

Aus Goodwins Ansatz folgte unter anderem, dass Pi den Wert von exakt 3,2 hätte. Neben seinen schrägen Rechenkünsten war Goodwin wohl gut darin, andere Personen auf seine Seite zu ziehen. Denn er überzeugte 1897 den damaligen Vorsitzenden des Repräsentantenhauses von Indiana, einen Gesetzesentwurf einzureichen, um seine „neue mathematische Wahrheit" per Gesetz einzuführen. Im Gegenzug dürfe der Staat Indiana Goodwins Ergebnisse, die er unter Urheberrecht gestellt hatte, kostenfrei verwenden. Unglaublicherweise stimmten alle Abgeordneten für den Entwurf, der sodann an den Senat von Indiana ging. Dank der Intervention des Mathematikers Clarence Abiathar Waldo, der zufälligerweise an diesem Tag an der Sitzung teilnahm, konnte die Abstimmung aber glücklicherweise auf unbestimmte Zeit vertagt werden.

Damit wurde nur knapp verhindert, dass ein US-amerikanischer Bundesstaat per Gesetz den Wert von Pi auf 3,2 festlegt. Doch tatsächlich gibt es auch Beispiele aus jüngerer Vergangenheit, in der sich die Justiz für Zahlen interessierte – und einige sogar als illegal einstufte: Man durfte sie weder abdrucken, noch verbreiten.

1996 entwickelten die Technologiekonzerne Matsushita und Toshiba ein Verschlüsselungssystem Content Scramble System (CSS), das DVD-Inhalte schützen sollte. Damit wollte man verhindern, dass DVDs ohne Genehmigung kopiert und verbreitet werden. Doch wie sich herausstellte, war CSS sehr einfach zu knacken. Tatsächlich umfasst der „DeCSS"-Code, der die Verschlüsselung außer Kraft setzt, nur wenige Zeilen (inzwischen darf man ihn abdrucken), siehe Abb. 9.3.

```
 8
 9  #include <stdio.h>
10
11  void CSSdescramble(unsigned char *sec,unsigned char *key)
12  { unsigned int t1,t2,t3,t4,t5,t6;
13    unsigned char *end=sec+0x800;
14    t1=key[0]^sec[0x54]|0x100;
15    t2=key[1]^sec[0x55];
16    t3=(*((unsigned int *)(key+2)))^(*((unsigned int *)(sec+0x56)));
17    t4=t3&7;
18    t3=t3*2+8-t4;
19    sec+=0x80;
20    t5=0;
21    while(sec!=end) {
22      t4=CSSt2[t2]^CSSt3[t1];
23      t2=t1>>1;
24      t1=((t1&1)<<8)^t4;
25      t4=CSSt5[t4];
26      t6=((((((((t3>>3)^t3)>>1)^t3)>>8)^t3)>>5)&0xff;
27      t3=(t3<<8)|t6;
28      t6=CSSt4[t6];
29      t5+=t6+t4;
30      *sec++=CSSt1[*sec]^(t5&0xff);
31      t5>>=8;
32    }
33  }
```

Abb. 9.3 Der hier gezeigte DeCSS-Code setzt eine CSS-Verschlüsselung außer Kraft, die in den 1990er-Jahren zum Kopierschutz von DVDs verwendet wurde. (Copyright: Manon Bischoff)

Als die ersten DeCSS-Programme online erschienen, leitete die DVD Copy Control Association, die CSS lizensiert hatte, sofort rechtliche Schritte ein – und erhielt Recht: Denn das Verbreiten von Betriebsgeheimnissen (und als solches zählt die Verschlüsselung) ist strafbar. Und das hat weit reichende Folgen. Denn ein Computer übersetzt einen Programmcode in eine Folge von Einsen und Nullen, was nichts anderes als eine binäre Zahl ist. Laut dem Gesetz war also die Verbreitung einer Zahl plötzlich illegal.

Das blieb kein Einzelfall. 2007 veröffentlichte ein Hacker einen Schlüssel des Kopierschutzes Advanced Access Content System (AACS), der sich auf HD-DVDs und Blu-ray-Discs befindet. Das Veröffentlichen der dazugehörigen Zahl (in Dezimaldarstellung lautet sie: 13.256.278.887.989.457.651.018.865.901.401.704.640) war in den USA illegal.

Eines der wohl aufsehenerregendsten Ereignisse dieser Art fand jedoch 2011 statt, als Sony den Hacker George Hotz und die Gruppierung „fail0verflow" verklagte, weil sie die Kopierschutzsysteme der Spielkonsole PlayStation 3 erfolgreich ausgehebelt hatten und ihre Methode online veröffentlichten. Damit war jeder in der Lage, die teuren Spiele zu vervielfältigen.

Das Technologieunternehmen reagierte prompt und drohte, jeden zu verklagen, der den Hack weiterverbreiten würde. Doch dann schoss es sich selbst ins Aus: Die fiktive Sony-Werbefigur „Kevin Butler" veröffentlichte den illegalen Schlüssel über seinen Twitter-Account. Das Ganze war wohl ein Versehen. Ein User hatte den Sicherheitsschlüssel mit der Provokation „come at me" an Sony geschickt; der Verwalter des Kevin-Butler-Accounts wusste aber offensichtlich nicht, worum es sich handelte. Er reagierte mit der ergänzenden Zeile „Lemme guess... you sank my battleship?" und teilte damit den ursprünglichen Tweet samt Schlüssel mit allen Followern.

Aber zurück zum DeCSS-Fall, der es ermöglichte, den Kopierschutz von DVDs zu umgehen. Tatsächlich ist er nicht nur aus juristischer Sicht spannend, sondern auch aus mathematischer: Denn er hat eine aus Sicht der Zahlentheorie interessante Größe hervorgebracht.

Nach Publikwerden des Urteils empörten sich zahlreiche Personen darüber. Ein Rechtsstaat konnte doch nicht ernsthaft das Abdrucken eines so einfachen Programmcodes – von etwas mehr als 20 Zeilen – verbieten. Aber wie sich herausstellte, gab es ein Schlupfloch: Wenn man eine Textpassage oder eine Zahl aus einem Grund veröffentlicht, der vorrangig einem anderen Zweck dient, als den Kopierschutz zu umgehen, dann ist es legal. Einige Schlaumeier druckten den Quelltext von DeCSS daher auf T-Shirts, da dieses ja den vorrangigen Zweck habe, getragen zu werden – doch das sah die Justiz nicht als legitim an.

Phil Carmody war da schon etwas erfinderischer. Der Mathematiker hatte sich in der Vergangenheit häufig mit Zahlen beschäftigt. Er versuchte, möglichst große Primzahlen zu erzeugen. Solche braucht man zum Beispiel in der modernen Kryptografie. Diese verwendet nämlich so genannte Falltürfunktionen: Abbildungen, die zwar einfach auszuführen sind, aber extrem schwer umzukehren – es sei denn, man besitzt Zusatzinformationen, eine so genannte Falltür. Und große Primzahlen eignen sich prima, um derartige Funktionen zu konstruieren. Man kann sie einfach miteinander multiplizieren, während es extrem schwierig ist, die Primteiler einer Zahl ohne Zusatzinformationen zu bestimmen.

Nun wollte Carmody im Jahr 2001 sein Forschungsinteresse nicht nutzen, um eine Verschlüsselung zu erzeugen – im Gegenteil: Er wollte eine bisher unbekannte, bemerkenswerte Primzahl schaffen, in welcher der DeCSS-Code enthalten ist. Wenn die Primzahl tatsächlich eine wichtige Eigenschaft erfüllte, etwa besonders groß war, dann konnte kein Gericht mehr entscheiden, dass man sie nicht veröffentlichen dürfe. Somit wäre DeCSS von allen legal einsehbar – zumindest im Erscheinungsbild der Primzahl.

Carmody musste also einen Weg finden, den DeCSS-Code in einer Primzahl zu verstecken. Zunächst übersetzte er dazu den Quelltext in eine Binärfolge. Diese entspricht höchstwahrscheinlich keiner Primzahl – und selbst wenn: Vermutlich besäße sie keine Eigenschaft, die es rechtfertigen würde, sie zu veröffentlichen. Daher verwendete er das Datenkompressionsprogramm „gunzip", das lange Bitfolgen durch kürzere ersetzt. Wenn man die komprimierte Version wieder in die Software eingibt, erhält man den Originaltext, in diesem Fall den DeCSS-Code. Aber viel wichtiger: Wenn man ans Ende der komprimierten Zeichenkette acht Nullen setzt, ignoriert „gunzip" alle nachfolgenden Zeichen bei der Dekompression. Man kann an den komprimierten Text also alle möglichen weiteren Ziffernfolgen hängen. Solange sie durch acht Nullen vom Rest separiert sind, ändert sich das Ergebnis nicht.

Also fügte Carmody die entsprechende Anzahl an Nullen hinter die komprimierte Fassung des DeCSS-Codes und musste nun versuchen, durch weitere angehängte Ziffern eine Primzahl zu erzeugen. Dabei kam ihm eine überraschende Tatsache zugute: Es ist zwar so gut wie unmöglich, die Primteiler einer großen Zahl effizient zu bestimmen. Hingegen erweist es sich als erstaunlich einfach, zu bestimmen, ob eine große Zahl eine Primzahl ist oder nicht.

Dafür gibt es gleich mehrere Verfahren, wobei eines der ältesten auf dem kleinen fermatschen Satz beruht, den der Gelehrte Pierre de Fermat 1640 in einen Brief an einen Freund beschrieb: Falls p eine Primzahl ist und a eine beliebige ganze Zahl, dann ist $a^{p-1} - 1$ durch p teilbar. Ähnlich wie beim großen fermatschen Satz gab der Mathematiker auch in diesem Fall keinen Beweis an, sondern schrieb stattdessen nur: „Ich würde dir ja einen Beweis mitschicken, wenn ich nicht befürchten würde, deine Aufmerksamkeit zu überstrapazieren."

Glücklicherweise ließ ein Nachweis aber nicht allzu lange auf sich warten (im Gegensatz zum großen fermatschen Satz, den erst Andrew Wiles im Jahr 1995 knacken konnte). Gottfried Wilhelm Leibniz fand bereits 1683 eine Lösung, die er jedoch nicht veröffentlichte. Damit war belegt, dass für jede Primzahl der kleine fermatsche Satz gilt. Wenn man also zwei beliebige natürliche Zahlen a und p wählt und sich herausstellt, dass $a^{p-1} - 1$ nicht durch p teilbar ist, dann ist p keine Primzahl. Aber aufgepasst! Die Umkehrung trifft nicht zwangsläufig zu: Nur weil $a^{p-1} - 1$ durch p teilbar ist, muss p nicht zwangsweise eine Primzahl sein.

Verteilung der Prim- und Pseudoprimzahlen

Anzahl der Prim- und Pseudoprimzahlen unter den ersten x natürlichen Zahlen.

x	Pseudoprimzahl	Primzahl
1.000	1	168
10.000	7	1.229
100.000	16	9.592
1.000.000	45	78.498
10.000.000	105	664.579
100.000.000	255	5.761.455
1.000.000.000	646	50.847.534
10.000.000.000	1.547	455.052.511
100.000.000.000	3.605	4.118.054.813
1.000.000.000.000	8.241	37.607.912.018
10.000.000.000.000	19.279	346.065.536.839

Tabelle: Spektrum der Wissenschaft   **Spektrum**.de

Zahlen p, die den kleinen fermatschen Satz erfüllen und keine Primzahl sind, heißen Pseudoprimzahlen. Wie sich herausstellt, gibt es unendlich viele davon – aber sie sind dennoch extrem selten; viel seltener als gewöhnliche Primzahlen.

Hat man also einen Anfangsverdacht, dass p eine Primzahl sein könnte, sollte man testen, ob sie den kleinen fermatschen Satz erfüllt. Falls nein, weiß man mit Sicherheit, dass p keine Primzahl ist, zum Beispiel: für $a = 2$ und $p = 9$ ist $2^8 - 1 = 255$ nicht durch 9 teilbar. Und tatsächlich ist 9, wie wir wissen, keine Primzahl. Wenn p den kleinen fermatschen Satz hingegen erfüllt, stehen die Chancen gut, dass p wirklich eine Primzahl ist – aber sicher ist es nicht. Man muss den Kandidaten daher weiterer Prüfungen unterziehen.

Dafür kann man andere Methoden wie den Solovay-Strassen-Test oder Miller-Rabin-Test verwenden, die dem kleinen fermatschen Satz ähneln. Allerdings erhöhen auch diese nur die Wahrscheinlichkeit dafür, dass p eine Primzahl ist – können das jedoch nicht mit Sicherheit beweisen. Dennoch greift man häufig auf diese Ansätze zurück, da sie nicht allzu viel Rechenzeit in Anspruch nehmen. Auf diese Weise lassen sich schnell zahlreiche Primzahlkandidaten ausräumen.

Es gibt aber auch Verfahren, die eindeutig angeben, ob p Teiler über die Eins und sich selbst hinaus besitzt. Ein verbreitetes Beispiel dafür ist die 2002 entwickelte AKS-Methode, benannt nach den indischen Informatikern Manindra Agrawal, Neeraj Kayal und Nitin Saxena. Wenn man den Verdacht hat, p könnte eine Primzahl sein, bildet man das Polynom: $(x-1)^p - (x^p - 1)$, multipliziert alle Terme aus und betrachtet die dabei entstehenden Koeffizienten (also die Zahlen, die als Faktoren von x im Polynom auftreten). Wenn alle Koeffizienten durch p teilbar sind, ist p mit Sicherheit eine Primzahl. Kann man die Koeffizienten hingegen nicht faktorisieren, besitzt p neben 1 und sich selbst zwangsweise weitere Teiler. Zum Beispiel ergibt sich für $p = 3$: $(x-1)^3 - (x^3 - 1) = x^3 - 3x^2 + 3x - 1 - (x^3 - 1) = -3x^2 + 3x$. Die beiden übrig gebliebenen Koeffizienten, 3 und -3, sind jeweils durch $p = 3$ teilbar. Somit ist 3 eine Primzahl.

Um aus dem DeCSS-Code eine Primzahl zu erzeugen, nutzte Carmody eine Kombination aus verschiedenen Verfahren. Zunächst hängte er an die komprimierte DeCSS-Version acht Nullen und ergänzte diese Zahl um weitere Ziffern. Das Ergebnis unterzog er Primzahltests: Angefangen mit den schnelleren Verfahren wie dem kleinen fermatschen Satz bis hin zu einem Test, der ebenso präzise ist wie die AKS-Methode, allerdings etwas schneller: dem elliptischen Kurven-Primzahltest (kurz: ECPP). So gelangte er schließlich zu einer Primzahl, die in Dezimalschreibweise 1401 Ziffern besitzt – und erzeugte so die erste illegale Primzahl:

4 8565078965 7397829309 8418946942 8613770744 2087351357 9240196520
7366869851 3401047237 4469687974 3992611751 0973777701 0274475280
4905883138 4037549709 9879096539 5522701171 2157025974 6669932402
2683459661 9606034851 7424977358 4685188556 7457025712 5474999648
2194184655 7100841190 8625971694 7970799152 0048667099 7592359606
1320725973 7979936188 6063169144 7358830024 5336972781 8139147979
5551339994 9394882899 8469178361 0018259789 0103160196 1835034344
8956870538 4520853804 5842415654 8248893338 0474758711 2833959896
8522325446 0840897111 9771276941 2079586244 0547161321 0050064598
2017696177 1809478113 6220027234 4827224932 3259547234 6880029277
7649790614 8129840428 3457201463 4896854716 9082354737 8356619721
8622496943 1622716663 9390554302 4156473292 4855248991 2257394665
4862714048 2117138124 3882177176 0298412552 4464744505 5834628144
8833563190 2725319590 4392838737 6407391689 1257924055 0156208897
8716337599 9107887084 9081590975 4801928576 8451988596 3053238234
9055809203 2999603234 4711407760 1984716353 1161713078 5760848622
3637028357 0104961259 5681846785 9653331007 7017991614 6744725492
7283348691 6000647585 9174627812 1269007351 8309241530 1063028932
9566584366 2000800476 7789679843 8209079761 9859493646 3093805863
3672146969 5975027968 7712057249 9666698056 1453382074 1203159337
7030994915 2746918356 5937621022 2006812679 8273445760 9380203044
7912277498 0917955938 3871210005 8876668925 8448700470 7725524970
6044465212 7130404321 1826101035 9118647666 2963858495 0874484973
7347686142 0880529443

Doch ganz zufrieden war Carmody nicht: Denn außer der Eigenschaft, dass sie illegal war, besaß diese Zahl keine Besonderheit. Sie war nicht groß genug, um herauszustechen. Daher suchte er nach einer größeren Primzahl, die es unter den Top-20 ECPP-Zahlen schaffen sollte. Diese Sammlung enthält die 20 größten Primzahlen, die durch einen ECPP-Test gefunden wurden. Damit gäbe es eine stichhaltige wissenschaftliche Rechtfertigung, den DeCSS-Code zu veröffentlichen. Die US-amerikanische Justiz müsste der Begründung zwangsweise nachgeben.

Also wiederholte Carmody seine Suche, aber dieses Mal hängte er mehr Nullen und andere Zahlen an den DeCSS-Code an. Und nach einiger Rechenzeit gelang es ihm schließlich, eine Primzahl mit 1905 Ziffern zu finden – die bis dahin zehnt-größte Primzahl, die durch ein ECPP-Verfahren gefunden wurde. Damit landete sie wie geplant in der Top-20-Liste – und Carmody hatte einen unanfechtbaren Veröffentlichungsgrund gefunden. Nun konnte jeder die von ihm entdeckte Primzahl durch das „gunzip"-Programm laufen lassen, und erhält den DeCSS-Code. Und zwar ganz legal.

9.5   Primzahlen decken Hardwarefehler auf

„Wie viele Pentium-Mitarbeiter braucht man, um eine Glühbirne zu wechseln?" - „1,99904274017".

Dieser Witz und viele weitere gehen auf einen Fehler zurück, den die ersten Pentium-Mikroprozessoren von Intel in den 1990er-Jahren aufwiesen. Es war nicht bloß Schadenfreude, die zu solchen Scherzen führte, sondern die enttäuschende Reaktion des Unternehmens. Denn wie sich herausstellte, wusste Intel schon Monate vor Bekanntwerden um die Probleme der Chips – und wahrte Stillschweigen darüber. Die Firma korrigierte zwar den Bug in den neu produzierten Geräten, lieferte aber die fehlerhaften Einheiten weiter aus.

Etwa sechs Monate ging das gut. Bis sich der Mathematikprofessor Thomas R. Nicely vom Lynchburg College in Virginia im Jahr 1994 vornahm, einen Rekord zu brechen. Er wollte den bisher präzisesten Wert der brunschen Konstante berechnen. Für Mathematiker ist die Zahl interessant, da sie eng mit Primzahlen und einer der größten damit verbundenen Fragen zusammenhängt: der Anzahl so genannter Primzahlzwillinge. Dabei handelt es sich um Paare von Primzahlen, deren Differenz 2 beträgt, wie 3 und 5, 5 und 7 oder 107 und 109. Dass es unendlich viele Primzahlen gibt, konnte schon Euklid in der Antike beweisen. Doch ob auch unbegrenzt viele Primzahlzwillinge existieren, ist bis heute offen.

Um dieser Frage nachzugehen, untersuchte Viggo Brun im Jahr 1919 die Summe der Kehrwerte von Primzahlzwillingen: $(\frac{1}{3} + \frac{1}{5}) + (\frac{1}{5} + \frac{1}{7}) + (\frac{1}{11} + \frac{1}{13}) + \ldots$. Würde das Ergebnis unendlich lauten, dann gäbe es zweifelsfrei unendlich viele Primzahlzwillinge. Die Summe aller Kehrwerte von Primzahlen ergibt beispielsweise unendlich. Doch wie sich herausstellte, liefert Bruns' Berechnung einen endlichen Wert. Mit dieser Erkenntnis hatte er leider nichts gewonnen: Eine Erklärung wäre, dass tatsächlich nur endlich viele Zwillingspaare existieren – oder aber unendlich viele, die jedoch so selten sind, dass die Addition ihrer Kehrwerte ein endliches Resultat liefert.

In seiner Arbeit zeigte Brun zwar, dass die inzwischen nach ihm benannte Konstante endlich ist, doch den genauen Wert konnte er nicht angeben. Dieser Schwierigkeit nahmen sich seine Kolleginnen und Kollegen in den folgenden Jahrzehnten an. Durch die Entwicklung von Computern ließ sich die Aufgabe immer besser bewältigen. 1976 hatte Richard Brent von der Australian National University alle Primzahlzwillinge bis 100 Milliarden (was etwa 224 Millionen Paaren entspricht) genutzt, um die brunsche Konstante auf 1,90216054 abzuschätzen. 18 Jahre später wollte Nicely noch weiter gehen und Primzahlpaare bis mehrere Billionen berücksichtigen. Damit würde er den bis dahin genauesten Wert der brunschen Konstante liefern.

Da bei der Berechnung solch kleiner Größen (der Kehrwert großer Zahlen ist bekanntlich winzig) schnell mal etwas schiefgehen kann, verwendete Nicely sicherheitshalber zwei verschiedene Algorithmen. Ersterer war der einfache Weg: Der Computer verwendet jeden Wert mit der eingebauten Präzision, die bis zur 19. Nachkommastelle reicht, und führt damit die Berechnung aus. Nicely entwickelte aber auch ein Programm, das zuerst genauere Werte miteinander verrechnet und erst ganz am Schluss rundet. Das ist, als wolle man $\frac{1}{3} + \frac{1}{7}$ kalkulieren, würde aber jede Zahl nach der zweiten Nachkommastelle abschneiden. Der direkte Weg führt zu: $0,33 + 0,14 = 0,47$. Allerdings kann man auch ein genaueres Ergebnis erzielen, indem man die Additionsregeln von Brüchen ausnutzt und erst danach rundet: $\frac{1}{3} + \frac{1}{7} = \frac{7+3}{21} = \frac{10}{21} \approx 0,48$.

Als Nicely beide Codes laufen ließ, fiel der Unterschied zwischen den zwei Ergebnissen deutlich größer aus, als er erwartet hatte. Natürlich glaubte er zuerst, etwas falsch gemacht zu haben, und durchsuchte sein Programm nach Fehlern. Als er keinen fand, nahm er die einzelnen Rechenschritte auseinander, um der Fehlerquelle auf den Grund zu gehen. Er wurde fündig: Der Computer lieferte falsche Werte für die Kehrwerte des Paars 824.633.702.441 und 824.633.702.443. Bereits ab der zehnten Nachkommastelle mischten sich Ungenauigkeiten hinein – dabei sollte theoretisch bis zur 19-ten Stelle alles stimmen.

Nicely war sich immer noch nicht sicher, ob die Hardware oder die Software schuld daran war. Aus lauter Verzweiflung kramte er irgendwann einen älteren Computer aus, der den Vorläufer des Pentium-Chips, den „486"-Prozessor, enthielt. Da verschwand die Unstimmigkeit plötzlich. Weil sich die Geräte jedoch in vielen Komponenten – nicht nur den Recheneinheiten – unterschieden, überprüfte der Mathematiker nach und nach die relevanten Bauteile. Erst nach vier Monaten glaubte er, alle Fehlerquellen ausschließen zu können. Er hatte zwei weitere Computer mit den damals neuen Pentium-Prozessoren aufgetrieben und begegnete auch dort den gleichen Problemen. Es musste an den Intel-Chips liegen. Am 24. Oktober 1994 kontaktierte er das US-amerikanische Unternehmen und machte es auf die Schwachstelle aufmerksam.

„Warum hat Intel den neuen Prozessor ‚Pentium' genannt und nicht ‚586'?" - „Weil die Entwickler 486 und 100 auf dem Pentium-Chip addiert haben und 585,999983605 herauskam."

Als Intel nach elf Tagen noch immer nicht reagiert hatte, fragte Nicely einige Kolleginnen und Kollegen, ob sie seine Beobachtung bestätigen könnten. Er wies sie an, bestimmte Berechnungen auf Computern mit 486- und Pentium-Prozessoren durchzuführen und zu vergleichen. In diesem Fall ließ die Antwort nicht lange auf sich warten. Die Akademiker stießen auf die gleichen Unstimmigkeiten – in Windeseile breitete sich die Neuigkeit im Internet aus. Kurze Zeit später griffen auch die Medien das Thema auf, Beiträge erschienen unter anderem in der „New York Times" und bei „CNN".

Intel blieb nichts anderes übrig, als den Fehler im November 1994 zuzugeben. Ein Entwickler kontaktierte Nicely und teilte ihm mit, die Firma habe das Problem bereits im Frühsommer bemerkt. Der Öffentlichkeit gegenüber betonte Intel, der Fehler trete sehr selten auf und würde nur wenige Personen betreffen. Das Unternehmen sei daher bereit, die fehlerhaften Geräte zu ersetzen, wenn man nachweisen könne, dass man wirklich durch den Bug betroffen sei. Obwohl der Fehler wohl tatsächlich wenige Auswirkungen hatte, sorgte die Reaktion für großen Unmut: Die Aktienkurse stürzten ab und IBM stoppte den Verkauf von Geräten mit Intel-Prozessoren.

Daraufhin sah sich Intel am 20. Dezember 1994 gezwungen, nun doch alle fehlerhaften Geräte zu ersetzen. Das kostete das Unternehmen 475 Millionen US-Dollar. Wollte ein Nutzer den Prozessor wechseln, musste er das allerdings selbst tun: Für das Ein- und Ausbauen der Hardware kam Intel nicht auf. „Es ist die individuelle Entscheidung eines Nutzers, ob der Fehler die Genauigkeit seiner Anwendung beeinträchtigt", schrieb die Firma dazu auf ihrer Support-Seite.

Aus PR-Gründen blieb Intel kaum eine andere Wahl, als die fehlerhaften Chips durch neue auszutauschen. Vor allem, weil das Unternehmen den Fehler bereits seit Monaten gekannt hatte, ohne es den Nutzerinnen und Nutzern mitgeteilt zu haben. Zwar hatten die Verantwortlichen die neu produzierten Geräte ausgebessert, aber gehofft, der Bug würde bei den bisher verkauften Prozessoren nicht auffallen.

Ganz unbegründet war die Hoffnung nicht. Im schlimmsten Fall kann der Fehler zu einer Ungenauigkeit ab der vierten Nachkommastelle einer Zahl führen. Meist taucht der Bug allerdings – wenn überhaupt – erst ab der zehnten oder elften Nachkommastelle einer Zahl auf. Außerdem ist nicht jede Berechnung falsch. Nur die Division ganz bestimmter Werte führt zu Problemen: Von den $2{,}28 \cdot 10^{47}$ verschiedenen Kombinationen aus Zählern und Nennern, die ein Computer bilden kann, sind bloß $3 \cdot 10^{37}$ betroffen. Intel ging daher davon aus, ein Fehler bei Standardanwendern würde durchschnittlich nur alle 27.000 Jahre eintreten. Wissenschaftliche Untersuchungen wie jene von Nicely führen hingegen häufiger zu einer Unstimmigkeit. Fachleute fochten Intels Einschätzung zwar an, doch auch sie waren sich einig, dass die meisten Nutzerinnen und Nutzer wohl kaum unter dem Bug litten.

Diese Ansicht teilte auch Nicely: „Es ist 1000 bis eine Million Mal wahrscheinlicher, dass Softwarefehler zu falschen Ergebnissen auf einem Pentium führen – und nicht der Prozessor selbst. Für den durchschnittlichen Nutzer hat der Fehler meiner Meinung nach keine nennenswerten Auswirkungen." Der Mathematiker erklärte, er habe das Gefühl, viele Leute würden den Bug überschätzen. „Der Rückruf ist eine Verschwendung von Ressourcen", schloss er.

Aber wie konnte der Fehler überhaupt entstehen? Die Pentium-Chips unterschieden sich von ihren 486er-Vorgängern vorrangig durch den Algorithmus, den sie zur Division von Zahlen verwendeten. Anstatt die übliche Methode zu nutzen, die wir bereits in der Schule kennen lernen, entschieden sich die Entwickler für den SRT-Ansatz, benannt nach den drei Erfindern Dura Sweeney, James Robertson und Keith Tocher. Tatsächlich arbeiteten sie die Idee unabhängig voneinander und fast zeitgleich im Jahr 1958 aus. Auch wenn das Verfahren auf den ersten Blick komplizierter wirkt, ermöglicht es, Berechnungen wesentlich schneller durchzuführen als die herkömmliche Division.

Um zu verstehen, was bei Pentium schieflief, muss man nicht alle Details der SRT-Methode kennen. Entscheidend ist ein Aspekt, den alle Divisionsverfahren gemein haben: das geschickte Raten, mit welcher größtmöglichen Zahl man den Divisor multiplizieren muss, damit ein Wert herauskommt, der kleiner als der Dividend ist. Möchte man etwa 7739 durch 39 teilen, dann prüft man zuerst, wie oft 39 in 77 „hineinpasst" (siehe Abb. 9.4). Man könnte zunächst von 2 ausgehen, aber dann feststellen, dass das falsch ist ($39 \cdot 2 = 78 > 77$). Deshalb fängt man von vorne mit dem Faktor 1 an.

„Wie lautet ein anderer Name für die ‚Intel Inside'-Aufkleber von Pentium?" - „Warnhinweis"

Um das SRT-Verfahren möglichst effizient auf die Pentium-Prozessoren zuzuschneiden, verwendeten die Entwickler daher eine so genannte Umsetzungstabelle: In der Zeile kann man die betreffenden Teile des Dividenden (im zuvor genannten Beispiel 77) und in der Spalte den Divisor (39) auswählen – diese führen dann zu dem gesuchten Faktor (1). 1066 Einträge enthielten die möglichen Faktoren -2, -1, 0, 1 und 2 (mehr Zahlen gab es nicht, da man nicht im Dezimalsystem arbeitete). Doch als die Intel-Mitarbeiter die Tabelle auf die Hardware übertrugen, machten sie

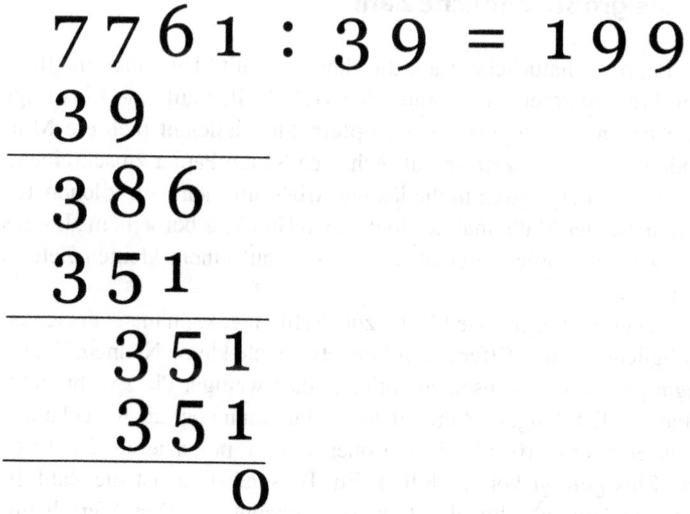

$$7761 : 39 = 199$$

$$
\begin{array}{r}
39 \\
\hline
386 \\
351 \\
\hline
351 \\
351 \\
\hline
0
\end{array}
$$

Abb. 9.4 Die gewöhnliche schriftliche Division lernen wir bereits in der Grundschule. (Copyright: Manon Bischoff)

einen Fehler: Fünf Einträge, die eigentlich eine 2 enthalten sollten, blieben leer – und wurden von den Prozessoren als 0 interpretiert.

Dadurch enthielten alle Berechnungen, die auf diesen fünf Einträgen basierten, einen Fehler. Und weil der SRT-Algorithmus rekursiv ist, kann sich die Ungenauigkeit verstärken. Ein bekanntes Beispiel, bei dem ein falsches Ergebnis entsteht, ist die Division von 4.195.835 durch 3.145.727: Der Pentium-Prozessor liefert 1,33373907 ..., während der korrekte Wert 1,3338204 ... lautet.

Auch wenn der Fehler für die meisten Anwender extrem unbedeutend war, schlug er durch die unangebrachte Reaktion von Intel hohe Wellen. Die Firma hat inzwischen daraus gelernt und unterzieht ihre Hardware zahlreichen Tests, bevor sie sie auf den Markt bringt. Der Vorfall hat viele Memes und Witze hervorgebracht. Unter anderem haben einige Personen eine Top-10-Liste für neue Intel-Werbeslogans zusammengetragen:

- 9.9999973251 It's a flaw, dammit, not a bug
- 8.9999163362 It's close enough, we say so
- 7.9999414610 Nearly 300 correct operation codes
- 6.9999831538 You don't need to know what's inside
- 5.9999835137 Redefining the PC - and mathematics as well
- 4.9999999021 We fixed it, really
- 3.9998245917 Division considered harmful
- 2.9991523619 Why do you think they call it *floating* point?
- 1.9999103517 We're looking for a few good flaws
- 0.9999999998 The errata inside

9.6 Die größte endliche Zahl

Was ist die größte natürliche Zahl, die Ihnen einfällt? Um einen möglichst großen endlichen Wert zu erzeugen, könnten Sie viele Nullen auf eine Eins folgen lassen. Wenn Sie besonders ehrgeizig sind, opfern Sie vielleicht mehrere Minuten oder gar Stunden, um etliche Ziffern auf mehreren Seiten Papier zu schreiben. Oder Sie lassen ein Computerprogramm die lästige Arbeit machen. Um solchen Tricksereien zu entgehen, hat der Mathematiker Joel David Hamkins bei seinem „Largest number Contest" nur jene Zahlen zugelassen, die sich auf einem kleinen Zettel eindeutig definieren lassen.

Hat man nur eine begrenzte Fläche zur Verfügung, kann man versuchen, den Zettel mit möglichst vielen Ziffern zu füllen, etwa viele kleine Neunen. Wahrscheinlich ist es sogar geschickter, Einsen zu notieren, da 1 weniger Platz verbraucht als 9 und somit eine deutlich längere Zahl entsteht. Man kann aber auch Rechenoperationen ausnutzen, etwa eine 10 mit einer großen Zahl x potenzieren: Damit erhält man 10^x, eine Eins gefolgt von x Nullen. Ein Beispiel dafür ist die Zahl 10^{100} (eine Eins mit 100 Nullen), die als „Googol" bekannt ist. Den Wert hatte der US-amerikanische Mathematiker Edward Kasner 1920 eingeführt und seinen damals neunjährigen Neffen gebeten, der Zahl einen Namen zu geben. Tatsächlich haben die Programmierer Larry Page und Sean Anderson die Firma „Google" nach dieser Zahl benannt, sich aber verschrieben.

Selbst wenn sich der Zahlenwert eines Googols leicht angeben lässt, ist es schwer, sich eine solche Größe vorzustellen. Die Zahl übersteigt beispielsweise die Avogadro-Konstante ($6,02214076 \cdot 10^{23}$), historisch definiert als Zahl der Teilchen in zwölf Gramm des Kohlenstoff-Isotops ^{12}C. Ein Googol ist auch wesentlich größer als die Anzahl aller Teilchen im Universum, die auf einen Wert zwischen 10^{84} und 10^{89} geschätzt wird. Um ein besseres Gespür für ein Googol zu bekommen, kann man das Gewicht eines Elektrons (etwa 10^{-30} Kilogramm) mit dem des gesamten Universums (das auf zirka 10^{52} Kilogramm geschätzt wird) in Verhältnis setzen: Man erhält den Faktor 10^{82}, was immer noch deutlich kleiner ist als ein Googol: Das gesamte Universum ist gerade einmal ein milliardstel milliardstel Googol schwerer als ein einzelnes Elektron.

Diese Beispiele veranschaulichen, wie unvorstellbar groß ein Googol ist. Doch nichts hält uns davon ab, den Trick mit der Potenzierung noch einmal anzuwenden, um eine noch größere Zahl zu definieren. Man kann beispielsweise 10^{Googol} bilden, also eine Eins gefolgt von Googol-vielen Nullen. Auch diesen Zahlenwert hat Kasner beschrieben und nannte es „Googolplex". Googol und Googolplex hat Kasner in seinem Buch „Mathematics and the Imagination" eingeführt, um den Unterschied zwischen riesigen Zahlenwerten und Unendlichkeiten zu verdeutlichen.

Um Hamkins Wettbewerb zu gewinnen, könnte man eine noch größere Zahl definieren, indem man $10^{Googolplex}$ bildet und diese dann wieder als Exponenten für eine Zehn verwendet und so weiter. Verschachtelte Potenzen wie neun hoch neun hoch neun hoch neun erzeugen sehr schnell riesige Zahlenwerte. Dafür berechnet man erst $9^9 = 387.420.489$ und potenziert dann neun mit diesem Ergebnis und erhält $4,28 \cdot 10^{369.693.099}$. Diese Zahl wählt man anschließend wieder als Exponent von neun, berechnet also neun hoch $4,28 \cdot 10^{369.693.099}$. Einen so großen Wert kann kein Computer ohne weitere Tricks berechnen.

Wenn Sie jetzt denken, dass solche Zahlen – abgesehen von der Tatsache, dass sie groß sind – keine wissenschaftliche Bedeutung haben, liegen Sie falsch. Ein Beispiel dafür ist die 1933 veröffentlichte „Skewes-Zahl", die bei der Untersuchung von Primzahlen auftaucht. Sie hat den Wert 10 hoch 10 hoch 10 hoch 34 und stellte damals, laut dem Mathematiker Godfrey Harold Hardy „die größte Zahl dar, die je einem bestimmten Zweck in der Mathematik gedient hat".

Das Konzept der wiederholten Potenzierung, die beim Googolplex und bei der Skewes-Zahl genutzt wurde, lässt sich verallgemeinern. Dazu kann man sich die Definition der Grundrechenarten ins Gedächtnis rufen: Aus der wiederholten Addition der gleichen Zahl (etwa $6 + 6 + 6$) definiert man die Multiplikation ($3 \cdot 6$). Eine hintereinander ausgeführte Multiplikation derselben Zahl (etwa $6 \cdot 6 \cdot 6$) schreibt man als Potenz (6^3). Ebenso kann man eine neue Operation einführen, die mehrere aufeinander folgende Potenzierungen beschreibt, etwa 6 hoch 6 hoch 6, was der Informatiker Donald E. Knuth 1976 abkürzend als $6 \uparrow\uparrow 3$ notierte. Um diese Zahl zu berechnen, bildet man zunächst die Potenz 6^6 (was nach Knuth $6 \uparrow 6$ geschrieben wird und 46 656 ergibt) und potenziert dann die Zahl 6 damit, also: $6^{46\,656} \approx 2,66 \cdot 10^{36\,305}$.

Damit entspricht $a \uparrow\uparrow b$ also a hoch a hoch a ...– das Ganze b-mal, beziehungsweise: $a \uparrow a \uparrow a \uparrow a \uparrow \ldots \uparrow a$ (insgesamt b-mal). Das Konzept lässt sich weiter verallgemeinern: Die Doppelpfeiloperation kann man ebenfalls mehrmals hintereinander ausführen: $a \uparrow\uparrow a \uparrow\uparrow a$ entspricht in Knuths Notation $a \uparrow\uparrow\uparrow 3$. Ein Beispiel dafür ist: $3 \uparrow\uparrow\uparrow 3 = 3 \uparrow\uparrow 3 \uparrow\uparrow 3 = 3 \uparrow\uparrow (3 \uparrow 3 \uparrow 3) = 3 \uparrow\uparrow (3 \uparrow 27) = 3 \uparrow\uparrow (3^{27}) = 3 \uparrow\uparrow (7.625.597.484.987)$, also 3 hoch 3 hoch 3 hoch ... und zwar insgesamt 7.625.597.484.987-mal. Wie man unschwer erkennen kann, führt die Pfeilschreibweise selbst auf kleine Zahlen angewandt sehr schnell zu unglaublich großen Werten.

Und tatsächlich gibt es Bereiche der Mathematik, in denen man die Pfeilschreibweise braucht. Ein berühmtes Beispiel dafür ist die Ramsey-Theorie, die sich mit Ordnung in großen Mengen beschäftigt. 1980 schaffte es einer der Werte aus der Ramsey-Theorie, die so genannte Grahams Zahl, sogar ins Guinnessbuch der Rekorde, als die größte in einem mathematischen Beweis verwendete Zahl.

Der Mathematiker Ronald Graham hatte die nach ihm benannte Zahl eingeführt, als er hochdimensionale Würfel mit der Ramsey-Theorie untersuchte. Angenommen, man verbindet alle acht Eckpunkte eines dreidimensionalen Würfels durch Linien und färbt jede der so entstehenden 28 Verbindungen entweder rot oder blau ein. Man hat also 2^{28} Möglichkeiten, das Netzwerk zu färben. Gibt es unter diesen vielen Varianten immer (wie im unteren Bild gezeigt) vier Punkte in einer Ebene, deren Verbindungen die gleiche Farbe haben? Die Antwort lautet: nein. In drei Dimensionen kann man die Kanten so kolorieren, dass jedes Quartett von Punkten in einer Ebene sowohl blaue als auch rote Verbindungen enthält.

Aber warum bei drei Dimensionen Halt machen? Das Problem lässt sich verallgemeinern: Ein vierdimensionaler Würfel hat zum Beispiel 16 Eckpunkte, die man durch 120 Linien verbindet. Damit gibt es 2^{120} Möglichkeiten, die Kanten rot und blau zu färben. Allerdings gibt es auch in diesem Fall Beispiele, bei denen die Verbindungen von Punkten in derselben Ebene stets zweifarbig sind. Graham stellte sich also die Frage: Ab welcher Dimension n gibt es im hochdimensionalen Würfel mindestens eine Ebene, deren Punkte zwangsweise durch gleichfarbige Kanten verbunden sind?

Falls die Dimension n Grahams Zahl entspricht, dann gibt es auf jeden Fall eine solche Ebene im hochdimensionalen Würfel. Allerdings ist Grahams Ergebnis so groß, dass man den Wert durch eine Rechenvorschrift ausdrücken muss:

1. Man startet mit dem Wert $g(1) = 3 \uparrow\uparrow\uparrow\uparrow 3$, also $3 \uparrow\uparrow\uparrow 3 \uparrow\uparrow\uparrow 3 = 3 \uparrow\uparrow\uparrow (3 \uparrow\uparrow (7.625.597.484.987))$. Dieser Startwert ist bereits extrem groß.

2. Anschließend berechnet man $g(2)$, indem man $3 \uparrow^{g(1)} 3$ berechnet, also 3 durch $g(1)$-viele Pfeiloperationen mit 3 verknüpft. Man kann sich gar nicht vorstellen, wie riesig $g(2)$ ist, wenn man bedenkt, wie groß das Ergebnis von „nur" vier Pfeilen zwischen zwei Dreien ausfällt.

3. Doch damit ist nicht Schluss. Von $g(2)$ ausgehend erhält man $g(3)$, indem man $3 \uparrow^{g(2)} 3$ bildet, also 3 durch $g(2)$-viele Pfeiloperationen mit 3 verknüpft. So macht man weiter und definiert immer riesigere Werte, bis man schließlich bei $g(64)$ landet: Grahams Zahl.

Selbst wenn sich niemand nur die Länge dieser gigantischen Zahl vorstellen kann, ist es dennoch möglich, ihre letzten Ziffern anzugeben: ...7262464195387. Denn Grahams Zahl ist zumindest theoretisch berechenbar – auch wenn kein Supercomputer jemals den exakten Wert bestimmen kann. Um Grahams ursprüngliche Frage zu beantworten, bräuchte man also einen $g(64)$-dimensionalen Würfel. Allerdings stellt Grahams Zahl bloß eine Abschätzung dar: Bei dieser Dimension ist sichergestellt, dass es eine Ebene mit gleichfarbigen Verbindungen gibt – doch das heißt nicht, dass es die kleinste Dimension ist, bei der das der Fall ist. Inzwischen weiß man, dass die benötigte Dimension n zwischen 13 und $(2 \uparrow\uparrow 5138) \cdot ((2 \uparrow\uparrow 5140) \uparrow\uparrow (2 \cdot 2 \uparrow\uparrow 5137))$ liegt.

Nimmt man an, dass ein künftiger Supercomputer in der Lage wäre, eine Ziffer von Grahams Zahl pro Planck-Zeiteinheit (der kleinsten durch aktuelle physikalische Theorien beschreibbare Zeitskala, zirka $5 \cdot 10^{-44}$ Sekunden) zu berechnen, dann könnte er pro Sekunde etwa $2 \cdot 10^{43}$ Ziffern ausgeben. Expertinnen und Experten gehen davon aus, dass es in rund 10^{23} Jahren ($3 \cdot 10^{30}$ Sekunden) keine Planeten mehr in unserem Universum gibt. Falls der hypothetische Supercomputer so lange rechnen würde, hätte er nach dieser Zeit bloß $6 \cdot 10^{53}$ Ziffern von Grahams Zahl berechnet.

Grahams Zahl scheint also alle Rekorde zu brechen. Und doch stellt sich heraus, dass sie geradezu winzig im Vergleich zu anderen Werten ist, die ebenfalls ihren Weg in mathematische Veröffentlichungen gefunden haben. Ein beeindruckendes Beispiel ist die Zahl TREE(3). Die TREE(n)-Funktion ergibt sich durch ein einfaches Spiel, bei dem es darum geht, möglichst viele Baumdiagramme (zusammenhängende Netzwerke ohne Schleifen) zu zeichnen. Die Regeln für das Spiel sind einfach: Finden Sie möglichst viele Baumdiagramme, deren Punkte Sie mit n Farben kolorieren können. Starten Sie dabei mit der einfachsten Struktur (einem einzelnen Punkt) und achten Sie darauf, dass kein Diagramm ein ursprüngliches Baumdiagramm enthalten darf.

Hat man nur eine Farbe zur Verfügung ($n = 1$), dann gibt es nur einen möglichen Baum, einen einzelnen Punkt. Denn sobald man zwei Punkte verbindet, enthält die Struktur das ursprüngliche Diagramm (den Punkt). Also ist TREE(1) = 1. Mit zwei Farben (etwa rot und blau, $n = 2$) gibt es hingegen drei Möglichkeiten: Sie können zum Beispiel in Rot einen einzelnen Punkt zeichnen, dann einen Baum, der aus zwei verbundenen blauen Punkten besteht und schließlich einen einzelnen blauen Punkt. Damit ist TREE(2) = 3. Sobald man allerdings drei Farben zulässt ($n = 3$), explodiert die TREE-Funktion: TREE(3) ist so groß, dass sie selbst Grahams Zahl klein aussehen lässt.

Um die Größe von TREE(3) abzuschätzen, kann man eine untere Schranke definieren, also eine Zahl, die mit Sicherheit deutlich kleiner ist als TREE(3). Wie der Mathematiker Harvey Friedman 2006 herausfand, übersteigt TREE(3) den Wert $g(3 \uparrow^{187.196} 3)$ deutlich. Und das ist wesentlich größer als Grahams Zahl $g(64)$. Gleichzeitig kann man beweisen, dass TREE(3) endlich ist: Irgendwann ist beim Zeichnen der Baumdiagramme Schluss – das ist tatsächlich für jede endliche Anzahl n von Farben der Fall; TREE(n) ist immer endlich.

Nun haben wir schon Schwindel erregend große Zahlen kennen gelernt. Und doch haben Mathematikerinnen und Mathematiker noch größere Werte konstruiert. Doch dafür muss man tief in die Trickkiste greifen und sich in die Tiefen der mathematischen Logik begeben – und zwar in das Reich der nicht berechenbaren Zahlen.

Dabei handelt es sich um Zahlen, die zwar eine eindeutige Definition haben, aber für die man keine Rechenvorschrift angeben kann, um ihre Werte möglichst exakt zu bestimmen. Die großen Zahlen, die ich bislang vorgestellt habe, besaßen alle eine eindeutige Berechnungsvorschrift. Das heißt, man könnte sie zumindest theoretisch exakt niederschreiben (auch wenn es Aber- und Abermilliarden Jahre dauern würde). Das ist bei nicht berechenbaren Zahlen nicht der Fall. Das hat der ungarische Mathematiker Tibor Radó 1962 ausgenutzt, um die so genannte Fleißiger-Biber-Folge zu definieren, die schneller anwächst als jede Folge berechenbarer Zahlen. Auch wenn man die Zahlen $BB(n)$ niemals alle exakt bestimmen kann, lässt sich beweisen, dass sie auf Dauer die Werte jeder anderen berechenbaren Zahlenfolge übersteigen – und dabei stets endlich bleiben.

Die Fleißige-Biber-Funktion hängt mit der Frage zusammen, ob ein Computerprogramm irgendwann anhält und ein Ergebnis liefert oder ob es endlos weiterläuft. In der theoretischen Informatik ist das als Halteproblem bekannt – und besitzt keine Lösung. Wie sich beweisen lässt, ist es unmöglich, einen Algorithmus zu entwerfen, der für alle Computerprogramme prüft, ob sie irgendwann anhalten oder nicht. Radó nutzte diese Tatsache, um die Fleißige-Biber-Funktion $BB(n)$ zu definieren. Sie sucht nach dem „fleißigsten Biber", dem Algorithmus der Länge n, der die meisten Rechenschritte $BB(n)$ ausführt, bevor er anhält.

Damit ist die Fleißige-Biber-Funktion nicht berechenbar. Denn würde man zu jeder Programmlänge n den Wert $BB(n)$ kennen, hätte man das Halteproblem gelöst. Um zu erfahren, ob ein Algorithmus der Länge n irgendwann hält, muss man ihn nur ausführen: Falls er nach $BB(n)$ Schritten weiter rechnet, dann weiß man, dass er niemals halten wird, da der fleißigste Biber nach $BB(n)$ Schritten aufhört.

Auch wenn die allgemeine Funktion BB(n) nicht berechenbar ist, kann man trotzdem einzelne Werte bestimmen. So sind die ersten vier Folgenglieder von $BB(n)$ bekannt: $BB(1) = 1$, $BB(2) = 4$, $BB(3) = 6$, $BB(4) = 13$. Fachleute konnten zudem zeigen, dass $BB(5)$ mindestens 47.176.870 beträgt und $BB(6)$ mindestens $10 \uparrow\uparrow\uparrow 15$. Auf den ersten Blick scheint die Zahlenfolge nicht besonders beeindruckend – vor allem wenn man sie mit $g(n)$ oder TREE(n) vergleicht.

Programmlänge n	größtmögliche Ausgabe
1	1
2	4
3	6
3	6
4	13
5	$\geq$ 47 176 8708
6	$> 10 \uparrow\uparrow\uparrow 15$

Dennoch kann man beweisen, dass $BB(n)$ schneller wächst als jede berechenbare Zahlenfolge. Das lässt sich erklären, indem man annimmt, es gäbe eine schneller anwachsende Folge und dann einen Widerspruch erzeugt. Daraus folgt dann, dass die Annahme falsch sein muss. Ein solches Verfahren heißt Widerspruchsbeweis und wird in der Mathematik häufig eingesetzt. Wir nehmen also an, es gäbe eine Folge, deren Glieder D_n stets größer sind als $BB(n)$. Wenn D_n berechenbar ist (es also einen Algorithmus gibt, um D_n zu bestimmen), dann hat man das Halteproblem gelöst. Das Argument dafür ist ähnlich wie davor: Man kann jedes Computerprogramm der Länge n ausführen. Wenn es nach D_n Schritten noch rechnet, weiß man mit Sicherheit, dass es niemals hält, da D_n größer ist als $BB(n)$. Das ist der Widerspruch, den man erzeugen wollte, denn das Halteproblem ist nachweislich unlösbar. Damit ist unsere Grundannahme falsch und D_n kann entweder nicht berechenbar sein oder muss langsamer als $BB(n)$ wachsen.

Auch wenn TREE(n) und viele andere Zahlenfolgen anfangs größere Werte liefern als die Fleißige-Biber-Funktion, wird $BB(n)$ auf Dauer jeden berechenbaren Wert übersteigen. Um Hamkins Wettbewerb der großen Zahlen zu gewinnen, ist die Fleißige-Biber-Funktion also ein viel versprechender Kandidat. Sie ist eindeutig definiert und übertrifft alles Vorstellbare. Aber irgendwie finde ich die Lösung nicht zufrieden stellend, weil sich die Zahlen nicht einmal theoretisch berechnen lassen. Daher würde ich bei einem solchen Wettbewerb fordern, dass die vorgebrachte Zahl berechenbar sein sollte – denn auch diese können unsere Vorstellungskraft schnell übersteigen.

9.7 Das Reich der Unendlichkeiten

Im vergangenen Abschnitt habe ich Sie herausgefordert, eine möglichst große natürliche Zahl zu nennen. Durch das Wörtchen „natürlich" habe ich ausgeschlossen, dass Sie einfach mit „unendlich" antworten und damit das Spiel torpedieren. Doch selbst wenn ich als Schiedsrichterin unendlich große Werte zuließe, würden sich dadurch Probleme ergeben. Was wäre, wenn eine andere Person zum Beispiel „unendlich plus eins", „unendlich im Quadrat" oder „unendlich hoch unendlich" anbringt? Wer hat in diesem Fall das „Spiel der großen Zahlen" gewonnen?

Keiner. Denn „unendlich" ist keine gewöhnliche Zahl, die den üblichen Rechenregeln folgt. So ist der Zahlenstrahl unendlich lang, unabhängig davon, ob Sie ihn bei minus unendlich, null oder eins starten lassen. Eine Aussage wie „unendlich plus eins" ergibt daher keinen Sinn. Außerdem gibt es auch bei unendlichen Werten Unterschiede: Wie sich nämlich herausstellt, ist unendlich nicht immer gleich unendlich. Damit wäre auch die bloße Aussage „unendlich" kein Garant für einen Sieg des Wettbewerbs.

Um das zu erkennen und in eine saubere Theorie zu gießen, hat die Menschheit mehrere Jahrtausende gebraucht. Erst Ende des 19. Jahrhunderts entstand ein mathematisches Konzept der Unendlichkeit. Die Grundlage dafür legte der Mathematiker Georg Cantor, als er sich Gedanken über Mengen und deren Größe machte. $\{1, 2, 3, 4\}$ und $\{x, y, z, q\}$ bestehen zum Beispiel beide aus jeweils vier

Elementen und haben daher die Größe 4, was Fachleute als „Kardinalität von 4"
bezeichnen.

Die natürlichen Zahlen $\{0, 1, 2, 3, \ldots\}$ enthalten hingegen unendlich viele Elemente: Man kann zu jeder natürlichen Zahl eins addieren; das Ergebnis ist dann
wieder eine natürliche Zahl. Wenn man nun die Menge aller geraden Zahlen
$\{0, 2, 4, \ldots\}$ betrachtet, würde man vermuten, dass diese nur halb so groß ist
– schließlich ist nur jede zweite natürliche Zahl darin enthalten. Doch Cantor
erkannte, dass beide Mengen (die natürlichen und die geraden Zahlen) die gleiche
Kardinalität haben.

Zu diesem überraschenden Ergebnis gelangte er, als er die Elemente beider
Mengen miteinander verglich. Möchte man herausfinden, ob eine Menge A (zum
Beispiel Personen an einer Bushaltestelle) genau so groß ist wie eine andere Menge
B (freie Plätze in einem Bus) ist, kann man jedem Element aus A ein Element
aus B zuordnen: Man weist jeder Person einen Sitzplatz zu. Sind am Ende noch
Personen übrig, die stehen müssen, dann ist A größer als B; gibt es hingegen noch
freie Plätze, muss B größer als A sein. Wenn man aber jeder Person genau einen
Sitzplatz zuordnen kann, dann sind beide Mengen exakt gleich groß und haben somit
die gleiche Kardinalität. Auf diese Weise untersuchte Cantor auch die Kardinalität
von unendlichen Mengen. Zum Beispiel die natürlichen und die geraden Zahlen:
Man kann jede natürliche Zahl auf genau eine gerade Zahl abbilden, etwa indem
man die Paare $(0, 0)$, $(1, 2)$, $(2, 4)$, $(3, 6)$, $\ldots$, $(n, 2n)$ bildet. Die Abbildung geht
genau auf: Es bleiben weder natürliche noch gerade Zahlen am Ende übrig. Daher
enthalten beide Mengen gleich viele Elemente.

Hier zeichnet sich schon eine wichtige Lehre ab: Sobald man mit Unendlichkeiten zu tun hat, sollte man sich nicht auf sein Bauchgefühl verlassen. Tatsächlich
stößt man in dem Bereich immer wieder auf unerwartete Ergebnisse.

Wie sich herausstellt, ist nicht nur die Kardinalität der natürlichen und der
geraden Zahlen gleich. Der Trick mit der Abbildung zwischen zwei Mengen lässt
sich ebenfalls auf andere Beispiele anwenden. So sind die ungeraden Zahlen
genauso groß wie die natürlichen, ebenso wie die ganzen Zahlen (die auch negative
Werte enthalten) und die Menge aller Primzahlen – und sogar die rationalen
Zahlen (die Bruchzahlen umfassen) haben die gleiche Kardinalität. Für jede dieser
Mengen gibt es eine Abbildung, die jedem Element eindeutig eine natürliche
Zahl $\{1, 2, 3, \ldots\}$ zuordnet. Das heißt, man kann die Elemente dieser Mengen –
zumindest theoretisch – nummerieren (wenn man unendlich viel Zeit und Muße
zur Verfügung hätte). Dieser Tatsache verdankt die kleinste Unendlichkeit ihren
Namen: Die Kardinalität der natürlichen Zahlen heißt „abzählbar unendlich" und
wird durch $\aleph_0$ dargestellt. Anstatt also bei dem Wettbewerb der großen Zahlen bloß
mit „unendlich" zu antworten, könnte man die Aussage mit $\aleph_0$ (gesprochen: Aleph
null) verdeutlichen.

Die bisher vorgestellten Mengen haben also alle dieselbe Kardinalität. Doch die
reellen Zahlen durchbrechen das Muster. Lässt man zusätzlich zu den rationalen
Zahlen auch irrationale Werte wie die Wurzel aus zwei, Pi oder die chaitinsche
Konstante zu, dann wird die Menge plötzlich so groß, dass man ihre Elemente nicht
mehr aufzählen kann – selbst wenn die Liste unendlich lang wäre.

Cantor konnte diese Tatsache mit seinem zweiten „Diagonalargument" beweisen. Dabei handelt es sich um einen Widerspruchsbeweis: Man beginnt mit der
Annahme, es gäbe abzählbar unendlich viele reelle Zahlen und leitet daraus eine
widersprüchliche Aussage her. Nach den Gesetzen der Logik folgt daraus, dass die
Grundannahme („Es gibt abzählbar unendlich viele reelle Zahlen") falsch sein muss.

Für das Diagonalargument muss man nicht einmal die gesamten reellen Zahlen
betrachten, sondern es genügt schon anzunehmen, dass alle reellen Werte zwischen
null und eins abzählbar seien (was sich als falsch herausstellen wird). Demnach
könnte man also all diese Werte in einer unendlich langen Liste untereinanderschrei-
ben, etwa:

0,32476834567854765...
0,84737834527845745...
0,78347864586745768...
0,78347863763547879...
...

Wie die Liste sortiert ist, spielt keine Rolle. Wichtig ist nur, dass sie vollständig
ist. Sie muss jede reelle Zahl zwischen null und eins enthalten. Cantor konstruierte
aber eine weitere Zahl zwischen null und eins, die nicht in der Liste auftaucht. Und
zwar auf folgende Weise: Die erste Nachkommastelle der neuen Zahl entspricht der
ersten Dezimalstelle der ersten Zahl in der Liste plus eins, also im obigen Beispiel
vier. Die zweite Dezimalstelle erhält man, indem man die zweite Dezimalstelle
der zweiten Zahl plus eins rechnet, also fünf. Für die dritte erhöht man die
dritte Nachkommastelle der dritten Zahl um eins und so weiter. Auf diese Weise
ergibt sich eine irrationale Zahl mit unendlich vielen Nachkommastellen, die nicht
in der Liste auftaucht, da sie sich stets in mindestens einer Ziffer von jeder
aufgelisteten Zahl unterscheidet. Damit kann die Liste nicht vollständig sein – was
der ursprünglichen Annahme widerspricht. Cantor konnte somit folgern, dass es
„überabzählbar viele" reelle Zahlen gibt.

Neben der Kardinalität $\aleph_0$ der natürlichen Zahlen gibt es also (mindestens) noch
eine größere (überabzählbare) Unendlichkeit. Diese wäre also eine noch bessere
Wahl als $\aleph_0$ beim Wettbewerb der großen Zahlen. Aber wie groß ist die Menge
der reellen Zahlen? Das fragte sich auch Cantor, als er untersuchte, ob es sich
dabei um die nächstgrößere Kardinalität nach $\aleph_0$ handelt. Sprich: Gibt es eine
Menge, die größer ist als die natürlichen Zahlen, aber kleiner als die reellen? Da
der Mathematiker keine solche Menge fand, formulierte er 1878 seine berühmte
„Kontinuumshypothese". Es gibt keine Menge, deren Kardinalität zwischen der der
natürlichen und der der reellen Zahlen liegt. Beweisen konnte er seine Vermutung
allerdings nicht.

Und auch keiner sonst. Denn wie sich herausstellt, gehört die Kontinuumshypothese zu jenen Aussagen, die sich unserem mathematischen Grundgerüst
entziehen. Sie sind beweisbar unbeweisbar: Man kann die Vermutung mit den
gängigen mathematischen Mitteln weder beweisen noch widerlegen. Dass es in
jeder sinnvollen Formulierung der Mathematik solche Unvollständigkeiten gibt, hat
Kurt Gödel 1931 bewiesen.

Das heißt, man könnte annehmen, die Kontinuumshypothese sei wahr und würde niemals auf einen Widerspruch stoßen. Umgekehrt könnte man aber auch postulieren, dass es weitere Unendlichkeiten zwischen der Kardinalität der natürlichen und der reellen Zahlen gibt – und würde ebenso wenig Probleme bekommen. Das ist für Mathematikerinnen und Mathematiker nicht besonders zufrieden stellend. Immerhin geht es dabei um die Größe der reellen Zahlen: Niemand weiß, wie viele dieser Werte existieren. Daher versuchen einige Personen das Grundgerüst des Fachs zu erweitern, um aus dieser größeren Theorie das mögliche Werkzeug abzuleiten, mit dem sich die Kontinuumshypothese beweisen oder widerlegen lässt.

Bei diesem Vorgehen sind sich die Fachleute jedoch keineswegs einig. Das Fundament der Mathematik, die „Zermelo-Fraenkel-Mengenlehre", besteht aus neun unbewiesenen Grundaussagen (so genannte Axiome), aus denen man das gesamte Fach ableitet. Es hat mehrere Anläufe gebraucht, bis man einen passenden Satz aus Axiomen gefunden hatte, der sich für die Aufgabe eignet. Denn die Axiome müssen mehrere Eigenschaften erfüllen: Es sollen möglichst wenige sein, sie sollen intuitiv wahr und nicht allzu kompliziert sein. Ein Beispiel dafür ist das Leermengenaxiom, das besagt, dass eine Menge ohne Elemente (die leere Menge) existiert. Oder das Paarmengenaxiom, wonach zwei Mengen mit denselben Elementen gleich sind.

Die neun Axiome der Zermelo-Fraenkel-Mengenlehre (zusammen mit dem Auswahlaxiom) genügen, um die uns bekannte Mathematik aufzubauen. Doch die Kontinuumshypothese entzieht sich ihnen. Um die Kardinalität der reellen Zahlen genauer zu untersuchen, muss man die aktuelle Mengenlehre um weitere Grundaussagen erweitern. Man könnte beispielsweise die Aussage „Die Kontinuumshypothese ist wahr" an den jetzigen Satz anhängen. Allerdings wäre das kein gutes Axiom: Im Gegensatz zu den anderen ist nicht direkt ersichtlich, warum die Aussage wahr sein sollte.

Daher suchen Fachleute nach anderen Axiomen, die intuitiv wahr sind und mit deren Hilfe sich die Kontinuumshypothese untersuchen lässt. Es gibt bereits ein paar vielversprechende Kandidaten – einige würden Cantors Vermutung bestätigen, während andere sie widerlegen. Welche erweiterte Version der Mengenlehre sich (wenn überhaupt) durchsetzen wird, bleibt abzuwarten. Und so lange bleibt auch die Frage ungeklärt, wie viele reelle Zahlen es überhaupt gibt. Doch auch wenn das ein Rätsel bleibt, ist schon lange bekannt, dass es wesentlich größere Mengen gibt als die der reellen Zahlen – und somit bessere Kandidaten, um das Spiel der großen Zahlen zu gewinnen.

9.8   Wie viele Unendlichkeiten gibt es?

Wie Cantor bewiesen hat, ist die Menge der reellen Zahlen nachweislich größer als die der natürlichen Zahlen. Und der Mathematiker erkannte zudem, dass es eine einfache Methode gibt, um immer größere Mengen zu konstruieren, deren unendlich große Kardinalitäten sich in Schwindel erregende Höhen türmen. Doch wie hoch kann dieser Turm aus Unendlichkeiten werden?

Eine simple Methode, um eine Menge zu vergrößern, ist die so genannte Potenzmengen-Operation. Dazu bildet man alle Teilmengen einer Menge und vereinigt sie zu einer neuen Menge. Zum Beispiel: Die Teilmengen von $\{1, 2, 3\}$ sind die leere Menge $\{\}$, die einelementigen Mengen $\{1\}, \{2\}, \{3\}$, sowie alle zweielementigen Teilmengen $\{1, 2\}, \{1, 3\}, \{2, 3\}$ und die Menge selbst $\{1, 2, 3\}$. Die Potenzmenge ist also: $\{\{\}, \{1\}, \{2\}, \{3\}, \{1, 2\}, \{1, 3\}, \{2, 3\}, \{1, 2, 3\}\}$ und enthält acht Elemente. Allgemein kann man zeigen, dass eine endliche Menge mit n Elementen insgesamt 2^n Teilmengen hat. Damit beträgt die Kardinalität der Potenzmenge einer n-elementigen Menge 2^n.

Cantor untersuchte die Teilmengen der natürlichen Zahlen $\mathbb{N}$, um herauszufinden, ob Potenzmengen auch im unendlichen Fall anwachsen. Dafür verglich er die entsprechenden Elemente beider Mengen: Falls es eine Abbildung gibt, die jedem Element der Potenzmenge $P(\mathbb{N})$ genau eine natürliche Zahl zuordnet, dann müssen $P(\mathbb{N})$ und $\mathbb{N}$ gleich groß sein. Auf diese Weise hatte Cantor bereits gezeigt, dass die rationalen Zahlen genauso groß sind wie die natürlichen, da man jedem rationalen Ausdruck genau eine natürliche Zahl zuordnen kann. Weil $P(\mathbb{N})$ alle Elemente der natürlichen Zahlen enthält (in Form einelementiger Mengen $\{1\}, \{2\}, \{3\}$ und so weiter), muss die Kardinalität von $P(\mathbb{N})$ mindestens $\aleph_0$ betragen.

Tatsächlich ist die Potenzmenge der natürlichen Zahlen aber größer als $\mathbb{N}$ selbst. Das lässt sich durch einen Widerspruchsbeweis zeigen: Dafür startet man mit einer Annahme (die Potenzmenge der natürlichen Zahlen ist abzählbar unendlich groß) und leitet daraus eine widersprüchliche Aussage her. Gemäß den Gesetzen der Logik muss die Annahme falsch sein – die Kardinalität von $P(\mathbb{N})$ beträgt also nicht $\aleph_0$, sondern muss größer sein.

Wenn die Potenzmenge der natürlichen Zahlen abzählbar wäre (was nicht der Fall ist, wie wir sehen werden), könnte man jedem Element von $P(\mathbb{N})$ eine natürliche Zahl zuordnen, sie also nummerieren. Ein Beispiel dafür wäre: $1 \rightarrow \{3, 4\}$, $2 \rightarrow \{2, 5, 7\}$, $3 \rightarrow \{1\}$, $4 \rightarrow \{1, 4, 546\}$ und so weiter. Damit kann man die natürlichen Zahlen in zwei Kategorien einteilen: Einige sind „selbstbezogen", wenn man sie mit einer Menge aus $P(\mathbb{N})$ verbindet, in der sie selbst vorkommen (das in unserem Beispiel bei 2 und 4 der Fall), während die übrigen nicht selbstbezogen sind (etwa 1 und 3). Man kann also alle nicht selbstbezogenen Zahlen in eine Menge B packen. B ist gleichzeitig eine Teilmenge der natürlichen Zahlen – und somit in der Potenzmenge enthalten. Deswegen muss man B auch eine natürliche Zahl b zuweisen, da ja alle Teilmengen von $\mathbb{N}$ in der unendlich langen Liste vorkommen. Das führt jedoch zu einem Widerspruch: Falls b selbstbezogen ist, muss die Zahl in B enthalten sein. Das ist aber unmöglich, da B nur nicht selbstbezogene Werte enthält. Wenn b hingegen nicht selbstbezogen ist, taucht b automatisch in der Menge B auf – und wäre damit selbstbezogen. Dieser Widerspruch zeigt, dass sich die Elemente von $P(\mathbb{N})$ nicht auflisten lassen. Die Potenzmenge der natürlichen Zahlen muss daher überabzählbar groß sein.

Aber wie groß genau? Cantor fand eine Abbildung, die jeder reellen Zahl ein Element aus $P(\mathbb{N})$ zuordnet und umgekehrt – damit sind beide Mengen gleich groß. Es gibt also genauso viele Teilmengen der natürlichen Zahlen wie reelle Zahlen. Man sagt, dass deren Kardinalität $2^{\aleph_0}$ beträgt, analog zum endlichen Fall.

Cantor konnte sogar allgemein beweisen, dass die Potenzmenge jeder unendlichen Menge M größer ist als M selbst. Da sich die Potenzmengen-Operation auch mehrmals hintereinander ausführen lässt $(P(M), P(P(M)), P(P(P(M))), \ldots)$, kann man auf diese Weise immer größere Kardinalzahlen bilden: Falls eine Menge die Kardinalität $\aleph$ hat, enthält ihre Potenzmenge $2^\aleph$ Elemente. Deren Potenzmenge hat demnach die Kardinalität zwei hoch $2^\aleph$ und so weiter.

Somit sind den Unendlichkeiten keine Grenzen gesetzt. Aber wie viele Unendlichkeiten gibt es? Wenn man von den natürlichen Zahlen als Menge mit der kleinsten Kardinalität ausgeht und dann darauf die Potenzmenge immer und immer wieder anwendet ($\mathbb{N}$, $P(\mathbb{N})$, $P(P(\mathbb{N}))$, $P(P(P(\mathbb{N})))$ und so weiter), erhält man am Ende eine unendliche lange Liste. Falls diese Liste vollständig wäre, gäbe es also abzählbar unendlich viele Unendlichkeiten.

Doch wie sich herausstellt, ist diese Liste nicht vollständig. Angenommen, man würde alle betrachteten Potenzmengen zu einer „Supermenge" U vereinigen: $U = \mathbb{N} \cup P(\mathbb{N}) \cup P(P(\mathbb{N})) \cup P(P(P(\mathbb{N}))) \cup \ldots$ In diesem Fall kann man die Potenzmenge von U bilden und erhält damit $P(U)$, deren Kardinalität größer ist als die von U. $P(U)$ kann also nicht Teil der ursprünglichen Liste sein. Damit ist bewiesen, dass eine Aufzählung aller unendlichen Mengen niemals vollständig ist. Das heißt, es gibt überabzählbar viele Unendlichkeiten.

Außer $\aleph_0$ ist jedoch jede unendliche Kardinalzahl überabzählbar. Um die Frage nach der Anzahl aller Unendlichkeiten zu beantworten, muss man also tiefer graben. Doch dabei stößt man unweigerlich auf Widersprüche. Denn die Größe lässt sich nur bestimmen, wenn man alle Unendlichkeiten in eine Menge packt und deren Kardinalität berechnet. Allerdings taucht dann dasselbe Problem auf wie zuvor. Man vereinigt alle unendlich großen Mengen unterschiedlicher Kardinalität in einer „Supermenge" U. Die Potenzmenge $P(U)$ müsste aber auch Teil von U selbst sein, da es sich dabei ebenfalls um eine unendliche Menge handelt. Das führt zu einem Widerspruch: Denn eine Menge kann unmöglich ihre eigene Potenzmenge enthalten. Diese Unstimmigkeit ist als Cantorsche Antinomie bekannt. Aber was bedeutet das? Sind wir auf einen grundlegenden Widerspruch unserer mathematischen Theorien gestoßen?

Glücklicherweise nicht. Bei all den Überlegungen haben wir uns niemals Gedanken darüber gemacht, was eine Menge ist. Wir haben jede Sammlung von Objekten als Menge bezeichnet. Mit der Entwicklung der Zermelo-Fraenkel-Mengenlehre, dem ZFC-Axiomensystem, wurde zu Beginn des 20. Jahrhunderts deutlich, dass die Kardinalzahlen (oder der betreffenden Mengen) selbst keine Menge darstellen. Stattdessen wird das von uns definierte U manchmal als Klasse bezeichnet: U baut sich zwar wie eine Menge aus Elementen auf, kann aber selbst nicht als Element dienen. Damit ist es auch nicht möglich, die Potenzmenge von U zu bilden, da U selbst sonst Teil einer Menge wäre.

Nun lassen sich die am Anfang des Abschnitts angeführten Fragen beantworten – zumindest teilweise. Es gibt keine größte Unendlichkeit: Durch Bildung der Potenzmenge kann man immer größere Mengen konstruieren. Allerdings lässt sich nicht bestimmen, wie viele Unendlichkeiten es gibt. Das liegt daran, dass unendliche Größen durch Kardinalzahlen definiert sind, die an Mengen gekoppelt sind. Die Sammlung aller Kardinalzahlen ist aber so riesig, dass sie gewissermaßen den mengentheoretischen Rahmen sprengen. Also müssen wir uns damit zufriedengeben, dass die Mathematik keine Antwort für diese Frage liefern kann.

Literaturverzeichnis

1. Gelfond A (1934) Sur le septième probleme de Hilbert. Bulletin de l'Academie des Sciences de l'URSS. Classe des sciences mathématiques et na 4:623–634
2. Turing AM (1937) On computable numbers, with an application to the entscheidungsproblem. Proc Lond Math Soc s2–42(1):230–265
3. Calude CS, Dinneen MJ, Shu C-K (2001) Computing a glimpse of randomness. ArXiv: 0112022
4. Philippe Guglielmetti (2009) La minéralisation des nombres. Dr. Goulu Blog. https://www.drgoulu.com/2009/04/18/nombres-mineralises/. Zugegriffen am 27.02.2024
5. Sloane NJA The On-Line Encyclopedia of Integer Sequences. https://oeis.org/. Zugegriffen am 27.02.2024
6. Li M, Vitányi P (2014) An introduction to Kolmogorov complexity and its applications. Springer, New York
7. Gauvrit NJ, Delahaye J-P, Zenil H (2013) Sloane's gap: do mathematical and social factors explain the distribution of numbers in the OEIS? J Humanist Math 3(1):3–19
8. Mahoney MS (1994) The mathematical career of Pierre de Fermat, 1601–1665. Princeton University Press, Princeton
9. Agrawal M, Kayal N, Saxena N (2004) PRIMES is in P. Ann Math 160(2):781–793
10. Brent RP (1975) Irregularities in the distribution of primes and twin primes. Math Comput 29(129):43–56
11. Hamkins JD (2013) Large number contest. https://jdh.hamkins.org/largest-number-contest/. Zugegriffen am 27.02.2024
12. Kasner E, Newman JR (1940) Mathematics and the imagination. Simon and Schuster, New York
13. Skewes S (1933) On the difference pi(x)–li(x) (I). J Lond Math Soc s1–8(4):277–283
14. Knuth D (1976) Mathematics and computer science: coping with finiteness. Science 94(4271):1235–1242
15. Barkley J (2008) Improved lower bound on an Euclidean Ramsey problem. ArXiv:0811.1055
16. Rado T (1962) On non-computable functions. Bell Syst Tech J 41(3):877–884

Die Kreiszahl Pi

Zum Abschluss dieses Buchs wenden wir uns der wohl berühmtesten Zahl des gesamten Fachs zu: Der Kreiszahl Pi wurden Lieder gewidmet, ihr zu Ehren wurde ein Blockbuster gedreht, zudem finden weltweit Wettbewerbe statt, bei denen sich die Teilnehmerinnen und Teilnehmer darin messen, wie viele der unendlich vielen Dezimalstellen sie sich merken können. Und der 14. März (in US-amerikanischer Datumangabe 3/14) wird inzwischen als Pi-Day und somit Tag der Mathematik gefeiert.

Das allein wäre schon Grund genug, der irrationalen Zahl ein eigenes Kapitel zu widmen. Doch wie sich herausstellt, hat Pi einige erstaunliche Eigenschaften – und taucht in unerwarteten Zusammenhängen auf, etwa beim Billard oder in der Mandelbrotmenge.

10.1 Stöße beim Billard

In der Geometrie ist Pi allgegenwärtig. Kein Wunder, denn man braucht die Zahl, um den Umfang oder den Flächeninhalt eines Kreises bestimmen. Tatsächlich ist sie aber auch in vielen anderen Bereichen anzutreffen, die auf den ersten Blick nichts mit der Mathematik von Kreisen zu tun haben.

Mir begegnete Pi erstmals in der Schule, als wir den Umfang von Kreisen besprachen. Um diesen näherungsweise zu bestimmen, zeichnete meine Lehrerin zwei regelmäßige Vielecke ein: eines innerhalb des Kreises, wobei dessen Ecken daran angrenzten; sowie ein Polygon außerhalb das Kreises, wobei die Kanten den Bogen berührten. Indem man jeweils den Umfang (u und U) der Polygone durch ihren Durchmesser (d und D) teilt, erhält man eine Abschätzung für Pi: $\frac{u}{d} \leq \pi \leq \frac{U}{D}$. Je mehr Ecken die Polygone haben, desto genauer wird das Ergebnis.

Heute berechnet man Pi mit Hilfe leistungsfähiger Computer und ausgeklügelter Algorithmen. Der aktuelle Rekord liegt bei 50 Billionen Stellen. Doch anstatt die

effizientesten Berechnungsmethoden vorzustellen, möchte ich mich den erstaun-
lichsten widmen. Welcher Ort wäre dafür besser geeignet als eine Bar? Ich wette,
Sie haben beim Billard bisher nur selten an Pi gedacht – vielleicht höchstens, weil
Kugeln Teil des Spiels sind. Doch tatsächlich äußert sich die Kreiszahl nicht in der
Spielfigur, sondern in der Anzahl der Stöße.

Dafür kann man einen etwas einfacheren Aufbau betrachten als ein vollständiges
Billardspiel. Stellen Sie sich vor, der Tisch besäße nur eine Bande und zwei Kugeln,
die eine senkrechte Linie zur Bande bilden, und es gäbe keine Reibung. Wenn man
die erste Kugel gerade auf die zweite zu stößt, dann bleibt die erste stehen, während
sich die zweite Kugel mit der Geschwindigkeit der ersten vor dem Zusammenstoß
auf die Bande zubewegt. Dort prallt sie ab und rollt in entgegengesetzter Richtung
wieder auf die erste Kugel zu, wodurch es zu einem dritten Stoß kommt. Die
zweite Kugel bleibt in ihrer Ausgangsposition stehen, während die erste vom Tisch
herunterfällt (da die hintere Bande fehlt), wie in Abb. 10.1 gezeigt.

Das ist erst einmal nicht überraschend. Interessanter wird es, wenn man das
Experiment wiederholt – nur dass die erste Kugel dieses Mal das hundertfache
der zweiten Kugel wiegt. Die schwere Kugel prallt auf die leichte, diese saust
sehr schnell Richtung Bande, während die erste (etwas langsamer) weiterrollt. Kurz
darauf trifft die leichte Kugel auf die Bande, um dann gegen die schwere Kugel zu
knallen, woraufhin sie erneut zur Bande rollt. Insgesamt finden in diesem Fall 31
Stöße statt, bevor beide Kugeln, die schwere und die leichte, vom Tisch fallen.

Noch erkennt man das Muster nicht ganz, aber Sie werden gleich ahnen, worauf
das Ganze hinausläuft. Wiederholt man das Experiment mit zwei Kugeln, wobei die
erste 10 000-mal schwerer ist als die zweite, gibt es insgesamt 314 Stöße, bevor
die Kugeln herunterfallen. Haben die zwei Kugeln ein Gewichtsverhältnis von eins
zu einer Billion, stoßen sie 3.141.592-mal gegeneinander. Das entspricht genau den
ersten sechs Stellen von Pi!

Was unglaublich erscheint, lässt sich erklären, wenn man die zu Grunde liegende
Physik untersucht. 2003 bewies der Mathematiker Gregory Galperin, dass in einem
solchen Aufbau mit zwei Massen m und $100^n \cdot m$ stets $10^n \pi$ Stöße stattfinden. Das
heißt, man kann auf diese Weise Pi bis zur n-ten Nachkommastelle bestimmen.

Die Theorie elastischer Stöße fällt in den Bereich der klassischen Mechanik.
Um es möglichst einfach zu halten, nimmt man dabei wie in der Physik üblich
ideale Bedingungen an: Die Bande nimmt keinerlei Energie von der Kugel auf, die
gegen sie prallt, und es gibt keine Reibung. Um die Bewegungen der Kugeln zu
beschreiben, nutzt man häufig einen so genannten Phasenraum: Man visualisiert
die Orte und die Geschwindigkeiten der beiden Kugeln als Punkte in einem
hochdimensionalen (da es drei Orts- und drei Geschwindigkeitskoordinaten gibt)
abstrakten Raum.

Glücklicherweise ist das betrachtete System allerdings so einfach, dass man den
Phasenraum weitaus unkomplizierter gestalten kann. Denn die Kugeln bewegen sich
in dem Modell nur in eine Raumrichtung vor und zurück. Um das Auftauchen
von Pi zu erklären, genügt es außerdem, bloß die Geschwindigkeiten der Bälle
zu betrachten. Wir sind nämlich an den Richtungswechseln, die einem Stoß

Abb. 10.1 Wenn eine Kugel gegen eine zweite stößt, bleibt erstere stehen und überträgt ihre Energie auf die andere. (Copyright: Manon Bischoff)

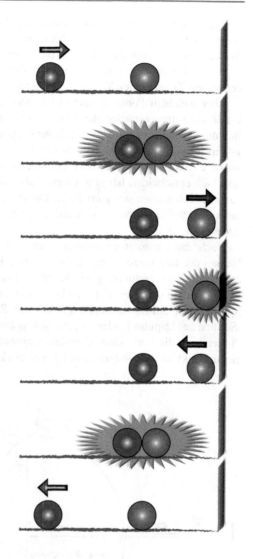

entsprechen, interessiert. Deshalb lässt sich der Phasenraum durch ein gewöhnliches kartesisches Koordinatensystem darstellen, wobei die x-Achse der Geschwindigkeit der ersten Kugel und die y-Achse der Geschwindigkeit der zweiten entspricht.

Ein beliebiger Punkt in dem Koordinatensystem gibt also die Geschwindigkeit und Richtung (je nach Vorzeichen) der beiden Kugeln an. Doch nicht alle Werte sind möglich. Zum Beispiel ist die zweite Kugel immer langsamer oder maximal gleich schnell wie die erste ganz am Anfang. Um herauszufinden, welche Geschwindigkeitskombinationen erlaubt sind, braucht man die Energie- und die Impulserhaltung: Die Energie und der Impuls vor und nach einem Stoß bleiben im gesamten System immer gleich.

Starten wir mit der Energieerhaltung: Die Bewegungsenergie der ersten plus die der zweiten Kugel ist konstant. Indem man die Achsen des Koordinatensystems passend wählt, nimmt diese Formel die Gestalt einer Gleichung für einen Kreis an ($v_1^2 + v_2^2$ = konstant). Das heißt: Zu jedem Zeitpunkt nehmen die Geschwindigkeiten der beiden Kugeln einen Wert auf dem Kreis im Phasenraum an.

Aber welchem Punkt entspricht das System zu einem bestimmten Zeitpunkt? Dafür kann man zunächst das System mit zwei gleichen Massen betrachten. Zu Beginn, wenn die zweite Kugel in Ruhe ist, bewegt sich nur die erste, das heißt, der y-Wert ist null. Daher befindet man sich bei einem Schnittpunkt des Kreises mit der x-Achse – das ist ganz links oder ganz rechts der Fall. Für welchen der zwei Punkte man sich entscheidet, hängt nur davon ab, wie man die Rollrichtung definiert. In unserem Fall starten wir ganz links. Die zweite Kugel bewegt sich die ganze Zeit mit konstanter Geschwindigkeit, daher bewegt sich der Punkt im Phasenraum nicht (siehe Abb. 10.2).

Doch dann kommt es erstmals zum Zusammenstoß mit der zweiten Kugel: Gemäß der Impulserhaltung bleibt die erste Kugel stehen ($x = 0$), während die zweite mit der Geschwindigkeit der ersten losrollt. Wir befinden uns also an einem Punkt, an dem der Kreis die y-Achse schneidet, beispielsweise am Südpol. Diesen Sprung vom äußersten linken Punkt zum Südpol bedingt die Impulserhaltung (Summe der Impulse beider Kugeln ist konstant), die als Formel ausgeschrieben im Phasenraum die Form einer Geraden annimmt. Möchte man wissen, wie man von einem Punkt im Phasendiagramm nach einem Zusammenstoß zum nächsten kommt,

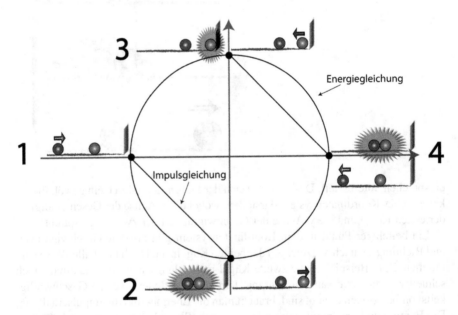

Abb. 10.2 Die Abfolge der Stöße im Phasenraum verlaufen entlang eines Kreises. (Copyright: Manon Bischoff)

kann man die bewegliche Impulsgerade mit fixierter Steigung wie ein Lineal an einem Punkt auf dem Kreis anlegen und den zweiten Schnittpunkt mit dem Kreis bestimmen. In unserem Beispiel landet man dadurch, wie bereits erwähnt, beim Südpol.

Jetzt rollt die zweite Kugel mit gleich bleibender Geschwindigkeit auf die Bande zu, während die erste Kugel ruht. Sobald die zweite Kugel gegen die Bande knallt, rollt sie genauso schnell wie zuvor in die entgegengesetzte Richtung. Daher muss man den Punkt im Phasendiagramm an der x-Achse spiegeln: Die erste Kugel ruht noch immer, aber die zweite hat ihre Bewegungsrichtung gewechselt. Folglich landet man am Nordpol des Kreises.

Nach einiger Zeit trifft die zweite Kugel wieder auf die erste, und greift wieder die Impulserhaltung, das heißt, man kann die Impulsgerade an den Nordpol ansetzen und den Schnittpunkt mit dem Kreis ermitteln. Dieser befindet sich am äußersten rechten Rand des Kreises. Und das macht auch Sinn: Nach dem Stoß befindet sich die zweite Kugel in Ruhe ($y = 0$), und die erste rollt mit der gleichen Geschwindigkeit wie zu Beginn (nur in entgegengesetzter Richtung) weg – bis sie irgendwann vom Tisch rollt.

Das Ganze lässt sich für andere Massenverhältnisse wiederholen. Auch dann bildet die Energieerhaltung einen Kreis. Die Impulserhaltung führt ebenfalls zu einer Geraden, allerdings mit einer anderen Steigung als zuvor. Das Vorgehen ist das gleiche wie zuvor: Man startet mit einer bewegten und einer ruhenden Kugel, also am äußersten linken Rand des Kreises, bei $y = 0$. Mit Hilfe der Impulsgeraden lässt sich der Punkt auf dem Kreis finden, welcher der Situation unmittelbar nach dem ersten Stoß entspricht. Dann knallt die zweite Kugel gegen die Bande (zweiter Stoß), es gibt einen Richtungswechsel für diese Kugel, daher spiegelt man den Punkt an der x-Achse. Daraufhin trifft sie auf die erste Kugel (dritter Stoß), weshalb man wieder die Impulsgerade heranzieht, um den passenden Punkt auf dem Kreis zu finden. Anschließend landet die zweite Kugel erneut an der Bande und so weiter – bis die zweite Kugel irgendwann nicht mehr genügend Bewegungsenergie hat, um die erste Kugel einzuholen. Im Phasendiagramm markiert das einen Punkt nahe der x-Achse im ersten Quadranten des Koordinatensystems (siehe Abb. 10.3).

Die Anzahl der Stöße entspricht den Punkten (abzüglich des ersten) im Phasendiagramm. Für zwei gleich große Massen gibt es neben dem Startpunkt drei weitere, bei einem Massenverhältnis von 1 zu 100 hat das Phasendiagramm 31 Punkte, und bei einem Verhältnis von 1 zu 10.000 gibt es 314 Punkte. Indem man die erste Masse verhundertfacht, erhält man eine weitere Nachkommastelle von Pi. Doch wie hängt die Anzahl der Stöße mit der Kreiszahl zusammen?

Einige von Ihnen haben es wahrscheinlich schon vermutet: Die irrationale Zahl steckt in der runden Geometrie des Phasenraums. Tatsächlich sind die Bogenlängen, die benachbarte Punkte auf dem Kreis einschließen, immer gleich groß. Wenn also N die Anzahl der Stöße bezeichnet, L die Bogenlänge und r den Radius des Kreises, dann ergibt sich die Ungleichung: $N \cdot L \cdot r \leq 2\pi r$. Weil der Radius auf beiden Seiten auftaucht, kann man ihn wegstreichen. Im Folgenden nehmen wir einfach an, er habe die Länge eins.

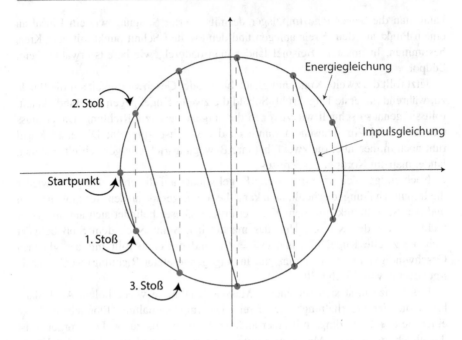

Abb. 10.3 Je mehr Stöße auftreten, desto deutlicher wird der Kreis im Phasenraum sichtbar. (Copyright: Manon Bischoff)

Die Gleichung ergibt sich, weil die Bogenlängen, die durch die Punkte begrenzt sind, höchstens den ganzen Kreis abdecken: Endet das System in einem Zustand, bei dem die zweite Kugel sich noch bewegt, aber nicht schnell genug ist, um die erste einzuholen, dann liegt der letzte Punkt oberhalb der x-Achse. Steht die zweite Kugel hingegen still, landet der letzte Punkt genau auf der x-Achse.

Um zu verstehen, warum die Anzahl der Stöße N die Nachkommastellen von Pi preisgibt, muss man die Bogenlänge L in der obigen Gleichung bestimmen. Aus elementarer Kreisgeometrie (um genau zu sein: aus dem Sehnentangentenwinkelsatz) folgt, dass der Steigungswinkel der Impulsgeraden θ halb so groß ist wie der Kreisbogen L, der somit 2θ bemisst. Das heißt, die Länge des Kreisbogens ist durch die Steigung der Impulsgeraden bestimmt (siehe Abb. 10.4).

Sieht man sich die Formel für die Impulserhaltung an und berechnet daraus die Steigung der Geraden im Phasenraum, erhält man: $L = 2\theta = 2 \cdot \arctan[\sqrt{\frac{m}{M}}]$. Der Arcustangens lässt sich nur schwer im Kopf berechnen, doch für kleine Werte kann man ihn durch sein Argument nähern ($\arctan[x] \approx x$). Somit erhält man schließlich die Formel: $N \cdot \sqrt{\frac{m}{n}} \leq \pi$ (die Zahl Zwei konnte man auf beiden Seiten der Gleichung kürzen). Damit N also die Nachkommastellen von Pi liefert, muss der Wert von $\sqrt{\frac{m}{n}}$ Werte wie $\frac{1}{10}$, $\frac{1}{100}$, $\frac{1}{1000}$ und so weiter annehmen. Und das ist immer dann der Fall, wenn das Massenverhältnis $1 : 100^n$ beträgt.

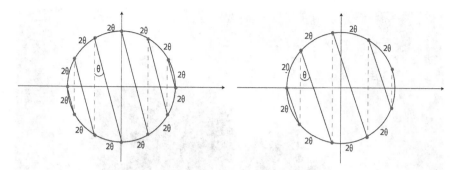

Abb. 10.4 Winkel und Bogenlängen im Phasenraum. (Copyright: Manon Bischoff)

Auf diese Weise kann man die Kreiszahl – zumindest theoretisch – beliebig genau bestimmen. In der realen Welt wird das jedoch irgendwann schiefgehen. Zum einen wird es schwierig, eine so massige Kugel auf eine federleichte rollen zu lassen; zum anderen werden Effekte wie Reibung und Wärme dazu führen, dass die Stöße nicht 100-prozentig elastisch sind. Daher wird es zwangsweise zu Abweichungen kommen. Ganz zu schweigen davon, dass es ziemlich anstrengend wird, die unglaublich vielen extrem schnell aufeinander folgenden Stöße zu zählen, ohne dass sich ein Fehler einschleicht.

Aber die Kollisionen beim Billard sind nicht die einzigen ungewöhnlichen Phänomene, mit denen man die Kreiszahl konstruieren kann. Tatsächlich ist Pi an wesentlich mehr unerwarteten Orten anzutreffen.

10.2 Der Hintern des Apfelmännchens

Die Mandelbrotmenge ist das wohl berühmteste Fraktal der Mathematik. Wie passend, dass sich ausgerechnet die bekannteste irrationale Zahl des Fachs darin versteckt! Das zu erkennen, ist allerdings gar nicht so einfach. Die Mathematikerin Holly Krieger von der University of Cambridge bezeichnete die Mandelbrotmenge als die „vielleicht ineffizienteste Art und Weise, Pi zu berechnen."

Das Apfelmännchen besticht durch seine Ästhetik: Wie bei allen Fraktalen kann man in einen Ausschnitt hineinzoomen, wobei sich unter verbesserter Auflösung die gleichen Muster offenbaren wie zuvor. Die Details nehmen kein Ende, man kann die Teile beliebig weiter vergrößern und findet stets dieselben Strukturen vor. Seit Jahrhunderten faszinieren Fraktale daher nicht nur die Fachwelt, sondern auch Menschen, die mit Mathe eigentlich wenig anfangen können.

Doch wie kommt die Mandelbrotmenge (siehe Abb. 10.5) überhaupt zu Stande? Formal ist sie über eine rekursive Gleichung definiert. Dabei handelt es sich um eine Funktion, die man für einen gewissen Startwert berechnet und deren Ergebnis man dann wieder in die Formel einsetzt – und dieser Vorgang wird immer wieder wiederholt. Für die Mandelbrotmenge lautet die Gleichung folgendermaßen:

Abb. 10.5 Die Mandelbrotmenge wird manchmal auch als Apfelmännchen bezeichnet. (Copyright: Andreas Nilsson, AdobeStock)

$z_{n+1} = z_n^2 + c$, mit dem Startwert $z_0 = 0$. Wenn c also etwa den Wert 2 hat, dann ist $z_0 = 0$ (wie in der Definition vorgegeben), $z_1 = z_0^2 + 2 = 2$, $z_2 = z_1^2 + 2 = 6$ und so weiter. Wie man leicht sieht, entsteht eine Folge, die schnell immer weiter anwächst.

Wählt man hingegen einen kleinen c-Wert wie $\frac{1}{4}$, sind die Werte der rekursiven Gleichung beschränkt: $z_0 = 0$, $z_1 = \frac{1}{4}$, $z_2 = \frac{1}{16} + \frac{1}{4} = \frac{5}{16}$, $z_3 = \frac{25}{256} + \frac{1}{4}$, ... Die Werte z_n werden dabei niemals $\frac{1}{2}$ überschreiten. Ebenso kann man negative Zahlen für c einsetzen, wodurch ebenfalls beschränkte Folgen entstehen, das heißt, die Werte steigen niemals ins Unermessliche – unabhängig davon, wie häufig man sie wieder in die Funktion einsetzt. Das führt zur Definition der Mandelbrotmenge: Sie enthält alle Punkte c, die zu beschränkten Folgen führen. Demnach ist $c = \frac{1}{4}$ sowie $c = -\frac{3}{4}$ in der Menge enthalten, aber $c = 2$ nicht.

Die Mandelbrotmenge wäre jedoch ziemlich langweilig, wenn man sich auf die reellen Zahlen beschränken würde, denn dann bestünde sie bloß aus einer Linie. Mathematiker berücksichtigen daher auch imaginäre Zahlen, die Wurzeln aus negativen Zahlen. Wenn man diese quadriert, ergibt sich ein negativer Wert – was bei der Funktionsvorschrift für die Mandelbrotmenge spannende Ergebnisse bietet. Um die Punkte c der Menge abzubilden, nutzt man für gewöhnlich die so genannte komplexe Zahlenebene: Die x-Achse besteht dabei wie gewohnt aus reellen Zahlen, die y-Achse stellt aber imaginäre Werte dar. Dadurch entspricht ein Punkt $(2, 5)$ im Koordinatensystem einer komplexen Zahl $z = 2 + 5i$, wobei i die Wurzel aus minus eins ist.

In der komplexen Ebene nimmt die Mandelbrotmenge ihre vollständige fraktale Form an. Sie markiert alle komplexen Zahlen c, für welche die rekursive Formel $z_{n+1} = z_n^2 + c$ beschränkt bleibt.

Wenn man sich die Figur genau ansieht, kann man erkennen, dass an der Stelle $(-\frac{3}{4}, 0)$ ein einzelner Punkt zu sein scheint, der zwei Bereiche der Mandelbrotmenge scharf voneinander trennt. Das wollte der Informatikstudent Dave Boll im Jahr 1991 genauer untersuchen. Dafür betrachtete er winzige Abweichungen von dieser Stelle (etwa den Punkt $(-\frac{3}{4}, 0{,}001)$) und berechnete, wie viele Wiederholungen n man braucht, bis der Wert von z_n zwei übersteigt. (Man wählt häufig die – willkürlich festgelegte – Zahl zwei, weil die rekursive Gleichung beim Erreichen dieses Werts ganz sicher nicht mehr beschränkt ist.) Als Boll verschiedene Abweichungen der Größe 0,1; 0,01; 0,001 und so weiter von dem Punkt $(-\frac{3}{4}, 0)$ untersuchte, erlebte er eine Überraschung:

Abweichung	Iteration
1	3
0,1	33
0,01	315
0,001	3143
0,0001	31417
0,00001	314160
0,000001	3141593
0,0000001	31415928

Je näher der Wert an den interessanten Punkt rückt, desto mehr Nachkommastellen von Pi entfalten sich in n. Damit hatte Boll nicht gerechnet – ebenso wenig wie die Mathematikerinnen und Mathematiker, die er damit konfrontierte. Doch bevor er mit einem Erklärungsversuch aufwartete, sah er sich zunächst einen anderen Punkt der Mandelbrotmenge an: den „Hintern" des Apfelmännchens mit den Koordinaten $(\frac{1}{4}, 0)$. Er wollte herausfinden, ob Pi auch dort auftaucht. Als er die gleiche Analyse an der neuen Stelle durchführte, erhielt er folgende Zahlenreihe:

Abweichung	Iteration
1	2
0,01	30
0,0001	312
0,000001	3140
0,00000001	31414
0,0000000001	314157

Wieder schien die Folge gegen die Nachkommastellen von Pi zu streben – wenn auch langsamer als zuvor. Wie sich herausstellte, gibt es weitere Punkte in der Mandelbrotmenge, an denen man Pi auf ähnliche Weise konstruieren kann. Um herauszufinden, wo die Kreiszahl herkommt, muss man die Werte der iterativen Gleichung, der das fraktale Muster zu Grunde liegt, untersuchen. Denn in ihnen versteckt sich eine trigonometrische Funktion, die π an diesen völlig unerwarteten Stellen erzeugt.

Wir hatten bereits gesehen, dass die iterative Funktion für $c = \frac{1}{4}$ (also der Hintern des Apfelmännchens) niemals Werte annimmt, die größer sind als $\frac{1}{2}$. Die Zahlen nähern sich zwar immer weiter $\frac{1}{2}$ an, je häufiger man sie in die Gleichung einsetzt, doch ohne den Wert jemals zu erreichen. Setzt man nun statt $\frac{1}{4}$ den Wert $c = 0,26$ in die iterative Gleichung ein, erhält man folgende (gerundete) Zahlenfolge: 0,26; 0,328; 0,367; 0,395; 0,416; 0,433; 0,448; 0,46; 0,472; 0,483, 0,493; 0,503; 0,513; 0,523; 0,534; 0,545; 0,557; 0,57; 0,585; 0,602; 0,623; 0,648; 0,68; 0,722; 0,781; 0,87; 1,017; 1,294; 1,934; 3,999; 16,251; …Anfangs wachsen die Werte nur sehr langsam an, bis sie schließlich explosionsartig ansteigen.

Wie sich herausstellt, ist das für alle Werte c so, wenn sie nahe bei $\frac{1}{4}$ liegen. Je kleiner die Abweichungen vom Hintern des Apfelmännchens sind, desto langsamer wachsen die Werte der Folge an. Man kann beobachten, dass es sehr lange dauert, bis sie ungefähr die Zahl $\frac{1}{2}$ erreichen – danach aber rapide größer werden.

Um also herauszufinden, wie Pi in die ganze Sache verwickelt ist, muss man verstehen, wie viele Wiederholungen n nötig sind, bis z_n den Wert $\frac{1}{2}$ annimmt. Das heißt, man sucht die Zahl n, für die $z_n = \frac{1}{2}$. Da es kompliziert ist, eine iterative Gleichung auf diese Art zu untersuchen, nimmt man eine gewöhnliche Funktion $f(n)$ zur Hilfe: $f(n) = z_n - \frac{1}{2}$. Die Nullstellen n der Funktion entsprechen dann genau den Werten n, die wir suchen.

Im Klartext bedeutet das: Anstatt die Werte z_n der iterativen Gleichung als Zahlenfolgen anzusehen, betrachten wir sie nun als Ergebnis einer gewöhnlichen Funktion $f(n)$. Wenn man diese kennt, braucht man nur noch ihre Nullstellen zu berechnen, um hoffentlich auf die Zahl Pi zu stoßen.

Mathematikerinnen und Mathematiker haben das für Punkte in der Nähe des Hinterns des Apfelmännchens gemacht, also für Koordinaten der Form $(\frac{1}{4} + \epsilon, 0)$, wobei ϵ der Abweichung (0,1; 0,001; 0,0001 und so weiter) entspricht. Wie die Fachleute herausfanden, ist die Funktion, welche die Zahlenfolge erzeugt, näherungsweise: $f(n) = \sqrt{\epsilon} \cdot \tan(\sqrt{\epsilon} \cdot n)$. Diese Funktion ist immer dann null, wenn $\sqrt{\epsilon} \cdot n$ die Zahl Pi ergibt. Das heißt, n entspricht – zumindest in guter Näherung – einem Vielfachen von zehn von Pi. Damit entfalten sich nach und nach die unendlich vielen Nachkommastellen der Kreiszahl.

Wachstum außerhalb der Mandelbrotmenge

Sobald man leicht von einem Punkt innerhalb der Mandelbrotmenge abweicht, ist die dazugehörige Folge von Zahlen nicht mehr beschränkt. Zwar wächst sie anfangs nur langsam an, doch dann nimmt sie explosionsartig zu.

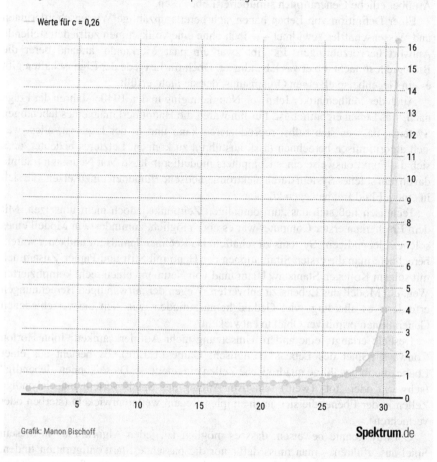

Grafik: Manon Bischoff   **Spektrum**.de

Doch wie Holly Krieger bereits festgestellt hat: Wenn man auf diese Weise Pi möglichst exakt bestimmen möchte, ist man lange beschäftigt. In der Mathematik geht es aber glücklicherweise nicht nur um Effizienz. Manchmal genügt es, dass ein Ergebnis vollkommen unerwartet ist, damit es Berühmtheit erlangt.

10.3   Was ist Leben?

Was hat Pi mit dem Leben zu tun? Auf den ersten Blick nicht viel. Doch tatsächlich hat die Suche nach einer umfassenden Beschreibung des Lebens eine Methode hervorgebracht, um die Kreiszahl zu berechnen – wenn auch auf höchst ineffziente Art über etliche Generationen simulierter Lebewesen.

Einer Definition von Leben haben sich bereits unzählige Wissenschaftlerinnen und Wissenschaftler gewidmet – jedoch ohne eine vollkommen zufrieden stellende Antwort hervorzubringen. Es gibt zwar ein paar Merkmale, anhand derer die Biologie festmacht, ob etwas lebendig ist. Doch für fast jede der Eigenschaften gibt es ein Gegenbeispiel: einen Organismus, der sie nicht erfüllt.

Auch der Mathematiker John von Neumann ging in den 1940er-Jahren der Frage nach, was Leben eigentlich ist. Für ihn waren die Hauptmerkmale eines lebendigen Systems, dass es sich selbst reproduzieren kann und in der Lage ist, alles, was sich algorithmisch berechnen lässt, ausführen zu können. Letzteres bedeutet, dass sich die Funktionsweise eines Computers modellieren lässt. Von Neumann träumte davon, ein solches System durch elektromagnetische Einheiten umzusetzen, die sich in einem Fluid frei bewegen können.

Technisch ließ sich das zum damaligen Zeitpunkt jedoch nicht umsetzen. Mit dem Erscheinen erster Computer war es aber möglich, zumindest ein Modell eines solchen „lebendigen" Systems zu schaffen. Da Rechner damals rar und teuer waren, berechnete man die ersten Simulationen per Hand mit Stift und Papier. Zusammen mit seinem Kollegen Stanislaw Ulam fand von Neumann einen recht komplizierten Weg, ein Modell des Lebens zu entwerfen. Wegen der aufwändigen Berechnungen erforderte es allerdings viel Geduld herauszufinden, wie sich die verschiedenen Generationen primitiver Objekte entwickeln.

Deshalb erlangte eine andere Umsetzung mehr Aufmerksamkeit: John Horton Conways „Spiel des Lebens" (Englisch: Game of Life). Es besteht aus einer Ebene, die in unzählige quadratische Zellen eingeteilt ist. Diese können „lebendig" (schwarz) oder „tot" (weiß) sein. Am Anfang des Spiels verteilt man lebendige Zellen in der Ebene, die sich nach simplen Regeln weiterentwickeln (sterben oder vermehren).

Conway konnte beweisen, dass es möglich ist, jeden Algorithmus in diesem Spiel auszuführen – man muss dafür nur die passende Startkonfiguration finden. Das Spiel des Lebens kann also einen Computer simulieren. Da diese in der Lage sind, die Kreiszahl Pi zu berechnen, ist es nicht allzu überraschend, dass das Spiel des Lebens ebenfalls die irrationale Zahlenfolge ausgeben kann. Allerdings unterscheidet sich die Programmierung des Spiels deutlich davon, einen Code in herkömmlichen Programmiersprachen zu verfassen – die Aufgabe erweist sich als deutlich abstrakter und komplizierter. Doch das ist nicht der einzige Grund, weshalb der Pi-Algorithmus im Spiel des Lebens noch heute viele Fachleute erstaunt.

Um all das nachzuvollziehen, muss man das Spiel besser verstehen. Conways Modell ist eine spezielle Art von zellulärem Automat. Im einfachsten zweidimensionalen Fall bestehen sie aus quadratischen Zellen, die ihren Zustand (den man durch eine Farbe oder ein Symbol codieren kann) nach einfachen Regeln ändern. Dadurch entstehen unterschiedliche Muster, die sich zeitlich ändern. Seit von Neumann seine Definition von Leben geäußert hatte, versuchten allerlei technikbegeisterte Personen, ein Modell zu finden, das den Anforderungen genügte. Von Neumann selbst entwarf einen zellulären Automaten, der 29 verschiedene Zustände annehmen kann, wodurch komplexe Muster entstehen und wieder verschwinden.

Conway kam diese Lösung allerdings sehr kompliziert vor. Daher begann er ebenfalls nach einem Automaten zu suchen, der deutlich einfacher wäre, aber trotzdem unvorhersehbare Muster liefern würde – und zwar solche, die eine gewisse Komplexität besaßen und sich nicht immer nur wiederholten oder sogleich verschwanden.

Diese Bedingungen erfüllte schließlich das Spiel des Lebens, das aus nur zwei Zuständen besteht, lebendig und tot. Man verteilt dafür eine bestimmte Anzahl lebendige Zellen in der Ebene und erlegt ihnen drei einfache Regeln auf, nach denen sich ihr Zustand entwickelt:

1. Jede lebendige Zelle mit zwei oder drei benachbarten lebenden Zellen überlebt.
2. Jede tote Zelle mit drei lebendigen Nachbarn wird wiederbelebt.
3. Alle anderen lebenden Zellen sterben. Die toten bleiben hingegen tot.

Conway hatte lange Zeit gegrübelt, um die genauen Regeln zu finden. Sie sollten so einfach wie möglich sein und gleichzeitig eine möglichst große Komplexität hervorrufen. Die oben genannte Mischung schien genau diese Anforderungen zu erfüllen: Sie machen das Verhalten der Zellen unvorhersehbar.

Um sein System zu testen, hatte Conway keinen Computer zur Verfügung. Deshalb nutzte er ein Go-Brett auf dem er die schwarzen und weißen Steine platzierte und die sich ergebenden Muster studierte. Um das Spiel des Lebens auszuführen, beginnt man mit einer Startkonfiguration an lebenden und toten Zellen. Dann ist man im Prinzip fertig: Es gibt keine Züge mehr, man lässt dem Spiel seinen Lauf.

In jedem Schritt verändert man den Zustand der Zellen gemäß der drei Regeln und erzeugt damit eine neue Generation. So kann man zusehen, wie unerwartete Muster entstehen, sich in der Ebene verteilen und wieder verschwinden. Manche Konfigurationen leben eine Weile, um dann auszusterben. Andere wiederum leben immer weiter und bilden die erstaunlichsten Zusammensetzungen, ohne sich jemals zu wiederholen. Das mathematisch Interessante ist: Man kann nicht allgemein für jede Startkonfiguration vorhersagen, wie sie sich verhalten wird.

Es mag unglaublich erscheinen, aber der einfache Satz an drei Regeln genügt, um jede noch so komplizierte Berechnung auszuführen. Allerdings kann das unter Umständen sehr lange dauern und Unmengen an Speicherplatz erfordern. Aber die größte Schwierigkeit besteht darin, die passende Anfangskonfiguration zu finden, welche die gewünschten Ergebnisse einer Berechnung nach mehreren Generationen erzeugt.

Seit der Vorstellung des Spiels in „Scientific American" im Jahr 1970 haben sich etliche Personen daran ausgetobt, von Wissenschaftlern über Programmierern bis hin zu begeisterten Laien. Conway selbst hat sich ebenfalls sehr intensiv mit dem

Programm beschäftigt und einige wichtige Erkenntnisse gesammelt. Eines seiner Ziele war es aber, eine Anfangskonfiguration zu finden, mit der sich die Zahl Pi berechnen lässt. Da man jeden Algorithmus durch das Spiel des Lebens ausführen kann, wusste er, dass es auf jeden Fall eine Umsetzung gibt. Finden konnte er sie jedoch nicht.

Um zu verstehen, wie man eine Berechnung im Spiel des Lebens umsetzt, muss man die Funktionsweise eines Computers kennen. Dafür braucht man zunächst Informationseinheiten, wie Einsen und Nullen. Während ein Computer diese durch Spannungen codiert, kann man im Spiel des Lebens bestimmte Strukturen, so genannte Glider, nutzen, die sich von Generation zu Generation quer über die Felder bewegen wie kleine Ameisen. Wenn ein Glider in einer ausgewählten Zelle ankommt, wertet man das also als eine Eins, wenn nichts ankommt, dann als Null.

Computer verarbeiten die binären Signale über drei Logikgatter (AND, OR, NOT). Diese lassen sich ebenfalls über bekannte Strukturen im Spiel des Lebens realisieren. Für das NOT-Gatter gibt es beispielsweise ein Muster, das einen einkommenden Glider auslöscht, aber dafür aus dem Nichts einen Glider erzeugen kann. Kennt man die Strukturen, um die drei Gatter umzusetzen, braucht man noch einen Speicher, der die Ergebnisse sichert. Glücklicherweise lassen sich auch dafür die passenden Konfigurationen aus lebenden und toten Zellen bestimmen. Damit hat man alle Bauteile, die man braucht, um die Funktionsweise eines Computers zu simulieren.

Im Frühjahr des Jahres 2000 gelang es dem Informatiker Paul Rendell, erstmals einen vollständigen Computer im Spiel des Lebens in Form einer Turingmaschine umzusetzen. Diese braucht 11.040 Generationen, um einen Zyklus zu durchlaufen. Andere Nutzerinnen und Nutzer fanden daraufhin weitere Umsetzungen, die teilweise leistungsfähiger und effizienter waren – also weniger Generationen brauchten, um Ergebnisse zu liefern.

Zehn Jahre später entwickelte der damalige Teenager Adam P. Goucher eine Möglichkeit, im Spiel des Lebens die Kreiszahl Pi zu berechnen. Und nicht nur das: Das Spiel liefert nicht einfach bloß einen Satz „Einsen" und „Nullen" (die im Spiel keine Zahlen sind, sondern Signale in Form von Feldkonfigurationen), welche die Zahl auf binäre Weise darstellen. Stattdessen erscheint auf dem riesigen Feld in der rechten oberen Ecke eine Diagonale, auf der die Kreiszahl Nachkommastelle für Nachkommastelle in herkömmlicher Dezimalschreibweise dargestellt ist.

Dafür braucht man jedoch jede Menge Geduld. Nach 63.850.210.955.854 Generationen sind erst 12 Nachkommastellen von Pi aufgelöst. Um diese beeindruckende Leistung zu schaffen, nutzte Goucher einen so genannten Tröpfelalgorithmus, der die Dezimalstellen von irrationalen Zahlen nach und nach – tröpfchenweise – kalkuliert. Diese Methode ist zwar nicht die effektivste, doch sie braucht wenig Speicherplatz, was für das Spiel des Lebens vorteilhaft ist.

Anschließend musste er den Tröpfelalgorithmus im Spiel des Lebens umsetzen. Das ist komplexer, als es klingt. Es ähnelt den Aufgaben erster Programmierer, als es noch keine Kompilierer gab, die lesbare Sprachen wie Python oder C++ in extrem komplizierten Maschinencode umwandeln. Goucher musste also genau verstehen, wie die Bauteile des Computers arbeiten – oder in seinem Fall die einzelnen Strukturen im Spiel des Lebens. Nur so lässt sich die passende Startkonfiguration finden.

Anschließend kann man das Programm starten, damit sich jede Zelle nach den drei einfachen Regeln entwickelt. Und dann heißt es: warten. Und zwar lange. Einen entscheidenden Nachteil hat Gouchers Implementierung nämlich: Möchte man damit doppelt so viele Ziffern von Pi darstellen, also 26, wird es nicht doppelt so lange dauern, sondern die Zeit wächst um ein 64-Faches an!

Eine ideale Berechnungsform stellt das Spiel des Lebens also nicht dar, wenn man die Kreiszahl Pi bestimmen möchte. Dafür ist der Weg dahin umso erstaunlicher: Wer hätte gedacht, dass aus der Frage, was das Leben ist, ein Algorithmus für Pi entsteht?

10.4 Das Basler Problem

Seit Jahrhunderten beschäftigen sich Mathematiker mit unendlich langen Summen. In der Schule hatte ich einen ehrgeizigen Lehrer, der sie uns näherbrachte – die meisten Personen begegnen ihnen hingegen nur, wenn sie sich für das Studium eines mathelastigen Fachs entscheiden. Ich erinnere mich noch, wie ich mich damals wunderte, dass das Addieren unendlich vieler Summanden einen endlichen Wert liefern kann. Dafür müssen die Terme jedoch schnell genug klein werden. Das ist zum Beispiel für geometrische Reihen der Fall $\sum_{n=0}^{\infty} \frac{1}{x^n} = 1 + \frac{1}{x} + \frac{1}{x^2} + \frac{1}{x^3} + \ldots$: Für Werte von x, die größer sind als eins, liefert die Reihe ein endliches Ergebnis, nämlich $\frac{1}{1-\frac{1}{x}}$.

1644 fragte sich der italienische Mathematiker Pietro Mengoli, wie wohl der Grenzwert dieser Reihe aussehen könnte: $\sum_{n=1}^{\infty} \frac{1}{n^2} = 1 + \frac{1}{4} + \frac{1}{9} + \frac{1}{16} + \ldots$ Doch es gelang ihm nicht, das Ergebnis zu berechnen. Auch andere scheiterten an der Aufgabe, darunter die Familie Bernoulli. Tatsächlich sollte es noch 90 Jahre dauern, bis eine Lösung gefunden wurde, die kein Geringerer als der damals 27-jährige Mathematiker Leonhard Euler erbrachte. Weil sowohl Euler als auch die Bernoulli-Familie in Basel lebten, ist die Aufgabe heute als „Basler Problem" bekannt. Dass es so lange dauerte, um einen Erfolg zu erzielen, wird klar, wenn man das unerwartete Ergebnis betrachtet: Euler berechnete den Grenzwert der Reihe als $\frac{\pi^2}{6}$.

Inzwischen wird das Ergebnis unter Nerds häufig als Basis für Witze genutzt, die auf etwas vollkommen Unerwartetes anspielen („Was könnte denn wohl bei dieser Rechnung herauskommen?" – „Ist doch ganz offensichtlich: $\frac{\pi^2}{6}$!"). Aber wie kommt die Kreiszahl Pi bei einer unendlich langen Summe ins Spiel, die zunächst nichts mit Kreisen oder Geometrie zu tun hat? Schließlich addiert man nur das Inverse von Quadratzahlen.

Doch tatsächlich lässt sich auch dieses Problem geometrisch interpretieren, wie der schwedische Mathematiker Johan Wästlund von der Chalmers University of Technology in Gothenburg 2010 erkannte – und zwar auf eine Weise, die auch Euler nicht gesehen hatte. Dessen ursprünglicher Beweis aus dem 18. Jahrhundert basierte

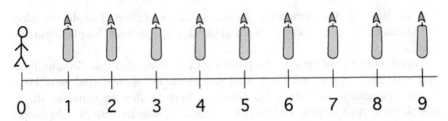

Abb. 10.6 Um das Basler Problem besser zu verstehen, kann man sich viele Kerzen vorstellen, deren Helligkeit mit dem Abstand abnimmt. (Copyright: Manon Bischoff)

sogar auf Annahmen, die erst 100 Jahre später bewiesen wurden. Streng genommen war also Eulers Nachweis, für den er drei Jahre gebraucht hatte, unvollständig.

Wie Wästlund gezeigt hat, lässt sich die unerwartete Lösung des Basler Problems durch ein physikalisches Gedankenexperiment erklären. Stellen Sie sich dazu vor, Sie stehen auf dem Nullpunkt einer Zahlengeraden und auf jeder natürlichen Zahl befindet sich eine Kerze, die alle gleich hell leuchten (siehe Abb. 10.6). Die Menge an Licht, die bei Ihnen ankommt, nimmt mit dem Quadrat des Abstands der Quelle ab. Wenn also die erste Kerze eine Helligkeit von eins (in einer beliebigen Einheit) zu haben scheint, dann erreicht Sie nur ein Viertel des Lichts der zweiten und ein Neuntel der dritten und so weiter. Die gesamte Helligkeit entspricht daher $1 + \frac{1}{4} + \frac{1}{9} + \frac{1}{16} + \ldots$, also dem Basler Problem.

Nun hat man das rein mathematische Problem in ein physikalisches umgewandelt, doch wirklich weitergekommen ist man dadurch nicht. Allerdings kann man einen gängigen Trick anwenden, den Mathematiker gerne nutzen, wenn sie Aufgaben bearbeiten, die den ganzen Zahlenstrahl betreffen. Anstatt die unendlich lange Gerade zu studieren, kann man sich zunächst einem Kreis widmen, den man immer weiter vergrößert, bis die Krümmung so riesig ist, dass der untere Bogen einer Geraden gleicht. Das klingt zwar wie Mogelei, aber es lässt sich formal zeigen, dass solche Näherungen funktionieren – zumindest manchmal. Das Basler Problem ist so ein Fall.

Die Gerade wird also zu einem Kreis, etwa einem kreisrunden See, mit einem Leuchtturm am nördlichen Ende und einem Beobachter am südlichen (siehe Abb. 10.7). Die Distanz entlang des Seeufers soll einen Kilometer betragen, so dass der Durchmesser des Sees (und damit die direkte Entfernung zum Leuchtturm) $\frac{2}{\pi}$ Kilometer entspricht. Da die Helligkeit beim Beobachter vom Inversen der quadrierten Entfernung abhängt, ist sie in dieser Situation $\frac{\pi^2}{4}$.

Nun kann man überlegen, wie man die gleiche Helligkeit am Standort des Beobachters erzeugen kann, indem man den einen Leuchtturm durch zwei andere Leuchttürme ersetzt, die man geschickt im Raum platziert. Dabei hilft der inverse Satz des Pythagoras, der zwar wesentlich unbekannter ist als der Satz des Pythagoras, aber mindestens genauso nützlich. Auch er bezieht sich auf rechtwinklige Dreiecke, nutzt aber die Höhe bezüglich der Hypotenuse: Demnach ist die Summe aus den inversen Kathetenquadraten gleich dem inversen Höhenquadrat. Für unser

Abb. 10.7 Die Helligkeit des Leuchtturms entspricht dem quadrierten Kehrwert der Distanz zur Person, also $\frac{\pi^2}{4}$. (Copyright: Manon Bischoff)

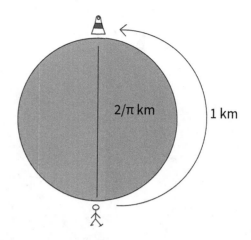

Leuchtturmproblem bedeutet das: Wenn die Distanz zwischen Beobachter und Leuchtturm der Höhe eines rechtwinkligen Dreiecks entspricht, dann leuchtet dieser genau so hell wie zwei Leuchttürme zusammen, die sich an den beiden anderen Ecken des Dreiecks befinden.

Man kann also genauso gut den ersten Leuchtturm streichen und sich stattdessen einen doppelt so großen, kreisrunden See vorstellen, an dessen südlichsten Punkt ein Beobachter steht, mit zwei Leuchttürmen nordöstlich und nordwestlich gelegen. Wie zuvor man muss nur einen Kilometer rechts- oder linksherum entlang des Ufers laufen, um einen der Leuchttürme zu erreichen. Die Distanz zwischen Beobachter und Leuchtturm ist also trotz des doppelt so großen Sees nicht gewachsen. Die wahrgenommene Helligkeit am südlichsten Punkt entspricht wieder $\frac{\pi^2}{4}$, – auch wenn beide Leuchttürme genauso hell leuchten wie der ursprüngliche.

Diese Überlegung kann man nun wiederholen (siehe Abb. 10.8): Man ersetzt jeden der beiden Leuchttürme durch zwei andere – und zwar wieder durch den inversen Satz des Pythagoras. Damit erhält man vier neue Leuchttürme, deren Licht dem Beobachter zusammengenommen genauso hell erscheint wie das des ursprünglichen Turms, der sich am Nordufer des ersten (kleinen) kreisrunden Sees befand. Um die genaue Lage der neuen Lichtquellen besser zu veranschaulichen, kann man sich wieder einen doppelt so großen See (also viermal so groß wie der allererste) vorstellen, wobei die vier Leuchttürme entlang des Kreises verteilt sind. Erneut muss der Beobachter nur einen Kilometer entlang des Ufers zurücklegen, um die jeweils ersten Leuchttürme zu erreichen. Und auch die Bogenlängen zwischen den Leuchttürmen bleibt gleich: Sie beträgt stets zwei.

Im nächsten Schritt ersetzt man die vier Leuchttürme durch jeweils zwei neue, so dass man bei acht Lichtquellen landet – und verdoppelt nochmals die Größe des Sees. Das Prozedere wiederholt man wieder und wieder. Das Bemerkenswerte: Die Abstände zwischen den Lichtquellen bleiben stets gleich ebenso der Fußweg des Beobachters zum ersten Turm.

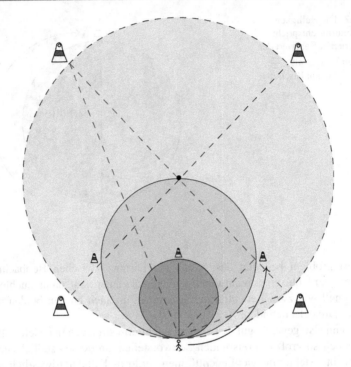

Abb. 10.8 Um dieselbe Helligkeit wie die eines Leuchtturms zu erzeugen, kann man stattdessen mehrere Leuchttürme um einen größeren See platzieren und dabei dasselbe Ergebnis erzielen. (Copyright: Manon Bischoff)

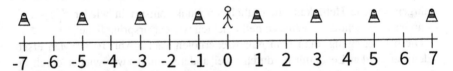

Abb. 10.9 Im Grenzfall eines unendlich großen Sees, bildet das Ufer eine gerade Linie, entlang derer Leuchttürme angeordnet ist. (Copyright: Manon Bischoff)

Je größer der See wird, desto mehr ähnelt er einem Meer. Das gegenüberliegende Ufer ist irgendwann nicht mehr zu erkennen, und die Küste scheint geradlinig zu verlaufen (siehe Abb. 10.9). Rechter und linker Hand befinden sich Leuchttürme, die in regelmäßigen Abständen von zwei Kilometern auftauchen. Die Helligkeit aller Lichtquellen zusammengenommen beträgt am Standort des Beobachters noch immer $\frac{\pi^2}{4}$.

Damit ist man dem Basler Problem extrem nahe. Man kann sich vorstellen, der Beobachter stünde auf dem Nullpunkt und die Leuchttürme bei den Punkten

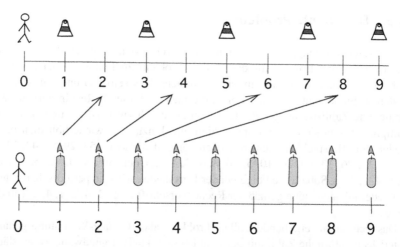

Abb. 10.10 Um das Basler Problem zu konstruieren, muss man noch Lichtquellen auf die freien Plätze platzieren. (Copyright: Manon Bischoff)

plus und minus eins, plus und minus drei, plus und minus fünf und so weiter. Ziel ist es nun, diesen Aufbau dem Basler Problem anzupassen und damit die Helligkeit zu bestimmen, die dem Grenzwert der unendlichen Summe entspricht (siehe Abb. 10.10). Um unsere konstruierte Situation dem eigentlichen Problem anzugleichen, kann man zunächst alle Leuchttürme im negativen Bereich entfernen. Dadurch verringert sich die Helligkeit um die Hälfte, beträgt also nur noch $\frac{\pi^2}{8}$. Die Leuchttürme liegen jetzt auf allen ungeraden Zahlen, es fehlen also nur noch jene auf den geraden Werten. Diese kann man jetzt geschickt mit den Lichtquellen des Basler Problems auffüllen.

Angenommen, die gesuchte Helligkeit des Basler Problem beträgt H. Wenn man mit diesem Aufbau die Lücken in den gerade Zahlen auffüllen wollte, müsste man den Leuchtturm von Stelle eins auf die Stelle zwei unserer Situation verschieben; den von Stelle zwei auf Stelle vier; den von Stelle drei auf Stelle sechs und so weiter. Um also die Helligkeit H des Basler Problems zu berechnen, muss man unsere Situation mit Helligkeit $\frac{\pi^2}{8}$ nehmen und dann die Distanz der Lichtquellen des Basler Aufbaus verdoppeln, wodurch man eine Helligkeit H' erhält, und diese hinzuaddieren: $H = \frac{\pi^2}{8} + H'$.

Durch die Verdopplung die Distanz jeder Lichtquelle des Basler Problems viertelt sich die gesamte Helligkeit, also $H' = \frac{H}{4}$. Damit kann man die Gesamthelligkeit H berechnen: $H = \frac{\pi^2}{8} + \frac{H}{4}$. Indem man diese Gleichung nach H auflöst, erhält man das gesuchte Ergebnis, das Personen seit Jahrhunderten in Erstaunen versetzt: $H = \frac{\pi^2}{6}$.

10.5   Das Collatz-Problem

Als „absolut hoffnungslos" bezeichnete der große Mathematiker Paul Erdös das
Vorhaben, je eine Lösung für das Collatz-Problem zu finden. Dabei klingt das
Problem in seinen Grundannahmen so einfach, dass selbst Grundschulkinder es
verstehen. Es beginnt mit einer Folge, die man nach diesen Regeln aufbaut: Man
nehme eine Zahl; ist sie gerade, teilt man sie durch zwei; ist sie ungerade, dann
multipliziert man sie mit drei und addiert eins hinzu. Das wiederholt man immer
wieder. Zum Beispiel kann man mit 19 starten und erhält: 19, 58, 29, 88, 44, 22, 11,
34, 17, 52, 26, 13, 40, 20, 10, 5, 16, 8, 4, 2, 1, ... Oder mit zwölf: 12, 6, 3, 10, 5,
16, 8, 4, 2, 1, ... Sobald die Folge bei der Eins landet, wird sie periodisch, das heißt
sie wiederholt sich, denn gemäß der Rechenvorschrift folgt: 1, 4, 2, 1, 4, 2, 1 und so
weiter.

Das sich daraus ergebende Collatz-Problem, auch Collatz-Vermutung genannt,
lautet: Jede natürliche Zahl, mit der man beginnt, landet irgendwann zwangsläufig
bei der Eins. Demnach würde jede Zahlenfolge ein periodisches Ende nehmen. In
den letzten Jahrzehnten haben etliche Fachleute und mathematikaffine Personen
versucht, das vermeintlich einfachste Problem des Fachs zu lösen – allerdings
vergeblich. Ich werde mich in dieser Kolumne jedoch nicht den gescheiterten
Beweisideen widmen, sondern zeigen, dass auch in der Collatz-Vermutung die
Kreiszahl Pi auftaucht!

Pi tritt in den seltsamsten Umgebungen in Erscheinung, etwa beim Billard, in
Fraktalen, im Spiel des Lebens und in unendlichen Summen. Und tatsächlich findet
man die Kreiszahl auch im Collatz-Problem. Da es manchmal unter dem Namen
Syracuse-Vermutung anzutreffen ist, liegt nun der Verdacht nahe, dass es vielleicht
eine Verbindung zu Archimedes von Syrakus gibt. Denn Pi heißt auch Archimedes-
Konstante, weil dieser erstmals einen Algorithmus entwarf, um die Ziffern von Pi
zu berechnen. Doch Syrakus ist nicht das gesuchte Bindeglied zwischen Pi und der
Collatz-Vermutung: Während sich „Syrakus" im Fall von Archimedes auf seinen
Geburtsort auf Sizilien bezieht, hat „Syracuse" im Namen des mathematischen
Problems einen völlig anderen Ursprung, der mit seinem Bekanntwerden zu tun
hat.

Die Vermutung wird dem Mathematiker Lothar Collatz zugeschrieben, der
sich die Aufgabe 1937, zwei Jahre nach seiner Doktorarbeit, überlegt haben soll.
Allerdings gibt es keine Aufzeichnungen davon. Auf dem internationalen Mathe-
matikerkongress im Jahr 1950 soll er mit Stanisław Ulam und Shizuo Kakutani
darüber gesprochen haben, die die Vermutung ebenfalls weiter verbreiteten. Zwei
Jahre später trat Collatz eine Professur in Hamburg an und erzählte seinem Kollegen
Helmut Hasse davon – der das Problem während seines Forschungsaufenthalts an
der Syracuse University in New York populär machte. Daher wird die Collatz-
Vermutung manchmal auch als Syracuse- oder Hasse-Vermutung bezeichnet.

Die mediterrane Stadt Syrakus ist also nicht das Bindeglied zwischen Pi und der
Collatz-Vermutung. Das wäre aber auch zu einfach gewesen. Stattdessen kann man
die Kreiszahl über eine Rechenvorschrift aus den Folgen der Collatz-Vermutung

berechnen, wie Roland Yéléhada herausfand. Dafür bildet man für alle natürlichen Zahlen bis n die entsprechenden Collatz-Folgen. Für jede dieser Sequenzen zählt man die dazugehörigen Glieder und bildet deren Summe, zum Beispiel: (12, 6, 3, 10, 5, 16, 8, 4, 2, 1) hat zehn Folgenglieder und 67 als Summe. Dann testet man, ob die beiden Ergebnisse (in dem Fall 10 und 67) teilerfremd sind (ja). Das wiederholt man für alle Zahlen von 1 bis n und zählt, wie häufig die Ergebnisse nicht teilerfremd sind. Diesen Wert nennt man a und teilt ihn durch n. Indem man dann die Wurzel aus $\frac{6}{\frac{a}{n}}$ bildet, erhält man eine Näherung für Pi.

Testen Sie es selbst! Für $n = 100$ ergibt sich $a = 66$ und als Ergebnis aus der Wurzel: 3,01511... Für $n = 1000$ kommt $a = 606$ und 3,146583... heraus. Auch wenn diese Methode zur Berechnung der Kreiszahl nicht besonders schnell konvergiert, ist sie ein gutes Beispiel dafür, dass Pi an den unerwartetsten Orten auftaucht.

In diesem Fall hat das Phänomen mit Zufallszahlen zu tun. Denn durch das unvorhersehbare Verhalten der Collatz-Folgen, sind deren Längen und Summenwerte geeignete Kandidaten für völlig willkürliche Werte. Und wie sich herausstellt, beträgt die Wahrscheinlichkeit, dass zwei zufällig gewählte Zahlen x und y teilerfremd sind, genau $\frac{6}{\pi^2}$ (ungefähr 61 Prozent). Dieses erstaunliche Ergebnis kommt einigen womöglich bekannt vor. Wer die Kolumne über Pi und das Basler Problem gelesen hat, erinnert sich vielleicht, dass das Ergebnis der darin untersuchten unendlichen Summe dem Kehrwert entsprach, also $\frac{\pi^2}{6}$. Und das ist natürlich kein Zufall.

Um das Ergebnis nachzuvollziehen, kann man mit einer einfacheren Frage beginnen: Wie wahrscheinlich ist es, dass eine natürliche Zahl durch sieben teilbar ist? Die Antwort ist simpel: Jede siebte Zahl erfüllt die Bedingung, also ein Siebtel. Daher beträgt die Wahrscheinlichkeit, dass zwei zufällige Zahlen beide durch die Primzahlen p teilbar sind, $\frac{1}{p^2}$. Die Umkehrung, also dass mindestens eine der beiden Zahlen p nicht als Primfaktor hat, ergibt dann $1 - \frac{1}{p^2}$. Daher ergibt sich als Wahrscheinlichkeit dafür, dass zwei Zahlen keine gemeinsamen Teiler haben, die Formel: $(1 - \frac{1}{2^2}) \cdot (1 - \frac{1}{3^2}) \cdot (1 - \frac{1}{5^2}) \cdot (1 - \frac{1}{7^2}) \cdot \ldots$ Man bildet also das Produkt über alle Terme $1 - \frac{1}{p^2}$ für jede Primzahl p.

Aber wie berechnet man so ein unendlich langes Produkt? Tatsächlich fand der Schweizer Mathematiker Leonhard Euler bereits 1737 eine griffige Formel, um den komplizierten Ausdruck zu vereinfachen. Dafür startet man mit der unendlichen Summer über die Kehrwerte der Quadratzahlen, die wir bereits aus dem Basler Problem kennen und nennen sie $\zeta(2)$ (ζ ist der griechische Buchstabe Zeta): $1 + \frac{1}{2^2} + \frac{1}{3^2} + \frac{1}{4^2} + \ldots = \zeta(2)$. Euler versuchte, aus dieser Summe nach und nach alle Primzahlen und deren Vielfache herauszusieben.

Das gelang ihm, indem er die ζ-Funktion nach und nach mit den Kehrwerten von quadrierten Primzahlen multiplizierte: $\frac{1}{2^2} \cdot \zeta(2) = \frac{1}{2^2} + \frac{1}{4^2} + \frac{1}{6^2} + \ldots$ Diese Summe enthält also nur die Quadrate gerader Zahlen. Daher zog er diese Gleichung von der ersten ab – und erhielt dadurch eine Reihe, die nur von Quadraten ungerader Zahlen abhängt: $(1 - \frac{1}{2^2}) \cdot \zeta(2) = 1 + \frac{1}{3^2} + \frac{1}{5^2} + \frac{1}{7^2} + \ldots$ Damit hatte er alle geraden Zahlen herausgesiebt.

Nun kann man das Ganze wiederholen, um auch die anderen Primzahlen und deren Vielfache zu eliminieren. Dafür multipliziert man das letzte Resultat mit $\frac{1}{3^2}$: $\frac{1}{3^2} \cdot (1 - \frac{1}{2^2}) \cdot \zeta(2) = \frac{1}{3^2} + \frac{1}{9^2} + \frac{1}{15^2} + \ldots$ Auch diese Gleichung zieht man wieder von der vorangehenden Summe ab, um alle Teiler von drei zu entfernen: $(1 - \frac{1}{3^2}) \cdot$ $(1 - \frac{1}{2^2}) \cdot \zeta(2) = 1 + \frac{1}{5^2} + \frac{1}{7^2} + \ldots$

Wiederholt man diesen Vorgang für alle Primzahlen, hat man irgendwann alle Terme der unendlichen Summe entfernt – bis auf die Eins. Somit lautet das Ergebnis: $(1 - \frac{1}{2^2}) \cdot (1 - \frac{1}{3^2}) \cdot (1 - \frac{1}{5^2}) \cdot (1 - \frac{1}{7^2}) \cdot \ldots \cdot \zeta(2) = 1$. Die Faktoren vor der Zetafunktion entsprechen aber gerade der Wahrscheinlichkeit, dass zwei zufällige Zahlen teilerfremd sind. Die einzige Unbekannte ist also $\zeta(2)$. Aber den Wert kennen wir bereits! Es ist die unendliche Summe aus dem Basler Problem: $\frac{\pi^2}{6}$.

Damit ist das Rätsel gelöst: Wenn man für viele Paare von Zufallszahlen (wie sie bei der Collatz-Vermutung entstehen) prüft, ob sie teilerfremd sind, nähert man sich der Wahrscheinlichkeit $\frac{\pi^2}{6}$. Teilt man also sechs durch das Ergebnis und zieht daraus die Wurzel, erhält man zwangsläufig einen Wert, der nahe bei Pi liegen sollte.

10.6 Das buffonsche Nadelproblem

Manche Menschen scheinen als Tollpatsch geboren – ich zähle mich dazu. Häufig lasse ich versehentlich etwas fallen oder werfe etwas um. Fällt allerdings mal eine Schachtel voller Streichhölzer auf den Boden, kann das aus mathematischer Sicht interessant sein. Vor allem, wenn das Missgeschick über Laminat oder Holzdielen geschieht. Denn durch die Position der kleinen Holzstäbchen kann man – wer hätte es gedacht? – wieder einmal die Zahl Pi berechnen.

Das erkannte erstmals der französische Naturforscher Georges-Louis Leclerc, mit adligem Namen Comte de Buffon, im 18. Jahrhundert. Wie er herausfand, lässt sich die Größe von Pi berechnen, indem man alle Hölzchen zählt und durch die Anzahl jener teilt, die auf einer Fuge zwischen zwei Dielen gelandet sind. Wie üblich bei solchen Berechnungen gilt: Je mehr Streichhölzer, desto genauer ist in der Regel das Ergebnis.

Inspiriert durch einen Zeitvertreib von Adligen stieß Leclerc wohl aber nicht auf diesen unerwarteten Zusammenhang, weil er tollpatschig war und Streichhölzer herunterwarf. Inspiriert hatte ihn vermutlich eher ein damals unter Adligen beliebtes Spiel: Man warf eine Münze auf ein Kachelmuster und wettete darum, ob diese auf einer Fuge landen würde oder nicht. Allerdings gab Leclerc für quadratische Muster die falsche Formel an – anders als für den Fall der Streichhölzer, das inzwischen als buffonsches Nadelproblem bekannt ist.

Wieder erscheint es unglaublich, dass durch eine so einfache Methode, die auf den ersten Blick nichts mit der Geometrie des Kreises zu tun hat, die irrationale Zahl Pi entsteht. Um zu verstehen, warum das so ist, nehmen wir der Einfachheit halber an, dass die Dielen genau doppelt so breit sind wie die Streichhölzer. Für andere Längenverhältnisse funktioniert die Berechnung natürlich auch, allerdings muss man das Ergebnis am Ende noch mit einem entsprechenden Faktor, der vom Längenverhältnis abhängt, multiplizieren, um Pi zu erhalten.

Wenn man N Streichhölzer auf einem Dielenboden fallen lässt, werden sie sich zufällig in der Ebene verteilen. Möchte man bestimmen, wie groß der durchschnittliche Anteil jener Streichhölzer ist, die auf der Fuge zwischen zwei Dielen landen, braucht man die Wahrscheinlichkeitsrechnung. Zunächst muss man dazu die Position der Hölzchen mathematisch beschreiben. Da sie in einer zweidimensionalen Ebene landen, genügen dafür zwei Größen. Wie sich herausstellt, sind folgende am geeignetsten: x beschreibt den Abstand zwischen dem Mittelpunkt des Stöckchens und der nächstgelegenen Lücke, θ entspricht dem Neigungswinkel, den das Streichholz mit der Fuge einschließt (siehe Abb. 10.11).

Nun muss man herausfinden, für welche Werte von x und θ das Streichholz der Länge l auf einer Fuge liegt. Wie im oberen Bild dargestellt, befindet sich für $x = 0$ der Mittelpunkt des Hölzchens genau auf einer Lücke. Je größer x, desto weiter entfernt es sich davon. Sobald der Wert $x > \frac{l}{2} \cdot \sin(\theta)$ übersteigt, berührt das Streichholz die Fuge nicht mehr.

Nun geht es an die Wahrscheinlichkeiten: Da wir annehmen, dass die Streichhölzer zufällig auf dem Boden landen, ist die Position des Mittelpunkts der Hölzchen gleichverteilt. Allerdings gibt es selbst auf einem schmalen Balken unendlich viele Orte, an dem das Hölzchen auftreffen kann. Um Wahrscheinlichkeiten für unendlich viele mögliche Ereignisse zu beschreiben, nutzt man so genannte Wahrschein-

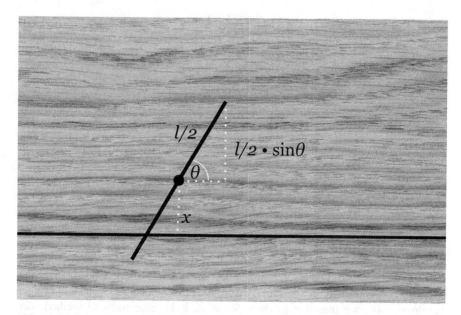

Abb. 10.11 Es genügen zwei Koordinaten, um die Ausrichtung eines Streichholzes genau zu bestimmen: den Winkel und die Position des Mittelpunkts der Hölzchen. (Copyright: Manon Bischoff)

lichkeitsdichten. Dabei geht man fast genauso vor wie im endlichen Fall. Wenn man etwa wissen möchte, mit welcher Wahrscheinlichkeit ein Würfel auf einer bestimmten Zahl landet, bildet man den Kehrwert der gesamten Möglichkeiten. Denn wenn man die Wahrscheinlichkeiten für alle möglichen Ergebnisse aufaddiert, erhält man den Wert eins: $\sum_{k=1}^{6} \frac{1}{6} = 1$.

Bei unendlich vielen Ereignissen wird die Summe hingegen zu einem Integral. Möchte man herausfinden, wie hoch die Wahrscheinlichkeitsdichte für ein bestimmtes Ereignis ist – etwa auf einer Diele der Breite l zu landen –, dann bildet man ebenfalls den Kehrwert der Größe: $\frac{1}{l}$. Integriert man dann alle möglichen Positionen zwischen null und l auf und gewichtet sie jeweils mit der Dichte $\frac{1}{l}$, erhält man analog zum endlichen Fall das Ergebnis eins: $\int_0^l \frac{1}{l} dx = 1$.

Auch der Winkel θ, in dem das Streichholz auftrifft, ist vollkommen willkürlich: Er kann zwischen 0 und 180 Grad betragen (Winkel jenseits von 180 Grad ignorieren wir, da diese Lage des Hölzchens aus Symmetriegründen bereits abgedeckt ist). Demnach entspricht die Wahrscheinlichkeitsdichte $\frac{1}{180}$, beziehungsweise in Radiant ausgedrückt: $\frac{1}{\pi}$.

Somit kann man nun die Wahrscheinlichkeit dafür bestimmen, dass ein Streichholz eine Fuge berührt: Der Mittelpunkt x muss kleiner als $\frac{l}{2} \cdot \sin(\theta)$ sein, was die Integrationsgrenze für die Position festlegt. Der Winkel kann hingegen immer noch beliebig zwischen 0 und π variieren. Somit ergibt sich die Wahrscheinlichkeit durch folgende Integrale:

$$\int_0^\pi \int_0^{\frac{l}{2} \sin(\theta)} \frac{1}{l} \frac{1}{\pi} \, dx \, d\theta$$

Zunächst muss man die x-Integration durchführen und erhält:

$$\int_0^\pi \frac{l}{2} \sin(\theta) \frac{1}{l} \frac{1}{\pi} \, d\theta$$

Die Länge l lässt sich herauskürzen: $\int_0^\pi \frac{1}{2\pi} \sin(\theta) d\theta$. Nun führt man die θ-Integration durch:

$$-\frac{1}{2\pi} \cos(\theta) \Big|_0^\pi = \frac{1}{\pi}$$

Das heißt, ein Streichholz landet mit einer Wahrscheinlichkeit von $\frac{2}{\pi}$ auf einer Fuge. Das lässt sich überprüfen, indem man den Test macht. Werfen Sie doch einmal N Streichhölzer auf Dielen, Laminat oder ein liniertes Blatt. Und dann zählen Sie. Die Gesamtzahl N geteilt durch die Anzahl der Stöckchen, welche die Fugen berühren, sollte annähernd π ergeben. Somit stellt das eine einfache Methode dar, um die Kreiszahl Pi zu berechnen. Allerdings ist sie nicht wirklich effizient: Um ein genaues Ergebnis zu erhalten, sollte man möglichst viele Streichhölzer fallen lassen und den Versuch häufig wiederholen.

Es haben bereits viele Menschen versucht, die passendsten Ausgangsbedingungen zu schaffen, um Pi so präzise wie möglich mit Buffons Methode zu bestimmen. Man kann etwa die Anzahl der Streichhölzer und das Verhältnis ihrer Länge zur Breite der Dielen variieren. 1901 hat der italienische Mathematiker Mario Lazzarini behauptet, mit 3408 Nadeln und einem Längenverhältnis von 5 zu 6 einen Wert von 3,1415929... erreicht zu haben – also Pi bis zur sechsten Nachkommastelle zu reproduzieren.

Allerdings bezweifelt die Fachwelt inzwischen, dass Lazzarini dieses Meisterstück wirklich gelungen ist. Denn vorangehende und nachfolgende Versuche mit teilweise noch mehr Nadeln lieferten stets deutlich schlechtere Ergebnisse. Entweder hat Lazzarini einen echten Glückstreffer gelandet – oder er hat sich einen Scherz erlaubt. Es gibt Vermutungen, dass er seine Parameter extra so gewählt hat, damit eine bekannte Näherung von Pi ($\frac{355}{113}$) entstehen konnte. Damit wollte er wohl seine Kollegen aufziehen, welche die zahlentheoretischen Hintergründe von Pi beim buffonschen Nadelproblem ignorierten.

10.7 Die Leibniz-Formel

Pi ist überall. Das dachte sich wohl auch der damalige Jurist Gottfried Wilhelm Leibniz, als er auf eine bemerkenswert einfache Formel stieß, die die Kreiszahl beschreibt. Tatsächlich veranlasste ihn unter anderem diese Formel, seinen Beruf an den Nagel zu hängen und sich fortan nur noch mit Mathematik zu beschäftigen. Ein Glück! Denn seine Forschung prägt bis heute bedeutende Teile des Fachs.

Wenn man den Zahlenwert von Pi abschätzen möchte, kann man zunächst einen Kreis auf ein kariertes Blatt malen. Die Anzahl der Knoten oder Gitterpunkte (also Punkte, an denen sich die Linien kreuzen) hängt mit dem Flächeninhalt des Kreises zusammen. Je größer der Kreis, desto mehr Punkte liegen in dessen Innerem. Die Übereinstimmung wird natürlich umso genauer, je größer der Radius ist. Da der Flächeninhalt A eines Kreises von Pi abhängt ($A = \pi r^2$), lässt sich die Kreiszahl durch die Anzahl der inneren Punkte ermitteln (siehe Abb. 10.12).

Und genau das wird unser Ziel sein: Wir suchen nach einer Möglichkeit, die Gitterpunkte innerhalb eines Kreises zu zählen, um anschließend daraus den Wert von Pi zu ermitteln. Was nach einem einfachen Plan klingt, wird sich jedoch als ganz schön knifflige Aufgabe erweisen.

Als Ausgangspunkt zeichnet man den Kreis auf dem karierten Blatt so ein, dass der Mittelpunkt auf einem Knoten landet. Wie in der Schulgeometrie kann man sich ein kartesisches Koordinatensystem vorstellen, das im Mittelpunkt des Kreises seinen Ursprung hat. Zu jedem Knoten innerhalb des Kreises kann man von dort aus eine Linie ziehen, deren Länge l sich nach Pythagoras durch die x- und die y-Koordinate des Punkts berechnen lässt ($x^2 + y^2 = l^2$), wobei l^2 einer natürlichen Zahl entspricht, da x und y auch ganzzahlig sind (siehe Abb. 10.13).

Aber wie fängt man alle Punkte innerhalb des Kreises systematisch ein? Zum Beispiel könnte man kleinere Kreise ziehen und alle Knoten zählen, die auf diesen liegen (siehe Abb. 10.14). Damit die inneren Kreise überhaupt Punkte treffen, muss

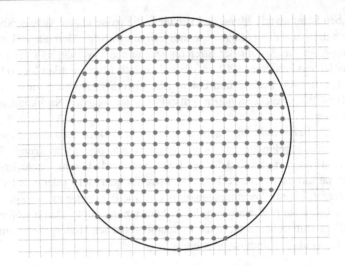

Abb. 10.12 Dieser Kreis mit Radius 8,7 enthält 237 Gitterpunkte. Sein Flächeninhalt beträgt zirka 237,78. (Copyright: Manon Bischoff)

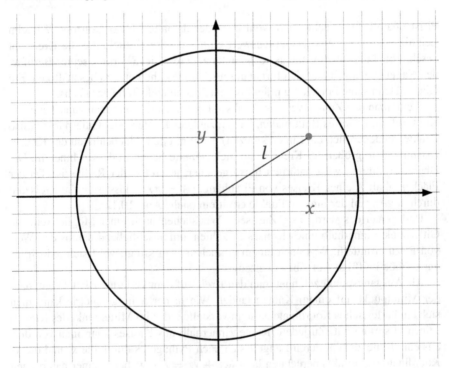

Abb. 10.13 Koordinaten eines Gitterpunkts innerhalb des Kreises. (Copyright: Manon Bischoff)

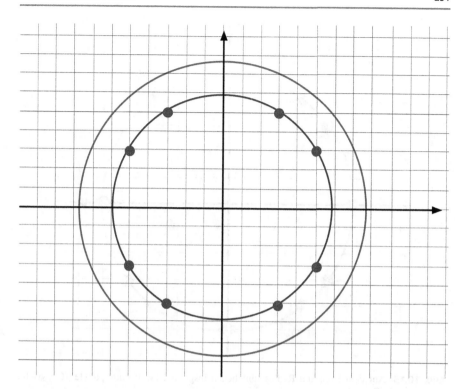

Abb. 10.14 Um alle Gitterpunkte innerhalb eines Kreises (pink) zu zählen, kann man kleinere Kreise (lila) ziehen und die darauf befindlichen Punkte zählen. (Copyright: Manon Bischoff)

deren Radius den möglichen Längen l entsprechen ($r = l$), die sich durch den Satz des Pythagoras aus ganzzahligen x und y ergeben. Demnach ist l stets die Wurzel aus einer ganzen Zahl N: $l = \sqrt{N}$.

Nun kann man also aufsteigend alle möglichen Kreise untersuchen, beginnend mit $l = \sqrt{0} = 0$, dann $l = \sqrt{1} = 1$, $l = \sqrt{2}$, $l = \sqrt{3}$ und so weiter. Dabei muss man jedes Mal zählen, wie viele ganzzahlige Koordinatenpaare sie besitzen. Für die ersten sieben Kreise findet man folgendes Ergebnis:

Radius	$\sqrt{0}$	$\sqrt{1}$	$\sqrt{2}$	$\sqrt{3}$	$\sqrt{4}$	$\sqrt{5}$	$\sqrt{6}$	$\sqrt{7}$
Schnittpunkte	1	4	4	0	4	8	0	0

Erkennen Sie das Muster? Nein? Ich auch nicht. Es scheint keine klare Regel zu geben, wann ein Kreis die Knoten des Karomusters schneidet – und wie häufig das geschieht. Aber bloß nicht die Hoffnung verlieren! Man kann eine analytische Bedingung dafür angeben: Ein Kreis schneidet immer dann einen Knoten, wenn

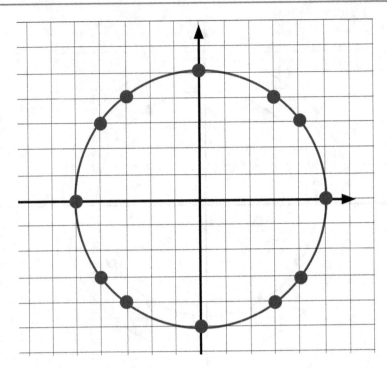

Abb. 10.15 Auf dem Kreis mit Radius fünf liegen insgesamt zwölf Gitterpunkte. (Copyright: Manon Bischoff)

sich der quadrierte Radius als Summe zweier Quadratzahlen schreiben lässt. Für $r = \sqrt{25}$ gibt es beispielsweise gleich mehrere Zahlenpaare, die das erfüllen: (5, 0), (4, 3), (3, 4), (0, 5) und so weiter (siehe Abb. 10.15).

Wenn man es mit ebenen, zweidimensionalen geometrischen Problemen zu tun hat, helfen sich Mathematiker gerne mit einem Trick. Anstatt sich umständlich mit Vektoren herumzuschlagen, wechseln sie in ein anderes Zahlensystem: in das der komplexen Zahlen. Diese enthalten alle reellen Zahlen und darüber hinaus Wurzeln aus negativen Werten. Die Wurzel aus minus eins wird dabei als i bezeichnet. Eine komplexe Zahl lässt sich als Summe aus einem Realteil (ein reeller Wert) und einem Imaginärteil (Wurzel einer negativen Zahl) schreiben, etwa: $z = 3 + 4i$.

Diese Aufspaltung ähnelt einer zweiten Dimension: Man interpretiert die x-Achse einer Ebene als Realteil, die y-Achse hingegen als Imaginärteil. So entspricht $z = 3 + 4i$ dem Punkt (3, 4) in einem herkömmlichen kartesischen Koordinatensystem. Viel hat sich also nicht geändert – allerdings fallen Berechnungen in dieser Darstellung etwas griffiger aus. Die Bedingung, dass r^2 der Summe zweier Quadratzahlen entsprechen muss, lässt sich auf diese Weise etwas einfacher formulieren: $r^2 = (a + ib)(a - ib)$. Da $i^2 = -1$, ergibt die Gleichung in ausmultiplizierter Form: $r^2 = a^2 + b^2$. Der Vorteil: Anstatt ein additives Problem zu haben, hat man die Aufgabe so umgeschrieben, dass nun die Teiler von r^2 gesucht sind. Um diese zu finden, gibt es ausgeklügelte Methoden.

Um zu entdecken, welche Kreise die Knoten eines karierten Blatts schneiden, muss man also ermitteln, welche quadrierten Radien sich durch ein Produkt $(a + ib)(a - ib)$ darstellen lassen, wobei a und b natürliche Zahlen sind. Und natürlich möchte man auch noch wissen, wie viele ganzzahlige a und b es gibt – denn das sind die ganzzahligen Koordinaten des untersuchten Kreises.

Man sucht also alle „ganzzahligen" komplexen Teiler einer Zahl r^2. Wenn der Radius des betrachteten Kreises beispielsweise $\sqrt{25}$ beträgt, dann gilt: $r^2 = 25 = 5 \cdot 5 = (2+i)(2-i) \cdot (2+i)(2-i)$. Weiter lässt sich die Zahl nicht zerlegen. Man kann 25 demnach in ein Produkt aus vier komplexen Zahlen zerlegen. Nun muss man nur alle Möglichkeiten zählen, daraus ein Produkt der Form $(a+ib)(a-ib)$ zu erhalten: $25 = (2+i)(2-i) \cdot (2+i)(2-i) = 5 \cdot 5$ oder $25 = (2+i)(2+i) \cdot (2-i)(2-i) = (3 + 4i)(3 - 4i)$ oder $25 = (2 + i)(2 + i) \cdot (2 - i)(2 - i) = (4 + 3i)(4 - 3i)$. Folglich besitzt der Kreis mit Radius $\sqrt{25}$ Schnittpunkte bei: $a = 5$, $b = 0$ und $a = 3$, $b = 4$ sowie $a = 4$, $b = 3$ – oder in kartesischen Koordinaten ausgedrückt: $(5, 0)$, $(4, 3)$ und $(3, 4)$.

Das sind allerdings nur die Schnittpunkte im ersten Quadranten. Aus Symmetriegründen taucht die gleiche Anzahl an Schnittpunkten in allen vier Quadranten auf. Daher muss man die Anzahl mit vier multiplizieren: Aus drei Lösungen werden also zwölf. Das heißt: Auf dem Kreis mit Radius $\sqrt{25}$ liegen zwölf Punkte, die ganzzahlige Koordinaten haben.

Doch was passiert, wenn sich r^2 nicht in die Form $(a + ib)(a - ib)$ faktorisieren lässt? Ein Beispiel dafür ist $r = \sqrt{15}$: $r^2 = 15 = 3 \cdot 5 = 3 \cdot (2 + i)(2 - i)$. Der Primfaktor 3 lässt sich nicht als Produkt zweier komplexer Zahlen der Form $(x + iy)(x - iy)$ mit ganzzahligen x und y schreiben. Als Konsequenz besitzt kein Punkt auf dem Kreis mit Radius $\sqrt{15}$ ganzzahlige Koordinaten.

Damit kann man die Bestimmung der Schnittpunkte systematisieren: Wenn man herausfinden möchte, wie viele Knoten eines karierten Blatts auf einem Kreis mit Radius r liegen, geht man wie folgt vor:

1. Bestimme die Primteiler p_i von $r^2 = p_1 \cdot p_2 \cdot p_3 \cdots$
2. Zerlege die Primzahlen wenn möglich in Produkte komplexer Zahlen der Form $(x + iy)(x - iy)$, wobei x und y ganzzahlig sind.
3. Zähle alle möglichen Varianten, wie sich r^2 als Produkt $(a+ib)(a-ib)$ schreiben lässt (indem man die Faktoren $(x + iy)(x - iy)$ unterschiedlich ausmultipliziert).
4. Multipliziere das Ergebnis mit 4, um alle Quadranten abzudecken.
5. Falls sich r^2 nicht in eine Form $r^2 = (a + ib)(a - ib)$ bringen lässt, dann liegen keine Gitterpunkte auf dem Kreis mit Radius r.

Den aufwändigsten Teil der Aufgabe stellen die Punkte zwei und drei dar. Denn man muss für jede Primzahl p untersuchen, ob sie sich in ganzzahlige komplexe Teiler faktorisieren lässt. Doch glücklicherweise gibt es Ergebnisse aus der Zahlentheorie, die sich mit dieser Fragestellung befassen:

- Jede Primzahl der Form $4n + 1$ (5, 13, 17, 29 und so weiter) lässt sich in exakt ein Paar $(x + iy)(x - iy)$ mit ganzzahligen x und y faktorisieren.
- Primzahlen der Form $4n + 3$ (3, 7, 11, 19 und so weiter) lassen sich hingegen nicht weiter zerlegen.

Damit lässt sich bestimmen, welche Primfaktoren auf welche Weise zu den Gitterpunkten auf einem Kreis beitragen. Angenommen, r^2 besteht aus k Primzahlen der Form $4n + 1$ und l Primteilern der Form $4n + 3$. Falls l eine ungerade Zahl ist, dann lässt sich r^2 nicht als Produkt $(a + ib)(a - ib)$ schreiben – daher ist die Anzahl der Schnittpunkte null (unabhängig von allen anderen Primfaktoren).

Wenn l hingegen gerade ist, lässt sich r^2 durch $(a + ib)(a - ib)$ ausdrücken. Jede Primzahl der Form $4n + 1$, die k-mal auftaucht, liefert einen Faktor von $k + 1$ für die Anzahl der Schnittpunkte. Am Ende muss man das Ergebnis noch mit vier multiplizieren, um alle Quadranten abzudecken. Und zu guter Letzt: Falls in der Primfaktorzerlegung des quadrierten Radius der Faktor zwei auftaucht, ändert dieser nichts an der Anzahl der Schnittpunkte.

Das war jetzt ziemlich viel Theorie, deshalb wenden wir uns einem Beispiel zu: dem Kreis mit Radius $\sqrt{289.180.125}$. Wie wir sehen werden, schneidet er 80 Gitterpunkte. Denn: $289.180.125 = 3^4 \cdot 5^3 \cdot 13^4$. Drei ist eine Primzahl der Form $4n + 3$ und kommt viermal, also in gerader Anzahl, vor. Das heißt, der Kreis schneidet auf jeden Fall ganzzahlige Punkte. Um herauszufinden, wie viele genau, muss man sich den anderen Primfaktoren widmen: 5 und 13 sind Primzahlen der Art $4n + 1$, daher liefern sie $(3 + 1)$ mal $(4 + 1)$, also 20 Schnittpunkte. Diese muss man aus Symmetriegründen noch mit vier multiplizieren – und erhält schließlich 80 ganzzahlige Koordinaten, die auf dem Kreis liegen.

Zur Erinnerung: Ursprünglich wollten wir eine Formel für die Zahl Pi finden. Dafür wollten wir alle Knoten innerhalb eines möglichst großen Kreises berechnen. Wir haben dazu alle Kreise mit Radius $r = \sqrt{N}$ (wobei N eine natürliche Zahl ist) betrachtet, die innerhalb des großen Kreises liegen. Man zählt, wie viele Gitterpunkte auf den inneren Kreisen liegen, und summiert sie auf.

Was noch fehlt, ist also eine griffige Formel für das Zählen der ganzzahligen Koordinaten auf einem Kreis. Um das zuvor beschriebene Verfahren in eine kompakte Gleichung umzuwandeln, kann man eine Hilfsfunktion definieren: $f(n) =$ entweder 1, falls $n = 4k + 1$; oder -1, falls $n = 4k + 3$; oder 0, falls $n = 2k$, wobei k und somit n natürliche Zahlen sind. Die Abbildung wirkt auf den ersten Blick etwas willkürlich, aber gleich wird klar, warum sie nützlich ist.

Dazu kann man sich wieder dem vorigen Beispiel zuwenden: $289\ 180\ 125 = 3^4 \cdot 5^3 \cdot 13^4$, bei der wir insgesamt $4 \cdot 1 \cdot (3 + 1) \cdot (4 + 1) = 80$ Schnittpunkte gezählt hatten. Das Ergebnis lässt sich auch durch die neue Funktion f ausdrücken:
$4 \cdot [f(1) + f(3) + f(3^2) + f(3^3) + f(3^4)] \cdot [f(1) + f(5) + f(5^2) + f(5^3)] \cdot [f(1) + f(13) + f(13^2) + f(13^3) + f(13^4)] = 4 \cdot (1 - 1 + 1 - 1 + 1) \cdot (1 + 1 + 1 + 1) \cdot (1 + 1 + 1 + 1 + 1) = 80$.

Durch die Hilfsfunktion $f(n)$ lässt sich also eine Formel für das Zählen der Gitterpunkte formulieren: Für $r^2 = p_1^a \cdot p_2^b \cdot p_3^c \cdots$ berechnet sich die Anzahl der Schnittpunkte durch das Produkt: $4 \cdot [f(p_1)^0 + f(p_1)^1 + \ldots + f(p_1)^a] \cdot [f(p_2)^0 + f(p_2)^1 + \ldots + f(p_2)^b] \cdot [f(p_3)^0 + f(p_3)^1 + \ldots + f(p_3)^c] \cdots$

Im Prinzip sind wir fertig – aber der Ausdruck lässt sich weiter vereinfachen. Denn die Funktion $f(n)$ hat eine sehr angenehme Eigenschaft: Sie ist multiplikativ. Das heißt, $f(n) \cdot f(m) = f(n \cdot m)$. Indem man das ausnutzt, kann man das Produkt zur Bestimmung der Schnittpunkte in eine einfache Summe umwandeln.

Führt man die Multiplikationen aus, erhält man nämlich Terme der Form: $4f(1) + 4f(1 \cdot p_1^1) + 4f(1 \cdot p_1^2) + 4f(1 \cdot p_1^1 \cdot p_2^1) + 4f(1 \cdot p_1^1 \cdot p_3^1) + \ldots$ Man summiert demnach die Funktion f von allen Teilern des quadrierten Radius – und multipliziert das Ganze mit vier.

Damit sind wir nun wirklich am Ende: Um alle Gitterpunkte innerhalb eines möglichst großen Kreises zu zählen, muss man alle ganzzahligen Koordinaten der inneren Kreise mit Radius $\sqrt{N}$ zusammenzählen. Das heißt: Die obige Summe müssen wir für alle Kreise mit Radius $\sqrt{N}$ (mit $N = 1, 2, 3, 4, \ldots$) bilden und addieren. Da die Radien über teilweise gleiche Teiler verfügen, kann man diese bündeln. Zum Beispiel besitzt jede Zahl den Teiler 1 – daher taucht $f(1)$ bei jedem Kreis auf. 2 ist hingegen nur bei jeder zweiten Zahl vertreten (jede zweite Zahl ist gerade), also taucht $f(2)$ nur in durchschnittlich der Hälfte aller Fälle auf, und so weiter.

$\sqrt{1}$	$\sqrt{2}$	$\sqrt{3}$	$\sqrt{4}$	$\sqrt{5}$	$\sqrt{6}$
$f(1)$					
$f(1)$	$f(2)$				
$f(1)$		$f(3)$			
$f(1)$	$f(2)$		$f(4)$		
$f(1)$				$f(5)$	
$f(1)$	$f(2)$	$f(3)$			$f(6)$

So erhält man folgende Abschätzung für die Anzahl aller Gitterpunkte innerhalb eines großen Kreises mit Radius R: $4R^2[f(1) + \frac{f(2)}{2} + \frac{f(3)}{3} + \ldots] = 4R^2(1 - \frac{1}{3} + \frac{1}{5} - \frac{1}{7} + \frac{1}{9} \pm \ldots)$. Und wie wir wissen, entspricht die Anzahl der Punkte für große R in etwa dem Flächeninhalt des Kreises, also $4R^2(1 - \frac{1}{3} + \frac{1}{5} - \frac{1}{7} + \frac{1}{9} \pm \ldots) \approx \pi R^2$. Auf beiden Seiten kann man nun den Faktor R^2 herauskürzen und erhält so eine Formel für Pi: $\pi \approx 4 \cdot (1 - \frac{1}{3} + \frac{1}{5} - \frac{1}{7} + \frac{1}{9} \pm \ldots)$

Auch wenn das Endergebnis wie gewünscht eine griffige und schöne Gleichung ist, hat es einiges an Aufwand gekostet, sie zu erhalten. Wir haben Eigenschaften von Primzahlen, komplexen Zahlen und Faktorisierungen ausnutzen müssen – allesamt Ergebnisse aus der Zahlentheorie. Das verdeutlicht die wunderbare Vielfalt der Kreiszahl, die weit über den Bereich der Geometrie hinausgeht.

10.8   Die geheimnisvollen Fünfen

Haben Sie einen Taschenrechner griffbereit? Ein Browserfenster mit Google oder ein Smartphone tun es notfalls auch. Wählen Sie nun eine beliebige Anzahl an Fünfen, beispielsweise acht, und notieren Sie die Zahl: 55.555.555. Es mag unglaublich klingen, aber Sie sind jetzt nur noch zwei Klicks davon entfernt, dass Pi auf dem Rechner Ihrer Wahl erscheint. Dafür drücken Sie zunächst die Kehrwert-Taste, mit der man $\frac{1}{55.555.555}$ erhält. Dann ein zweiter Klick auf die Sinus-Taste, et voilà. Falls der Rechner auf das Winkelmaß „Grad" eingestellt war, erscheint jetzt folgendes Ergebnis: $3{,}1415927 \cdot 10^{-10}$.

Zugegeben, die letzte angezeigte Stelle sollte eigentlich sechs statt sieben lauten, doch man kann auch argumentieren, dass Google (das ich für die Berechnung genutzt habe) einfach gerundet hat. Dennoch: Es ist erstaunlich, dass vor der Zehnerpotenz eine Zahl auftaucht, die Pi verdächtig ähnelt. Tatsächlich kann man das Spiel mit einer anderen Anzahl von Fünfen wiederholen – das Resultat wird stets nahe an Pi liegen. Wie kommt das zu Stande? Was hat Pi, die nicht enden wollende, irrationale Kreiszahl, mit der gewöhnlichen, fast schon langweiligen Fünf zu tun?

Wie Sie vielleicht schon bemerkt haben, funktioniert der nette Rechentrick nur dann, wenn der Rechner auf „Grad" und nicht auf „Radiant" eingestellt ist. Das heißt, das Argument der Sinusfunktion – in diesem Fall der Kehrwert der vielen Fünfen – wird im Winkelmaß aufgefasst. Und genau darin liegt der Knackpunkt, wie wir später sehen werden.

Man ist recht frei darin, wie man einen Vollkreis einteilt. Am geläufigsten ist das Winkelmaß „Grad", wobei ein Kreis 360 Grad umfasst. In der Geodäsie wird stattdessen „Gon" genutzt, 360 Grad entsprechen 400 Gon. Etwas bekannter als „Gon" dürfte das Bogenmaß sein: Die Einheit entspricht dem Winkel, der den Bogen mit Länge des Radius auf dem Kreis aufspannt. Der Vollkreis hat 2π Radiant, da $2\pi r$ dem vollen Umfang entspricht.

Häufig ist es hilfreich, Berechnungen im Bogenmaß durchzuführen. Daher können wir untersuchen, was herauskommt, wenn man die Größen $\frac{1}{5}, \frac{1}{55}, \frac{1}{555}$ und so weiter in Radiant umrechnet. Da 360 Grad im Winkelmaß 2π im Bogenmaß entsprechen, muss man die Argumente der Sinusfunktion mit $\frac{\pi}{180}$ multiplizieren, um zum Bogenmaß überzugehen. Das heißt, wir sind an den Größen $\sin(\frac{1}{555} \cdot \frac{\pi}{180} \approx 0{,}00003)$ interessiert.

Leider sagt das erst einmal nichts über das Ergebnis aus – trigonometrische Funktionen von solch komplizierten Ausdrücken lassen sich kaum im Kopf berechnen. Daher müssen wir zuerst herausfinden, wie man die Sinusfunktion für extrem kleine Argumente berechnet. Wenn man den dazugehörigen Graphen betrachtet, stellt man fest, dass die Kurve für kleine Werte von x (im Bogenmaß) einer Geraden ähnelt. Das machen sich Physikerinnen und Physiker bei zahlreichen Berechnungen zu Nutze – anstatt umständlich die trigonometrische Funktion $\sin(x)$ nachzuschlagen (oder in den Taschenrechner einzugeben), kann man einfach den Wert von x nehmen.

Dass diese Vereinfachung zulässig ist, besagt die berüchtigte Taylorreihe, die der britische Mathematiker Brook Taylor bereits im 18. Jahrhundert hergeleitet hat: Arbeitet man mit einer glatten Funktion (also einer, deren Graph weder Lücken noch Ecken oder Kanten aufweist), dann kann man diese in der Umgebung eines Punkts a immer durch eine Summe von Polynomen annähern. Das ist ein äußerst nützlicher Satz, denn Polynome gehören zu den einfachsten Strukturen in der Analysis: Sie bestehen aus Variablen, die mit einer Zahl potenziert werden, zum Beispiel $x^3 + 4x^2 - x$.

Annäherung an Pi

Indem man den Sinus von einem Kehrwert einer Zahl, die nur aus Fünfen besteht, berechnet, erhält man ein erstaunliches Ergebnis: Die Ziffern entsprechen einer Näherung von Pi, multipliziert mit einer Zehnerpotenz (in der Tabelle haben wir diese ignoriert). Je mehr Fünfen, desto besser das Resultat.

5	3,49065141
55	3,17332585
555	3,14473739
5.555	3,14190684
55.555	3,14162407
555.555	3,14159579
5.555.555	3,14159297
55.555.555	3,14159268
555.555.555	3,14159265
5.555.555.555	3,14159265

Tabelle: Spektrum der Wissenschaft   **Spektrum**.de

Und das Beste an der Taylorreihe: Es gibt sogar eine Vorschrift, wie man das passende Polynom zu einem Punkt a auf einer Kurve findet: $Tf_a(x) \approx f(a) + f'(a) \cdot (x-a) + \frac{1}{2} \cdot f''(a) \cdot (x-a)^2 + \ldots + \frac{1}{n!} \cdot f(n)(a) \cdot (x-a)^n$. Die Formel mag vielleicht kompliziert aussehen, ist es aber im Grunde nicht. Sie besagt, dass eine Funktion $f(x)$ in der Umgebung eines Punkts a durch ein Polynom in den Variablen $(x-a)$ gegeben ist und sich die Vorfaktoren aus den Ableitungen der Funktion $f(x)$

berechnen lassen. Dass dem wirklich so ist, lässt sich beweisen, indem man zeigt, dass die Differenz $f(x) - Tf_a(x)$ extrem klein wird, wenn x sich a nähert.

Die Taylorreihe kann man konkret auf die Sinusfunktion für kleine Werte von x, also um den Punkt $a = 0$ herum, anwenden. Dafür muss man wissen, dass die Ableitung des Sinus den Kosinus ergibt und die Ableitung des Kosinus den negativen Sinus liefert: $\sin_a(x) \approx \sin(0) + \cos(0) \cdot x - \frac{1}{2}\sin(0) \cdot x^2 + \ldots = x$. Wenn man nur die ersten drei Terme der Taylorreihe berücksichtigt, bleibt lediglich x stehen (weil $\sin(0) = 0$). Das erklärt, warum der Sinus in der Nähe des Ursprungs die Form einer Geraden hat.

Damit sind wir nun fast am Ziel. Zur Erinnerung: Wir wollten herausfinden, warum im Ergebnis von $\sin(\frac{1}{5555\ldots})$ im Winkelmaß die Kreiszahl Pi auftaucht. Indem wir einen Umweg über das Bogenmaß nehmen, können wir die Sinusfunktion näherungsweise durch ihr Argument ausdrücken, also: $\sin(\frac{1}{5555\ldots} \cdot \frac{\pi}{180}) \approx \frac{1}{5555\ldots} \cdot \frac{\pi}{180}$. Um das weiter zu untersuchen, ist es sinnvoll, $\frac{1}{5555\ldots}$ als Dezimalzahl auszuschreiben. Es ergibt sich: $\frac{1}{5} = 0,2$; $\frac{1}{55} = 0,01818\ldots$; $\frac{1}{555} = 0,00180180\ldots$; $\frac{1}{5555} = 0,00018001800\ldots$ und so weiter. In allen Dezimalzahlen (bis auf die ersten beiden) taucht die Ziffernfolge 180 auf. Wenn man die periodische Zahl, die sich aus dem Kehrwert von n Fünfen ergibt, nach 18 beziehungsweise 180 abbricht, erhält man folgenden Zusammenhang: $\frac{1}{5555\ldots} \cdot \frac{\pi}{180} \approx 180 \cdot \frac{\pi}{180} \cdot 10^{-n-2}$.

Das heißt: Die Zahl 180 kürzt sich weg! Übrig bleibt nur noch Pi, multipliziert mit einer Zehnerpotenz. Natürlich ist das Ergebnis nicht exakt, immerhin haben wir allerlei Näherungen getroffen: angefangen bei der Taylorreihe der Sinusfunktion bis hin zur Berechnung des Kehrwerts. Je mehr Fünfen man in die Kalkulation miteinbezieht, desto genauer reicht das Ergebnis jedoch an den tatsächlichen Wert von Pi heran. Viel nützliche Anwendung findet dieser Rechentrick zwar nicht – aber zumindest am Pi-Day kann man damit für Unterhaltung sorgen.

10.9   Feiert den Feigenbaum-Tag

Von der Kreiszahl π, der eulerschen Zahl e oder dem goldenen Schnitt ϕ haben die meisten Menschen schon gehört. Der Kreiszahl wurde inzwischen sogar ein – zumindest inoffizieller – Feiertag gewidmet: Der 14. März gilt weltweit als „Tag der Mathematik", da das Datum in US-amerikanischer Schreibweise 3/14 lautet – und damit den ersten Ziffern der berühmten Zahl Pi entspricht. Stattdessen könnte man auch in unserer Datumsnotation die Zahl 14/3 $\approx$ 4,67... zelebrieren: die Feigenbaum-Konstante!

Die Konstante hat nichts mit Botanik zu tun, falls Sie das befürchten. Sollten Sie noch nie etwas von der Feigenbaum-Konstante $\delta = 4,66920160910299067185320$ $3820466\ldots$ gehört haben, sind Sie damit nicht allein. Selbst einigen Mathematikerinnen und Mathematikern ist sie höchstwahrscheinlich noch nie begegnet. Dabei ist sie durchaus bedeutsam: Es handelt sich um eine universelle Größe, die im Bereich der dynamischen Systeme immer wieder auftaucht – ganz ähnlich wie Pi in der Geometrie immer wieder anzutreffen ist. Warum sollte man also nicht den Feigenbaum-Tag feiern?

Anders als π wirft δ noch viele Fragen auf: Zum Beispiel ist bis heute unklar, ob sie irrational ist oder irgendwann ein periodisches Verhalten annimmt. Fachleute vermuten sogar, die Feigenbaum-Konstante könnte wie die Kreiszahl transzendent sein. Solche Zahlen sind besonders spannend: Sie gelten als „wirklich zufällige Werte", weil sie sich nicht als Lösung eines noch so komplizierten Polynoms darstellen lassen. Aber woher kommt die mysteriöse Feigenbaum-Konstante und warum wissen wir so wenig über sie?

Alles fing mit Kaninchen an. Im Jahr 1976 veröffentlichte der Physiker Robert May eine Arbeit mit dem einprägsamen Titel „Simple mathematical models with very complicated dynamics". Darin untersuchte er die zeitliche Entwicklung von Populationen, etwa von Kaninchen: Die Tiere vermehren sich, ihre Zahl steigt, doch gleichzeitig müssen sie um Futter wetteifern und haben Fressfeinde, was die Anzahl der Kaninchen wiederum begrenzt.

May suchte nach einer möglichst einfachen Gleichung, die genau diese Dynamik modellieren könnte. Solche Aufgaben fallen in den Bereich der „Theorie dynamischer Systeme", die sich mit biologischem Wachstum, Planetenbahnen, Wirtschaftsmodellen oder dem Wetter befassen. Dabei spielen Funktionen $f(x)$, wie sie in der Analysis vorkommen, eine wichtige Rolle. Aber anders als in der Schule, untersucht man nicht, wie sich f für verschiedene Zahlenwerte von x verändert. Stattdessen setzt man einen Startwert x_0 in die Funktion ein, berechnet das Ergebnis $f(x_0) = x_1$ und setzt dieses wieder in die Funktion ein: $f(x_1) = x_2$. Das wiederholt man möglichst häufig, um das Verhalten von f zu untersuchen. Konvergieren die Ergebnisse irgendwann gegen einen festen Wert? Schwanken sie periodisch zwischen mehreren Zahlen hin und her? Oder explodieren die Resultate in Richtung unendlich? Selbst einfachste Gleichungen f können je nach Startpunkt x_0 ein extrem komplexes Verhalten an den Tag legen, wie der Titel von Mays Arbeit nahelegt.

Doch zurück zu den Kaninchen: Mit welcher Funktion f kann man ihre Population modellieren? Als Startpunkt wählt man die aktuelle Anzahl der Kaninchen k_0. Angenommen, innerhalb eines bestimmten Zeitintervalls, zum Beispiel einem Jahr, werden weitere k_0 Kaninchenbabys geboren. Die Population wächst also mit einer Rate von $r = 2$. Damit würde sich die Anzahl der Tiere mit jedem Jahr verdoppeln, bis unser Planet nur noch von Kaninchen bevölkert ist. In Gleichungen ausgedrückt: Nach n Jahren gibt es $k_n = 2 \cdot k_{n-1}$ Kaninchen, also doppelt so viele wie im Vorjahr.

Dabei haben wir allerdings nicht berücksichtigt, dass einige der Tiere sterben – an Altersschwäche, weil sie gefressen werden oder aus welchen Gründen auch immer. Das kann man berücksichtigen, indem man die Wachstumsrate mit einem begrenzenden Faktor der Form $(K - k_{n-1})$ multipliziert, wobei K die maximale Anzahl an Kaninchen darstellt, die die Population überhaupt erreichen kann. Das Wachstum der Kaninchen folgt demnach der Gleichung: $k_n = r \cdot k_{n-1} \cdot (K - k_{n-1})$. Aus mathematischer Sicht beschreibt diese Funktion $k_n(k_{n-1})$ eine nach unten geöffnete Parabel. Das heißt: Für kleine Werte von k_{n-1} wächst die Population im kommenden Jahr an, während sie für große k_{n-1} schrumpft. Das können wir in der Natur ebenfalls beobachten: Wenn es zu viele Tiere einer Art gibt, sinkt die Population, zum Beispiel weil es nicht genug Futter gibt, anschließend kann sie wieder wachsen.

Die von May beschriebene Formel wird inzwischen als logistische Gleichung bezeichnet. Sie lässt sich vereinfachen, indem man nicht die Gesamtzahl k der Kaninchen untersucht, sondern ihren prozentualen Anteil $x = \frac{k}{K}$ in Abhängigkeit des Maximums K. Damit vereinfacht sich die logistische Gleichung zu: $x_n = r \cdot x_{n-1} \cdot (1 - x_{n-1})$. Nun kann man für verschiedene Wachstumsraten r untersuchen, wie sich eine Population zeitlich entwickelt, indem man mit einem bestimmten Startwert x_0 beginnt und die Ergebnisse wieder und wieder in die Gleichung einsetzt.

Wie sich herausstellt, hängt das Verhalten der Populationen auf lange Sicht nicht vom Startwert ab – vor allem nicht, wenn man weit in die Zukunft extrapoliert. Die Langzeitergebnisse werden bloß von der Wachstumsrate r beeinflusst. Wenn r zwischen null und eins liegt (also weniger Tiere nachkommen, als bereits vorhanden sind), dann wird die Population nach einer gewissen Zeit zwangsläufig aussterben.

Für r zwischen eins und drei strebt die Anzahl der Tiere nach kurzem Einpendeln gegen einen festen Wert. Auch das spiegelt unsere Erfahrung wider: Viele Populationen haben über Jahre hinweg einen relativ festen Bestand. Wenn man die Wachstumsrate weiter vergrößert, geschieht bei $r = 3$ erstmals etwas Eigenartiges. Anstatt sich über die vergangene Zeit hinweg einem Zahlenwert zu nähern, springt die Anzahl der Tiere von einem Zeitschritt zum nächsten zwischen zwei festen Punkten hin und her. In einem Jahr könnten 70 Prozent der maximalen Population leben, im nächsten nur 30 Prozent, um dann wieder auf 70 zu steigen. Man spricht von einem dynamischen System mit einer Periodizität von zwei. Auch das kann man im Tierreich beobachten: Manche Populationen haben Zyklen, je nach Jahr oder Jahreszeit sind mal mehr oder mal weniger Tiere anzutreffen.

Wenn die Wachstumsrate weiter anwächst, wird es sogar noch verrückter: Für r zwischen 3,44949 und 3,54409 gibt es vier verschiedene Werte, zwischen denen die Population schwankt, das System hat also eine Periodizität von vier. Mit steigendem r entstehen – in immer kürzeren Intervallen – Bereiche mit Periodizitäten von 8, 16, 32, 64 und so weiter. Die Stelle, an der sich die Periodizität verdoppelt, wird Bifurkation genannt.

Da die Abstände zwischen den Bifurkationen immer kleiner werden, kann man bis $r = 3,56995\ldots$ jede Periodizität in Form einer Zweierpotenz finden – der Größe der Periodizität sind dabei keine Grenzen gesetzt. Darüber hinaus (also für $r > 3,56995\ldots$) herrscht Chaos. Das bedeutet, dass sich die zeitliche Entwicklung einer Population mit einer solchen Wachstumsrate kaum noch vorhersagen lässt. Zwar kann man für einen festen Wert von r noch immer die Periodizität und die entsprechende Anzahl von Tieren berechnen. Wenn sich r aber nur minimal ändert (was in der Natur durchaus üblich ist), sieht die zeitliche Entwicklung der Population völlig anders aus.

Genau das ist die Definition von Chaos. Anders als es der alltägliche Sprachgebrauch nahelegt, bedeutet Chaos im mathematischen Sinn nicht, dass es überhaupt keine Regeln mehr gibt. Rein theoretisch lässt sich ein chaotisches System sogar exakt beschreiben und vorhersagen. Das Problem ist bloß, dass durch winzige Änderungen der Parameter (in diesem Fall die Wachstumsrate r), der Ausgang ein völlig anderer ist. Das macht chaotische Systeme so unberechenbar: Denn man wird

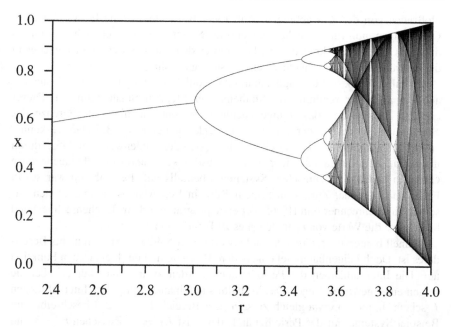

Abb. 10.16 Führt man die logistische Gleichung immer wieder aus, ergibt sich ein Feigenbaum-Diagramm mit einem Übergang von Ordnung (links) zum Chaos (rechts). (Copyright: PAR, public domain)

nie in der Lage sein, alle relevanten Größen eines komplexen Systems wie etwa des Wetters beliebig exakt zu bestimmen.

Interessanterweise gibt es im chaotischen Bereich von r immer wieder „Inseln der Stabilität", in denen die Periodizität für längere Intervalle gleich bleibt (siehe Abb. 10.16). Das ist etwa bei $r \approx 3{,}82843$ der Fall. Dort hüpft die Populationszahl zwischen drei Werten hin und her. Kurz darauf folgt ein Bereich, in dem die Zahl zwischen sechs Werten oszilliert, dann ein Intervall mit einer Periodizität von zwölf und so weiter. Auch hier findet man wieder unendlich viele Bifurkationen auf einem kurzen Abschnitt. Tatsächlich kann man im gesamten Bereich von r zwischen null und vier alle möglichen Periodizitäten finden. May hat mit dem Titel seiner 1976 erschienen Arbeit also voll ins Schwarze getroffen: Wer hätte ahnen sollen, dass eine so einfache Funktion wie $r \cdot x_{n-1} \cdot (1 - x_{n-1})$ ein derart komplexes Verhalten an den Tag legt?

Während sich May der logistischen Funktion widmete, arbeitete der Physiker Mitchell J. Feigenbaum ebenfalls an einem chaotischen System, jedoch einem ganz bestimmten: der Turbulenz von Flüssigkeiten. Die so genannten Navier-Stokes-Gleichungen, die das Verhalten von Fluiden beschreiben, sind schon seit dem 19. Jahrhundert bekannt. Dennoch ist man bis heute noch weit davon entfernt, sie lösen zu können – es ist noch nicht einmal bekannt, ob sie immer eine Lösung besitzen. Um sich dem Problem zu nähern, vereinfachte Feigenbaum zunächst die Gleichungen. Er ignorierte ihre räumliche Abhängigkeit, so dass die Formeln bloß noch von der Zeit abhingen. Außerdem betrachtete er die Entwicklung der Gleichungen nur für endliche Zeitschritte. Somit sah auch er sich mit einem dynamischen System konfrontiert, bei dem er den Ausgabewert immer wieder in die ursprüngliche Funktion einsetzen musste – ganz ähnlich wie May.

Im Juli 1975 besuchte Feigenbaum eine Konferenz zu dynamischen Systemen, an dem auch der renommierte Mathematiker Stephen Smale teilnahm. Dieser erzählte Feigenbaum, dass einige Fachleute vermuteten, hinter der Grenze des chaotischen Verhaltens der logistischen Funktion bei $r = 3,56995\ldots$ könnte etwas Tiefgründiges stecken: Vielleicht ließe sich der Zahlenwert $3,56995\ldots$ durch mathematische Konstanten wie π oder $\sqrt{2}$ ausdrücken – und vielleicht tauche diese Größe in anderen dynamischen Systemen ebenfalls auf. Feigenbaum war sofort Feuer und Flamme. Zurück in seinem Büro in Los Alamos, stürzte er sich auf seinen Taschenrechner (ein HP-65, der erste programmierbare Taschenrechner) und berechnete die Werte von r, an denen es zu Bifurkationen kommt.

Schnell bemerkte er, dass der Zahlenwert $r = 3,56995\ldots$ an sich nichts Besonderes ist. Doch Feigenbaum fiel eine andere Besonderheit der logistischen Funktion auf. Die Intervalllängen der Periodizitäten werden zwar immer kürzer, aber sie folgen einer gewissen Regel: Das Verhältnis aufeinander folgender Intervalllängen L scheint immer in etwa gleich zu sein. Der Bereich $1 < r < 3$ beschreibt zum Beispiel Systeme mit der Periodizität 1, daher ist $L_1 = 2$. Zwischen $r = 3$ und $3,44949$ schwankt die Population hingegen zwischen zwei Werten hin und her ($L_2 = 0,44949$), zwischen $r = 3,44949$ und $3,54409$ hat die Population eine Periodizität von vier ($L_3 = 0,0946$) und so weiter. Nun kann man die Verhältnisse von aufeinander folgenden Intervalllängen L berechnen.

Intervall	Verhältnis
L_1/L_2	$4,4495\ldots$
L_2/L_3	$4,7515\ldots$
L_3/L_4	$4,6562\ldots$
L_4/L_5	$4,6683\ldots$
L_5/L_6	$4,6686\ldots$

Mit geeigneten Computerprogrammen lässt sich der Grenzwert der inzwischen als Feigenbaum-Konstante δ bekannten Größe berechnen: $\delta = 4,6692016091029906718532038204 66\ldots$

Doch Feigenbaum machte noch eine viel erstaunlichere Entdeckung: Die Feigenbaum-Konstante taucht nicht nur im Zusammenhang mit der logistischen Funktion auf, sondern auch mit anderen Funktionen, die ein einziges quadratisches Maximum haben, etwa: $x_n = r \cdot \sin(x_{n-1})$. Wenn man die Dynamik solcher Gleichungen für unterschiedliche Parameter r untersucht, findet man die Feigenbaum-Konstante. Denn auch in diesen Systemen verdoppelt sich die Periodizität mit steigender Wachstumsrate. Und wenn man das Verhältnis der jeweiligen Intervalllängen zwischen den Bifurkationen berechnet, kommt wieder die mysteriöse Konstante heraus. Feigenbaum vermutete, dass es sich um eine universelle Größe handelt, die zur Theorie der dynamischen Systeme gehört, so wie Pi zur Geometrie.

Mit dieser Erkenntnis zog der damals 30-Jährige durchs Land und hielt Vorträge. Doch die Begeisterung blieb zunächst aus: Physiker wussten nicht ganz, was sie mit diesem Ergebnis anfangen sollten – hatte es überhaupt eine Relevanz für reale Systeme? Und Mathematiker zeigten sich skeptisch, da Feigenbaum nicht beweisen konnte, dass δ wirklich universell war und nicht nur zufällig in seinen untersuchten Systemen auftauchte. Und so kam es, dass die ersten Versuche, seinen Fund zu veröffentlichen, scheiterten: Zwei mathematische Fachzeitschriften lehnten Feigenbaums Manuskript ab. Im Jahr 1978 schließlich willigte ein physikalisches Fachjournal ein, die erstaunliche Arbeit zu publizieren. Doch erst als ein Forschungsteam um den Experimentalphysiker Albert Libchaber ein Jahr später tatsächlich die Verdopplung der Periodizität in flüssigem Helium beobachten konnte, würdigte die Fachwelt Feigenbaums Erkenntnisse.

Inzwischen gibt es zahlreiche experimentelle Nachweise seiner Arbeit in unterschiedlichsten Bereichen: von Fluiddynamik über optische Systeme bis hin zur Medizin. Unter anderem kann man die dynamischen Modelle nutzen, um Herzrhythmusstörungen zu behandeln, die durch chaotische Erregungsmuster im Herzmuskel entstehen können. Trotz all dieser Erfolge war aber noch immer unklar, wie allgemeingültig Feigenbaums Entdeckung wirklich war. Ohne einen mathematischen Beweis kann man nur Spezialfälle abklappern. Doch glücklicherweise ließ ein solcher nicht allzu lange auf sich warten. 1982 konnte der Mathematiker Oscar Lanford III einen computergestützten Beweis vorlegen, indem er einige Abschätzungen durch aufwändige maschinelle Berechnungen bestätigte. 17 Jahre später gelang es Mikhail Lyubich, einen Beweis ohne Hilfe eines Computers vorzulegen.

Damit ist bewiesen, dass die Feigenbaum-Konstante für die Theorie dynamischer Systeme dieselbe Rolle spielt wie die Kreiszahl Pi für die Geometrie. Es gibt also keinen Grund, am „Tag der Mathematik" nicht auch der Feigenbaum-Konstante zu huldigen – zumal sie besser zu unserer Datumsnotation passt.

Literaturverzeichnis

1. Galperin G (2003) Playing pool with π (the number pi from a billiard point of view). Regul Chaotic Dyn 8(4):375–394
2. Klebanoff A (2001) π in the Mandelbrot set. Fractals 9(4):393–402
3. Krieger H, Haran B (2015) Pi and the Mandelbrot set. Numberphile https://www.youtube.com/watch?v=d0vY0CKYhPY. Zugegriffen am 27.02.2024
4. Gardner M (1970) Mathematical games. Sci Am 223(4):120–123
5. Wästlund J (2010) Summing inverse squares by Euclidean geometry. http://www.math.chalmers.se/~wastlund/Cosmic.pdf. Zugegriffen am 27.02.2024
6. Badger L (1994) Lazzarini's lucky approximation of π. Math Mag 67(2):83–91
7. Shirali SA (2010) Madhava, Gregory, Leibnitz, and sums of two squares. Reson 15:116–123
8. May R (1976) Simple mathematical models with very complicated dynamics. Nature 261:459–467

9. Feigenbaum MJ (1978) Quantitative universality for a class of nonlinear transformations. J Stat Phys 19(1):25–52
10. Libchaber A, Laroche C, Fauve S (1982) Period doubling cascade in mercury, a quantitative measurement. Journal de Physique Lettres 43(7):211–216
11. Chialvo D, Gilmour R, Jalife J (1990) Low dimensional chaos in cardiac tissue. Nature 343:653–657
12. Lanford OE III (1982) A computer-assisted proof of the Feigenbaum conjectures. Bull Am Math Soc 6:427–434
13. Lyubich M (1999) Feigenbaum-Coullet-Tresser universality and Milnor's Hairiness Conjecture. ArXiv: 9903201

Printed in the United States
by Baker & Taylor Publisher Services